화훼식물명 · 용어해설

화훼식물명 • 용어해설

서울시립대학교 환경화훼연구실 저

월 드 사 이 언 스
worldscience@ hanmail.net

화훼식물명 · 용어해설

2008년 2월 1일 인쇄
2008년 2월 11일 발행
저 자 • 서울시립대학교 환경화훼연구실
발 행 인 • 박 선 진
발 행 처 • 도서출판 월드 사이언스
등록번호 • 3-136
등록일자 • 1987년 12월 14일
주 소 • 서울특별시 동작구 사당5동 240-15
전 화 • (02) 581-5811~3
FAX • (02) 521-6418
E-mail • worldscience@hanmail.net
URL • http://www.worldscience.co.kr
정가 • 24,000원
ISBN • 978-89-5881-105-3

이 도서의 국립중앙도서관 출판시도서목록(CIP)은 e-CIP 홈페이지
(http://www.nl.go.kr/cip.php)에서 이용하실 수 있습니다.(CIP제어번호:
CIP2008000439

머 리 말

40여년 화훼학을 가르치고 연구하면서 가장 많이 혼란스러웠던 것은 화훼식물명과 용어 이었습니다. 그리고 가장 많이 찾아보는 사전이 도감과 용어집 이었습니다. 같은 식물을 가지고 사람과 장소에 따라 서로 다른 이름으로 쓰고 있고 같은 용어를 서로 다르게 쓰는 일이 많아 매우 혼란스러웠습니다. 이러한 현상은 단행본, 연구보고서, 시장, 자격증시험 등 여러 곳에서 발견됩니다.

그래서 한국원예학회에서는 1993년(학회창립30주년)과 2003년(학회창립40주년)에 두 번에 걸쳐 원예학용어 및 작물명집을 출간한 바 있습니다. 필자는 당시 화훼작물명 소위원회 위원장으로서 많은 화훼학전문가들과 함께 표준화 작업을 주도하였습니다. 어느덧 2차 발간한지도 5년이 경과하여 최근에 여러 가지 증가된 화훼식물과 용어를 재정리하여 출간하는 것은 매우 중요한 일로 생각되었습니다.

이번에 서울시립대학교 환경화훼실에서는 화훼를 연구하고 배우는 사람들을 위하여 이 책을 발간하기로 하고 본인의 정년퇴임식을 기념하여 현재 많이 이용되고 있는 관상화훼식물을 3000여종을 대상으로 '화훼식물명 • 용어해설'을 발간하게 되었습니다. 집필진은 서울시립대 환경원예학과 환경화훼실에서 대학원 학위를 받은 석박사로서 지금 학교나 연구소에서 일하고 계신 전문가들이 대거 참여하였습니다.

이 책이 나오도록 수고하여 준 서울시립대 환경화훼실 출신 집필자의 헌신적인 수고에 깊이 감사드리며 특히 전체를 수집 정리하여준 삼육대 환경원예디자인실 유병열교수, 원예연구소 송정섭 화훼과장, 농촌진흥청 김완순박사, 본교 환경화훼실 김귀순박사에게 감사를 드립니다. 밤낮을 가리지 않고 자료정리에 수고를 아끼지 않은 집필진 모두에게 대표로서 너무 고맙다는 말씀을 드립니다.

이 책이 초석이 되어 앞으로의 화훼작물명과 용어를 보완 증보할 것을 약속드리며 앞으로 발견되는 오자나 수정사항이 있으면 계속 보완하도록 하겠습니다.

독자 여러분의 행복을 빕니다.

2008년 2월

서울시립대 환경화훼실 대표 이정식교수드림

저 자 소 개

저자대표

이정식(서울시립대학교)

윤평섭(삼육대학교)

공동저자

김광진(원예연구소)

김귀순(서울시립대학교)

김애경(혜천대학)

김양희(삼육대학교)

김완순(원예연구소)

김유선(삼육대학교)

노희선(강원도 농업기술원)

송정섭(원예연구소)

유병열(삼육대학교)

이성춘(서울시립대학교)

이영란(원예연구소)

정순진(원예연구소)

홍훈기(서울시립대학교)

일러두기

이 책은 관상가치가 있는 화훼식물을 대상으로 수록한 식물명 및 용어해설집으로서 다음과 같은 원칙으로 편집하였다.

1. 과명의 배열은 가나다순으로 하였고, 과내의 식물명 순서는 속명의 알파벳순으로 하였다.
2. 각 식물의 기술순서는 한국명(한자명), 학명, 원산지, 영명, 일명 순으로 하였다.
3. 한국명은 기존 학자들의 저서에 붙여진 이름을 따랐으며, 학명의 속명과 종명 또는 품종명, 변종명을 그대로 쓰기로 하였다.
4. 전문용어의 이해를 돕기 위해 용어해설을 알파벳순으로 배열하였고, 꽃이나 잎 등의 식물기관을 도해로 표시하여 설명하였다.
5. 찾아보기는 한국명, 학명을 기준으로 하였다.

차 례

가

가래나무과_Juglandaceae

국명(한자명)	학명	원산지	영명	일명
가래나무	*Juglans mandshurica* Maxim.	한국, 만주, 중국, 시베리아	manchurian walnut	マンシュウグルミ
호도나무	*Juglans sinensis* Dode	중국	walnut	チョウチゲルミ, アツカワゲルミ
중국굴피나무	*Pterocarya stenoptera* DC.	중국 중부·북부	Chinese walnut	シナノサワゲルミ, カンボウフウ

가지과_Solanaceae

국명(한자명)	학명	원산지	영명	일명
브로왈리아	*Browallia speciosa* Hook	콜롬비아	sapphire flower, amethyst flower	ブロワリア スペシオサ, タイリンルリ マガリベナ
부룬펠시아 운둘라타	*Brunfelsiana undulata*	자메이카	rain tree	
브룬펠시아나 오스트랄리스	*Brunfelsiana australis* Benth.	브라질남부 아르헨티나		
부룬펠시아 칼리시나	*Brunfelsiana calycina* Benth.	브라질	large calyxed brunfelsia	オオベンマツリ
부룬펠시아	*Brunfelsiana pauciflora* Benth.	브라질	yesterday today and tomorrow	
야래향	*Cestrum nocturnum* L.	열대 아메리카, 서인도 제도	night jessamine, night blooming jessamine	ヤコウカ, ヤコウボク
나무 다튜라	*Datura arborea* L.	칠레, 페루	tree datura, angel's trumpet	コダチチョウセンアサガオ
독말풀	*Datura stramonium* L.	인도열대 지방, 중국 남부	jimson weed, common thorn apple, stramonium thorn apple	シロバナヨウシュチョウセンアサガオ

천사의 나팔꽃	*Datura suaveolens* Humb. et Bonpl.	중남 아메리카, 브라질 동남부	angel's trumpet	キダチ チヨウセンアサガオ
알라타 꽃담배	*Nicotiana alata* Link et Otto	브라질, 우르과이, 파라과이	flowering tobacco, jasmine tobacco, winged tobacco	ヤコウカ シュツコンタバコ
푸른종지꽃	*Nierembergia hippomanica Miers* 'Purple Rose'	아르헨티나	cup flower	
겹꽃 페튜니아	*Petunia* × *hybrida* Hort. Vilm-Andr. for. *Giant Victorious Strain* Hort	원예품종		ビクトリア ストレイン
페튜니아	*Petunia* × *hybrida* Hort. Vilm-Andr.	원예교배종	common garden petunia	ペチュニア, ツクベネアサガオ
꽈리	*Physalis alkekengi* L. var. *franchetii* Mak. forma *bunyardii* Mak.	일본, 유럽 동남부	Chinese lantern plant, Japanese lantern plant	ホウズキ
나팔 담배꽃	*Salpiglossis sinuata* Ruiz et Pav.	칠레, 페루	scalloped salpiglossis, painted-tongue	サルメンベな, アサガオタベユ
수퍼 비씨마 나팔 담배꽃	*Salpiglossis sinuata* Ruiz et Pav. 'Superbissima'	칠레원산종의 원예품종		
호접초	*Schizanthus pinnatus* Ruiz et Pav.	칠레	wingleaf butterfly flower, butterfly flower, poor man's orchid	ユチョウソウ, シザンサス
솔란드라 맥시마	*Solandra maxima* P.S.Green	멕시코	chalice vine	
땅고추(땅꽈리)	*Solanum integrifolium* Poir.	아프리카	tomato frutted egg plant, Chinese scarlet egg plant, tomato egg plant, Ethiopian egg plant	カザリナス, ヒラナス
배풍등	*Solanum lyratum* Thunb.	한국, 중국, 일본, 타이완, 인도차이나	nightshade	ヒヨドリジョウゴ

노랑혹가지 (폭스페이스)	*Solanum mammosum* L.	중남아메리카, 브라질	nipple fruit, fox face	ツノナス, カナリアナス, キツネナス
가지	*Solanum melongena* L.	인도, 아프리카, 아시아	common egg plant	なす, ナスビ
백가지	*Solanum melongena* L. var. *pumilio* Hara	인도 원산종의 원예변종	egg plant, egg tree	タムゴナス
페피노	*Solanum muricatum* Bert. et Dun.	남아메리카의 안데스	pepino, melon shrub, pear melon, melon pear	フユサンゴ, タマサンゴ, リユウノタマ
예루살렘 체리 (옥천앵두)	*Solanum pseudocapsicum* L.	브라질	Jerusalem cherry, christmas cherry	
무늬예루살렘 체리	*Solanum pseudocapsicum* L. 'Variegatum'	브라질 원산종의 원예품종	variegated Jerusalem cherry	
별보라꽃	*Solanum rantonnetii* Carr. ex Lescuy.	파라과이, 아르헨티나	blue potato bush, blue potato tree	

갈매나무과_Rhamnaceae

국명(한자명)	학명	원산지	영명	일명
망개나무	*Berchemia berchemiaefolia* (Mak.) Koidz.	한국(충북, 경북), 일본	Korean berchemia	ヨコクラノキ
콜레티아 크루시아타	*Colletia cruciata* Hook.	브라질남부, 우루과이	anchor plant	
대추나무	*Zizyphus jujuba* Miller	한국, 중국	jujuba, jujube	ナツメ

감탕나무과_Aquifoliaceae

국명(한자명)	학명	원산지	영명	일명
에밀리 브루너	*Ilex* 'Emily Bruner'	원예품종		

호랑가시나무				
완도호랑가시나무	*Ilex × wandoensis*	한국(완도)	Wando holly	
유럽호랑가시나무	*Ilex altaclarensis* Loud	유럽남부, 중부, 서부 아시아		
골든킹 유럽호랑가시나무	*Ilex altaclarensis* Loud 'Golden king'	원산종의 원예품종		
로소니아나 유럽호랑가시나무	*Ilex altaclarensis* Loud 'Lawsoniana'	유럽남부, 중부, 서부 아시아		
양호랑가시나무	*Ilex aquifolium* L.	중부·남부 유럽, 서부 아시아	common holly, English holly, European holly, Oregon holly	セイヨウヒイラギ
아우레오마르기나타 양호랑가시나무	*Ilex aquifolium* L. 'Aureomarginata'	원예품종		
노란열매 양호랑가시나무	*Ilex aquifolium* L. 'Bacciflava'	원예품종	yellow berried holly	
페록스 양호랑가시나무	*Ilex aquifolium* L. 'Ferox'	유럽남부, 중부, 서부 아시아	hedgehog holly, porcupine holly	
페록스 아우레아 양호랑가시나무	*Ilex aquifolium* L. 'Ferox Aurea'	유럽남부, 중부, 서부 아시아	gold hedgehog holly	
골든밀크보이 양호랑가시나무	*Ilex aquifolium* L. 'Golden Milkboy'	유럽남부, 중부, 서부 아시아	golden milkboy holly	
둥근잎노란무늬 양호랑가시나무	*Ilex aquifolium* L. 'Heterophylla Aureomarginata'	유럽남부, 중부, 서부 아시아		
마담 브리오트 양호랑가시나무	*Ilex aquifolium* L. 'Madame Briot'	원예품종		
미르티폴리아 아우레오마쿨라타 양호랑가시나무	*Ilex aquifolium* L. 'Myrtifolia Aureomaculata'	유럽남부, 중부, 서부 아시아		
오바타 아우레아 양호랑가시나무	*Ilex aquifolium* L. 'Ovata Aurea'	유럽남부, 중부, 서부 아시아		
루비카우리스 양호랑가시나무	*Ilex aquifolium* L. 'Rubicaulis Aurea'	원예품종		

실버 밀크보이 양호랑가시나무	*Ilex aquifolium* L. 'Silver Milkboy'	유럽남부, 중부, 서부 아시아		
알보마르기나타 양호랑가시나무	*Ilex aquifolium* L. var. *albo-marginata* Loud	유럽남부, 중부, 서부 아시아		
아르겐테오마르기나타 양호랑가시나무	*Ilex aquifolium* L. 'Argenteomarginata'	유럽남부, 중부, 서부 아시아		
써니포스터 호랑가시나무	*Ilex attenuata* Ashe 'Sunny Foster'	원예 교배종		
호랑가시나무	*Ilex cornuta* Lindley et Pax.	한국남해안 (전남·제주), 중국	horned holly, Chinese holly	ヒイラキモチ, チヤイニース ホ ーリ
오 스프링무늬 호랑가시나무	*Ilex cornuta* Lindley et Pax. 'O. Spring'	한국, 중국 원산종의 원예품종	variegated Chinese holly	
둥근잎 호랑가시나무	*Ilex cornuta* Lindley var. *integra* Uyeki	한국, 중국 원산종의 변종	burford holly, Chinese holly	マルベヒイラギモチ
로툰다 호랑가시나무	*Ilex cornuta* Lindley 'Rotunda'	한국, 중국 원산종의 원예품종		
드와프 버포드 호랑가시나무	*Ilex cornuta* Lindley 'Dwarf Burford'	중국, 한국 원산종의 원예품종		
꽝꽝나무	*Ilex crenata* Thunb.	한국(남부 지방, 제주도) 중국, 일본	box leaved holly, Japanese holly	イヌツゲ
노란열매 꽝꽝나무	*Ilex crenata* Thunb. 'Yellow Fruit'	원예품종		
콘벡사꽝꽝나무	*Ilex crenata* Thunb. var. *convexa* Makino	일본 원산종의 변종	convexa holly	マメツゲ, イヌマメツゲ
애기호랑가시나무	*Ilex dimorphopylla* Koidz.	일본		アマミヒラギモチ
감탕나무	*Ilex integra* Thunb.	한국, 일본, 타이완, 중국	holly tree	モチノキ

아일렉스 코흐네아나 루비	*Ilex koehneana* Loes. 'Ruby'	서부코사르 원산종의 원예품종		
아일렉스 라티폴리아	*Ilex latifolia* Thunb.	일본, 중국 서부	luster leaf holly, tarajo	タラヨウ
대팻집나무	*Ilex macropoda* Miq.	한국, 일본, 중국	Korean holly	アヲハダ
미국호랑가시나무	*Ilex opaca* Ait.	북아메리카 동부·중부	American holly	アメリカヒイラギ
댕글 벨스 미국호랑가시나무	*Ilex opaca* Ait. 'Dangle Bells'	원예품종		
이스트 팔라트카 미국호랑가시나무	*Ilex opaca* Ait. 'East Palatca'	원예품종		
마가렛 모란 미국호랑가시나무	*Ilex opaca* Ait. 'Magaret Moran'	원예품종		
올드 골드 미국호랑가시나무	*Ilex opaca* Ait. 'Old Gold'	원예품종		
카나리 미국호랑가시나무	*Ilex opaca* Ait. 'Canary'	원예품종		
아일렉스 페르니 라티폴리아	*Ilex pernyi* Franch 'Latifolia'	일본, 중국 원산종의 원예품종		
먼나무	*Ilex rotunda* Thunb.	한국 남해안, 일본, 대만, 중국 난대 지역, 인도 지나 반도	kurogane holly	クロガネモチ
낙상홍	*Ilex serrata* Thunb.	일본	Japanese winterberry	ウメモドキ

개미탑과_Haloragaceae

국명(한자명)	학명	원산지	영명	일명
물수세미	*Myriophyllum*	한국, 아시아,	milfoil, water	フサモ

	verticillatum L.	일본, 유럽, 북아메리카, 북아프리카온대	milfoil, Canada parrot's feather	

갯질경이과_Plumbaginaceae

국명(한자명)	학명	원산지	영명	일명
아르메리아 카에스피토사	*Armeria juniperifolia* Willd. ex Hoffmanns & Link	스페인, 포르투갈 (고산지대)		マツベナデシコ, ヒメカンサシ
아르메리아 불가리스	*Armeria vulgaris* Willd.	유럽남부 해안, 칠레, 아프리카, 북아메리카의 해변	ladies cushion, common thrift, sea pink	ハマカンザシ, マツベカンザシ
카스피아	*Limonium bellidiofolium* Dumort.	유럽, 코카사스, 시베리아	wild leaved sea lavender	
카스피아스타티스	*Limonium caspium* Dumort.	유럽, 코카사스, 시베리아	wild leaved sea lavender	スカーチス カスピア
리모니움 페레지	*Limonium perezii* F. T. Hubb.	카나리아 제도		スカーチス ペレジイ
스타티스 (꽃갯질경이)	*Limonium sinuatum* Mill.	시실리아 섬, 팔레스타인, 북아프리카, 지중해연안	sea lavender, sea	スターチス シヌアータ
두모사 스타티스	*Limonium tataricum* Mill.	유럽남부, 아프리카 북부, 코카사스 지방, 소련, 시베리아 원산 종의 원예품종	sea lavender	
인도 갯질경이	*Plumbago indica* L.	남부 아시아, 동인도	scarlet leadwort, rose plumbago	アカマツリ

제스네리아과_Gesneriaceae

국명(한자명)	학명	원산지	영명	일명
아키메네스	*Achimenes longiflora* DC.	멕시코~파나마	achimenes, orchid pansy, monkey faced pansy	アキメネス
에스키난서스 미크란터스	*Aeschynanthus micrathus* C.B. Clarke	동남아시아, 히말라야, 버마		
에스키난서스 마모라터스	*Aeschynanthus mamoratus* T. Moore	타이, 말레이시아북부, 버마		
에스키난서스 폴케르	*Aeschynanthus pulcher* (Blume) G.Don.	자바	lipstick plant, royal red bugler, scarlet basket vine, red bugle vine, pipe plant, climbing beauty	エスキナンサス, ハナツルグサ
에스키난서스 라디칸스	*Aeschynanthus radicans* Jack.	자바, 말레이 반도	lipstick plant	エスキナンサス ラディカンス
에스키난서스 스페시오서스	*Aeschynanthus speciosus* Hook.	인도네시아, 자바	lipstick plant	エスキナンサス スペシオスス
콜룸네아 아폴로	*Columnea* 'Apollo'	원예품종		
콜룸네아 머큐리	*Columnea* 'Mercury'	원예품종		
콜룸네아 스타반저	*Columnea* 'Stavanger'	교배원예 품종	norse fire plant	スタバンガー
콜룸네아 방크시 바리에가타	*Columnea banksii* Lynch 'Variegata'	원예품종	variegated column flower	
콜룸네아 글로리오사	*Columnea gloriosa* Sprague	코스타리카	goldfish vine	グロリオーサ
콜룸네아 히르타	*Columnea hirta* klotzsch et Hanstein	코스타리카		
콜룸네아 미크로필라	*Columnea microphylla* Klotzsch et Hanstein	코스타리카		

에피시아	*Episcia cupreata* (Hook.) Hanst.	브라질, 콜롬비아, 베네수엘라, 멕시코, 서인도제도	flame violet, carpet plant	ベニキリソウ, バニハエギリ
에피시아 메탈리카	*Episcia cupreata* Hanst. 'Metallica'	멕시코, 콜롬비아, 베네수엘라 원산종의 원예품종		
에피시아 아카죠우	*Episcia cupreata* Hanst. 'Acajou'	멕시코남부, 서인도제도, 브라질	flame violet	シロハエギリ, アカジョウ
에피시아 레이스	*Episcia dianthiflora* H. E. Moore et R. G. Wilson	멕시코	cat's whiskers, lace flower vine	エピスシア ダイアンチフローラ
에리안나	*Kohleria eriantha* (Benth) Hanst	콜롬비아		
아프리칸바이올렛	*Saintpaulia ionantha* H. Wendl	탄자니아	African violet, usambara violet	セントポーリア アフリカスミレ
시마니아	*Seemannia latifolia*	볼리비아의 600~1000m 고지대		
글록시니아	*Sinningia spesiosa* (Lodd.) Hiern.	브라질	Common gloxinia, Brazilia gloxinia, Violet slipper	グロキシニア

계수나무과_Cercidiphyllaceae

국명(한자명)	학명	원산지	영명	일명
계수나무	*Cercidiphyllum japonicum* Sieb. et Zucc.	일본	katsura tree	カツラ

고란초과_Polypodiaceae

국명(한자명)	학명	원산지	영명	일명
톱고사리	*Aglaomorpha meyeiana* Schott	필리핀군도	bear's paw fern	
골고사리	*Asplenium scolopendrium* L.	한국, 일본, 사할린, 북아메리카, 유럽, 소아시아		コタニワタリ
파초일엽(대곡도)	*Asplenium antiquum* Makino	한국(제주도), 대만		オオタニワタリ, タニワタリ
아스플레니움 다우시폴리움	*Asplenium daucifolium* Lam.	모리티우스 제도, 리이유니온섬	mother fern	
아스플레니움 니두스	*Asplenium nidus* L.	중국남부, 대만, 일본, 퀸즐랜드, 동부아프리카폴리네시아	bird's-nest fern	シマオオタニワタリ
아스플레니움 니두스 아비스	*Asplenium nidus* L. var. *avis* Hort.	중국, 대만, 일본, 인도, 퀸즐랜드	bird's-nest fern, spleenwort	アスプレニウムニダス アビス
아스플레니움 니두스 크리사폴리움	*Asplenium nidus* L. cv. 'Crispafolium'	일본, 대만, 중국남부, 폴리네시아 원산종의 원예품종		
아스플레니움 니두스 플리가툼	*Asplenium nidus* L. 'Plicatum'	원예품종		
깃범 고사리	*Blechnum gibbum* (Labill.) Mett. var. *lomaria* Hort.	뉴칼레도니아,	dear fern, lomaria gibbum	ギッブマロマリア
아메리카 새깃아재비	*Blechnum occidentale* L.	멕시코, 서인도제도, 브라질, 칠레	hammock fern	アメリカシシガシラ
고사리삼	*Botrychium ternatum* (Thunb.) Swartz.	한국, 일본, 대만, 중국, 히말라야	hammock fern	フユノハナワラビ

도깨비고비	*Cyrtomium falcatum* K. Prel.	한국남해안, 일본, 중국, 대만, 인도, 하와이, 셀레베스	holly-fern, Japanes holly fern	オニヤブソテツ, オニシタ
넉줄고사리	*Davallia mariesii* Moore	한국, 중국, 일본		シノブ
관중	*Doryopteris crassirhizoma* Nakai	한국, 일본, 만주		オシダ, メンマ
왕지네고사리	*Doryopteris monticola* C. Christ.	한국, 일본		ミヤマベニシタ
새발고사리 (새발프테리스)	*Doryopteris pedata* Fee var. *palmata* Hicken	동남아시아, 인도남부, 필리핀, 스리랑카		ドリオプテリズ パルマータ
콩짜개덩굴	*Lemmaphyllum microphyllum* Presl.	한국, 일본, 타이완, 중국		マメツダ
다시마 일엽초	*Lepisorus annuifrons* Ching	한국(제주도), 일본		ホテイシダ, オオノキシノブ
애기 일엽초	*Lepisorus onoei* Ching	한국(남해안, 강원도), 일본		ヒメメキシノブ
일엽초	*Lepisorus thunbergianus* Ching	한국. 중국, 일본		ノキ-シノブ
개면마	*Matteuccia orientalis* Trev.	한국, 일본, 중국, 히말라야		イヌガンソク
줄고사리	*Nephrolepis cordifolia* K. Prel	열대, 아열대	erect sword fern	タマシダ
네프로레피스 엑살타타	*Nephrolepis exaltata* Schott	양반구의 열대지방, 대만	sword fern	ヤンバルタマシダ
보스톤고사리 (보스턴 펀)	*Nephrolepis exaltata* Schott var. *bostoniensis* Davenport	열대 원산종의 원예품종	Boston fern	ボストンタマシダ
네프로레피스 아우레아	*Nephrolepis exaltata* Schott var. *bostoniensis aurea* Hort.	열대 원산종의 원예품종	golden Boston fern	フアンダンサー

네프로레피스 위트만니	*Nephrolepis exaltata* Schott var. *whitmannii* Earrow.	열대, 아열대 원산종의 원예품종	lace fern	ホイツトマンニイタマシダ
펠라에아 팔카타	*Pellaea falcata* Fee	인도, 열대아시아, 오스트레일리아, 타스마니아, 뉴질랜드	Australian Cliff Brake	ペレア
펠라에아 로툰디폴리아	*Pellaea routundifolia* Hook.	뉴질랜드	button fern, new Zealand Cliff Brake	ペレア ロツンディフォーリア
펠라에아 비리디스	*Pellaea viridis* Pranl.	남아프리카, 마다가스카르		ペレア ビリデイス
뉴기니아부채 박쥐란	*Platycerium wilhelminae-reginae* Alderw.	파푸아, 뉴기니		
알시콘 박쥐란	*Platycerium alcicorne* Desv.	마다가스카르, 코모르제도, 모리티우스	elkhorn fern	
비퍼카툼 박쥐란	*Platycerium bifurcatum* C. Chr.	오스트레일리아(뉴사우스웨일즈), 뉴기니	common staghorn fern	ビガクシダ, コウモリラン
플라티세리움 코로나리움	*Platycerium* coronarium Desv.	말레이시아, 필리핀		オオビガクシダモドキ
그란데 박쥐란	*Platycerium grande(Flee) Kunze*	말레이시아, 북부오스트레일리아	regal elkhorn fern	オオビガクシダ
힐리 박쥐란	*Platycerium hillii* Moore	오스트레일리아(퀸즐랜드)	elk's-horn, stiff staghon	
스테마리아 박쥐란	*Platycerium stemaria* Desv.	열대아프리카, 마다가스카르	triangle staghon, trianglar staghon	ステンマリア
베이치 박쥐란	*Platycerium veitchii* C.Chr.	오스트레일리아(퀸즐랜드)		ビカクシダ
좁은잎 박쥐란 (자바 박쥐란)	*Platycerium willinkii* T. Moore	자바, 오스트레일리아	Java staghon fern, silver staghon	ナガベビカクシダ

폴리포디움 스콜로펜드리아	*Polypodium scolopendria*	폴리네시아, 말레이시아, 대만, 세일론, 남아프리카, 서아프리카	wart fern	
폴리포디움 필리티디스	*Polypodium phyllitidis* L.	플로리다남부, 브라질 남부	polypody strap fern, ribbon fern	
계란 폴리포디움	*Polypodium punctatum* Sw. var. *grandiceps* Hort.	브라질, 나탈, 기아나, 뉴사우스웨일즈, 앙골라	fishtail fern	シシバタニワタリ
우단일엽초	*Pyrrosia linearifolia* Ching	한국, 일본		ビロートシダ
석위	*Pyrrosia lingua* Farwell	중국, 일본, 대만, 제주도, 인도차이나	Japanese fern, tongue fern	ヒトツバ, イワノカワ, イワグミ, イワガシワ, カラヒトツバ
계관석위	*Pyrrosia lingua* Farwell *forma cristata* H. Ito	중국, 일본, 대만, 제주도, 인도차이나 원산종의 원예품종		シシヒトツバ
피로지아 몬스트리페라	*Pyrrosia lingua* Farwell f. *monsrifera* Tag.	동남아시아 원산종의 원예품종	lacerate pyrrosia	ハゴロモヒトツバ
세뿔석위	*Pyrrosia tricuspis* Tagawa	한국(남부지방, 경기도, 덕적도), 일본, 만주		イワオモダカ

고사리과_Pteridaceae

국명(한자명)	학명	원산지	영명	일명
아디안텀 히스피둘룸	*Adiantum hispidulum*	동남아시아의 열대 지방, 대만, 호주	Australian maidenhair fern	アラゲクジヤク

아디안텀 코우다툼	*Adiantum caudatum* L.	대만, 중국남부, 인도, 히말라야, 셀레베스	trailing maidenhair, walking fern	クジヤクデンダ
아디안텀 칠렌스	*Adiantum chilense* Hort.	페루, 칠레		
아디안텀 쿠네아툼	*Adiantum cuneatum* Langsd. et Fisch.	브라질	delta maidenhair fern	カラクサホウライシダ, コバホウライシダ
아디안텀 마크로필룸	*Adiantum macrophyllum* Swartz	열대 아메리카		ヒロハクジヤク
공작고사리	*Adiantum pedatum* L.	한국, 일본, 중국, 사할린, 캄차카 반도, 북아메리카, 시베리아, 남쿠릴 열도	American maidenhair fern	クジャクシダ
아디안텀 테네룸	*Adiantum tenerum* Swartz	아메리카, 서인도, 멕시코	brittle maidenhair fern	
아디안텀 트라페지포르메	*Adiantum trapeziforme* L.	열대 아메리카	giant maidenhair fern	ヒシガタホウライシダ
고사리	*Pteridium aquilinum* var. *latiusculum*(Desv.) Underw.	한국, 일본, 중국, 시베리아, 사할린, 캄차카 반도, 남 쿠릴 열도	braken	ワラビ
큰봉의 꼬리	*Pteris cretica* L.	일본, 지중해~아열대지방, 한국(남해안)	cretan brake	オオベノイノモトソウ
프테리스 윔세티	*Pteris cretica* L. var. *wimsettii* Hort.	원예품종		プテリス クレテイカ ウイムセツテイー
프테리스 알보린네아타	*Pteris cretica* L. var. *albo-lineata* Hook.	한국, 일본, 중국, 유럽남부, 멕시코		マツサカシダ
프테리스 메이	*Pteris cretica* L. var. *mayii* Hort.	원예품종		プテリス クレテイカ クレテイカ メイイー
프테리스 윌슨	*Pteris cretica* L. var.	지중해와	sword brake,	

	wilsonii Hort.	아열대지방 원산종의 원예품종	table fern, fan table fern	
반쪽고사리	*Pteris dispar* kunze	거제도, 제주도, 일본, 대만, 중국, 홍콩		アマクサシダ
프테리스 빅토리아	*Pteris ensiformis* Burm. var. *victoriae* Hort.	열대아시아, 대만, 오스트레일리아, 폴리네시아 원산종의 변종	silver leaf fern, victoria fern	フイリノイノモトソウ
깃반쪽고사리	*Pteris excelsa* Gaud. var. excelsa	제주도, 동아시아, 남아시아, 오세아니아		オオバノハチジョウシダ
섬깃반쪽고사리	*Pteris excelsa var. simplicior(Tagawa) shieh*	한국, 제주도, 일본, 중국		
봉의꼬리	*Pteris multifida* Poir.	한국(남부도서지방), 일본, 중국, 인도차이나, 대만	spider fern, spider brake, Chinese brake	イノモトソウ
알록큰봉의 꼬리	*Pteris nipponica* W. C. Shieh	한국남부, 제주도, 일본, 대만		マツザカシダ

고비과_Osmundaceae

국명(한자명)	학명	원산지	영명	일명
꿩고비	*Osmunda cinnamomea* var. *fokiensis* Copel.	한국, 일본, 중국동북, 타이완, 시베리아, 북아메리카	cinnamon fern	ヤマドリゼンマイ
음양고비	*Osmunda claytoniana* L.	한국, 일본, 중국, 우수리	Interrupted fern	オニゼンマイ

		북아메리카 동부		
고비	*Osmunda japonica* Thunb.	한국, 일본(류큐), 대만, 중국, 히말라야	Japanese royal fern	ゼンマイ

고추나무과_Staphyleaceae

국명(한자명)	학명	원산지	영명	일명
고추나무	*Staphylea bumalda* DC.	한국, 일본, 만주, 중국	bumalda bladdernut, bladdernut	ミツバウツギ

골풀과_Juncaceae

국명(한자명)	학명	원산지	영명	일명
참골풀	*Juncus brachyspathus* Max.	한국, 중국 동북부, 아무르, 몽골, 시베리아, 유럽		コウライイグサ
골풀	*Juncus effusus* var. *decipiens* Buchen.	한국, 중국, 일본, 아무르, 우수리, 북아메리카	common rush	イ, イクサ

괭이밥과_Oxalidaceae

국명(한자명)	학명	원산지	영명	일명
칠레괭이밥풀	*Oxalis adenophylla*	칠레, 아르헨티나		
큰괭이밥	*Oxalis acetosella* L.	한국, 일본, 중국, 동북부, 우수리	sorrel, shamrock	オオヤマカタバミ

꽃괭이밥	*Oxalis bowieana* Lodd.	희망봉, 케이프다운	bowie's wood sorrel, bowie's oxalis	ハナカタバミ
애기괭이밥	*Oxalis corniculata* L.	한국, 북반구온대, 유럽아시아	yellow oxalis	カタバミ
옥살리스 디페이	*Oxalis deppei* Lodd.	멕시코	luck clover	オキザリス デッペイー
옥살리스 마르티아나 아우레오레티쿨라타	*Oxalis martiana Zucc.* 'Aureo–reticulata'	브라질		ムラサキカタバミ
사랑초	*Oxalis triangularis* subsp. *papilionacea* Hoff. ex Zucc.	아열대지방	red leaf oxalis	

국화과_Compositae

국명(한자명)	학명	원산지	영명	일명
황금톱풀	*Achillea filipendulina* Lam. 'Coronation'	코카사스원산종의원예품종		
고사리잎톱풀	*Achillea filipendulina* Lam.	코카사스	fernleaf yarrow	キバナノコギリソウ
아킬레아 (서양톱풀)	*Achillea millefolium* L.	유럽, 아시아, 북아메리카, 오스트레일리아, 뉴질랜드	common yarrow, mmilfoil, sanguinary, thousand seal, nose bleed	セイヨウノコギリソウ
톱풀	*Achillea sibirica* Ledeb	한국, 동북아시아	yarrow	ノコギリソウ
애기톱풀	*Achillea tomentosa* L.	남부 유럽, 북아메리카	woolly yarrow	ヒメノコギリソウ
성홍계	*Ageratum conyzoides* L.	열대아메리카	ageratum	カツユウアザミ
아게라텀	*Ageratum houstonianum* Mill.	멕시코, 페루	Mexican ageratum floss flower	アゲラタム, オオカツコウアザミ, ムラサキカツコウ アザミ

단풍취	*Ainsliaea acerifolia* Sch. Bip.	한국, 일본, 중국(길림)		モミジハグマ
황금 마가렛	*Anthemis tinctoria* L.	중부남부유럽, 서부아시아	golden marguerite	ユウヤカミルレ
난쟁이 은쑥	*Artemisia schmidtiana* Maxim. 'Nana'	일본북부지방의 고산지대		アサギリンソウ
아스터 아멜루스 바이올렛퀸	*Aster amellus* L. 'Violet Queen'	중남부 유럽		
눈개쑥부쟁이	*Aster hayatae* Lev. et Vnt.	한국(제주도)		カンナノギク
벌개미취	*Aster koraiensis* Nakai.	한국	Korean starwort	コウライシオン, チヨウセンシオン
좀개미취	*Aster maackii* Regel	한국, 일본, 중국(동북부), 아무르, 우수리		
뉴욕아스타	*Aster novi-belgii* L. 'Crimson Brocade'	북아메리카	New York aster	ユウゼンギク
참취	*Aster scaber* Thunb.	한국, 일본	rough aster	シラヤマギク
해국	*Aster spathulifolius* Maxim.	한국, 일본		ダルマギク
개미취	*Aster tataricus* L.	한국, 일본, 몽고, 중국(만주), 시베리아	tartarian aster	シオン
쑥부쟁이	*Aster yomena* Makino	한국, 일본	Korean aster	ヨメナ
로세아잉글리쉬 데이지	*Bellis perennis* L. var. *ligulosa* Hort. 'Monstrosa Rosea'	서유럽, 지중해	English daisy, true daisy	デージー, ヒナギク
데이지(잉글리쉬 데이지)	*Bellis perennis* L.	서유럽, 지중해	English daisy, true daisy	デージー, ヒナギク
금잔화	*Calendula officinalis* L.	남부유럽	pot marigold, common marigold	キンセンカ
크리산다 금잔화	*Calendula officinalis* L. var. *chrysantha* Hort.	남부유럽 원산 종의 변종	pot marigold	キンセンカ

과꽃	*Callistephus chinensis* Nees.	중국(만주) 북부, 한국북부	China aster	アスター, エゾギク, サツマギク, チヨウセンギク
지느러미 엉겅퀴	*Carduus crispus* L.	동부아시아의 한국, 일본, 유럽, 시베리아, 코카사스		ヒレアザミ
센토레아 (수레국화)	*Centaurea cyanus* L.	유럽 동남부	bachelor's button, blue bottle, cornflower	ヤグルマソウ
센토레아 디얼바타	*Centaurea* dealbata Willd.	소아시아, 이란		
센토레아 모샤타 (모스카타)	*Centaurea moschata* L.	이란 원산종	sweet sultan	スイート サルタン
조뱅이	*Cephalonoplos segetum* kitamura	한국, 일본, 중국		アレチアザミ
피레스쿰, 홍국	*Chrysanthemum coccineum* Wild.	페르시아, 서남아시아, 코카사스	painted lady, painted daisy, persian insect flower, common pyrethrum	アカバナムシヨケギク, ペルシアジヨチユウギク
샤스타데이지	*Chrysanthemum burbankii* Makino (=*C. maximum* Ram.)	원예교배종	shasta daisy	シヤスタ デージー
카리나툼	*Chrysanthemum carinatum* L.	모로코	tricolor chrysan-themum	ハナワギク, サンシキカミツレ
화란 국화(피버퓨)	*Chrysanthemum parthenium* Bernh.	유럽동남부, 코카사스, 발칸반도, 북아메리카, 칠레	feverfew, pellitory matricaria	ナツシロギク
쑥갓	*Chrysanthemum coronarium* L.	지중해연안	garland chrysanthemum, garden chrysanthemum, crown daisy	シユンギク
마가렛(마가레트)	*Chrysanthemum*	아프리카의	marguerite,	マーガレット,

	frutescens L.	카나리섬 일대	white marguerite, paris daisy	モクシユンギク, キダチカミツレ
울릉국화	*Chrysanthemum zawadskii* Herb. ssp. *lucidum*(Nakai) T.Lee	한국		
옥스아이데이지	*Chrysanthemum leucanthemum*	유럽, 아시아	Ox eye daisy	フランスギク
구절초 (넓은잎구절초)	*Chrysanthemum zawadskii* Herb. var. *latilobum* Kitamura	한국, 몽고, 중국북부, 일본(규슈)	manchurian chrysanthemum	イワギク, チョウセンノギク
일본 데이지	*Chrysanthemum nipponicum* Matsum.	일본	Nippon chrysanthemum, Nippon daisy	ハマギク
솔인진	*Chrysanthemum pallasianum* Kom.	한국		イワインチン
산국	*Chrysanthemum boreale* Makino	한국, 일본, 중국		アブラギク, アワコカネギク、キクタニキク
감국	*Chrysanthemum indicum* L.	한국, 일본, 중국, 타이완	Chinese chrysan-themum	シマカンギク
사스타데이지	*Chtysamthemum. burbankii* Makino (=*C. maximum* Ram. =*C. xsuperbum* Bergmans)	유럽, 서부 아시아, 원산 종의 원예 교배종	shasta daisy	シヤスターデーヅー
엉겅퀴	*Cirsium japonicum* DC. var. *ussuriense* Kitamura	한국, 일본, 중국, 우수리	Korean thistle	カラノアザミ
바늘 엉겅퀴	*Cirsium rhinoceros* Nakai	한국(제주도)		ハリアザミ
금계국	*Coreopsis basalis* S. F. Blake	미국(텍사스 주)	golden wave coreopsis	キンケイギク
코레오프시스 골드 핀크	*Coreopsis grandiflora* Hogg ex Sweet. 'Gold Fink'	북아메리카 원산 종의 원예품종		
큰금계국	*Coreopsis lanceolata* L.	미국미시간주~플로리다주),	lance coreopsis	オオギンケイギク

		뉴멕시코		
기생초	*Coreopsis tinctoria* Nutt.	미국(미네소타주~애리조나주)	plains coreopsis, calliopsis, golden tickseed, garden tickseed	ハルシャギク, クジヤクソウ, ジヤノメソウ
코스모스	*Cosmos bipinnatus* Cavan.	멕시코	common cosmos	コスモス, オオハルシヤギク
황색코스모스 (노랑코스모스)	*Cosmos sulphureus* Cav.	멕시코	yellow cosmos, orange cosmos	キバナコスモス, オレンジコスモス
달리아	*Dahlia hybrida* Hort.	멕시코 과테말라 원산종의 원예품종	dahlia	ダリア
달리아 피나타	*Dahlia pinnata* Cav. 'Collarette'	멕시코	common dahlia, old garden dahlia, garden dahlia	オオキンケイギク
국화	*Dendranthema grandiflorum* kitamura (=*Chrysanthemum morifolium* Ramat.)	중국, 일본	chrysanthemum, florist's chrysan-themum	キク
디몰포세카	*Dimorphotheca sinnata* DC.	남아프리카	African daisy	アフリカキンセンカ, アウランティアカ
아프리카 데이지	*Dimorphotheca sinuata* DC.	남아프리카	African daisy, cape marigold, Namaqualand daisy, star of veldt	アフリカキンセンカ, アウランティアカ
도로니쿰 코카시쿰	*Doronicum caucasicum* Rochel.	유럽, 아시아	leopard's bane	
에키나세아 퍼르퍼레아 (자주루드베키아)	*Echinacea purpurea* Moench	미국(오하이오, 루이지애나, 조지아주)	purple cornflower	ムラサキバレンギク
러시아 공꽃	*Echinops exaltatus* Schrad.	러시아	globe thistle	
에키놉스(공꽃)	*Echinops ritro* L.	남부유럽~시베리아 서부	blue bell, steel globe thistle	ルリタマアザミ

불꽃씀바귀	*Emilia flammea* Cass.	동부인도	tassel flower, floras paint brush	バニニガナ
등골나물	*Eupatorium lindleyanum* DC.	한국, 일본, 중국, 필리핀		サワヒヨドリ
털머위	*Farfugium japonicum* Kitam.	한국 남해안, 일본, 대만, 중국	leopard plant	ツワブキ
무늬 털머위	*Farfugium japonicum* Kitam. 'Argentea'	한국 남해안, 일본, 대만, 중국 원산종의 변종		
점무늬 털머위	*Farfugium japonicum* Kitam. var. aureo-maculata Makino	한국 남해안, 일본, 대만, 중국 원산종의 변종	leopard plant	キンモンツワブキ
푸른 마가렛	*Felicia amelloides* Voss 'Variegata' Cass	남아프리카	blue daisy, blue marguerite	ルリヒナギク
개일라르디아 고블린	*Gaillardia grandiflora* Van Houtte 'Goblin'	북아메리카서부, 뉴멕시코 원산종의 원예품종	Blanket flower, common perennial gaillardia	
천인국	*Gaillardia pulchella* Foug.	미국(아칸사스, 루이지애나, 애리조나주)	Indian blanket, annual blanket flower, gay flower, rose Ring gaillardia	テンニンギク
로렌지아나 천인국	*Gaillardia pulchella* Foug.	북아메리카 중부 원산종의 원예품종		
가자니아 선샤인	*Gazania longiscapa* DC. 'Sunshine'	남아프리카의 나탈	gazania sunshine	クンショウギク
가자니아	*Gazania splendens* Hort. ex E.G.	원예 교배종	gazania, treasure flower	ガザニア スプレンデンス, クンショウギク
거베라	*Gerbera jamesonii* H.	남아프리카의	gerbera,	ガーベラ,

	Bolus ex. Hook	트란스발 원산종의 원예 교배종	barberton daisy, transvaal daisy	センボンヤリ
우단풀	*Gynura aurantiaca* DC.	자바	purple velvet plant, velvet tree, velvet plant	ビロードサンシチ
뿔우단풀	*Gynura samentosa* DC.	인도	velvet nettle, purple passion vine	ツルビロードサンシチ
해바라기	*Helianthus annuus* L.	미국(미네소타, 텍사스, 워싱턴, 캘리포니아)	common sunflower, common garden sunflower, sunflower, mirasol,	ヒマワリ, ヒグルマ, ニチリンソウ
겹해바라기	*Helianthus annuus* L. var. *californicus* Hort.	미국 원산종의 변종	sunflower oil	ヤエヒマワリ
뚱딴지	*Helianthus tuberous* L.	북아메리카의 동북부	Jerusalem artichoke, girasole, Canada potato	キクイモ
밀짚꽃	*Helichrysum bracteatum* Willd	오스트레일리아	strawflower, double strawflower	カイザイク, テイオウカイザイク
하늘바라기	*Heliopsis helianthoides* Sweet.	북아메리카	sunflower heliopsis	キクイモモトキ
로단세	*Helipterum manglesii* F. J. Muell(=*Rodanthe manglesii* Lindl.)	오스트레일리아	rhodanthe	ロダンセ
금불초	*Inula britannica* L. var. *chinense* Regel	한국, 일본, 중국, 내몽고	inula, wild elecampane	エゾオグルマ, オグルマ
씀바귀	*Ixeris dentata* (Thunb.) Nakai	한국, 일본, 쿠릴엘도 남부	sowthistle	ニガナ
좀씀바귀	*Ixeris stolonifera* A. Gray	한국, 중국, 일본		イワニガナ
솜나물	*Leibnitzia anandria*	한국, 일본,		センボンヤリ,

	Nakai	대만, 중국, 시베리아		ムラサキタンポポ
에델바이스	*Leontopodium alpinum* Cass.	피레네산맥, 알프스산맥, 시베리아서부, 티베트, 히말라야, 파키스탄	edelweiss, common edelweiss	エーデルワイス
솜다리	*Leontopodium coreanum* Nakai	한국	edelweiss lion's foot	チョウセンスユキソウ
산솜다리	*Leontopodium leiolepis* Nakai	한국		ミユキソウ
리아트리스	*Liatris pycnostachya* Michx.	북아메리카	cattail gayfeather, konsas gayfeather	ユリアザミ, ヒメキリンギク
흰꽃 리아트리스	*Liatris pycnostachya* Michx. var. *alba* Hort.	북아메리카 원산종의 변종		
곰취	*Ligularia fischeri* (Ledeb.) Turcz.	한국, 일본, 중국, 사할린, 몽골, 시베리아, 우수리, 아무르	fischer ligulariata	シラヤマギク
머위	*Petasites japonicus* (S. et Z.) Max.	한국, 중국, 일본	butterbur, fuki	フキ
뻐꾹채	*Rhapontica uniflora* DC.	한국, 중국, 아무르, 우수리, 몽골, 시베리아		オオバナアザミ
삼잎국화	*Rudbechia laciniata* L.	캐나다(퀘벡), 미국(플로리다, 애리조나주)	cut leaf cornflower	オオハンゴンソウ
겹꽃 삼잎국화, 키다리노랑꽃	*Rudbechia laciniata* L. var. *hortensis Bailey*	북아메리카 원산종의 변종	golden glow	ヤエザキオオハンゴンソウ, ハナガサギク
수잔 루드베키아	*Rudbeckia hirta* L.	북아메리카(온타리오~플로리다, 텍사스주)	yellow daisy, black eyed susan	ルドベッキア ヒルタ
겹 루드베키아	*Rudbeckia hirta* L. var. *double gloriosa* Hort.	북아메리카 원산종의 변종	gloriosa double golden daisy	グロリオサ ダブルーゴールデン デージー

황면국	*Santolina chamaecyparisus* L.	유럽남부의 지중해부근	common lavender cotton perennial	ワタスギギク
푸른 산토닐라	*Santonila virens* Mill.	남부 유럽	green santonila	
누운 백일홍	*Sanvitalia procombens* Lam.	멕시코	hussars heads, common sanvitalia, creeping zinnia	ジヤノメギク
각시취	*Saussurea pulchella* Fisch.	한국, 중국, 동부시베리아, 내몽고		ヒメヒゴタイ
칠보수	*Senecio articulatus*	남아프리카의 케이프타운	candle plant, hot dog cactus, sausage crassula	シツボウジユ
백묘국	*Senecio cineraria* DC.	지중해연안	dusty miller, silver cineraria	シロタエギク
시네라리아	*Senecio cruentus* DC.	카나리아 군도	florist's cineraria, cineraria	シネラリア, フウキギク, サイネラリア
산솜방망이	*Senecio flammeus* Turcz. ex DC.	한국(한라산, 강원도)		タカネコウリンギク
민솜방망이	*Senecio flammeus* Turcz. ex DC. var. *glabrifolius* Cufod.	한국, 일본		コウリンカ
비관	*Senecio grandtii* Sch. Bip.	동부아프리카의 에티오피아, 소말리아		ヒノカンムリ, ベニタカ
은월	*Senecio grandtii* Sch. Bip.v	남아프리카의 케이프타운	cocoon plant	ギンゲツ
솜방망이	*Senecio howorthii* Sch. Bip	한국, 일본	groundsel	オカオグルマ
세네시오 아이비	*Senecio macroglossus* DC. 'Variegatum'	케이프타운	variegated natal ivy, variegated wax vine	ワックス アイビー
녹영	*Senecio rowleyanus* Jacobs.	서남 아프리카, 남비아 남부	green peace, string of peace, string of pears string of beads	ミドリノスズ

산비장이	*Serratula coronata* L. var *insularis* Kitamura	한국, 일본	golden aster	タムラソウ
솔리다고 솔리다스터	*Solidago × solidaster*	원예교배종	golden aster	
미국미역취	*Solidago serotina* Ait.	북아메리카	late goldenrod	オオアワダチソウ, ハダカアキノキリンソウ, カナタ アキノキリンソウ
울릉미역취	*Solidago virga-aurea* var. *gigantea* Miq.	한국, 일본	goldenrod	オオアキノキリンソウ
미역취	*Solidago virga-aurea* var. *asiatica Nakai*	한국, 일본	goldenrod common goldenrod	アキノキリンソウ, アワダチソウ
스토케시아	*Stokesia laevis* Greene	미국(캐롤라이나, 조지아, 루이지애나주)	stokes aster, stokesia	ストケシア, ルリギク
애기우산나물	*Syneilesis aconitifolia* (Bunge.) Max.	한국, 소련, 중국(대만)		ホソバヤブレガサ
우산나물	*Syneilesis palmata* (Thunb.) Max.	한국, 일본		ヤブレガサ
수리취	*Synurus deltoidos*(Ait.) Nakai	한국, 일본, 중국동북부, 아무르, 우수리, 다후리아, 일본	triangularis synurus	ヤマボクチ
큰수리취	*Synurus excelsus*(Mak.) Kitamura	한국	triangularis synurus	ハバヤマボクチ
아프리칸매리골드 (만수국)	*Tagetes erecta* L.	멕시코, 중앙아메리카	African marigold, big marigold, Aztec marigold, American marigold,	アフリカン マリゴールド, マンジユギク
프렌치매리골드 (공작초)	*Tagetes patula* L.	멕시코, 코스타리카	French marigold, spreading marigold,	クジャクソウ, コウオウソウ
흰민들레	*Taraxacum coreanum* Nakai	한국	dandelion	シロバナタンポポ, チョウセン シロタンポポ

산민들레	*Taraxacum ohwianum* Kitamura	한국, 중국, 일본	dandelion	コウライキバナタンポポ
민들레	*Taraxacum platycarpum* H. Dahlst.	한국, 일본	dandelion, Mongolian dandelion	ダンポポ
멕시코해바라기 (티토니아)	*Tithonia rotundifolia* S. F. Blake	중앙아메리카, 멕시코	Mexican sunflower	ヒロハヒマワリ, メキシコヒマワリ
나마쿼아랜드 데이지	*Venidium fostuosum* (Jacq.) Stapf.	남아프리카의 나마쿼아랜드	cape-daisy, namaqualand-daisy	カンザキ, ジヤノメギク
좁은잎백일홍	*Zinnia angustifolia* HBK.	멕시코	zinnia	ホソバヒャニチニチソウ, ホソバヒヤクニチソウ
백일홍	*Zinnia elegans* Jacq.	멕시코	zinnia, youth and old age	ヒヤクニチソウ
버튼 백일홍	*Zinnia elegans* 'Botton Box' Jacq.	원예 품종	zinnia, youth and old age	ヒヤクニチソウ
멕시코백일홍	*Zinnia haageana* Regel.	열대 아메리카	Mexican zinnia, orange zinnia	ヒメサシコヒヤクニチソウ

깃범고사리과(세깃아제비과)_Blechnaceae

국명(한자명)	학명	원산지	영명	일명
깃범고사리 (새깃아재비)	*Blechnum gibbum* (Labill.) Mett. var. *lomaria* Hort. (=*Lomaria gibba* Hort.)	뉴칼레도니아, 뉴헤브리데스	hard fern	ギッブム ロマリア
아메리카 새깃아재비	*Blechnum occidentale* L.	멕시코, 서인도 제도, 브라질, 칠레	hammock fern	アメリカシシガシラ

꼬리고사리과_Aspleniaceae

국명(한자명)	학명	원산지	영명	일명
파초일엽	*Asplenium antiquum* Makino (=*Neottopteris antiqua* Masam)	한국(제주도), 대만, 일본		オオタニワタリ, タニワタリ
아스플레니움 다우시폴리움	*Asplenium daucifolium* Lam. (=*A. viviparum* (L. f.)K. Presl)	모리티우스 제도, 리이유니온 섬	mother fern	
아스플레니움 니두스	*Asplenium nidus* L. (=*Neottopteris nidus* J. Sm.	중국 남부, 대만, 일본, 인도, 퀸즐랜드, 동부 아프리카, 폴리네시아	bird's nest fern bird's nest fern	シマオオタニワタリ
아스플레니움 폴리가툼	*Asplenium nidus* L. 'Plicatum'	원예품종		
아스플레니움 니두스 크리사폴리움	*Asplenium nidus* L. 'Crisafolium'(Crispum)	일본, 대만, 중국 남부, 폴리네시아 원산종의 원예변종		
아스플레니움 니두스 아비스	*Asplenium nidus* L. var. avis Hort. (=*Neottopteris nidus* J. Sm. 'Avis')	중국, 대만, 일본, 인도, 퀸즐랜드		アスプレニウムニダス アビス
골고사리	*Asplenium scolopendrium* L.	한국, 일본, 사할린, 카프카스, 남쿠릴 열도, 소아시아, 유럽, 북아메리카	hart's tongue fern	オニシダ

꼭두서니과_Rubiaceae

국명(한자명)	학명	원산지	영명	일명
부바르디아	*Bouvardia longiflora* H.B.K.	멕시코	sweet bouvardia	ロンギフロラ

커피나무	*Coffea arabica* L.	아프리카	common coffee	コヒノキ
인동갈퀴	*Galium Kinuta* Nakai et Hara (=*G. japonicum* (Maxim.) Makino et Nakai)	한국, 일본	bedstraw	キヌタソウ
솔나물	*Galium verum* var. *asiaticum* Nakai	한국, 아시아, 유럽온대		キバナノカワラマツバ
애기치자	*Gardenia jasminoides* var. *radicans* Makino	원예품종	dwarf gardenia, dwarf cape asmine	コクチナシ
치자나무	*Gardenia jasminoides* Ellis for. *grandiflora* Makino	일본, 타이완, 중국남부, 인도차이나	Makinocape jasmine, common gardenia	クチナシ
베이치 치자나무	*Gardenia jasminoides* Ellis 'Veitchii'	중국 원산종의 원예 품종		
꽃치자	*Gardenia jasminoides* Ellis 'Veitchii'	원예품종		
마루바 치자나무	*Gardenia jasminoides* Ellis for. *maruba* Nakai	중국, 일본 남부, 대만 원산종의 원예품종		マルベクチナシ
얼룩무늬 호프만니아	*Hoffmannia ghiesbreghtii* (Lem.) Hemsl. 'Variegata'	멕시코 남부 원산종의 원예 품종	variegated Taffeta Plant	ホフマンニア ギースブレヒテーバリエガタ
호박단풍	*Hoffmannia refulgens* (Hook.) Hemsl.	멕시코~중앙아메리카	quilted taffeta plant, taffeta plant	
익소라	*Ixora chinensis* Lam.	중국남부, 타이완	Chinese ixora	サンタンカ
익소라 코키네아	*Ixora coccinea* L. (=*I. grandiflora* Br. = *I. lutea* Hutch. = *I. propinqua* Br. = *I. Incamata* DDC. = *I. obovata* Heyne. = *I. bandhuca* Roxb.)	인도, 쓰리랑카	flame of the woods, jungle flame, jungle geranium,	サンタンカ
무싸엔다	*Mussaenda erythrophylla*	열대 아프리카		

아산티 블럿드	Schum. et Thonn. 'Ashanti blood'	의 콩고		
무싸엔다 필리피카	*Mussaenda phillippica* A. Richard	필리핀, 뉴기니아		
방울풀	*Nertera depressa* Banks et Sol. (=N. grunadensis)	남아프리카, 뉴질랜드, 타스마니아	bead plant, coral moss	コケサンゴ
펜타스	*Pentas lanceolata* Deflers	동부 열대아프리카, 아라비아 남부	Egyptian star cluster star cluster	
론델레티아	*Rondeletia odorata* Jacq.(=*R. speciosa* Lodd.)	멕시코, 쿠바, 파나마		バニマツリ
백정화	*Serissa foetida* (L. f.) Lam.(*Serissa japonica* Thunb.)	아시아동남부	Japanese serissa	ハクチョウゲ

꽃고비과_Polemoniaceae

국명(한자명)	학명	원산지	영명	일명
코베아 스칸덴스	*Cobaea scandens* Cav. (=*Rosenbergia scandens* House)	멕시코	cathedral bell, cup and saucer vine	コベア, ツルコベア
플록스 더글라시	*Phlox douglasii* Hook.	미국(워싱톤~서부 몬타나주)		
플록스	*Phlox drummondii* Hook.	북아메리카의 텍사스	drummond phlox, annual phlox	キキヨウナデシコ
숙근플록스	*Phlox paniculata* L.	미국동부	fall phlox, summer perennial phlox	クサキョウチクトウ
꽃잔디	*Phlox subulata* L.	아메리카 동부	ground phlox, creeping phlox moss phlox	シバザクラ

꿀풀과_Labiatae

국명(한자명)	학명	원산지	영명	일명
배초향	*Agastache rugosa* (Fisch. et Meyer) O. Kuntze	한국, 일본, 타이완, 중국, 아무르, 우수리, 시베리아 동부	wrinkled giant hyssop	カワミドリ
금창초	*Ajuga decumbens* Thunb.	한국, 중국, 일본	bugleweed	キランソウ
조개나물	*Ajuga multiflora* Bunge	한국, 중국, 아무르, 우수리, 다후리아	Korea pyramid bugle	ルリカゴソウ
아주가 레펜스	*Ajuga repens* N. Tayl.	유럽, 페르시아, 튀니지	(bronze ajuga), carpet bugleweed	アユーガ レーペンス
레인보우 아주가	*Ajuga repens* N. Tayl. 'Rainbow'(=*A. reptans* L. 'Rainbow')	유럽전역, 페르시아, 튀니지 원산종의 원예품종		
층층이꽃	*Clinopodium chinense* var. *parviflorum* (Kudo) Hara	한국, 일본, 쿠릴엘도 남부		クルマバナ
콜레우스	*Coleus blumei* Benth.	자바	coleus flame nettle painted nettle	コリウス
소문초(콜레우스 푸밀러스)	*Coleus pumilus* Blanc.(=*C. rehneltianus* Berger)	필리핀, 세일론		コモンソウ(小紋草), ヒメコレウス
콜레우스 티르소이데우스	*Coleus thyrsoideus* Baker	열대아프리카	bush coleus	ハナコリウス,ハナシソ
용머리	*Dracocephalum argunense* Fisch.	한국, 일본, 중국, 아무르, 우수리, 시베리아	dragon's head, dragonhead	ムシャリンドウ
향유	*Elsholtzia ciliata* (Thunb.) Hylander	한국, 일본, 대만, 중국, 유럽	pincushion flower	ナギナタコウジュ
꽃향유	*Elsholtzia splendens* Nakai	한국, 만주		ニシキコウジュ

병꽃풀	*Glechoma hederaceae* L. (*Nepeta glechoma* Benth.)	한국, 유럽, 북아메리카, 대만, 일본	field balm, gill, ground ivy, nepeta	
광대수염	*Lamium album* var. *barbatum* (S. et Z.) Fr. et Sav.	한국, 일본, 중국, 아무르, 우수리, 사할린, 캄자카 반도, 쿠릴엘도남부, 유라시아, 북아메리카	dead nettle	オドリコソウ
노랑천사덩굴	*Lamium galeobdolon* (L.) Crantz. 'Variegatum' (=*Lamiastrum galeobdolon* (L.) Ehrend & Polatsch.)	캐나다(퀘벡), 중동부 유럽~랄 지방	yellow Archangel	
라미움 마쿨라툼	*Lamium maculatum* L.	북유럽, 러시아, 이란, 서부 시아, 북아프리카	spotted dead nettle	
라벤더	*Lavandula angustifolia* Mill.	지중해연안	English lavender	ラベンダー
라벤더 스피카	*Lavandula spica* L.(=*L. vera* DC. =*L. officinalis* Chaix)	지중해 연안	spike lavender	ラベンダー
벌깨덩굴	*Meehania urticifolia* (Miq.) Makino	한국, 일본, 중국		ラショウモンカズラ
박하	*Mentha arvensis* var. piperascens Malinv.	한국, 일본, 시베리아, 아시아(북부 지역)	Japanese mint	ハッカ
조개꽃	*Moluccella laevis* L.	서부아시아, 시리아	(molucca balm), shellflower Bells of Ireland	カイガラサルビア
모나르다 디디마 알바	*Monarda didyma* L. var. *alba* Hort.(=*M. coccinea* Michx. 'Alba'	캐나다(퀘벡주), 미국(미시간주, 남부 조지아주)	(fragrant balm,) Oswego tea, bee balm bergamot	
모나르다 피스투로사	*Monarda fistulosa* L. (=*M. hybrida*	북아메리카	wild bee balm wild Bergamt	ヤグルマハシカ

	Wender=*M. mollis* L.=*M. ramaleyi* A. Nels.=*M. stricta* Woot.)			
무늬병꽃풀	*Nepeta glechoma* L. for. *albo-variegata* Makino (=*N. hederacea* Benth. for. *albo-varegata* Makino=Glechoma hederacea L. for. *albo-vaiegata* Makino)	한국, 유럽, 북아메리카, 대만, 일본	variegated gill, varegated nepeta, variegated ground ivy, varigated field balm	フイリカキドウシ
붉은주름잎 영능향	*Ocimum basilicum* L. 'Purple Ruffles' (=*O. bullatum* Lam. 'Purple Ruffles'	열대아시아, 아프리카, 태평양 제도 원산종의 원예품종	sweet basil, common basil	
소엽(차즈기)	*Perilla frutescens* var. *acuta* Kudo	중국, 일본	Shigo	
꽃범의꼬리 (피소스테기아)	*Physostegia virginiana* Benth.	캐나다(퀘백서부, 남부)	Virginia false dragonhead, obedient plant	カクトラ, ナトラノナ
스웨덴 아이비	*Plectranthus australis* R. Br.	오스트레일리아, 태평양제도	Swedish ivy	スエーテン アイビー
무늬 스웨덴 아이비	*Plectranthus australis* R. Br. 'Variegata'	오스트레일리아, 태평양 제도 원산종의 원예품종	variegated Swedish ivy	
연백초	*Plectranthus coleoides* Benth 'Marginatus'	인도남부	candle Plant	
플렉트란더스 프루티코수수	*Plectranthus fruticosus*	남아프리카	African spurflower	
꿀풀	*Prunella vulgaris* var. *lilacina* Nakai	한국, 유럽, 아시아, 북아메리카, 일본, 대만	selfheal heal all	ウツボグサ
웨브꿀풀	*Prunella webbiana* Hort. ex J.B.Keller & W. Mill.	원산지 미상		シンナイウシボ

아프리카꿀풀	*Pycnostachys dawei* Hook.	열대 아프리카, 우간다		
로즈마리	*Rosmarinus officinalis* L.	유럽, 지중해 연안	rosemary	マンネンロウ
로즈마리누스 프로스트라투스	*Rosmarinus officinalis* L. 'Prostratus'(=*R. prostratus* Hort.)	유럽, 지중해 연안	prostrate rosemary	
청살비아	*Salvia farinacea* Benth.	미국(텍사스주), 뉴멕시코	(blue sage) mealycup sage	サルビア ファリナセア
노란 약 살비아	*Salvia officinalis* L. 'Aurea'(=*Salvia officinalis* L. var. *icterina* Alef.)	유럽 남부, 지중해 연안 원산종의 원예품종	common sage purple sage	
삼색 약 살비아	*Salvia officinalis* L. 'Tricolor'(=*Salvia tricolor* Hort.)	유럽 남부, 지중해 연안	tricolor sage, garden sage, common sage, sage	
살비아	*Salvia splendens* F. Sello ex Roem & Schult.	브라질	salvia, scarlet sage	サルビア
살비아 파이어스타	*Salvia splendens* F. Sello ex Roem & Schult. 'Fire Star'	원예품종		
살비아 플라멘코	*Salvia splendens* F. Sello ex Roem & Schult. 'Flamenco'	원예품종		
살비아 센트 죤스 파이어	*Salvia splendens* F. Sello ex Roem & Schult. 'Saint John's Fire'	원예품종		
살비아 톨 퍼플	*Salvia splendens* F. Sello ex Roem & Schult.'Tall Purple'	원예품종		
살비아 톨 화이트	*Salvia splendens* F. Sello ex Roem & Schult.'Tall White'	원예품종		
황금	*Scutellaria baicalensis*	동부시베리아,	helmet flower	オウゴン

	George	한국, 중국, 몽고	skullcap	
골무꽃	*Scutellaria indica* L.	한국, 일본, 대만, 중국, 월남		タツナミソウ
시베리아 꿀풀	*Stachys grandiflora* Willd. Benth. (= *Betonica grandiflora* Willd.= *B. macrantha* C. Koch = *B. orientalis* Thull. Non L.=*B. rosea* Hort.	시베리아의 코카시스, 유럽, 중부 터키	betony, hedge nettle, woundwort	タイリソカツコウ
솜우단풀	*Stachys lanata* Jacq. (=*S. byzantina* C. Koch)	남부유럽, 코카사스, 이란	lamb's ears, woolly betony	ワタチョロギ,クタガツュウ
석잠풀	*Stachys riederi* var. *japonica* Miq.	한국, 일본, 타이완, 중국(만주)		ケナシイメゴマ
백리향	*Thymus quinquecostatus* Celak.	한국, 일본, 중국, 몽골, 인도, 시베리아	thyme	イブキジャコウソウ
섬백리향	*Thymus quinquecostatus* Celak. var. *japonica* Hara	한국(울릉도)	dagalet thyme	イワシャコウソウ

나

나무고사리과_Cyatheaceae

국명(한자명)	학명	원산지	영명	일명
헤고(나무고사리)	*Cyathea fauriei* (Christ) Copel	오스트레일리아	treeferna	ヘゴ

나한송과_Podocarpaceae

국명(한자명)	학명	원산지	영명	일명
나한송	*Podocarpus macrophyllus* D. Don var. *maki* Sieb.	일본	southern yew, buddhist pine, kusamaki	マキ

낙우송과_Taxodiaceae

국명(한자명)	학명	원산지	영명	일명
삼나무	*Cryptomeria japonica* D. Don	일본, 중국	Japanese cedar	スギ
메타세쿼이아	*Metasequoia glyptostroboides* H. H. Hu & Cheng.	중국	dawn redwood	メタセコイア
금송	*Sciadopitys verticillata* S. et Z.	일본	Japanese umbrella pine	コウヤマキ
낙우송	*Taxodium distichum* Rich.	북아메리카 남부	bald cypress swamp cypress	ラクウショウ

난초과_Orchidaceae

국명(한자명)	학명	원산지	영명	일명
나도풍란	*Aerides japonicum* Lindenb.et Reichb. f.	한국, 일본		ナゴラン
병아리난초	*Amitostigma gracilis* (Bl.) Schlecht.	한국, 일본, 중국동북부		ハナラン

풍란	*Angraecum falcatum* Lindl.(=*A. falcatum* Benth. Et Hook. F.=*Neofinetia falcata*(Thunb.)Hu = *Finetia falcata* Schltr.	한국 남해안, 일본		
안그라에쿰 스코티아눔	*Angraecum scottianum* Reichb. f.	동부 아프리카의 고모로 제도		スユッチアヌム
안그라에쿰 세스퀴페다래	*Angraecum sesquipedale* Thouars (=*Aeranthus sesquipedalis* = *Macroplectrum sesquipedale* Pfitz.)	마다가스카르		セスキペダーレ
아스코센다	*Ascocenda.* Sp. (= *Ascocentrum* x *vanda*)	원예교배종	Ascocenda	アスユセンダ
자란	*Bletilla striata* (Thunb.) Reichb. fil.	한국, 중국, 일본	Chinese ground orchid, bletilla	ジラン
브라시아 카우다타	*Brassia caudata* (L) Lindl. (=*Oncidium caudatum* Reichb.f.)	서인도, 플로리다 남부, 남아메리카 북부		カウダータ
거미난	*Brassia lawrenceana* Lindl. Longissima. (Rchb. f.) Nash.(=*B. longissima* (Rchb. f.) Nash.)	브라질, 코스타리카	spider orchid	
콩짜개란	*Bulbophyllum drymoglossum* Maxim.	한국, 일본		マメヅタラン
카틀레야 보우링기아나	*C. bowringiana* 'Brie'	남아메리카의 과테말라, 온두라스		ボウリンギアナ
카틀레야 호레이스멕시마	*C. harace* 'Maxima'	원예교배종		ホーレース 'マキシマ'
카틀레야 인터메디아	*C. intermedia* Graham	브라질		インターメデイア セルレア
카틀레야 라비아타	*C.* labiata Lindl. var.	코스타리카		ドウィアーナ

도위아나	*dowiana* Batem. (=*C. dowiana* Batem.)			
카틀레야 비올라케아	*C.* violacea Lindl.	콜롬비아, 베네수엘라, 페루, 브라질		ビオラセア
카틀레야 워커라나	*C. walkerana* Gard.(=bulbosa Lindl.)	브라질		ワルケリアナ
새우난초	*Calanthe discolor* Lindl.	한국, 일본	calanthe, evergreen calanthe, Korean calanthe	エビネ
여름새우난	*Calanthe reflexa* Maxim.	한국, 일본		ナツエビネ
금새우난	*Calanthe striata* R. Br.	한국, 일본		キエビネ
카틀레야 도위아나	*Cattleya dowiana* Batem. var. *aurea* Moore	코스타리카 콜롬비아	queen cattleya	カトレア ドウイ アナ
카틀레야 라비아타	*Cattleya labiata* Lindl.	브라질	autumn cattleya	カトレア ラビア タ
은대난초	*Cephalanthera longibracteata*Blume	한국, 일본		ササバギンラン
금난초	*Cephalanthera falcata* Blume	한국, 일본, 중국		キンラン
봉(鳳) 소심란	*Cymbidium gyokuchin* Makino. var. *ooudori* Hort.	중국 원산종의 원예 품종		オオトリ
옥화란	*Cymbidium niveo-marginatum* Makino	중국		ギョッカラン
심비디움 다이아눔	*Cymbidium dayanum* Reichb.	유럽남부, 말레이시아, 수마트라, 동남아시아, 필리핀		ダイアヌム, ヘツカラン
심비디움 데버니아눔	*Cymbidium devonianum* Paxt.	히말라야, 아삼		デボニアヌム
건란	*Cymbidium ensifolium* Swartzsword cymbidium	중국, 대만, 동남아시아, 네팔		スルガラン

건란 괴(建蘭 魁)	*Cymbidium ensifolium* Sw. var. *sakigake* Hort.	중국(복건성) 원산종의 원예 품종		サキガケ
건란 천사황 (建蘭 天司晃)	*Cymbidium ensifolium* Sw. var. *tenshiko* Hort.	중국(복건성) 원산종의 원예 품종		テンシコウ
장수매(長壽梅)	*Cymbidium faberi* Rolfe 'Chousiyubai'	중국 원산종의 원예 품종		チヨウジユバイ
사란	*Cymbidium formosanum* Hay et Fukuyama	타이완		イトラン
보춘화(춘란)	*Cymbidium goeringii* Reichb.(=*Cymbidium forrestii* Rolf.)	한국, 중국, 일본	spring orchid, Chinese spring orchid	シュンラン, チュウゴクシュンラン
무접(無蝶)	*Cymbidium goeringii* Reichb. 'Buchiyou' (=*Cymbidium forrestii* 'Buchiyou')	중국 원산종의 원예 품종		ブチョウ
옥심란(소심란)	*Cymbidium gyokuchin* Makino	중국	young fish in the water	ギョクチンラン
심비디움	*Cymbidium hybrida* Swartz	원예품종	cymbidium	シンビジウム
심비디움 인시그네	*Cymbidium insigne* Rolfe	베트남		シンビジウム イン シグネ
한란	*Cymbidium kanran* Makino	한국, 일본	winter orchid	カンラン
심비디움 란시폴리움	*Cymbidium lancifolium* Hook.	히말라야~자바, 일본		ランシフォリウム
긴기(錦旗)	*Cymbidium niveo-marginatum* Makino 'Kinki'	중국 원산종의 원예 품종		キンキ
금능변	*Cymbidium pumilium* Rolf.(*C. floribundum* L.)	중국		キンリヨウヘン
보세란	*Cymbidium sinensis* Wild.	중국남부, 해남도, 대만, 베트남, 히말라야, 인도, 동아시아 온대, 아열대		ホウサイラン

비아난(埤亞蘭)	*Cymbidium* spp. 'Biyalan'	대만 북동부		ビアナン
봉래지화 (逢萊之花)	*Cymbidium* spp. 'Hourainohana'	대만 원산종의 원예 품종		ホウライノハナ
소엽란	*Cymbidium yakibaran* Makino	일본		ヤキバラン
시프리페디움 아카울레	*Cypripedium acaule* (R. Br.) Ait. (=*C. humile* Salisb.=*Fissipes acaulis* (Ait.) Small)	북아메리카, 뉴파인드랜드, 노스캐로리아나	pink lady's slipper, two leaved lady's slipper, moccasin flower, stemless lady's slipper, pink moccasin	アコウレ
노랑복주머니란	*Cypripedium calceolus* L.	유럽, 코카서스, 중국, 일본, 아무르, 우스리, 시베리아	cypripedium, yellow lady's slipper orchid, (yellow lady's slipper)	オオキバナアツモリソウ
털복주머니란	*Cypripedium guttatum* var. *koreanum* Nakai	한국특산	cypripedium	チョウセンキバナアツモリ ソウ
광릉요강꽃	*Cypripedium japonicum* Thunb.	한국, 일본, 중국		クマガイソウ
복주머니란	*Cypripedium macranthon* Sw.	한국, 동북아시아, 동유럽, 캄차카반도	cypripedium, lady's slipper, large flower lady's slipper	ホテイアツモリソウ
덴드로비움 브락테오숨	*Dendrobium bracteosum* Hort.	뉴기니		ブラクテオスム
덴드로비움 무스키페룸	*Dendrobium musciferum*	뉴기니		ムスキフェラム
석곡	*Dendrobium moniliforme*(L.) Sw.	한국, 일본, 대만	Korean dendrobium	セッコク
덴드로비움 아메티소토글로쑴	*Dendrobium amethysotoglossum* Reichb. f.	필리핀		
덴드로비움 마쥬스	*Dendrobium aggregatum* Roxb. var. *majus* Hort.	버마 원산종의 변종		アグレガタム マジヤス

덴드로비움 아그레카튬	*Dendrobium aggregatum* Roxb. (=*D. moulmeinense* Warner = *D. jenkinsii* (Wallich) Wall ex Lindl. = *D. lindleyi* Steud.)	타이, 라오스, 버마, 중국(운남), 히말라야, 인도지나, 말레이 반도		アグレカツム
덴드로비움 벤소니애	*Dendrobium bensoniae* Reichb. f. (*D. signatum* Reichb. f. = *D. tortile* Lindl. = *D. dartosisianum* De. Wild.)	타이, 버마		ベンソニエ
덴드로비움 블레니아눔	*Dendrobium bullenianum* Reichb. f. (=*D. topaziacum* =*D. erythroxanthum* Reichb. f.=*D. salaccense* Hort. Ex Richb.)	필리핀		トパジアクム
덴드로비움 크리스탈리눔	*Dendrobium crystalinum* Reichb. f.	라오스, 히말라야 1000~1500m 고지대, 버마(모르게인), 인도차이나		クリスタリヌム
덴드로비움 데아레이	*Dendrobium dearei* Reichb. f.	필리핀군도		シロタエセツユク(白石斛)
덴드로비움 디산툼	*Dendrobium dixanthum* Reichb. f.	타이, 버마의 고원산지, 인도차이나		デイクサム
덴드로비움 팔콘네리	*Dendrobium falconeri* Hook.	히말라야, 버마, 타이		ファルコネリイ
덴드로비움 파메리	*Dendrobium farmeri* Raxt. (=*D. parpebrae* Hook. non Lindl.)	히말라야, 버마, 말레이 반도의 고지대		フアーメリイ
덴드로비움 오쿨라툼	*Dendrobium fimbriatum* Hook. var. *oculatum* Hook.	히말라야, 버마, 타이, 중국		フチトリセツコク

덴드로비움 핀들레이아눔	*Dendrobium findlayanum* C. Parish et Reichb. f.	버마, 타이		フインドレアヌム
덴드로비움 포미디블	*Dendrobium formidible* Hort.	인도, 히말라야		フォーミデイブル
덴드로비움 힐데브란디	*Dendrobium hildebrandii* Rolfe.	버마, 타이		ヒルデブランティイ
킨기아넘	*Dendrobium kingianum* Bidw. ex Lindle	오스트레일리아		デンドロビウム キンギ アヌム
덴드로비움 로디게시	*Dendrobium loddigesii* Rolfe (=*D. hanburyanum* Rchb. f.)	중국(운남, 해남도)		ロディゲッシイ
미야케이 덴드로비움(대만 덴드리비움)	*Dendrobium miyakei* Schltr.	대만		タイワンベニバナ セッ コク, ミヤケセツコク
덴드로비움 노빌레	*Dendrobium nobile* Lindle	중국, 타이완		デンドロビュム
덴팔레	*Dendrobium phalaenopsis* R. Fitzg.	오스트레일리아		デンパレ
덴드로비움 세쿤둠	*Dendrobium secundum* (Blume) Lindl. (=*Pedilonum secundum* Bl.)	버마, 타이, 수마트라, 필리핀, 마라카 반도, 보르네오, 인도 차이나		セクンダム
덴드로비움 수퍼붐	*Dendrobium superbum* Reichb. (=*Dendrobium macrophyllum* Lindl.)	필리핀, 자바, 뉴기니아, 셀레베스, 보르네오		マクロフイルム
덴드로비움 테트라고눔	*Dendrobium tetragonum* A. Cunn.	오스트레일리아		シカクセッコク
덴드로비움 디르시플로룸	*Dendrobium thysiflorum* Reichb. f. (=*D. densiflorum* Wallich)	히말라야, 버마(모르메인), 타이		シルシフロラム
덴드로비움 트리고노프스	*Dendrobium trigonopus* Reichb. f. (=*D. fercoglossum* Reichb. f.)	버마, 타이, 중국(운남), 라오스		トリゴノプス
도시니아 마모라타	*Dossinia marmorata* C. Morr.	보르네오		マルモラータ
에피덴드럼	*Epidendrum*	브라질 동부,		シンナバリヌム

킨나바리눔	*cinnabarinum* Salzm. ex Lindl.	과테말라, 페루, 콜롬비아, 베네수엘라		
에피덴드럼 스탐포디아눔	*Epidendrum stamfordianum* Batem. (=*E. basilare* Kl.)	과테말라, 베네수엘라, 콜롬비아, 온두라스		スタンフォーディアヌム
에피덴드럼 쿠페리아넘	*Epidendrum cooperanum* Batem.	브라질, 기아나		エピデンドラム クペリアヌーム
닭의난초	*Epipactis thunbergii* A. Gray	한국, 일본, 우수리	helleborine	カキラン
섬사철란	*Goodyera maximowicziana* Makino	일본	rattlesnake plantain, jewel orchid	アケボノシュスラン
사철란	*Goodyera schlechtendaliana* Reichb. fil.	한국, 일본, 중국	jewel orchid	ミヤマウズラ
애기사철란	*Goodyera repens* (L.) R. Br.	북유라시아, 일본, 북아메리카	lesser rattlesnake-plantain	ヒメミヤマウズラ
털사철란 (자주사철란)	*Goodyera velutina* Max.	일본, 한국	jewel orchid	シュスラン
손바닥난초	*Gymnadenia conopsea* R. Br.	한국(제주도, 지리산북부), 일본, 중국동북지방, 아무르, 우수리, 사할린, 캄차카반도, 시베리아, 카프카스, 유럽, 큐릴열도	fragrant orchid	テカタチドリ
구름병아리난초	*Gymnadenia cucullata* (L.) Rich	한국(지리산, 경남가야산, 강원도, 함남, 함북), 일본, 사할린, 시베리아, 유럽, 아시아의 한대		ミヤマモジズリ
하베나리아 콜룸바에	*Habenaria columbae* Hort.	타이, 라오스		コルンバエ
해오라비난초	*Habenaria radiata* K.	한국, 일본		サギソウ

	Spreng. (*Pecteilis radiata* Raf.)			
해마리아 (홍엽란(血葉蘭)	*Haemaria discolor* (Ker-Gawl.) Lindl. var. *dawsoniana* (Schletr.) Rchb. f. (=*Goodyera dawsonii* Boxall ex Naves = *Haemaria dawsoniana* Hassl.)	싱가포르, 버마, 말레이 반도, 인도네시아	jewel orchid	ホンコンシユスラン
마스데발리아	*Masdevallia caudata* Lindl.	베네수엘라, 콜롬비아		マスデバリア カウダタ
마스데발리아 코키네아	*Masdevallia coccinea* Linden ex Lindl. (=*M. lindeni* Andre=*M. harryana* Leichb. f.)	콜롬비아의 해발 2300 ~3300m, 페루		
마스데발리아 이그네아	*Masdevallia ignea* Reichb. f. (=*M. militaris* Reichb. f.)	콜롬비아의 안데스 산맥 3000~4000m 고지대, 베네주엘라		イグネア
마스데벨리아 산데리아나	*Masdevallia sanderiana* (Hort.) Rolf. (=*Anoectochilus sanderianus* Hort.)	뉴기니		サンデリアナ
밀토니아 플라베스센스	*Miltonia flavescens* Lindley (=*Cyrtochilum flavescens* Lindl.)	브라질, 파라과이		フラバツセンス
밀토니아 팔레높시스	*Miltonia phalaenopsis* Nichols. (=*Miltoniopsis roezlii*)	콜롬비아	pansy orchid	ミルトーニア ファレノプシス
밀토니아 레그넬리	*Miltonia regnellii* Reichb.f.(=*Oncidium regnelli* Reichb. f.)	브라질		レグネリイ
밀토니아 로에즈리	*Miltonia roezlii* Nichols.	콜롬비아		ミルトニア レズリイ
밀토니아 벡실라리아	*Miltonia vexillaria* (Rchb. f.) Nichols (=*Odontoglossum vexillarium* Bth.	뉴그라나다, 에콰도르, 콜롬비아의 1600~2100m		バキシラリア

	=*Miltoniopsis vexillaria* Hort.)			
풍란	*Neofinettia falcata* Hu.	한국, 일본		フウラン
오돈토글로섬 빅토니엔세	*Odontoglossum bictoniense* Lindl. (=*Lemboglossum bictoniense*)	중앙아메리카, 멕시코, 과테말라, 엘살바도르		ビクトニエンセ
오돈토글로섬 윌리암시아눔	*Odontoglossum williamsianum* Reichb. f. (=*O. grande* Lindl. var. *williamsianum* Veitch)	멕시코~과테말라, 코스타리카		ウィリアムシアヌム
오돈토글로섬 크라메리	*Odontoglossum krameri* Reichb. f.	코스타리카, 파나마, 멕시코		クラメリイ
오돈토글로섬 로시	*Odontoglossum rossii* Lindley (=*Lemboglossum rossii*)	멕시코, 과테말라, 니카라파, 온두라스		ロッシイ
온시디움 오르니소린쿰	*Oncidium ornithorrhynchum* H. B. K	멕시코, 과테말라, 엘살바도르, 코스타리카		オルニソリンクム
온시디움 암플리아툼	*Oncidium ampliatum* Lindley	코스타리카, 과테말라, 멕시코, 베네수엘라, 페루		アンプリアツム
온시디움 세볼레타	*Oncidium cebolleta* Sw. (=*O. longifolium* Lindley=*O. juncifolium* Lindl.	서인도, 멕시코~파라과이, 열대 아메리카		セボレタ
온시디움 플렉스오숨	*Oncidium flexuosum* Lodd.	브라질, 파라과이	dancing doll orchid	フレクスオスム
온시디움 포오베시	*Oncidium forbesii* Hook.	브라질		フォーベシイ
온시디움 바리코숨	*Oncidium varicosum* Lindl.	브라질		バリコースム
파피오페딜럼 퍼푸라툼	*Paphiopedilum purpuratum* (Lindl.) Pfitz.	홍콩, 중국 남부		パープラツム

파피오페딜럼 아플레토니아눔	*Paphiopedilum appletonianum* (Gower) Rolfe	인도(아삼 지방), 타이 캄보디아		アプレトニアナム
파피오페딜럼 로스차일디아눔	*Paphiopedilum rothschildianum* (Rchb. f.) Pfitz. (=*Cypripedium rothschildianum* Reichb. f.)	수마트라, 보르네오		ロスチヤイルデイアヌム
파피오페딜럼 스피세리아눔	*Paphiopedilum spicerianum* (Rchb. f.) Pfitz. (=*Cypripedium spicerianum* Reicb. f.)	인도 (아삼 지방)		スピセリアヌム
파피오페딜럼 다이아눔	*Paphiopedilum dayanum* Pfitz.(=*Cypripedium dayanum* Reichb. f.)	보르네오 동북부		デイアーヌム
파피오페딜럼 후케라에	*Paphiopedilum hookerae* Pfitz.(=*Cypripedium hookerae* Reichb. f.)	보르네오		フウケラエ
파피오페딜럼 인시그네	*Paphiopedilum insigne* (Wallich) Pfitz.	네팔, 아삼 지방, 히말라야의 1800 ~2000m 고지대		トキワラン
파피오페딜럼 인시그네	*Paphiopedilum insigne* (Wallich) Pfitz.	히말라야	moccasin flower, slipper orchid	パフィオパディルム
파피오페딜럼 베누스툼	*Paphiopedilum venustum* (Wallich.) Pfitz (=*Cypripedium venustum* Wall.)	히말라야의 해발 1000~1500m 고지대		ベヌスツム
파이어스 미노르	*Phaius minor* Blume	일본, 대만		ガンゼキラン
학정란(학수란)	*Phaius tankervilleae* (Ait.) Blume (=*P. bicolor* Lindl. =*P. blumei* Lindl.=*P. grandifolius* Lindl.=*P. gravesii* O'Brien=*P. wallichii* Hook. f.)	일본, 인도, 말레이시아, 대만, 히말라야	nun's orchid, nun's hood orchid, nun orchid	カクチョウラン
호접란 (팔레놉시스)	*Phalaenopsis* spp.	열대중미, 열대아시아, 호주	moth orchid	ファレノプシス

프라그모페딜룸 카우다툼	*Phragmopedilum caudatum* (Lindl. et Paxt.) Rolfe (=*Cypripedium caudatum* Lindl. =*Paphiopedilum caudatum* Pfitz. =*Phragmipedium caudatum* Rolfe.)	페루, 에콰도르의 해발 1500~2500m 고지대, 멕시코		カウダタム
프라그모페딜룸 린들레이아눔	*Phragmopedilum lindleyanum* Lindl.	기아나, 베네수엘라		リンドレイアヌム
프라그모페딜룸 피아세이	*Phragmopedilum pearcei* Hort.	에콰도르, 페루		ピアセイ
큰제비난	*Platanthera sachalinensis* Fr. Schm.	한국		オオヤマサギソウ
큰방울새난	*Pogonia japonica* Reichb.	한국, 중국, 일본		トキソウ
방울새난	*Pogonia minor* Makino	한국, 일본		ヤマトキソウ
프테로스틸리스 밥티스티	*Pterostylis baptistii* Fitzg.	오스트레일리아		バプテイスティイ
린코스틸리스 코에레스티스	Rhynchostylis coelestis Reichb. f. (=*Saccolabium coeleste* Reichb. f.)	타이		
린코스틸리스 기간테아	*Rhynchostylis gigantea* Ridl. (=*Saccolabium giganteum* Lindl.)	버마, 타이, 라오스		
린코스틸리스 레투사	*Rhynchostylis retusa* Bl. (=*Saccolabium blumei* Lindl.=*S. praemorsum* Lindl.)	인도, 세일론, 버마, 타이, 라오스, 베트남, 말레이반도, 자바, 보르네오, 필리핀, 인도네시아	Fox Tail Orchid	レトウーサ
소브랄리아 데코라	*Sobralia* spp.	멕시고, 혼두란스, 콰테말라, 니카라구아		チンシバイ

소브랄리아 마크란사	*Sobralia macrantha* Lindl.	멕시코, 과테말라, 코스타리카		マクランサ
소브랄리아 마크란사 알바	*Sobraria marcrantha* Lindl. var. *alba* Hort.	멕시코, 과테말라 원산종의 변종		
소프로니투스 세르누아	*Sophronitis cernua* Lindl.	브라질		セルヌア
소프로니투스 코키네아	*Sophronitis coccinea* Reichb. f.	브라질의 해안산맥 1000~1500m 고지대		コクキネア
타래난초	*Spiranthes sinensis* (Pers.)	한국, 일본, 타이완, 중국, 아무르, 우수리, 사할린, 시베리아, 유럽, 인도, 말레이시아, 오스트레일리아, 쿠릴열도		ネジバナ, モジズリ
스테노글로티스 롱기폴리아	*Stenoglottis longifolia* Hook. f.	남아프리카의 나탈		ロンギフォリア
텔리미트라 아리스타타	*Thelymitra aristata* Lindl.	오스트레일리아		アリスタータ
반다 코에룰레아	*Vanda caerulea* Griff.	인도, 타이완	vanda, blue orchid	バンダ ケルレア
반다 코에룰레센스	*Vanda coerulescens* Griff.	버마	vanda	バンダ ケルレス ケンス
반다 데니소니아나	*Vanda denisoniana* R. Benson et Reichb. f.	버마의 알라간 산맥 800~1000m 고지대		デニソニアーナ
반다 킴발리아나	*Vanda kimballiana* Reichb. f.	타이, 중국남부, 버마의 해발 1300~1700m 고지대		キンバリアナ
반다 라멜라타	*Vanda lamellata* Lindl. (= *V. cumingii* Lindl. ex. Paxt. = *V. unicolor*	필리핀		ラメラータ

	Steud. =*V. vidalii* Boxall			
반다 루존니카	*Vanda lusonica* Loher ex Rolfe.	필리핀(루존섬)		ルゾニカ
반다 산데리아나	*Vanda sanderiana* Reichb. f.(=*Esmeralda sanderana* Rchb. f.=*Euanthe sanderiana* (Rchb. f.) Schltr.)	필리핀(민다나오섬)		サンデリアナ
반다 테레스	*Vanda teres* Lindl. (=*Dendrobium teres* Roxb.=*Papilionanthe teres* Schltr.)	히말라야, 버마, 타이		
바닐라	*Vanilla* spp.	중남미	vanilla	バニラ

넉줄고사리과_PDavalliaceae

국명(한자명)	학명	원산지	영명	일명
넉줄고사리	*Davallia mariesii* Moore	아시아, 일본	squirrel's foot fern	シノブ
새발고사리	*Doryopteris pedata* Fee	남미, 브라질 페루		フウロシダ パダ タ

노루발과_Pyrolaceae

국명(한자명)	학명	원산지	영명	일명
매화노루발	*Chimaphila japonica* Miq.	아시아	prince's pine	ウメガサソウ
애기노루발	*Pyrola denticulata* Koidz.	한국(황해도, 장산곶), 일본, 타이완, 중국, 동북지방, 우수리	winter green, shin leaf	ヒメイチヤクソウ
노루발풀	*Pyrola japonica* Klenze	한국, 중국 일본	winter green, shin leaf	イチヤクソウ

노린재나무과_Symplocaceae

국명(한자명)	학명	원산지	영명	일명
노린재나무	*Symplocos chinensis* for. *pilosa* (Nak.) Ohwi	한국, 중국, 일본	sweetleaf	サワフタギ

노박덩굴과_Celastraceae

국명(한자명)	학명	원산지	영명	일명
노박덩굴	*Celastrus orbiculatus* Thunb.	한국, 중국, 일본	oriental bittersweet	ツルウメモドキ
흰무늬사철	*Euonymus* 'Emerald Gaiety'	원예품종		
은빛줄사철	*Euonymus radicans* Sieb. var. *argenteo-marginatus* Rehd.	일본, 한국	silveredge wintercreeper	シロフクリンツツルマサキ
화살나무	*Euonymus alatus* (Thunb.) Sieb.	한국, 중국, 일본	winged spindle tree, winged euonymus, burning bush	ニシキギ
회잎나무	*Euonymus alatus* for. *striatus* Makino	한국	winged euonymus	コマユミ
에렉타바리에가타사철	*Euonymus fortunei* Hand-Mazz. 'Erecta variegata'	한국, 일본 원산종의 원예품종		
에머랄드골드사철	*Euonymus fortunei* (Turcz.) Hand-Mazz. 'Emerald'n Gold'	한국, 일본		
줄사철나무	*Euonymus fortunei* Hand. et Mazz. var. *radicans* Rehder	한국의 남부지방, 일본(북해도, 규슈)	fortune's creeping spindle, winter creeper euonymus, winter creeper	ツルマサキ
금사철	*Euonymus japonica* Thunb. 'Medio-pictus'	한국, 중국, 일본	goldheart euonymus	キンマサキ
은사철	*Euonymus japonica* Thunb. var. *albo-*	일본	silver-queen	ギンマサキ

	marginatus T. Moore.			
황금사철	*Euonymus japonica* Thunb. 'Ovatus Aureus'	원예품종		
작은잎사철	*Euonymus japonica* L. var. *microphyllus* Sieb.	일본		コバノツるマサキ
사철나무	*Euonymus japonicus* Thunb.	한국, 중국, 일본	evergreen euonymus, evergreen spindle tree, Japanese spindle tree	マサキ
나래회나무	*Euonymus macroptera* Rupr.	아메리카, 아시아, 오스트레일리아	spindle tree	ヒロハノツリバナ
금빛줄사철	*Euonymus radicans* Sieb. forma *aureo-marginatus* Rehd.	한국, 일본		
회나무	*Euonymus sachalinensis* (Fr. Schm.) Max.	한국	spindle tree	ムラサキツリバナ
참빗살나무	*Euonymus sieboldiana* Blume	한국, 일본 북부		マコミ, ヤマニシキギ

녹나무과_Lauraceae

국명(한자명)	학명	원산지	영명	일명
녹나무	*Cinnamomum camphora* T. Nees	한국(제주도), 중국(광서, 광동, 복건, 사천, 호북, 산서성 등), 인도	camphor tree	クスノキ
생달나무	*Cinnamomum japonicum* Sieb. ex Nees	한국의 남해안 도서지방, 일본		ヤベニツケイ
월계수	*Laurus nobilis* L.	지중해연안,	bay tree, sweet	チッケイジユ

		소아시아, 그리이스, 이탈리아, 서남 프랑스	bay, victor's laurel,	
황금월계수	*Laurus nobilis* L. 'Aurea'	원예품종	golden Bay	
좁은잎월계수	*Laurus nobilis* L. 'Angustifolia'	지중해 연안 원산종의 원예품종		
생강나무	*Lindera obtusiloba* Blume	한국, 중국, 일본	Japanese spice wild comphor, Japanese spice bush	ダンコウバイ
까마귀쪽나무	*Litsea japonica* Juss.	한국 남해안, 일본	fiwa	ハマビワ
왕후박나무	*Machilus thunbergii* S. et Z. var. *obovata* Nakai	한국(진도, 홍도)		ヒルハイメグス
후박나무	*Machilus thunbergii* Sieb. et Zucc.	한국(제주도, 울릉도), 일본	tunbergii camphor	タブノキ
새덕이	*Neolitsea aciculata*(Bl.) Koidz.	한국(제주도), 일본(혼슈, 규슈)		イヌガシ, マツラニッケイ
참식나무	*Neolitsea sericea* (Bl.) Koidz.	한국(남부, 울릉도)		シロダモ
아보카도	*Persea americana* Mill.	서인도, 멕시코	avocado, aguacate, alligator pear, palta	アボカド

느릅나무과_Ulmaceae

국명(한자명)	학명	원산지	영명	일명
팽나무	*Celtis sinensis* Pers.	한국, 중국, 일본, 대만	Chinese hackberry, Japanes hackberry	エノキ
느릅나무	*Ulmus davidiana* Planch. var. *japonica* Nakai	일본, 동북아시아		ハルニレ

혹느릅나무	*Ulmus davidiana* Planch. for. *suberosa* Nakai	한국		コブニレ
참느릅나무	*Ulmus parvifolia* Jacq.	한국, 일본, 중국, 대만	Chienese elm	チョウセンアキニレ
느티나무	*Zelkova serrata* (Thunb.) Mak.	한국, 만주, 중국, 일본	sawleaf zelkova, keaki	ケヤキ
느티나무	*Zelkova serrata*(Thunb.) Makino	한국, 만주, 일본, 중국	keaki, Japanese zelkova, sawleaf zelkova	ケヤキ

능소화과_Bianoniaceae

국명(한자명)	학명	원산지	영명	일명
능소화	*Campsis grandiflora* Loisel.	중국	Chinese trumpet creeper	ノウゼンカヅラ
미국능소화	*Campsis radicans* Seem. ex Bur	미국(펜실베니아, 일리노이, 플로리다, 텍사스 주)	trumpet vine, trumpet creeper, rooting, trumpet flower, cow itch, trumpet honeysuckle	アメリカ ノウゼンカズラ
인카르빌레아 델라바이	*Incarvillea delavayi* Bur. et Franch	중국(운남성), 티베트		
개오동	*Japanese catalpa*	한국, 중국, 일본	Japanese catalpa	キササゲ
마카미아	*Markhamia lutea* K. Schum	가나, 나이제리아, 카메룬	markhamia	
판도레아자스민	*Pandorea jasminoides* Lindl.	오스트레일리아	bower plant of Australia	ソケイノウゼン
노랑종꽃	*Tecoma stans* Griseb.	서인도제도, 멕시코, 페루	yellow bells, trumpet bush	

다

다래나무과_Actinidiaceae

국명(한자명)	학명	원산지	영명	일명
다래	*Actinidia arguta* (Sieb. et Zucc.) Planch. ex Miq.	한국, 일본, 중국	tara vine, bower actinidia yang tao	サルナシ
키위	*Actinidia chinensis* Planch.	중국, 대만	yangtao, Chinese gooseberry, kiwi vine, kiwi berry	キウイ, シナサルナシ
개다래	*Actinidia polygama* (Sieb. et Zucc.) Max.	한국, 일본, 중국	silver vine	マタタビ

단풍나무과_Aceraceae

국명(한자명)	학명	원산지	영명	일명
신나무	*Acer ginnala* Max.	한국, 중국, 일본	amur maple	カラコギカエデ
킹아크렌 참단풍	*Acer japonicum* Thunb. 'Kingacren'	일본	kingacren full moon maple	キンクアクレン ハウチワカエラ
고로쇠나무	*Acer mono* Max.	한국, 일본, 중국(만주)		イタヤカエデ
네군도단풍나무	*Acer negundo* L.	미국, 태평양 연안	negundo, box elder, ash leaved maple	ネグンドカエデ
무늬네군도단풍나무	*Acer negundo* L. 'Variegatum'	원예품종	variegated negundo	
우산고로쇠	*Acer okamotoanum* Nakai.	한국(일본)		タケシマイタヤ
단풍나무	*Acer palmatum* Thunb.	한국, 일본, 중국	Japanese maple	イロハモミジ
가는잎황단풍 (노란공작단풍)	*Acer palmatum* Thunb. 'Dissectum Flavescens'	원예품종		
가는잎홍단풍	*Acer palmatum* Thunb. 'Dissectum Ornatum'	원예품종		
혈단풍	*Acer palmatum* Thunb.	일본원산의		

	'Blood Good'	원예품종		
가는잎청단풍 (푸른공작단풍)	*Acer palmatum* Thunb. 'Dissectum'	원예품종		
홍단풍	*Acer palmatum* Thunb. var. *amoemum* Hara	일본	Japanese red maple	ノムラカエデ
가는잎적단풍 (붉은공작단풍)	*Acer palmatum* Thunb. 'Dissectum Atropurpureum'	원예품종		
상꼬가꾸단풍나무	*Acer palmatum* Thunb. 'Sango Kaku'	일본원산종의 원예품종		サンゴカク
광단풍나무	*Acer palmatum* Thunb. var. *matumurae* Makino	한국, 일본, 중국		ヤマモミジ
노르웨이단풍	*Acer paltanoides* L.	중부, 북부유럽	Norway maple	
드루몬디노르웨이 단풍	*Acer platanoides* L. 'Drummondii'	유럽, 노르웨이, 코카사스, 북부터키 원산종의 원예품종		
크림손킹노르웨이 단풍	*Acer platanoides* L. 'Crimson King'	중부, 북부 유럽원산종의 원예품종		
당단풍	*Acer pseudo-sieboldianum*(Paxt.) Kom.	한국, 일본, 중국		トウハウチワカエデ
좁은단풍	*Acer pseudo-sieboldianum* (Paxt.) Kom. var. *koreanum* Nakai	한국	Korean siebold maple	チョウセンハウチワカエデ
은단풍	*Acer saccharinum* L.	미국	silver maple	サトウカエデ
복자기	*Acer triflorum* Komarov	한국, 중국(만주)	montpellier maple	オニメグスリ

닭의장풀과_Commelinaceae

국명(한자명)	학명	원산지	영명	일명
칼리시아 엘레간스	*Callisia elegans* Alexan. ex H.E. Moore.	멕시코 남부	striped inch plant	
스피로네마	*Callisia fragrans* (Lindl.) Woodson	멕시코		シダレツユクサ,オリヅルツユクサ
칼리시아 (스피로네마)	*Callisia fragrans* (Lindle) Woodson	멕시코	moses in the boat, purple leaved spider wort	シダレツユクサ
칼리시아 레펜스	*Callisia repens* L.	열대아메리카		
소말리아달개비	*Cyanotis somaliensis*	열대 아프리카, 소말리아, 대만	pussy ears, fuzzy ears	アラゲシュクサ
페루달개비	*Dichorisandra mosaica* Lindl. var. *undatus* Miller	페루	seersucker plant	
입성무늬달개비	*Dichorisandra thyrsiflora* Mikan. var. *variegata* Hort.	브라질 원산의 변종	variegated blue ginger	
입성달개비	*Dichorisandra thyrsiflora* Mikan.	브라질	blue ginger	
무늬실달개비	*Gibasis geniculata*(Jacq.) Rohw. 'Variegata'	열대아메리카 원산종의 원예품종		
실달개비	*Gibasis geniculata*(Jacq.) Rohw	자마이카, 열대 아메리카	tahitian bridal veil	ブライダベール
자주색만년초	*Rhoeo didcolor* Hance	멕시코	moses in the boat, purple leaved spider wort, oyster plant, boat Lily	
노랑무늬자주색 만년초	*Rhoeo didcolor* Hance var. *vittata* Hook.	멕시코 원산종의 변종	variegated boat lily	フイリムラサキオモト
자주만년초	*Rhoeo discolor* Hance	멕시코		ムラサキオモト
자주색달개비	*Setcreasea pallida* Rose. (*S. purpurea* Boom.)	멕시코	purple heart vine	ムラサキゴテン

은달개비	*Tradescantia blossfeldiana* Mildbr.	브라질	flowering inch plant	トラデスカンディアブロスフェルデアナ
흰줄무늬달개비	*Tradescantia albiflora* Kunth 'Albovittata'	브라질		シルスジハカタカラクサ
푸른달개비	*Tradescantia albiflora* Kunth	남아메리카	wandering jew	
삼색은달개비	*Tradescantia albiflora* Mildbr. 'Tricolor'	브라질 원산종의 원예품종		
브라질달개비	*Tradescantia fluminensis* Vell.	중부 브라질, 우루과이, 파라과이	Brazil wandering jew	
브라질무늬달개비	*Tradescantia fluminensis* Vell. var. *variegata* Hort.	브라질, 우루과이, 파라과이	variegated wandering jew	シロフハカタツユクサ
브라질삼색줄무늬달개비	*Tradescantia fluminensis* Vell. 'Tricolor'	원예품종		
브라질달개비	*Tradescantia fluminensis* Vell.	중부 브라질, 우루과이, 파라과이	wandering jew	シロフハカタツユクサ
비로도달개비	*Tradescantia fuscata* Lodd.	열대 아메리카, 브라질	brown spiderwort	
양달개비	*Tradescantia reflexa* Raffin	미국(오하이오주, 플로리다주, 텍사스주)	reflexus	ムラサキツユクサ
제브리나	*Zebrina pendula* Schnizl.	멕시코	silvery wandering jew, zebrina inch plant	ハカタガラクサ
얼룩자주달개비	*Zebrina pendula* Schnitzlein	멕시코	silvery wandering jew, zebrina inch plant	シマフムラサキシュクサ, ハカタガラクサ
붉은달개비	*Zebrina purposii* Hort.	멕시코		

담팔수과_Elaeocarpaceae

국명(한자명)	학명	원산지	영명	일명
담팔수	*Elaeocarpus sylvestris* var. *ellipticus* (Thunb.) Hara	한국(제주도)		ホルトノキ

대극과_Euphorbiaceae

국명(한자명)	학명	원산지	영명	일명
아칼리파곧세피아나	*Acalypha godseffiana* Mast. (*Acalypha wilkesiana* M.)	뉴기니		フクリンアカリファ
아칼리파 히스피다	*Acalypha hispida* Burm. f.	인도, 뉴기니	redhot cat tail, Philippine medusa, chenille plant, foxtails red cat tail,	ベニヒモノキ,ナガボアミガサノキ
아칼리파 윌케시아나 마르기나타	*Acalypha wilkesiana* Muell. Arg. var. *marginata* W. Miller	남태평양 제도	beef steak plant, copper leaf,	ワクリンアカリフア
아칼리파 윌케시아나	*Acalypha wilkesiana* Muell. Arg.	태평양 제도의 피지섬	copper leaf, jacob's coat, fire dragon, beefsteak plant	
아칼리파무사이카	*Acalypha wilkesiana* Muell. Arg. 'Musaica'	남태평양 원산종의 원예품종		ニシキアカリフア
아칼리파트리컬러	*Acalypha wilkesiana* Mill. Arg. 'Tricolor'	남태평양 제도		
브레이나아 니보사 로세오픽타	*Breynia nivosa* Small var. *reseo-picta* Hort.	남태평양제도~서인도 제도, 플로리다 원산종의 원예변종	leaf flower	ヨウシュコバンノキ

브레이니아	*Breynia nivosa* (W. G. Sm) Small	남태평양제도~서인도 제도, 플로리다	snow bush, foliage flower	
크로톤	*Codiaeum variegatum* Blume	자바, 오스트레일리아	croton	クロトン
썬샤인크로톤	*Codiaeum variegatum* Blume var. *pictum* Muell Arg. 'Punctatum Aureum'	원예품종		
인디안블랜킷트 크로톤	*Codiaeum variegatum* Blume var. *pictum* Muell Arg. 'Indian blanket'	원예품종		
아케보노크로톤	*Codiaeum variegatum* Blume 'Akebono' var. pictum Muell Arg.	원예품종		
호소기마기크로톤	*Codiaeum variegatum* Blume var. *pictum* Muell Arg. 'Hosokimaki'	원예품종		ホソキマキ
블칸크로톤 (광엽계)	*Codiaeum variegatum* Blume var. *pictum* Muell Arg. 'Vulcan'	원예품종		アケボノクロトン
반호우테이크로톤	*Codiaeum variegatum* Blume var. *pictum* Muell Arg. 'Van Houtei'	원예품종		
언네임드크로톤	*Codiaeum variegatum* Blume var. *pictum* Muell Arg. 'Unnamed'	원예품종		
비엽크로톤	*Codiaeum variegatum* Blume var. *pictum* Muell. Arg. 'Barronne James de Rothschild'	원예품종		トビバクロトン
금성크로톤	*Codiaeum variegatum* Blume var. *pictum* Muell Arg. 'Punctatum	원예품종		リエウセイ クロトン

	Aureum'			
노르마크로톤	*Codiaeum variegatum* Blume var. *pictum* Muell Arg. 'Nerbia'	원예품종	norma	
네르비아크로톤 (광엽계)	*Codiaeum variegatum* Blume var. *pictum* Muell Arg. 'Nerbia'	원예품종		
주름잎크로톤	*Codiaeum variegatum* Blume var. *pictum* Muell Arg. 'Motimer'	원예품종		
모나리자크로톤	*Codiaeum variegatum* Blume var. *pictum* Muell Arg. 'Mona Lisa'	원예품종		
골든링크로톤	*Codiaeum variegatum* Blume var. *pictum* Muell Arg. 'Golden Ring'	원예품종		
후케리아눔크로톤	*Codiaeum variegatum* Blume var. *pictum* Muell Arg. 'Hookerianum'	원예품종		
로스차일드크로톤	*Codiaeum variegatum* Blume var. *pictum* Muell. Arg. 'Baronne James de Rothschild'	원예품종		
아우쿠비폴리움 크로톤	*Codiaeum variegatum* Blume var. *pictum* Muell. Arg. 'Aucubifolium'	원예품종		
마쿨라툼크로톤	*Codiaeum variegatum* Blume var. *pictum* Muell. Arg. 'Aure Maculatum'	원예품종		
비콤프트크로톤	*Codiaeum variegatum* Blume var. *pictum* Muell. Arg. 'B. Compte'	원예품종		
제너랄마샬크로톤	*Codiaeum variegatum*			

	Blume var. *pictum* Muell Arg. 'General Marshall'	원예품종		
브라보크로톤 (대엽 삼엽계)	*Codiaeum variegatum* Blume var. *pictum* Muell. Arg. 'Bravo'	원예품종		
에로우파크로톤 (광엽계)	*Codiaeum variegatum* Blume var. *pictum* Muell. 'Bravo'	원예품종		
엑살란트크로톤 (삼엽광엽계)	*Codiaeum variegatum* Blume var. *pictum* Muell Arg. 'Exalant'	원예품종		
굴거리나무	*Daphniphyllum macropodum* Miq.	한국, 남해안, 일본, 대만, 중국 동남부	sloumi, daphniphyllum	ユズリハ
굴거리나무	*Daphniphyllum macropodum* Miquel	한국 남해안, 일본, 대만, 중국 동남부		ユズリハ
유포르비아 케이지	*Euphorbia* × *keysii* Hort	원예교배종	flamingo plant, giant crown of thorns	
유포르비아 코티니폴리아	*Euphorbia cotinifolia* L.	멕시코~남아메리카		
유포르비아 두라니	*Euphorbia duranii* Ursch et. Leandri	마다가스카르		
유포르비아 에키누스	*Euphorbia echinus* Hook. f. et Cross.	모로코 남부		エキヌス
유포르비아 풀겐스	*Euphorbia fulgens* Karw. ex Klotzsch	멕시코	scarlet plume	
유포르비아풀겐스	*Euphorbia fulgens* Karw. ex Klotzsch	멕시코	scarlet plume	ユホルビア フルゲンス
기린관	*Euphorbia grandicornia* Goebel ex N. E. Br	동아프리카	cows horn	キリンカン
유포르비아 락테아	*Euphorbia lactea* Haw.	인도	mottled spurge, cndelabra cactus, false cactus,	テイキン

			hatrack	
유포르비아 라티리스	*Euphorbia lathyris* L.	남부유럽, 북아메리카	mole plant, myrtle spurge, capar spurge	ホルトソウ
설악초	*Euphorbia marginata* Pursh	미국(미네소타 평원, 텍사스~ 다코타, 콜로라도)	ghostweed, snowon the mountain	ハツユキソウ
설악초	*Euphorbia marginata* Pursh	미국(미네소타 평원, 텍사스~ 다코타, 콜도라도)	ghost weed, snow on the mountain	ハツュキソウ
꽃기린	*Euphorbia milii* var. *splendens* Bojer (*Euphorbia splendens* Bojer)	마다가스카르, 말라가시	crown of thorns	ハナキリン
유포르비아 밀로티	*Euphorbia millotii* Ursch et Leandri	마다카스칼 동남부		
유포르비아 미르시니테스	*Euphorbia myrsinites* L.	남부유럽		
유포르비아 네리폴리아	*Euphorbia neriifolia* L.	인도남부, 동부	oleander leaved, hedge euphoria	
유포르비아 오베사	*Euphorbia obesa* Hook. f	.아프리카 남부	living baseball, gingham golf ball	
유포르비아오베사	*Euphorbia obesa* Hook. f.	아프리카 남부	leaving baseball, gingham golfball	ユーホルビア オベ サ
유포르비아 폴리크로마	*Euphorbia polychroma* Kern.	유럽남부		
포인세티아	*Euphorbia pulcherrima* Willd. ex Klot.	멕시코 남부	poinsettia	ポインセチア
포인세티아	*Euphorbia pulcherrima* Wild. ex Klotzsch	멕시코 남부	christmas flower, painted leaf, lobster plant,	ポインセチア, ショウジョウボク
겹포인세티아	*Euphorbia pulcherrima* Wild. ex Klotzsch 'Plenissima'	멕시코원산종의 변종	double poinsettia, flaming sphere	

마아블포인세티아	*Euphorbia pulcherrima* Wild. ex Klotzsch 'Marble'	원예품종		
인디아나폴리스레드포인세티아	*Euphorbia pulcherrima* Wild. ex Klotzsch 'Indianapolis Red'	원예품종		
원엽포인세티아	*Euphorbia pulcherrima* Wild. ex Klotzsch 'Annette HeggSupreme'	멕시코원산종의 변종	christmas poinsettia	ショウジョウボク
안네테헤크핑크포인세티아	*Euphorbia pulcherrima* Wild. ex Klotzsch 'Annette Hegg Pink'	원예품종		
수양대극	*Euphorbia ramipressa* Croiz.	마다가스카르		
꽃기린	*Euphorbia splendens* Bojer	마다가스카르, 마라가시	crown of thorns	ハナキリン
유포르비아 심메트리카	*Euphorbia symmetrica* White. Dyer et Sloane	케이프타운		
유포르비아 티루칼리	*Euphorbia tirucalli* L.	동아프리카의 우간다, 콩고, 잔지발	milk bush, finger tree, pencil tree Indian tree spurge, rubber euphorbia	アオサンゴ
유포르비아 트리고나	*Euphorbia trigona* Haw.	열대서부 아프리카의 마다가스카르, 카나리 군도, 가봉		サイウンカク
유포르비아 트리고나	*Euphorbia trigona* Haw.	열대서부아프리카의 마다가스카르, 카나리 군도, 가봉	African milk tree	ユーホルビア ツリゴナ
청자목	*Excoecaria cochinchinensis* Lour.	베트남, 라오스, 캄보디아	cay lieo do, picara	センシボク
청자목	*Excoecaria cochinchinensis* Lour.	베트남, 라오스, 캄보디아	picara, cay lieo do	セイシボク

산호유동	*Jatropha podagrica* Hook.	서인도제도, 중앙아메리카, 콜롬비아	Australian bottle plant, guatemala rhubarb, physic nut, tartago	サンゴアブラギリ
산호유동	*Jatropha podagrica* Hook.	서인도 제도, 중앙아메리카, 콜롬비아	Australian bottle plant, Guatemala rhubarb, physic nut, tartago	サンゴアブラリ
마니홋트	*Manihot utilissima* Pohl var. *variegata* Hort.	원예변종	bitter cassava, cassava, manioc, tapioca plant	
석화은룡	*Pedilanthus tithymaloides* Poit. subsp. *smallii* Dressl.	중앙아메리카		ヤツカギンリュウ
무늬은룡	*Pedilanthus tithymaloides* Poit. var. *variegatus* Hort.	중앙아메리카, 서인도	variegated devil's backbone, zigag plant, Jacob's ladder	リュウボク,ギンリュウ
은룡	*Pedilanthus tithymaloides* Poit.	중앙아메리카	devil's backborn, sliper plant	ギンリュウ
은룡	*Pedilanthus tithymaloides* L.	중앙아메리카	devil's blackbone, Japanese poinsettia, slipper flower, red bird cactus, ribbon cactus, slipper plant, jewbush	ギンリュウ
대은룡	*Pedilanthus tithymaloides* Poit. var. *cucullatus* Hort.	중앙아메리카	devil's blackbone	タイギンリュウ
목기린	*Peireskia aculeata* Mill.	서인도, 남아메리카의 해변, 브라질 북동부, 파라과이	lemon vine, leaf cactus	モクキリン
목기린	*Pereskia aculeata* Mill.	서인도, 남아메리카의 해변, 브라질 북동부,	leaf cactus, lemon vine	モクキリン

		파라과이		
피마자(아주까리)	*Ricinus communis* L.	열대아프리카	castor bean, castor oil plant	ヒマ
아주까리, 피마자	*Ricinus communis* L.	열대 아프리카	caster bean, caster oil plant, Palma christi, wonder tree	トウゴマ, ヒマ
꽃아주까리	*Ricinus communis* L. 'Coccineus'	열대 아프리카	red leaf palma christi	
거성화	*Stapelia gigantea* N.E. Br.	남아프리카의 나탈, 줄루랜드, 로데시아	giant stapelia, zulu giant, giant toad plant	オウサイカク
시나데니움	*Synadenium grantii* Hook.	탄자니아	African milk bush	
붉은잎 시나데니움	*Synadenium grantii* Hook. 'Rubra'	탄자니아	red milk bush	
시나데니움	*Synadenium grantii* Hook.	탄자니아	African milk bush	
트라켈리움	*Trachelium caerueum* L.	남유럽, 북아프리카	common throtwort	ユウギリソウ

도금양과_Myrtaceae

국명(한자명)	학명	원산지	영명	일명
수양병솔꽃나무	*Callistemon viminals* Cheel.	서부오스트레일리아	weeping bottle	シダレハナマキ
병솔꽃나무	*Callistemon lanceolatus* DC.	오스트레일리아	bottle brush	ハナマキ
호주병솔꽃나무	*Callistemon speciosus* DC.	오스트레일리아	showy bottle brush	ブラッシノキ
은엽유카리	*Eucaliptus cinerea* F.J. Muell. ex Benth.	뉴사우스웨일스, 빅토리아	silver dollar tree, spiral eucaliptus	ギンマルバユーカリ
유칼리프투스 카말둘렌시스	*Eucalyptus camaldulensis* Dehnh.	오스트레일리아	river red gum	
은환엽 유카리	*Eucalyptus cinerea* F.J.	뉴사우스웨일	silver dollar tree,	ギンマルバユーカリ

	Muell. ex Benth.	스, 빅토리아	spiral eucalyptus	
유칼립투스	*Eucalyptus dalrympleana* Maiden.	뉴사우스웨일스, 빅토리아	mountain gum	
타스마니아 유칼립투스	*Eucalyptus globulus* Labill..	타스마니아, 빅토리아	tasmania blue gum, blue tree, blue gum	
유칼리프투스 군니	*Eucalyptus gunnii* Hook.	오스트레일리아, 타스마니아	cider gum, cider tree	
레프토스페르뭄 스코파리움	*Leptospermum scoparium* J. R. Forst.	오스트레일리아, 뉴질랜드	manuka tea tree, Newzealand tea tree	ギョリュウバイ
노란병솔꽃나무	*Melaleuca leucadendron* L .	오스트레일리아, 뉴기니	river tea tree, weeping tea tree	カュプテ
은매화	*Myrtus communis* L	지중해 연안	true myrtle, greek myrtle	ギンバイカ, イワイノキ
번석류	*Psidium cattleianum* Sabine	브라질	strawberry guava, brazilia guava, purple strawberry, cattley guava	テリハバンジロウ

돈나무과_Pittosporaceae

국명(한자명)	학명	원산지	영명	일명
돈나무	*Pittosporum tobira* Ait.	한국, 중국, 일본의 해안 지방	Japanese pittosporum, mock orange	ベラ
무늬돈나무	*Pittosporum tobira* (Thunb.) Aiton 'Variegata'	한국, 중국, 일본원산종의 원예품종	variegated mock orange	

돌나물과_Crassulaceae

국명(한자명)	학명	원산지	영명	일명

아에오니움 아트로퍼푸레움	*Aeonium arboreum* L.Webb. et Berth 'Atropurpureum'	원예품종	schwarzkopf, black tree aeonium	クロホウシ
아에오니움 카스텔로 파이베	*Aeonium castello-paive* C. Bolle	원예품종		
아에오니움 운둘라툼	*Aeonium undulatum* Webb. et Berth.	카나리아 섬	sauger plant	アンドウラタム
브리오필럼	*Bryophyllum calycinum* Salisb.(=Kalanchoe pinnata)	마다카스카	bryophyllum	ブリオフイルム
은파금	*Cotyledon macrantha* L.	케이프타운		ギンハニシキ
코티레돈 마크란다	*Cotyledon macrantha* L.	케이프타운		ベニフクリン
가입낭	*Cotyledon orbiculata* L. cv.	남아프리카		ヨメイリムスメ
태동자	*Cotyledon tomentosa* Harv.	케이프타운		クマドウジ
욱파금	*Cotyledon undulata* Haw. hybrid	남아프리카의 케이프타운		キョクハニシキ
크라술라 아르겐테아	*Crassula argentea* Thunb.(=*C. portulacea* Lam)	캘리포니아	jade plant, jade tree	フチベニベンケイ
크라술라 아르보레센스	*Crassula arborescens* Willd.	케이프주~리톨루, 나마카랑토~나탈주	silver dollar, silver jade plant	クラッスラ アルボレスケンス
크라술라 아르보레스센스	*Crassula arborescens* Willd.	남아프리카(나탈~나마쿼아랜드)	silver dollar, silver jade plant, Chinese jade silver dollar	
크라술라아르보레스센스 운둘라티폴리아	*Crassula arborescens* Willd.' Undulatifolia'	원예품종		
크라술라 카피텔라 캠프파이어	*Crassula capitella* 'Campfire'	원예품종		
신도	*Crassula falcata* Wendl.	남아프리카	airplane plant,	シントウ

		케이프타운 동남부, 나탈	sickle plant, airplane propellers, scarlet paint brush, propeller plant	
사이프레스 크라술라	*Crassula lycopodioides* Lam.	아프리카 서남부	toy cypress, moss crassula, rattail crassula, Moss rat tail, watch chain crassula	セイサリユウ
개 사이프레스 크라술라	*Crassula lycopodioides* Lam. var. *pseudolycopodioides* Walth	아프리카 서남부 원산 종의 변종	skinny fingers, prinecess pine	ワカミドリ
크라술라 오바타 오블리쿠아 바리에가타	*Crassula ovata* 'Obliqua Variegata'	케이프타운, 나탈	variegated jade plant	
크라술라 오바타 해빗트	*Crassula ovata* E. Mey ex Harv. 'Habbit'	원예품종		
크라술라 오바타	*Crassula ovata* E. Mey ex Harv.	제이프주~나탈주	jade	
첨도	*Crassula perfoliata* L.	케이프타운, 나탈		セントウ
성을녀	*Crassula perfoliata* Thunb.	케이프타운	spring of buttons crassula	ホシオトメ
크라술라 페르폴리아타 팔카타	*Crassula perfoliata* L. var. *falcata* Hort.	케이프타운, 나탈 원산종의 원예변종		
삼색무늬 크라술라	*Crassula portulacea* Lam. 'Tricolar'	케이프타운 원산종의 변종	tricolor jade tree	
크라술라 포투라세아	*Crassula potulacea* Lam.	케이프타운, 나탈	jade plant, baby Jade, dollar plant, cauliflower ears, Chines rubber plant, dwarf rubber plant, Japanes	フチベニベンケイ

			rubber plant	
크라술라 포투라세아 오블리쿠아	*Crassula potulacea* Lam. var. *obliqua* Ait.	남아프리카		カゲツ
크라술라 포투라세아 바리에 가타	*Crassula potulacea* Lam. var. *variegata*	케이프타운 원산종의 변종	yellowish stripes jade tree	カゲツニシキ
크라술라 루페스트리스	*Crassula rupestris* Thunb.	케이프타운, 몬티콜라, 남아프리카	rosary vine, buttons on a string, bead vine, necklace vine, rosary plant	
에케베리아 알바	*Echeveria alva* Hort.	멕시코		
에케베리아 치와와엔시스	*Echeveria chihuahuaensis* var. *poellnitz*	멕시코		
멕시코 바위발톱	*Echeveria desmetiana* E. Morr.	멕시코 남부		
에케베리아 히아리나	*Echeveria hyalina* E. Walther	멕시코		
에케베리아 레우코트리카	*Echeveria leucotricha* J. A. Purpus	멕시코	chenille plant	ハクトジ
우단풀(꽃바위솔)	*Echeveria pulvinata* Rose	멕시코		キンコウセイ
에케베리아 웨스티	*Echeveria westii* Hort.	원예품종		
크라프토페타룸 파라과이엔스	*Graptopetalum paraguayense* E. Walther	멕시코	ghost plant, mother of pearl plant	オボロヅキ
천손초	*Kalanchoe daigremontiana* Hamet et Perr.	마다가스카르	devil's blackbone	シコロベンケイ
선녀무	*Kalanchoe beharensis* Drake Del Cast.	마다가스카르 남부해발 500m	felt bush, velvet elephant ear, velvet leaf, elephant ear	テンニンノマイ
칼란코에 블러쓰	*Kalanchoe blossfeldiana*	마다가스카르	christmas	ベニベンケイ

펠디아나	Poelln		kalanchoe	
칼란코에 블러쓰펠디아나 폴룩스	*Kalanchoe blossfeldiana* Poelln 'Pollux'	마다가스카르		
칼란코에 블러쓰펠디아나 스칼렛크라운	*Kalanchoe blossfeldiana* Poelln. var. *scarlet crown* Hort.	마다가스카르	flaming katy	ベニベンケイ
칼랑코에 블로스펠디아나	*Kalanchoe blossfeldiana* Poelln.	마다카스카르	Christmas kalanchoe	ベニベンケイ
천손초(화호접)	*Kalanchoe daigremontiana* Hamet et Perr	마다가스카르	devil's black bone	コダカラベンケイ, シュロベンケイ
로지다운 칠변초	*Kalanchoe fedtschenkoi* Hamet et Perr. 'Rosy Dawn'	마다가스카르		
칠변초	*Kalanchoe fedtschenkoi* Hamet Perr. 'Marginata'	캘리포니아, 미국 남부	aurora borealis plant	
주연	*Kalanchoe longiflora* Schelechtend var. *coccinea* Marnier	남아프리카 (나탈)		シュレン
칼란코에 마모라타	*Kalanchoe marmorata* Bak.	에티오피아	pen wiper	エドムラサキ
만손초	*Kalanchoe pinnata* Pers.	마다가스카르, 열대아시아, 아프리카, 아메리카 대양주	cutain plant, miracle leaf, air plant	セイロンベンケイ
만손초	*Kalanchoe pinnata* (Lam) Pers.	마다카스카르	curtain plant, miracle leaf, air plant	セイロンベンケイ
칼란코에 소말리엔시스	*Kalanchoe somaliensis* Hook.	남아프리카의 나탈		
마다가스카르 바위솔	*Kalanchoe tomentosa* Bak.	중앙 마다가스카르	panda plant, plush plant, pussy ears, pandabear plant	フキトシ
금접	*Kalanchoe tubiflora* Hamet	마다가스카르	chandelier plant	キンチョウ

바위솔	*Orostachys japonicus* A. Berger	한국, 일본, 만주		ツメレンゲ
바위솔	*Orostachys japonicus* A. Berger	한국, 일본, 중국		ツメレンゲ
난장이바위솔	*Orostachys sikokianus* Ohwi	한국, 일본		チャボツメレンゲ
군작	*Pachyphytum hookeri* A. Berger	멕시코		クンジヤク
성미인	*Pachyphytum oviferum* J. A. Purpus	멕시코, 세인트루이스	moon stones, pearly moonstones	ホシビジン
가는기린초	*Sedum aizoon* L.	한국, 일본, 중국, 몽골, 아무르, 우수리, 시베리아, 캄차카반도, 사할린	alpine stonecrop	ホソバノキリンソウ
기린초	*Sedum kamtschaticum* Fisch. & C.A. Mey	한국, 중국, 일본, 아무르, 우수리, 사할린, 캄차카반도, 쿠릴반도	stone crop	キリンソウ
기린초	*Sedum kamtschaticum* Fisch. et Mey	한국, 일본, 중국		キリンソウ
무늬 돌나물	*Sedum lineare* Thunberg 'varegatum'	중국, 일본 원산종의 변종	star sedum	フクリンマンネングサ, ヒメザサ
세듐 모르가니아눔	*Sedum morganianum* E. Walth	멕시코	donkey tail, hores's tail, lamb's tail, Monkey's tail, burro's tail, burro tail	タマツヅリ, タマスダレ
땅채송화	*Sedum oryzifolium* Makino	한국, 일본		タイトゴメ
홍옥	*Sedum rubrotinctum* R.T. Clausen	멕시코	christmas cheer	ニジノタマ, コウギョク

돌나물	*Sedum sarmentosum* Bunge	한국, 일본, 중국	stone crop	ツルマンネングサ
돌나물	*Sedum sarmentosum* Bunge.	한국, 중국, 일본		シルマンネングサ
세잎돌나물	*Sedum sieboldii* Sweet	일본	october daphne, october plant	ミセバヤ
세잎돌나물	*Sedum sieboldii* Sweet	일본, 중국	October daphne, October plant	ミセバヤ
큰꽁의비름	*Sedum spectabile* Boreau	한국, 중국 동부	showy sedum, live forever	オオベンケイソウ
큰꿩의비름	*Sedum spectabile* Boreau	한국, 중국	live forever, showy sedum	オオベンケイソウ
자주꿩의비름	*Sedum telephium* var. *purpureum* L.	한국, 일본, 중국, 아무르, 우수리, 시베리아, 사할린, 캄차카반도, 유럽		ムラサキベンンケイソウ
세덤 트렐레아세이	*Sedum treleasei* Rose	멕시코 남부	silver sedum	トガリアツバベンケイ

두릅나무과_Araliaceae

국명(한자명)	학명	원산지	영명	일명
무늬 애기 가시오갈피	*Acanthopanax sieboldianus* Makino 'Variegatus'	일본(혼슈, 호까이도, 시코쿠, 규슈)		ウコギ, ヒメウコギ
가시오갈피나무	*Acanthopanax senticosus* (Rupr. et Max.) Harms.	한국, 일본, 아무르, 우수리, 사할린	siberian ginseng	エゾウコギ
독활	*Aralia continentalis* Kitagawa	한국, 만주		マンセンウド
두릅나무	*Aralia elata* Seem	한국, 중국, 일본	Japanese angelica	タラノキ
두릅나무	*Aralia elata* Seem.	한국, 중국, 일본	bud of aralia, Japanese	タラノキ

			angelica	
노랑 무늬 두릅나무	*Aralia elata* Seem. forma *aureo-variegata* Nakai	원예품종		キモンタラノキ
황칠나무	*Dendropanax morbifera* Nakai	한국남부	Korean dendropanax	チョウセンカクレミノ
디지고테카	*Dizygotheca elegantissima* (Hort. Veitch) R. Vig. & G.	뉴칼레도니아, 폴리네시아	false aralia, finger aralia, thread leaf false aralia	デジゴセカ エレガンティシマ
아랄리아	*Dizygotheca elegantissima* Veitch	오스트레일리아, 남양제도, 뉴헤브리데즈, 뉴칼레도니아, 폴리네시아	false aralia, finger aralia	モミジバアラリア
캐스터 아랄리아	*Dizygotheca elegantissima* Veitch var. *caster* Hort.	뉴헤브리데즈 원산종의 변종		テイツゴセカ カスター, アラレア,カスター
다찌바 아랄리아	*Dizygotheca elegantissima* Veitch 'Trichiba'	오스트레일리아, 남양 제도, 뉴헤브리데즈, 뉴칼레도니아		タチバアラレア
팻츠헤데라	*Fatshedera lizei* Guillaum.	원예속간 교배종	miracle plant	ファトスヘデラ
팔손이 나무	*Fatsia japonica* Decne. et Planch	일본(시코쿠, 규슈 등), 한국(거제도 난지의 해변 산록)	Japanese fatsia, formosa rice tree, paper plant, false caster oil plant, fig leaf palm	ヤツデ
알제리아이비 (카나리아이비)	*Hedera canariensis* Willd.	카나리섬, 북아프리카	Algerian ivy, canary ivy	カナリーキツタ
아이비	*Hedera helix* L.	유럽, 서아시아, 북아프리카	English ivy	セイヨウキズタ
송악	*Hedera rhombea* Sieb. et Zucc.	한국의 남해안, 일본, 대만	Korean ivy	キヅタ
음나무	*Kalopanax pictus* Nakai	한국, 일본(류큐), 사할린, 중국	caster aralia	ハリギリ

둥근잎 아랄리아	*Polyscias balfouriana* Bailey	뉴칼레도니아	dinner plate aralia, balfour aralia	ポリスキアス バルフーリアーナ
대만 아랄리아	*Polyscias fruticosa* L. Harms	폴리네시아, 말레이시아, 인도	ming aralia, parsley panax	ホソバアラリア タイワンモミジ
쉐프레라 악티노필라	*Schefflera actinophylla* Harms	뉴질랜드, 오스트레일리아, 뉴기니 아, 자바	queensland umbrella tree, octopus tree, rubber tree	シェフレラ アクティ ノフィラ
쉐프레라 아보리콜라	*Schefflera arboricola* Hayata	대만, 중국남부		ヤドリフカノキ
쉐프레라 베눌로사	*Shefflera venulosa* Hams	오스트레일리아 (퀸즐랜드), 중국 남부, 인도, 베트남	starleaf	シェフレラベヌロサ

드로세라과(끈끈이귀개과)_Droseraceae

국명(한자명)	학명	원산지	영명	일명
파리지옥	*Dionaea muscipula* L. Ellis	미국(캐롤라이나, 플로리다 지방 의 습지)	venus fly trap, fly catcher	ハエジゴク, ハエトリソウ
드로세아 아델라에	*Drosera adelae* F. Muell.	오스트랄리아	sundew	
드로세라 버만니	*Drosera burmanni* Vahl.	일본(오키나와), 대만		クルマバモウセンゴケ
드로세라 카펜시스	*Drosera capensis* L.	케이프타운의 남서 부 지방		アフリカナガバ モウセンゴケ
끈끈이주걱	*Drosera rotundifolia* L.	한국, 중국, 일본, 아무르, 우수리, 사할린, 시베리아, 캄차카 반도, 카프카스, 유럽, 북아메리카	round leaved sundew	モウセンゴケ

때죽나무과_Styraceae

국명(한자명)	학명	원산지	영명	일명
은종나무	*Halesia carolina* L.	미국(서부버지니아주~플로리다, 텍사스주)	snow drop tree, great silver bell, wild olive, shittimwood, oppossumwood	アメリカアサガラ
산종나무	*Halesia monticola* Sargent	미국(캐롤라이나주~조이아주, 테네시주)	mountain silver bell	
스티락스 아메리카누스	*Styrax americanus*	미국(버지니아~플로리다, 로스앤젤레스)	American snowbell	
스티락스 그란디폴리우스	*Styrax grandifolius*	미국(버지니아~플로리다)	bigleaf snowbell	
때죽나무	*Styrax japonica* Sieb. et Zucc.	중국, 일본	Japanese snowbell	エゴノキ
때죽나무	*Styrax japonica* Sieb. et Zucc.	한국, 중국, 대만, 일본, 필리핀북부	Japaness snowbell, Japaness styrax	エゴノキ, チシヤノキ, チサノキ, イツシ, イチシ, エゴ, ロクロギ
쪽동백나무	*Styrax obassia* Sieb. et Zucc.	일본	fragrant snowbell	ハクウンボク

라

로벨리아과_Lobeliaceae

국명(한자명)	학명	원산지	영명	일명
로벨리아 에리누스	*Lobelia erinus* L.	남아프리카	edging lobelia	ルリチョウチョウ
로벨리아 리마돈나	*Lobelia erinus* L. 'Prima Dona'	남아프리카 원산종의 원예품종	prima dona edging lobelia	ルリミゾカクシ
로벨리아 화이트 레이디	*Lobelia erinus* L. 'White Lady'	남아프리카 원산종의 원예품종	white lady edging lobelia	ホワイトレテイ
로벨리아	*Lobelia ernus* L.	남아프리카	edging lobelia	ロベリア エリヌス

마

마과_Dioscoreaceae

국명(한자명)	학명	원산지	영명	일명
마	*Dioscorea batatas* Decne.	중국	yam	ヤマイモ
구갑용	*Dioscorea elephantopus* Lindley	케이프타운, 나탈, 트란스발	elephant's foot, hottentotbread	キツコウリュウ
멕시코 구갑용	*Dioscorea macrostachya* Rowl.	멕시코		メキシコキツコウリュウ

마디풀과_Polygonaceae

국명(한자명)	학명	원산지	영명	일명
범꼬리	*Bistorta manshuriensis* Kom.	한국	bistort	イブキトラノオ
한기죽	*Muehlenbeckia platyclada* Meissn.	솔로몬군도	ribbon brush, tapeworm plant	カンキチク
메밀	*Pagopyrum esculentum* Moench	중앙아시아, 동부아시아	notchseeded buck wheat, brank,	ソバ, ソバムギ, ソマムギ
무늬 호장근	*Polygonum cuspidatum* Sieb. et Zucc. var. *spectabile* Makino.	한국		ニシキイタトリ
소리쟁이	*Rumex crispus* L.	한국	curly dock	ナガバギシギシ

마란타과_Marantaceae

국명(한자명)	학명	원산지	영명	일명
칼라데아 카르디오필라	*Calathea cardiophylla*	브라질		
칼라데아 벨라	*Calathea bella* Regel.	브라질		
칼라데아 크로카타	*Calathea crocata* E. Morr. & Joriss.	불명	gold star	カラテアクロカータ
칼라데아 인시그니스	*Calathea insignis* Bull.	브라질	rattle snake plant	カラテア インシグニス

칼라데아 인시그니스	*Calathea insignis* Bull.	브라질	rattle snake plant	ヤバネシハイヒメバショウ
칼라데아 레오파르디나	*Calathea leopardina* Regel.	브라질		
칼라데아 리체이	*Calathea lietzei* E. Morr	브라질		
칼라데아 로우이사에	*Calathea louisae* Gagnep.	브라질	slender calathea	カラテアロウイサェ
칼라데아 로우이사에	*Calathea louisae* (Chantrier) Gagnep.	불명	slender calathea	カラテア ロウイサエ
크테난테 루베르지아나	*Calathea lubbersiana* Eichl. ex Petersen	브라질		フリヒメバショウ
칼라데아 마코야나	*Calathea makoyana* (Nichols.) E.Morr.	브라질	brain plant, peacock plant, rattlesnake plant	カラテア マコヤナ
칼라데아 마코야나	*Calathea makoyana* E. Morr.	브라질 (미나즈지방)	peacock plant, rattle snake plant, catheral windows, brain plant	ゴシキヤバネパショウ
칼라데아 무사이카	*Calathea musaica* Hort.	브라질		フイリセメバショウ
큰잎칼라데아	*Calathea orbiculata* Lodd.	브라질		
분홍줄무늬 칼라데아	*Calathea ornata* Koem. var. *roseolineata* Hort.	브라질	pink line calathea	ベニスジヒメバショウ
분홍줄무늬칼라데아	*Calathea ornata* Koern. var. *roseo-lineata* Hort	기아나, 에콰도르, 콜롬비아	pink line calathea	ベニスジヒメバショウ
칼라데아산데리아나	*Calathea ornata* Korern. var. *sanderiana* Hort.	기아나, 에콰도르, 콜롬비아		ベニスジバショウ
칼라데아 픽투라타 반덴헥케이	*Calathea picturata* (Linden.) C. Koch var. *vandenheckei* Regel	브라질		シロスジヒメバショウ
칼라데아 아르겐테아	*Calathea picturata* (Linden.) C. Koch var. *argentea* Hort.	브라질		カラテア アルゲンティア

칼라데아 아르겐테아	*Calathea picturata* C. Koch var. *argentea* Hort.	베네수엘라	silver calathea	ギソヒメバショウ
칼라데아 픽투라타 반덱헥케이	*Calathea picturata* C. Koch var. *vandenheckei* Regel.	브라질(아마존), 콜롬비아, 베네수엘라.		シロスジヒメバショウ
칼라데아 프린세프스	*Calathea princeps* Regel.	브라질(아마조나스)		ナガジクヤバホバショウ
칼라데아 로세오픽타	*Calathea roseo-picta* Regel	브라질		チヤボベニスジヒメバショウ
칼라데아 로세아픽타	*Calathea roseopicta* (Linden) Regel	브라질		カラテア ピクツラータ
칼라데아 운둘라타	*Calathea undulata* Linden & Andre	페루	white stripe calathea	
칼라데아 베이치아나	*Calathea veitchiana* Hook. forma	페루, 에콰도르	peacock plant	オオゴシキヤベネバショウ
칼라데아 베이치아나	*Calathea veitchiana* Hook f.	브라질	peacock plant	オオゴシキヤバネバショウ
칼라데아 제브리나	*Calathea zebrina* Lindl.	브라질	zebra plant	トラフヒメバショウ
칼라데아 제브리나	*Calathea zebrina* Lindl.	브라질	zebra plant	
크테난데 루베르지아나	*Ctenanthe lubbersiana* Eichl. ex	브라질		
삼색 크테난데	*Ctenanthe oppenheimiana* Schumb. var. *tricolor* Hort.	브라질	never never plant	ミイロヒメバショウ
사색크테난데	*Ctenanthe oppenheimiana* Schumb. 'Quadricolor'	원예품종		
삼색마란타	*Ctenanthe oppenheimiana* Schumb.	브라질 동부		ヒメバショウ
마란타 아룬디나케아 바리에가타	*Maranta arundinacea* L. 'Variegata'	열대 아메리카 원산종의 원예변종	variegated arrow root	フイリクズウコン
마란타 바이컬러	*Maranta bicolor* Ker.	브라질, 기아나		

비로도 마란타	*Maranta leuconeura* Morren var. *erythroneura* Bunt.	브라질	red veined prayer plant	ボスタス
마란타 맛상게아나	*Maranta leuconeura* Morren var. *massangeana* Schum.	브라질	massanges arrowroot	ヒョウモンヨウショウ
마란타	*Maranta leuconeura* Morren var. *kerchoveana* Morr.	브라질, 기아나	rabbit's tracks, rabbit's foot	
마란타	*Maranta leuconeura* Morren var. *kerchoveana* Morr.	브라질, 기아나	rabbit's tracks, rabbits foot	モンヨウショウ
모노타그마 스마라그디눔	*Monotagma smaragdinum* K. Schum.	에콰도르		ヤバネヒメバショウ
스트로만데 아마빌리스	*Stromanthe amabilis* E. Morr.	브라질		ウラバニショウ
스트로만다 상규네아	*Stromanthe sanguinea* Sond.	에콰도르, 브라질		ウラバニショウ
워터칸나	*Thalia dealbata* J. Fraser	미국(남부캐롤라이나, 주이지애나, 플로리다, 텍사스, 미조리주)	water canna	ウオーターカンナ, ミズカンナ
워터칸나	*Thalia dealbata* J. Fraser	미국(남부캐롤라이나, 루이지애나, 플로리다, 텍사스, 미조리주)	water canna	

마름과_Hvdrocarvaceae

국명(한자명)	학명	원산지	영명	일명
마름과	*Trapa japonica* Fleov.	한국, 일본, 중국, 유럽	water chesnut	ヒシ
애기마름	*Trapa pseudo-incisa* Sieb.	한국		

마전과_Loganiaceae

국명(한자명)	학명	원산지	영명	일명
부들레아 다비디	*Buddleia davidii* Franch	중국	butterfly burh, orange eye, summer lilac	ブッドレア
부들레아퍼플 프린스	*Buddleia davidii* Franch. 'Purple Prince'	중국		
부들레아 글로보사	*Buddleia globosa* Hope.	칠레, 페루	golbe butterfly bush, orange ball tree	タマフジウツギ
캐롤라이나자스민	*Gelsemium sempervirens*	미국(캐롤라이나주, 버지니아~플로리다, 텍사스), 중앙아메리카	evening trumpet flower, carolina yellow jasmine, false jasmine	

마타리과_Valerianaceae

국명(한자명)	학명	원산지	영명	일명
금마타리	*Patrinia saniculaefolia* Hemsl.	한국		カラキンレイカ
쥐오줌풀	*Valeriana fauriei* Briq.	한국, 일본, 사할린, 타이완, 중국 동북부	valerian	カノコソウ

마편초과_Verbenaceae

국명(한자명)	학명	원산지	영명	일명
중국작살나무	*Callicarpa bodinieri* Lev.	중국		
흰좀작살나무	*Callicarpa dichotoma* Raeus. var. *albi-fructus* Ckuya.	일본 원산종의 변종		コラタマコシキブ, シロミノコムラサキ
좀작살나무	*Callicarpa dichotoma* Raeus.	한국, 중국, 일본, 베트남	purple beauty berry,	コムラサキ

			Chinese beauty berry	
작살나무	*Callicarpa japonica* Thunb.	한국, 일본, 대만	Japanese beauty berry	ムラサキシキブ
층꽃나무	*Caryopteris incana*(Thunb.) Miq.	한국, 일본, 중국	common bluebeard, blue spirea	ダンギク
누리장나무	*Clerodendron trichotomum* Thunb.	한국, 일본, 중국	glory bower, harlequin glory bower	クサギ
무늬클레로덴드룸	*Clerodendrum thomsonae* Balfour. var. *variegata* Hort.	서아프리카, 중앙아메리카 원산종의 변종	variegated bleeding hert vine	フイリクレロデソドロン
클레로덴드럼 톰소나에	*Clerodendrum thomsonae* Balfour.	서아프리카, 중앙아메리카	bleeding heart vine, broken heart	クレロデンドラム
듀란타	*Duranta repens* L.	태국, 플로리다. 멕시코, 브라질	golden dewdrop, pigeon berry, sky flower, Brazilian	ハリマツリ
란타나	*Lantana camara* L.	서인도, 열대 아메리카, 북구 텍사스	common lantana, shrub verbena	ランタナ
란타나스노우플레이크	*Lantana camara* L. var. *snow-flake* Hort.	서인도, 열대 아메리타, 북부 텍사스 원산종의 변종	white sage, white lantana	シロバナ ランタナ
마타리	*Patrinia scabiosaefolia* Fisch.	한국, 일본 (천도, 가라후토, 류큐), 대만, 중국 (만주), 동부 시베리아		オミナエシ
버베나	*Verbena* ×*hybrida* Voss.	아메리카, 한국	garden verbena	バーベナ
버베나 네라화이트	*Verbena tenera* K. Spreng. 'White' (=*Verbena* pulchella Sweet 'White')	브라질 남부, 아르헨티나		ヒメビツョザクラ, ネバリビショサクラ

순비기나무	*Vitex rotundifolia* L. fil.	한국, 일본, 동남아시아, 오스트레일리아	seashore vitex	ハマゴウ

매자나무과_Berberidaceae

국명(한자명)	학명	원산지	영명	일명
왕매발톱나무	*Berberis amurensis* Rupr.	한국		ヒロハメギ
다윈매자나무	*Berberis darwinii* Hook.	칠레, 파다고니아	darwin barberry	
매자나무	*Berberis koreana* Palibin	한국	Korean barberry	チョウセンメギ
당매자나무	*Berberis poiretii* Schneid.	한국, 중국, 몽골	Chinese barberry	トウメギ
붉은잎매자나무	*Berberis thunbergii* DC 'Atropurpurea'	일본 원산종의 원예품종		
왜성붉은잎매자나무	*Berberis thunbergii* DC. 'Atropurpurea Nana'	일본 원산종의 원예품종		
노랑잎매자나무	*Berberis thunbergii* DC. 'Aureo'	원예품종		
로즈글로우일본매자나무	*Berberis thunbergii* DC. 'Rose Glow'	일본 원산종의 원예품종		
스테노필라 매자나무	*Berberis thunbergii* DC. 'Atropurpurea'	원예교배종	rosemary barberry	
일본매자나무	*Berberis thunbergii* DC.	일본	Japanese barberry	アカバノメギ
삼지구엽초	*Epimedium koreanum* Nakai	한국(경기도 이북), 만주	Korean barrenwort	キバナイカリソウ
깽깽이풀	*Jeffersonia dubia* Benth et. Hook.	한국(북부지역, 수원 화산), 중국 (흑룡강 지방)	twin leaf	キバナイカリソウ
홀리마호니아	*Mahonia aquifolium* Pursh Nutt.	미국(콜롬비아 오레곤 주)	holly mahonia, holly barberry	ヒイラギメギ

당남천	*Mahonia fortunei* Fedde	중국	Chinese holly tree	ホソバヒイラギナンテン
대만남천, 뿔남천	*Mahonia japonica* DC.	중국, 대만, 히말라야	Japanese mahonia	ヒイラギナンテン
난쟁이남천	*Nandina domestica* Thunb. 'Harbar Dwarf'	중국, 일본 원산종의 원예품종		
남천	*Nandina domestica* Thunb.	일본(혼슈, 시코쿠, 규슈의 난지), 중국 중부	nandiana, heavenly bamboo	ナンテン

멀구슬나무과_Meliaceae

국명(한자명)	학명	원산지	영명	일명
참죽나무	*Cedrela sinensis* A. Juss.(=*Toona sinensis* M.J. Roem.)	중국		チャンチン
멀구슬나무	*Melia azedarach* var. *japonica* Makino	한국, 일본	Japanese bead tree	センダン
투라에아 오브투시폴리아	*Turraea obtusifolia* Hohst.	남아프리카의 나탈, 케이프타운 동부	bluntleaf star bush, south African honeysuckle	

메꽃과_Convolvulaceae

국명(한자명)	학명	원산지	영명	일명
메꽃	*Calystegia japonica* Miq.	한국, 일본 북부, 중국(만주)		ヒルガオ
갯메꽃	*Calystegia soldanella* Roem. et Schult	한국 중부 이남의 해안가, 일본, 중국, 대만, 소련		ハマ ヒルガオ

삼색나팔꽃	*Convolvulus tricolor* L. (=*Convolvulus minor* Hort. =*Convolvulus versiolor* Salisb.)	시칠리아, 스페인, 북아프리카	dwarf orning gloty, three coloured bind weed	サンシキアサガオ, アサガオバナ
아욱메풀	*Dichondra repens* Forst.	한국, 일본	dichondra, pony food, lawnleaf	タイコンドラ
다이콘드라	*Dichondra repens* Forst. var. *carolinensis* Chois. (=*Dichondra carolinensis* Chois.)	미국(버지니아 주-텍사스 주), 멕시코, 일본(류큐), 서인도 제도, 중국	dichondra, ponyfoot, lawnleaf	タイコンドラ
고구마	*Ipomoea batatas* Lamarck	열대 아메리카	sweet potato yam, sweet potato vine	サシマイモ
카이리카 나팔꽃	*Ipomoea cairica* Sweet. (=*Ipomoea palmata* Forsk.)	열대 기후 지역	railway creepet	
나팔꽃	*Pharbitis nil* Choisy (*Ipomoea nil* Roth.)	열대 아시아, 히말라야 산록의 고원지대	morning glory	アサガオ
둥근잎 유홍초	*Quamoclit angulata* Bojer	열대 아메리카	star glory	マルバルコウソウ
유홍초	*Quamoclit pennata* Bojer	열대 아메리카	cypress vine, cardinal climber	カボチヤアサガオ, ルコウソウ
누홍초	*Quamoclit sloteri* Nieuwl.	원예 교배종	cardinal climber	ハゴロモルコウソウ

멕시코소철과_Zamiaceae

국명(한자명)	학명	원산지	영명	일명
멕시코소철	*Zamia pumila* L.(=*Zamia furfu-racea* L. =*Zamia silvicola* =*Zamia crassifolia* Hort. =*Zamia umbrosa* Small =*Zamia ottonis*	멕시코, 자마이카, 콜롬비아, 서인도	Jamaica sago tree, Florida arrowroot, sago cycas composite, seminole bread	ヒメザミア

	Regel =*Zamia fusca* var. *latifolia* Hort =*Zamia roozli* Hort. =*Zamia vestita* Van Houtte)			

면마과_Aspidiaceae

국명(한자명)	학명	원산지	영명	일명
도깨비고비	*Cyrtomium falcatum* K. Presl.	한국	holly fern, Japanese holly fern	オニヤブソテツ
관중	*Dryopteris crassirhizoma* Nakai	중국	buckler fern, filix mas fernwuzel	オシダ
야산고비	*Onoclea sensibilis* var. interrupta Max.	한국, 일본, 중국		コウヤワラビ

명아주과_Chenopodiaceae

국명(한자명)	학명	원산지	영명	일명
명아주	*Chenopodium album* var. *centrorubrum* Makino	한국, 일본, 중국	bacon weed, goose foot, wild spinach	アカザ
댑싸리	*Kochia scoparia* Schrad.	유럽 남부, 아시아, 중국, 몽고, 인도	summer cypress, fire bush, belvedere	ホウキギ, ニウクサ
꽃댑싸리	*Kochia scoparia* Schard. f. *trichophila* S. & T.	유럽 남부, 아시아 원산 종의 변종	common summer cypress	ハナホウキギ

목련과_ Magnoliaceae

국명(한자명)	학명	원산지	영명	일명

남오미자	*Kadsura japonica* Dunal(=*Uvaria japonica* Thunb.)	한국 남부 도서지방, 일본(혼슈~규슈), 중국, 대만		サネカズう, ヒチンカズう, トロロカズう
노랑무늬백합나무	*Liriodendron tulipifera* L. 'Aureomarginatum'	북아메리카 중부 원산종의 원예 품종		
튤립나무	*Liriodendron tulipifera* L.	북아메리카	tulip tree	ユリノキ
자주목련	*Magnolia denudata* Desr. var. *purpurascens* Rehd.(=*Magnolia purpurascens* Makino =*Magnolia conspicua* Salisb. var. *purpurascens* Maxim)	원예 변종		
태산목	*Magnolia grandiflora* L.	북아메리카 남부	large magnolia, laurel leaved magnolia, bull bay, southern magnolia	タイザンボク
백목련	*Magnolia heptapeta* Dandy (*Magnolia denudata* D.)	중국	yulan	ハクモクレン
목련	*Magnolia kobus* A.P. DC. (*Magnolia thurberi* P.)	한국(제주도), 일본	kobus magnolia	コブシ, コブシバジカミ, ヤマアララギ
자목련	*Magnolia liliflora* Desroux.	중국	lily magnolia	シモクレン
니그라 자목련	*Magnolia liliflora* Desr. 'Nigra'	원예 품종		
그라실리스자목련	*Magnolia liliflora* Desr. var. *gracilis* Rehd.	중국 원산종의 변종		トウモクしソ, ヒメモクしソ
일본목련	*Magnolia obovata* Thunb.	일본(류큐)	Japanese cucumber tree	ホオノキ
함박꽃나무	*Magnolia sieboldii* C. Koch	한국, 일본, 중국	sieboldii magnolia	オオヤマレンゲ

솔란게아나 목련	*Magnolia soulangeana* Soul. Bod.	원예 교배종	soulangea magnolia	モクレン ソーランゲアーナ
로열스타별목련	*Magnolia stellata* Maxim. 'Royal Star'	원예품종		
자주별목련	*Magnolia stellata* Maxim. var. *keiskei* Makina	일본, 중국 원산종의 변종		
별목련	*Magnolia stellata* Maxim.	일본, 중국	star magnolia	シデコブシ
오미자	*Schizandra chinensis* Baill	한국, 일본, 중국(만주)	Korean schizandra, Chinese magnolia vine	チョウセンゴミシ

무환자나무과_Sapindaceae

국명(한자명)	학명	원산지	영명	일명
풍선덩굴	*Cardiospermum halicacabum* L.	열대 · 아열대 지방, 버뮤다, 미국(플로리다~텍사스 주)	balloon vine	フウセンカズラ
모감주나무	*Koelreuteria paniculata* Laxm.	한국, 중국	golden rain tree, varnish tree	モクゲンジ
무환자나무	*Sapindus mukorossi* Gaertner	한국, 일본, 타이완, 중국, 인도	soapnut tree, Chinese soapberry	ムクロジ

물레나물과_Hypericaceae

국명(한자명)	학명	원산지	영명	일명
물레나물	*Hypericum ascyron* L. (=*Hypericum pyramidatum* Ait)	한국, 일본, 북아메리카		トモエソウ
히페리쿰 칼리키눔히드	*Hypericum calycinum* L. 'Hidcote'(=*Hypericum*	원예품종	rose of sharon, Aaron's beard,	

코테	*grandiflorum* Salisb.)		creeping St. John's wort, goldflower	
금선해당	*Hypericum chinense* L. (=*Hypericum monogynum* Wild.)	중국		ビヨウヤナギ
고추나물	*Hypericum erectum* Thunb.	한국, 일본		オトギリソウ
하이페리쿰 칼미아눔	*Hypericum kalmianum* L.	북아메리카의 퀘벡~미시간주	Kalm St. Johns' wort	
금사매	*Hypericum patulum* Thunb.(=*Eremanthe patula* C. Koch =*Norysca patula* Bl. =*Hypericum hentyi* Lev et Vaniot)	중국	St. Johns' wort	キンシバイ
망종화	*Hypericum prolificum* L.	캐나다(온타리오 주), 미국(조지아 주, 미네소타 주~로스앤젤리스)	broombrush shrubby St. John's wort	

물옥잠과_Pontederiaceae

국명(한자명)	학명	원산지	영명	일명
부레옥잠	*Eichhornia crassipes* Solms Laub.	열대 · 아열대 아메리카, 에콰도르	floating water hyacinth	ホテイアオイ
물옥잠	*Monochoria korsakowi* Regel et Maack	한국, 일본, 중국, 시베리아동부		ミズアオイ
물닭개비	*Monochoria vaginalis* var. *plantaginea* (Roxb.)Solm. Laub.	한국, 일본, 타이완, 중국, 인도, 말레이시아		コナギ
고기풀	*Pontederia cordate* Lour.	노바스코티아~플로리다, 남부 텍사스	pickerel weed	

물푸레나무과_Oleaceae

국명(한자명)	학명	원산지	영명	일명
미선나무	*Abeliophyllum distichum* Nakai	한국(진천, 군자산)	Korean abelia leaf, white forsythia	ウチワノキ
이팝나무	*Chionanthus retusa* Lindley et Paxton	한국, 중국, 일본, 대만	Chinese fringe tree	ヒトツバタゴ
란우드 개나리	*Forsythia × intermedia* Hort. 'Lynwood'	원예 교배종		
인터메디아 개나리	*Forsythia × intermedia* Zab.	원예 교배종		
서양개나리	*Forsythia intermedia* Hort. 'Spectabilis'	원예 교배종		
개나리	*Forsythia koreana* Nakai	한국(평안도 이남 지역)	Korean forsythia	チョウセンレンギョウ
장수만리화	*Forsythia nakaii* T. Lee.	한국(황해도 장수산)		チョウジユレンギョウ
만리화	*Forsythia ovata* Nakai	한국(강원도 설악산, 경북, 황해도)	early forsythia	ヒロハレンギョウ
테드라골드만리화	*Forsythia ovata* Nakai 'Tetragold'	한국 원산종의 원예 품종		
히말하야자스민	*Jasminum humile* L. var. *revolutum* Stokes(=*Jasminum humile* L. 'Revolutum' =*Jasminum humile* L. var. *revolutum*(Sims) J. Stokes =*Jasminum revolutum* Sims)	아열대 아시아, 아프가니스탄, 이란 원산종의 변종	Italian jasmine	キンケイ
영춘화	*Jasminum nudiflorum* Lindl.	중국	winter jasmine	オウバイ
대만자스민	*Jasminum officinale L. var. grandiflorum* (Kobuski) Bailey (=*Jasmin grandiflorum* L.)	인도, 히말라야, 네팔	poets jasmine, Spanish jasmine, Italian jasmine, royal jsdmine, Catalonian jasmine	タイワンソケイ

자스미눔 폴리안둠	*Jasminum polyanthum* Franch	중국(운남성)		ジヤスミナム ポリアンム
둥근잎광나무	*Ligustrum Japonicum* Thunb. var. *rotundifolium* Blume. (=*Ligustrum coriaceum* Carr. =*Ligustrum lucidum* var. *coriaceum* Dance =*Ligustrum japonicum* var. *coriaceum* Blume et Lavallee)	한국(전라남도, 경상남도, 제주도), 일본(대마도)		フクロモチ, フクうモチ
광나무	*Ligustrum japonicum* Thunb.	한국 남부, 일본	wax leaf privet	ネズミモチ
광나무	*Ligustrum Japonicum* Thunb.(*Ligustrum kellemannii* Van Houthe)	한국 남부, 일본	Japanse privet, wax leaf privet	ネズミモチ, タマツバキ, テうツバキ
쥐똥나무	*Ligustrum obtusifolium* Sieb. et Zucc.	한국, 일본(류큐), 대만, 중국 남부	Japanese privet	オオバイボタ
흰색무늬 왕쥐똥나무	*Ligustrum ovalifolium* Hasskarl *f. albi-marginatum* Hort.	일본, 한국	California privet	シロフクリンオオバイボタ
황금 무늬 왕쥐똥나무	*Ligustrum ovalifolium* Hasskarl *f. aure-marginatum* Hort.	한국, 일본 원산종의 원예 품종		
황금왕쥐똥나무	*Ligustrum ovalifolium* Hasskarl *f. aureum* Rehd.	한국, 일본		フイリオオバイボタ
왕쥐똥나무	*Ligustrum ovalifolium* Hasskarl	한국, 일본	California privet	オオバイボタ
구골나무	*Osmanthus heterophyllus*(G. Don) P.S. Green	한국 남부, 일본, 대만, 중국	false holly	ヒイラギ
무늬 구골나무	*Osmanthus heterophyllus*(G. Don) P.S. Green 'Variegatus' (=*Osmanthus*	일본, 대마, 중국 원산종의 원예 품종	variegated holly Osmanthus, variegated false holly	フイリヒイラギ

	ilicifolius Mouill. var. *variegatus Hort.* =*Osmanthus heterophyllus*(G. Don) P.S. Green var. *argrntro marginatus* Hort.)			
무늬구골나무목서	*Osmanthus* × *fortunei Carr.* var. *variegatus* Hort.	중국 원산종의 교배종		フイリヒイラギモクセイ
구골목서	*Osmanthus fortunei* Carr.	중국 원산종의 교배종		ヒイラギモクセイ
구갑구골나무	*Osmanthus fortunei* Carr. *for.* *subangulatus* Makino	중국 원산종의 품종		キツコウヒイラギ
은목서	*Osmanthus fragrans* Lour. var. *fragrans*		fragrant olive	
목서	*Osmanthus fragrans* Lour.	중국	sweet Osmanthus, tea Osmanthus	モクセイ
금목서	*Osmanthus fragrans* Lour. var. *aurantiacus* P.S. Green	중국 원산종의 변종	sweet Osmanthus	キンモクセイ
수수꽃다리	*Syringa dilatata* Nakai	한국	Korean early lilac	ヒロハハシドイ
개회나무	*Syringa reticulata* var. *mandshurica* (Max.) Hara	한국, 일본	Japanese tree lilac	マンシウハシドイ
흰섬개회나무	*Syringa velutina* Kom. *for.* lactea T. Lee.	한국(울릉도), 원산종의 원예 품종		
정향나무	*Syringa velutina* Kom. var. *kamibayashii* T. Lee	한국	dwarf Korean lilac	チヨウセンハシドイ
섬개회나무	*Syringa velutina* var. *venosa* (Nak.) T. Lee	한국(울릉도, 계룡산)		タケシマハシドイ
라일락	*Syringa vulgaris* L.	발칸 반도, 헝가리, 아시아	common lilac	ライラック
왜성라일락	*Syringa vulgaris* L. 'Hybriden'	원예 교배종		

미나리아재비과_Ranunculaceae

국명(한자명)	학명	원산지	영명	일명
왕바곳	*Aconitum fischeri* Reichb.(=*Aconitum califarnicum* Hort.)	북아메리카, 아시아, 한국	azure monkshood	ヒロハノカラフトブシ, ホクセンオオブシ, オオブシ
투구꽃	*Aconitum jaluense* Kom.	한국 전역		アレナレブシ
서양바곳	*Aconitum napellis* L.	유럽	true monkshood, officinal aconite, priest's pintle	ヨウシユトリカブト
세잎돌쩌기	*Aconitum triphyllum* Nakai	한국의 중국 이남		イョウセンクサソウ
그늘돌쩌기	*Aconitum uchiyamai* Nakai	한국		モリトリカブト
플레나복수초	*Adonis amurensis* Regel et Radde 'Plena'	원예 품종		
복수초	*Adonis amurensis* Regel et Radde	동부 시베리아, 만주 지역, 일본(북해도, 혼슈, 규슈), 한국(경기도, 제주도, 퐁안북도, 함경도, 충청도)	amur adonis	フクジュソウ
아네모네 블란다 라다르	*Anemone blanda* Schott et Kotschy 'Radar'	원예품종		
아네모네 블란다 화이트스플렌도워	*Anemone blanda* Schott et Kotschy 'White Splendour'	원예품종		
아네모네 블란다	*Anemone blanda* Schott et Kotschy	서남아시아(다울르스산맥), 그리스, 지중해 연안		ハナアネモネ
가는잎할미꽃	*Anemone cernua* Spreng Thunb. (*Pulsatilla cernua* Thunb.)	한국(제주도), 일본, 중국	Japanese pasque flower	オキナグサ
아네모네 코로나리아	*Anemone coronaria* L.	지중해연안	poppy anemone	アネモネ コロナリア

크림힐드대상화	*Anemone hupehensis* *Lemoine* var. *japonica* Bowles et. Steam cv. 'Kriemhilde'	원예 품종		
대상화	*Anemone hupehensis* *Lemoine* var. *japonica* Bowles et. Steam	중국	Japanese anemone	シュウメイギク, キブネギク
홀아비바람꽃	*Anemone koraiensis* Nakai	한국(강원도, 대관령, 소백산)		ヒメイチリンソウ
바람꽃	*Anemone narcissiflora* L.	한국의 설악산 이북 고산지대, 유럽, 시베리아, 히말라야, 북아메리카		ハクサンイチゲ
외대바람꽃	*Anemone nikoensis* Max.	한국, 일본		イチリンソウ
꿩의바람꽃	*Anemone raddeana* Regel	한국, 일본, 중국		アズマイチゲ
황목아네모네	*Anemone ranunculoides* L.	유럽, 시베리아	yellow wood anemone	
세바람꽃	*Anemone stolonifera* Max.	한국(제주도, 한라산), 일본		サンリンソウ
매발톱꽃	*Aquilegia buergeriana* var. *oxysepala* (Trautv. et Meyer) Kitamura	한국, 중국, 시베리아	columbine	オオヤマオダマキ
하늘매발톱꽃	*Aquilegia flabellata* S. et Z. var. *pumila* Kudo	한국 북부, 일본	Korean fan columbine	オダマキ, ミヤマオダマキ
아퀼레기아맥카나스자이언트	*Aquilegia hybrida* Hort. 'Mckanas Giant'	원예 품종		
서양매발톱꽃	*Aquilegia vulgaris* L.	유럽	European columbine	アメリカオダマキ
동의나물	*Caltha palustris* L. var. *membranacea* Turcz.	한국, 중국, 일본, 아무르, 우수리, 동시베리아, 캄차카반도	marsh marigold, kingcup	リユウキンカ

눈빛승마	*Cimicifuga dahurica* Max.	한국	bugbane, cohosh	フブキショウマ
승마	*Cimicifuga heracleifolia* Kom.	한국, 만주	bugbane	オオミツバショウマ
촛대승마	*Cimicifuga simplex* Wormsk.(=*Cimicifuga simplex*(DC.) Turcz. =*Cimicifuga foetida* L. var. *intemedia* Huth non Regel)	한국, 일본, 시베리아 동북부, 만주, 킴차카, 몽고		イッポンショウマ サウシナショウマ, ヤリイショウマ
클레마티스	*Clematis* spp	원예 교배종	clematis	クレマチス
클레마티스 로소니아나라모나	*Clematis* × *lawsoniana* Anderson-Henry var. *ramona* Hort.	원예 교배종	virgin's bower	
사위질빵	*Clematis apiifolia* A. P. DC.	한국	October clematis, oldman's beard	ボダンッスル
클레마티스덧취스 오브에딘브르	*Clematis florida Thunb.* 'Duchess of Edinbourgh'	원예 교배종		
종덩굴	*Clematis fusca* Turcz. var. *violacea* Max.	한국		キンチヤクズル
클레마티스	*Clematis hybrida grandiflora* Hort.	원예 교배종		
클레마티스자크 만니	*Clematis jackmanii* T. Moore	원예 품종		
클레마티스 라우소니아나 넬리모사	*Clematis lawsoniana* Lindley 'Nelly Moser'	원예 품종		ネリーモサー
으아리	*Clematis mandshurica* Rupr.	한국, 만주	mandshurian clematis	コマセンニンソウ
큰꽃으아리	*Clematis patens* Morr. et Decne.	한국, 일본, 중국	lilac clematis	カザクルマ
참으아리	*Clematis terniflora* DC.	한국, 일본, 중국	sweet autumn clematis	センニンソウ
참제비꽃	*Delphinium ajacis* L.	남부 유럽, 스위스~타우르스	rocket larkspur	ラークスパー

델미니움 엘라튬 자이언트패시픽	*Delphinium elatum* L. 'Gianrt Pacific Hybrids'(=*Delphinium alpinum* Waldst. & Kit. 'Gianrt Pacific Hybrids' =*Delphinium intemedium Ait.* 'Gianrt Pacific Hybrids')	피레네~서아시아 원산종의 원예품종	gianrt pacific bee larkspur, gianrt pacific candle larkspur	
델미니움 블루쉐이드	*Delphinium hybrdum* 'Blue Shafe'	원예 품종		
참제비고깔	*Delphinium ornatum* Bouch	유럽		ヒエンソウ
겨울바람꽃	*Eranthis hyemalis*(L.) Salisb.(=*Helleborus hyemalis* L.)	남부 유럽	common winter aconite	キバナセンソウ
크리스마스로즈	*Helleborus niger* L.	알프스, 이탈리아, 발칸반도	christmas rose, black christ hellebore	クリスマス ローズ
렌텐로우스	*Helleborus orientalis* Lam.(=*Helleborus cyclophyllus* Boiss. =*Helleborus kochii* Schiffn. =*Helleborus caucasicus* A. Braun.)	서남아시아, 마케도니아	lenten rose	クリスマス ローズ
노루귀	*Hepatica asiatica* Nakai	한국, 일본		マンセンスハマソウ
새끼노루귀	*Hepatica insularis* Nakai	한국(남해안 섬, 제주도)		ヒメスハマソウ
섬노루귀	*Hepatica maxima* Nakai	한국		オオスハマソウ
노빌리스노루귀	*Hepatica nobilis* Schreber(=*Hepatica nobilis* Gars. =*Hepatica triloba* Gilib. =*Anemone hepatica* L.)	일본, 유럽, 아시아		スハマソウ
나도바람꽃	*Isopyrum raddeanum* (Regel) Max.	한국, 일본	false rue anemone	チョウセンシロガネンソウ
모데미풀	*Megaleranthis saniculifolia* Ohwi	한국	megaleranthis	モデミソウ

흑종초	*Nigella damascena* L.	남부 유럽	love in a mist, devil in a bush	クロタネソウ
백작약	*Paeonia japonica* Miyabe et Takeda	한국, 일본	peony	ヤマシヤクヤク
적작약	*Paeonia lactiflora* Pall.	한국, 중국 북부, 시베리아 남동부, 티베트	Chinese peony, com mon garden peony	シャクヤク
작약	*Paeonia lactiflora* Pall. var. *hortensis* Makino	한국, 일본	garden peony	シャクヤク
모란	*Paeonia suffruticosa* Andr.	중국, 부탄~티베트	tree peony	ボタン
유럽할미꽃	*Pulsatilla amoena* Jord.(=*Anemone pulsatilla* L. =*Pulsatilla vulgaris* Mill.)	유럽	pasque llower	セイヨウオキナグサ
가는잎할미꽃	*Pulsatilla cemua* Spreng(=Anemone cernua Thunb. =*Pulsatilla cemua* (Thunb.) Bercht. & J. Presl)	한국(제주도), 일본, 중국	Japanese pasque flower	オキナグサ
할미꽃	*Pulsatilla koreana* Nakai ex Mori (*Anemone koreana* Nakai ex Mori)	한국(경남, 경북, 충북, 강원, 경기, 황해, 함남, 함북)	Korean pasque flower	チョウセンオキナグサ
라넌큘러스	*Ranunculus asiaticus* L.	남동부~아시아 서남부	Persian buttercup, turban buttercup	ラナンキュラス, ハナキンポウケ
왜미나리아재비	*Ranunculus franchetii* H. Boiss.	한국, 일본, 중국	buttercup, crowfoot	エゾキンポウゲ
미나리아재비	*Ranunculus japonicus* Thunb.	한국, 일본, 중국	buttercup, crowfoot	キンポウゲ
금꿩의다리	*Thalictrum rochebrunianum* Fr. et. Sav.	한국		
꿩의다리	*Thalictrum aquilegifolium* L.	한국, 일본	columbine leaved meadow rue	カラマツソウ

은꿩의다리	*Thalictrum actaefolium* S. et Z.	한국	meadow rue	シギンカラマツ
날개꿩의다리	*Thalictrum dipterocapum* Franch.(=*Thalictrum delavayi* Franch.)	중국 서부		
산꿩의다리	*Thalictrum dipterocapum* Max.	한국		ミヤマカラマツ
자주꿩의다리	*Thalictrum uchiyamai* Nakai	한국		ムうサキカうマツ
금매화	*Trollius hondoensis* Nakai	한국	glove flower	キンバイソウ
애기금매화	*Trollius japonicus* Miq.(=*Trollius nishide* Miyabe)	한국 북구, 일본, 캄차카		シナノキンバイ

바

바늘꽃과_Onagraceae

국명(한자명)	학명	원산지	영명	일명
분홍바늘꽃	*Epilobium angustifolium* L.	한국	fireweed, rosebay, French willow	ヤナギラン
후크시아	*Fuchsia hybrida* Hort. ex Vilm.	페루, 칠레, 멕시코, 서인도 제도 원산종의 교배종	common garden fuchsia, lady's eardrops	フクシア
후크시아가르텐마이스터본스테트	*Fuchsia triphylla* 'Gartenmeister Bohnshed'	서인도 제도 원산종의 원예품종	honeysuckle fuchsia	
고데치아 아모에나	*Godetia amoena*(Lehm) G. Don(=*Clarkia amoena* (Lehm) A. Nels & Macbr. =*Godetia vinosa* Lindl.)	미국(캘리포니아), 콜롬비아	farewell to spring, satin flower	イロマツヨイグサ
고데치아	*Godetia grandiflora* Lindl.	미국	satin flower	
큰꽃고데치아	*Godetia grandiflora* Lindl.(=*Godetia lindieyana* Spach. =*Oenothera whitneyi* Grey =*Clarkia amoena* 'Whitneyi')	미국 (캘리포니아)		タイリンゴテチア
큰달맞이꽃	*Oenothera erythrosepala* Borbas (*Oenothera lamarckiana* Ser.)	북아메리카		オオマツヨイグサ
달맞이꽃	*Oenothera odorata* Jacq.	칠레, 아르헨티나	evening primrose	マツヨイグサ

박과_Cucurbitaceae

국명(한자명)	학명	원산지	영명	일명
뚜껑덩굴	*Actinostemma lobatum* Max.	한국(경기 이북)		ゴキズル
수박	*Citrullus vulgaris* Schrad.	아프리카		スイカ

호박	*Cucubita moschata* (Duchesne) Poir.	열대 아메리카	cushaw, pumpkin, Canada pumpkin, crookneck squash, winter squash	カボチャ
쥬키니호박	*Cucubita pepo* L. 'Bulam House'	원예교배종		
노랑쥬키니호박	*Cucubita pepo* L. 'Golden Zuccini'	원예교배종	golden zuccini squash	
넷트멜론	*Cucumis melo* L. var. *reticulatus*(Naud.) Ser.	중앙아시아, 아프리카, 인도, 이란, 남부유럽	netted melon, muskmelon, persian melon, nutting melon,	
참외	*Cucumis melo* var. *makuwa* Makino	인도		マクワウリ
오이	*Cucumis sativus* L.	인도		キウリ
화초호박	*Cucurbita pepo* L. var. *ovifera* Alef.	열대 아메리카, 멕시코 북부	vegetable marrow, fancy, gourd, winter squash	コナタウリ
펭귄호박	*Cucurbita pepo* L. var. *ovifera* Alef.	멕시코		
돌외	*Gynostemma pentaphyllum*(Thunb.)	한국(울릉도)		アマチャズル
조롱박	*Lagenaria siceraira Standl.* var. *gourda* Hara	멕시코북부, 북아메리카 동부		ヒヨウタン
박	*Lagenaria siceraira* Standl.	북아프리카 열대 아시아	white flowered gourd, bottle gourd	フクベ
호리박	*Lagenaria siceraira Standley* var. *clavata hort.* (=*L. leucantha* (Duch.) Rusby 'Clavata' =*L. vulgaris* Ser. 'Clavata'	열대아시아, 멕시코 북부, 북아메리카 서부	white flowered, calabash gourd	

수세미	*Luffa cylindrica* Roem	열대아시아의 인도	oofah, sponge gourd, dish cloth loofah, smooth loofah	ヘチマ
새박	*Melothria japonica* Max.	한국(제주고 습지)		スズメウリ
여주	*Momordica charantia* L.	동남아시아, 열대 아프리카	balsam pear	ツルレイシ
산외	*Schizopepon bryoniaefolius* Max.	한국		ミヤマニガウリ
왕과	*Thladiantha dubia* Bunge	중국북부		
하늘타리	*Trichosanthes kirilowii* Max.	한국		チョウセンカラスウリ
노랑하늘타리	*Trichosanthes kirilowii* var. *japonica* Kitamura	한국(흑산도 및 남쪽 섬)		キカラスウリ

박주가리과_Asclepiadaceae

국명(한자명)	학명	원산지	영명	일명
아스클레피아스 쿠라싸비카	*Asclepias curassavica* L.	열대 아메리카	blood flower	トウワタ
세로페기아 데빌리스	*Ceropegia debilis* N. E. Br.	아프리카 남동부, 남로데시아, 말라위		
세로페기아 산데르소니	*Ceropegia sandersonii* Decne ex Hook.	나탈	paeachute plant, umbrella flower	
러브체인	*Cheiranthus cheiri* L.	남로데시아, 나탈	rosary vine, string of hearts	ハートカズラ
솜아마존	*Cynanchum amplexicaule* (S.et Z.)Hem	한국		ロクオンソウ
민백미꽃	*Cynanchum ascyrifolium* (Fr.et Sav.) Matsumura	한국		クサタチバナ

백미꽃	*Cynanchum atratum* Bunge	한국		フナバラソウ
선백미꽃	*Cynanchum inamoenum* (Max.) Loes.	한국		エゾノクサタチバナ
덩굴민백미꽃	*Cynanchum japonicum* Morr. Et Decne.	한국		ヒヨカズラ
덩굴박주가리	*Cynanchum nipponicum* Matsumura	한국		オオアオカモメズル
산해박	*Cynanchum paniculatum* Kitagawa	한국		スズサイゴ
양반풀	*Cynanchum sibiricum* R. Br.	한국		ヤナギカモメズル
세포큰조롱	*Cynanchum volubile* (Max.) Hemsl.	한국		チョウセニケマ
큰조롱	*Cynanchum wilfordii* (Max.) Hemsl.	한국		コイケマ
호야 벨라	*Hoya bella* Hook.(=*H. paxtoni* hort. Ex Nichols)	인도	miniature wax plant	ホヤ·ベラ
만두호야	*Hoya camosa* R.Br 'Hummel's Compacta Variegata'	원예 품종		
호야 카르노사 '콤팩타'	*Hoya carnosa* R.Br.'Compacta' (='Hummel's Compacta)	일본, 중국, 오스트레일리아, 원산종의 원예 품종	hindu pope plant, honet plant	
호야	*Hoya carnosa* (L. f.) R. Br.	일본(큐슈 남부), 중국, 오스트레일리아	common wax plant	サクララン
호야 카르노사 '엑소티카'	*Hoya carnosa* R.Br var. 'Exotlca' Hort.	일본 남부, 중국, 오스트레일리아, 대만 원산 종의 변종		
호야 카르노사	*Hoya carnosa* R.Br var.	일본 남부,	variegated wax	フイリサクララン

바리에가타	*variegata* De. Vries(=*H variegata* Siebold ex C Morr.)	중국, 대만, 오스트레일리아 원산종의 변종	plant	
호야 카르노사 '트리컬러'	*Hoyq carnosa* R.Br. var. 'Tricolor' Hort.	원산종의 품종	krimson queen	
나도은조롱	*Marsdenia tomentosa* Morr. Et Decne.	한국		キジョラン
박주가리	*Metalpexis japonica* (Thunb.) Makino	한국, 일본, 중국, 만주		カカイモ
마다가스카르 자스민	*Stephanotis floribunda* Brongn	마다가스카르	Madagascar jasmine, clustered wax flower, floradora	マダガスカルジャスミン
왜박주가리	*Tylophora floribunda* Miq.	한국		トサカモメズル

받침꽃과_Calycanthaceae

국명(한자명)	학명	원산지	영명	일명
납매	*Meratia praecox* R. et W. (*Chimonanthus praecox* L.)	중국	winter sweet	ロウバイ

배추과_Cruciferae

국명(한자명)	학명	원산지	영명	일명
알비다장대	*Arabis albida* Stev. Ex Bieb (=*A. caucasica* Schlechtend. = *A. billardien* DC.)	코카사스	wall rock cress	にワハタザオ
화채	*Brassica hybrida* Hort.	원예 교배종		ハナナ, ナバナ
꽃양배추	*Brassica oleracea* L. (=*B. botrytis* (L.) Mill. =*B. caulifiora* Gars.)	유럽 서부 해안 지방	caukiflower, broccoli	ハナヤサイ

색양배추	*Brassica oleracea* L. var. *acephala* DC.	유럽	flowering cabbage, flowering kale	ハボタン
향꽃무우	*Cheiranthus cheiri* L.	지중해 히말라야	wallflower	ウォールフラワー
이베리스	*Iberis amara* L.	영국, 중부 남부 유럽	candytuft	キャンディタフト
이베리스 '아이스버그'	*Iberis amara* L. 'lceberg' (=*Thlaspi amarim* Crantz 'iceberg')	영국, 중부남부 유럽		キャンディタフト
이베리스 지브랄타리카	*Iberis gibraltarica* L.	스페인, 모록, 지브롤터	Gibraltar candytuft	
이베리스 셈퍼비렌스	*Iberis sempervirens* L. (=*I. Garrexiana* All.)	남부 유럽, 서부 아시아	edging candytuft, evergreen candytuft	キャンディタフト
이베리스 움벨라타	*Iberis umbellata* L.(=*lberis corymbosa* Mnch)	스페인, 이탈리아	globe candytuft	イベイスウンベラ
스노우카펫트알리섬	*Lobularia maritims* Desv. 'Carpet of Snow'	지중해 지방	carpet of snow alyssumm	カーペット オベスノー
알리섬(애기냉이꽃)	*Lobularia maritima* Desv.	지중해 지방	sweet alyssum	スイート アリッサム
로열카펫트알리섬	*Lobularia maritima* Desv. 'Rotal Carpet'	지중해 지방	rotal carpet sweet alyssum	ロイヤルカーペット
루나리아	*Lunaria annua* L.	유럽남부	biennial moonwort, penny flower, satin pot	ルナリア
스토크	*Matthiola incana* R. Br.	유럽남부	gilliflower, stock	アラセイトウ, ストック
무우	*Raphanus sativus* L. f.	유럽 남부, 한국, 중 국, 일본, 서부 아시아, 코카사스 남부, 팔레스타인	radish	ダイコン
대륙 홍환무우	*Raphanus sativus* L. f. 'Pinkball'	원예 품종		

백합과_Liliaceae

국명(한자명)	학명	원산지	영명	일명
흰꽃아가판서스	*Agapanthus africanus* Hoffmanns. 'Albidus'	원예 품종		
아가판서스	*Agapanthus africanus* (L.) Hoffmanns.	남아프리카의 희망봉	blue African lily,	ムラサキクンシラン
무늬오리엔탈 아가판서스	*Agapanthus orientails* Leighton 'Aurivittatus'	아프리카 남부	variegated oriental agapanthus	
알리움 아플라투넨스	*Allium aflatunense* B. Redtsch.	중국 중앙부		
양파	*Allium cepa* L.	인도 서북 지역, 중앙아시아, 페르시아, 지중해 연안	onion	タマネギ
파	*Allium fistulosum* L.	한국, 일 본, 중국, 시베리아	welsh onion, spring onion	ネギ, ネブカ
알리움 기간테움	*Allium giganteum* Regelallium	중앙아시아	giant allium	アリウム ギガンチューム
산달래	*Allium grayi* Regel	한국, 일 본, 중국, 몽골, 우수리	Chinese garlic	ノビル
알리움 카라타비엔스	*Allium karataviense* Regel	중앙아시아의 파키스탄		
알리움 몰리	*Allium moly* L.	서남부 유럽	lily leek	キバナノギョウジヤニンニク
달래	*Allium monanthum* Max.	한국	wild garlic	ヒメビル
마늘	*Allium sativum* L.	한국, 중국(만주), 일본, 유럽	garlic	ニンニク, オオニンニク
산부추	*Allium thunbergii* G. Don	한국, 일본	Japanese onion	ヤマラッキョウ
부추	*Allium tuberosum* Rottler ex Sprengel	중국, 동남아시아	Chinese chives, oriental garlic	ニラ

산마늘	*Allium victorialis* L. var. *platyphyllum* Makino	한국, 일본	alpine leek	ギョウジヤニンニク, ヤマビル
알로에 아핀니스	*Aloe affinis* Bgr.	트란스발		
알로에 아르보레스센스	*Aloe arborescens* Mill.	케이프타운	candelabra aloe	オダチロカイ
알로에 아르보레스센스 바리에가타	*Aloe arborescens* Mill. var. *variegata* Hort.	남아프리카 원산종의 변종	variegated aloe	キタチルカイ
알로에 바이네시	*Aloe bainesii* Th. Dyer	케이프타운 동부 ~나탈, 트란스발 동부, 모잠비크		
알로에 베이커리	*Aloe bakeri* Scott Elliot	마다가스카르		バーケリー (バーカリー)
용산	*Aloe brevifolia* Mill.	아프리카의 케이프타운	spider aloe	リユウサン
알로에 캄페리 '코르누타'	*Aloe camperi* G. Schweinf 'Cornuta'	남아프리카		
덩굴 알로에	*Aloe ciliaris* Haw.	남아프리카의 케이프주 동부	climbing aloe	
알로에 코모사	*Aloe comosa* Marl. et Bgr.	케이프주 서부		
알로에 콘푸사	*Aloe confusa* Hort.	탕가니카		
알로에 에루	*Aloe eru* Bgr.	에리도레아		
알로에 미트리포르미스	*Aloe mitriformis* Mill.	남아프리카 케이프주 서남부	purple crown, purple and gold crown	フヤジヨウ
알로에 무타빌리스	*Aloe mutabilis* Hort.	남아프리카의 트란스발		
알로에 페트리콜라	*Aloe petricola* Pole Evans.	남아프리카의 트란스발		
부채알로에	*Aloe plicatilis* (L.) Mill	남아프리카 케이프타운의 산악 지대	fan aloe	

알로에 사포나리아	*Aloe saponaria* Haw.	나탈, 케이프 동부	soap aloe	アロエ サポナリア
알로에 소말리엔시스	*Aloe somaliensis* C.H. Wright ex W. Watson	소말리아		ソマリエンシス
알로에 스윈네르토니	*Aloe swynnertonii* Hort.	동남 아프리카		
알로에 토멘토사	*Aloe tomentosa* Defl.	예멘, 소말리아, 남부 아라비아		
천대전금	*Aloe variegata* L.	남아프리카의 케이프타운	partridge breast, tiger aloe, pheasant's wings, kanniedood	チョタニンキ
무늬알로에	*Aloe variegata* L.	케이프타운, 나이비아 남부	tiger aloe	チヨダニシキ
월남베라	*Aloe vera chienesis*	인도, 베트남	Indian medicine plant	
알로에 베라	*Aloe vera* Webb et Bert (*Aloe barbadensis* Mill.)	인도, 아라비아, 북아프리카, 카나리아 군도, 마다라 섬	Barbados aloe, medicine plant	トウロカイ
아스파라거스 덴시플로러스	*Asparagus densiflorus*	아프리카		アスパラガス デンシフ
천문동	*Asparagus chochinchinensis* Merr.	일본, 대만, 한국, 중국	Chinese asparagus	クサスギカズラ
아스파라거스 아스파라고이데스	*Asparagus asparagoides* (L.) W.F.Wight.	남아프리카	medeola, smilax asparagus	クサナギズラ
목성아스파라거스	*Asparagus falcatus* L.	열대 아시아, 세일론, 남아프리카	sickle thorn, falcated leaved asparagus	ヤナギバデンモンドウ、マキバアスバラガズ
아스파라거스 메이리	*Asparagus* meyerii Hort.	남아프리카, 동남 아프리카	plume asparagus, foxtail asparagus	

아스파라거스 미리오클라두스	*Asparagus myriocladus* Bak.	남아프리카 나탈	zigzag asparagus	タチボウキ
식용아스파라거스	*Asparagus officinalis* L. var. *altilis* L.	남유럽~러시아 남부	asparagus, garden asparagus	食用アスパラカス, マツバウド
아스파라거스 풀루모서스	*Asparagus plumosus* Baker	남아프리카	brides bouquet fern, asparagus fern, lace fern	アスパラカス
아스파라거스 나누스	*Asparagus plumosus* Baker var. *nanus* Nichols.	남아프리카		シノブボウキ
피라미드아스파라거스	*Asparagus plumosus* Baker var. *pyramidalis* Hort.	남아프리카 원산종의 변종	cypress asparagus	
비짜루	*Asparagus schoberioides* Kunth	한국, 일본, 대만, 다후리아, 우수리, 사할린	Manchurian asparagus	キジカクシ
아스파라거스 세타세우스	*Asparagus setaceus* Jessop	남아프리카	asparagus fern,	アスパラガス プルモーサス
아스파라거스 스프렝게리	*Asparagus sprengeri* Regel.	남아프리카의 나탈	emerald feather	アスパラガス スプレンゲリ
엽란	*Aspidistra elatior* Blume	중국	barroom plant, iron plant, cast iron plant	ハラン
엽란 '아사히'	*Aspidistra elatior* Blume 'Asahi'	원예품종		アサヒハラン
엽란 '미쿨라타'	*Aspidistra elatior* Blume var. *maculata* Hort.	중국 원산종의 변종	milky way iron plant	
무늬엽란	*Aspidistra elatior* Blume var. *variegata* Hort.	중국 원산종의 변종	variegated cast iron plant	フイリハラン
독구리란	*Beaucarned recurvata* (*Nolina tuberculata*)	멕시코 동남부	bottle palm	トックリラン, トックリノキ
창각전	*Bowiea volubilis* Harv. Ex Hook. f.	남아프리카	climbing onion, zulu potato	タマツルソウ, ソウカクデン
브로디아에아 락사	*Brodiaea laxa* (Benth.) S. Wats.	미국(캘리포니아, 오레곤)	grass nut, triplet lily	ブロデイア ラクサ

춘성화	*Brodiaea uniflora* (Lindl.) Engler	아르헨티나(부에노스아이레스), 페루(리마), 우루과이	sprig star flower	ブロデイア, ハナニラ, セイョウアマナ
치오노독사 사르덴시스	*Chionodoxa sardensis* Drude.	터키, 서남 아시아의 고산지대	glory of the snow	
비젯티접란	*Chlorophytum bichetii* (Karrer) Baker	열대아프리카 서부의 가봉, 인도남부, 중국 남부	St. Bernard lily	シャムオリツルラン
접란	*Chlorophytum comosum* Baker	남아프리카	spider plant, ribbon plant, spider ivy	オリズルラン
픽투라툼접란	*Chlorophytum comosum* Baker 'Picturatum'	케이프타운 희망봉 원산종의 변종		フイリヒロハイリヅルラン
무늬접란	*Chlorophytum comosum* Baker var. *variegatum* Hort.	남아프리카 원산종의 변종	spider plant	フイリオリヅルラン
비타툼접란	*Chlorophytum comosum* Baker var. *vittatum* Hort.	남아프리카 원산종의 변종	ribbon plant, spider plant, walking anthericum	ナカフオリズルラン
나도옥잠화	*Clintonia udensis* Trautv. & C.A. Meyer	한국, 동부 시베리아, 일본	hosta	ツバメオモト
콜치컴	*Colchicum autumnale* L.	유럽, 북부 아프리카	common autumn crocus, mysteria wonder bulb	コルチカム
은방울꽃	*Convallaria keiskei* Miq.	한국, 일본, 중국, 동부 시베리아	May lily	スズラン
독일은방울꽃	*Convallaria majalis* L.	유럽, 온대 아시아	lily of the valley	ドイツスズラン
윤판나물	*Disporum sessile* D. Don	한국, 일본, 소련 (사할린)	Korean disporum, fairy bells	ホウチャクソウ

애기나리	*Disporum smilacinum* A. Gray	일본, 한국, 중국	fairy bells	チゴユリ
얼레지	*Erythronium japonicum* Decne.	한국, 일본	dog tooth violet	カタクリ
유코미스 운둘라타	*Eucomis autumnails* (Mill.) Chitt.(=*E. undulata* Ait.)	남아프리카	pineapple flower	
흑패모	*Fritillaria camtschatcensis* (L.) Ker-Gawl.	일본	kamchatka lily	
노랑꽃프리틸라리아	*Fritillaria imperialis* L. forma *yellow crown imperial* Hort.	이란, 인도, 터키, 히말라야 서부	yellow crown imperial	ヨウラクユリ
붉은꽃프리틸라리아	*Fritillaria imperialis* L. for. *red crown imperial* Hort.	이란, 인 도, 터키, 히말라야 서부	red crown lmperial	
프리틸라리아	*Fritillaria imperialis* L.	원예품종	imperial fritillary, red crown imperial	ヨウラクユリ
사두프리틸라리아	*Fritillaria meleagris* L.	영국, 노르웨이, 유럽 중부, 코카사스 중부, 서남아시아	checkered lily, snake's head guinea hen flower, guinea hen tulip	
중국패모	*Fritillaria verticillata* Wild. var. *thunbergii* (Miq.) Bak.	중국		
가스테리아	*Gasteria batesiona* Rowley	아프리카 남부		シュンオウテン
성우	*Gasteria beckeri* Schoenl.	케이프타운		
가스테리아 카마에기가스	*Gasteria chamaegigas* Poelln.	케이프타운		
가스테리아 리리푸타나	*Gasteria liliputana* Poelln,	케이프 주		
가스테리아 루트지	*Gasteria lutzii* Poelln,	케이프 주		
백성용	*Gasteria verrucosa* (Mill.) Duv.	남아프리카	warty aloe, wart gasteria, rice gasteria	ハクセイリュウ

글로리오사 백합	*Gloriosa rothschildiana* O'Brien	아프리카 (우간다)	rothschild glory lily	クロリオサ ロス チャイ ルデイアナ
글로리오사 수퍼바	*Gloriosa superba* L.	열대 아프리카, 열대 아시아	glory lily	キツネユリ
하워르디아 아텐누아타	*Haworthia attenuata* Haw.	케이프주		マツノユリ
하워르디아 킴비포르미스	*Haworthia cymbiformis* (Haw.) Duv.	케이프주	window haworthia, window Plant	
하워디아 화시아타 (십이지권)	*Haworthia fasciata* (Willd.) Haw.	케이프주	zebra haworthia	ハウォルティア ジュウニノマキ
유리전	*Haworthia limifolia* Marl.	케이프주	fairy washboard	ルリデン
하워르디아 '기간테아'	*Haworthia limifolia* Marl. var. *gigantea* M.B.Bayer.	나탈		
서학	*Haworthia magifasciata* (Lam.) Steam	케이프주		ズイカリ
하워르디아 파라독사	*Haworthia paradoxa* Poelln.	케이프 주 (리바스델)		
하워르디아 세타타	*Haworthia setata* Haw.	케이프 주 서남부	lace haworthia	アヤギヌエマキ
처녀치마	*Heloniopsis orientalis* (Thunb.) Tanaka	한국, 일본	Korean heloniopsis, Japanese hyacinth	ショウジョウバカマ
원추리 '올라리데니스'	*Hemerocallis* 'Olallie Denis'	원예품종		
원추리 '올라리레드'	*Hemerocallis* 'Olallie Red'	원예품종		
원추리 '올라리골드'	*Hemerocallis* 'Olallie Gold'	원예품종		
원추리 '올라리에디스'	*Hemerocallis* 'Olallie Edith'	원예품종		
원추리 '올라리엘렌'	*Hemerocallis* 'Olallie Ellen'	원예품종		

원추리 '올라리산드라'	*Hemerocallis* 'Olallie Sandra'	원예품종		
원추리 '올라리제니퍼'	*Hemerocallis* 'Olallie Jennifer'	원예품종		
원추리 '올라리올키드'	*Hemerocallis* 'Olallie Orchid'	원예품종		
원추리 '올라리레이트 레드'	*Hemerocallis* 'Olallie Late Red'	원예품종		
골잎원추리	*Hemerocallis lilioasphodelus* L.	한국, 중국	yellow daylily	チョウセンキスゲ
각시원추리	*Hemerocallis dumortieri* Morr.	한국, 중국, 소련, 일본		ヒメクワンゾウ
원추리	*Hemerocallis fulva* L.	중국, 한국	tawny daylily	ホンクワンゾウ
셈퍼비렌스 원추리	*Hemerocallis fulva* L. var. *sempervirens* M. Hotta	일본, 대만		ヤブカンゾウ
왕원추리	*Hemerocallis fulva* L. var. *kwanso* Regel	중국		ヤブクワンゾウ
원추리 '엑설티드룰러'	*Hemerocallis hybrid* 'Exalted Ruler'	원예품종		
헤메로칼리스	*Hemerocallis hybrid* Hort.	원예품종	daylily	ヘメロカリス
원추리 '보조'	*Hemerocallis hybrid* 'Bozo'	원예품종		
원추리 '포조'	*Hemerocallis hybrid* 'Pojo'	원예품종		
원추리 '풀바'	*Hemerocallis hybrid* 'Fulva'	원예품종		
원추리 '카레이퀸'	*Hemerocallis hybrid* 'Carey Quinn'	원예품종		
원추리 '리틀세리나'	*Hemerocallis hybrid* 'Little Celena'	원예품종		
원추리 '루플드아프리콧트'	*Hemerocallis hybrid* 'Ruffled Apricot'	원예품종		
원추리 '루나송'	*Hemerocallis hybrid*	원예품종		

	'Lunar Song'			
원추리 '메리토드'	*Hemerocallis hybrid* 'Marry Todd'	원예품종		
원추리 '마스터터치'	*Hemerocallis hybrid* 'Master Touch'	원예품종		
원추리 '리틀그란니'	*Hemerocallis hybrid* 'Little Greenie'	원예품종		
원추리 '프레여리블루 아이스'	*Hemerocallis hybrid* 'Prairie Blue Eyes'	원예품종		
원추리 '씨골드'	*Hemerocallis hybrid* 'Sea Gold'	원예품종		
원추리 '스트로우베리벨벳'	*Hemerocallis hybrid* 'Strawberry Velvet'	원예품종		
원추리 '토바리치'	*Hemerocallis hybrid* 'Tovarich'	원예품종		
원추리 '위닝웨이'	*Hemerocallis hybrid* 'Winning Way'	원예품종		
원추리 '패뷸로우스프 라이즈'	*Hemerocallis hybrid* 'Fabulous Prize'	원예품종		
원추리 '아이스카니발'	*Hemerocallis hybrid* 'Ice Carnival'	원예품종		
원추리 '하이페리온'	*Hemerocallis hybrid* 'Hyperion'	원예품종		
원추리 '호르텐지아'	*Hemerocallis hybrid* 'Hortensia'	원예품종		
원추리 '제랄딘 딘'	*Hemerocallis hybrid* 'Geraldine Dean'	원예품종		
원추리 '버닝데이라이트'	*Hemerocallis hybrid* 'Burning Day Light'	원예품종		
원추리 '더블큐티'	*Hemerocallis hybrid* 'Double Cutie'	원예품종		

원추리 '카데이케이퍼'	*Hemerocallis hybrid* 'Cathay Caper'	원예품종		
원추리 '캐더린우르버리'	*Hemerocallis hybrid* 'Catharline Woodburry'	원예품종		
원추리 '러브댓트핑크'	*Hemerocallis hybrid* 'Love that Pink'	원예품종		
홍도원추리	*Hemerocallis littorea* Makino	한국, 일본		ハマクワンゾウ
큰원추리	*Hemerocallis middendorfii* Trautv.	한국, 시베리아		エゾゼンテイクワ
애기원추리	*Hemerocallis minor* Mill.	한국, 일본, 소련 동부	grass leaf daylily, dwarf yellow daylily	ホソバキスゲ
노랑원추리	*Hemerocallis thunbergii* Bak.	일본		ユウスゲ
원추리 '올라리골드림'	*Hemerocallis* 'Olallie Gold Rim'	원예품종		
옥잠화 '루이사'	*Hosta* 'Louisa'	원예품종		
옥잠화 '프란시'	*Hosta* 'Francee'	원예품종		
호스타 '알바 마르기나타'	*Hosta* 'Alba Marginata'	원예품종		
일월비비추	*Hosta capitata* Nakai	서일본, 한국	capitate plantain lily	ガンサシギボウシ
참비비추	*Hosta clausa* Nakai var. *normalis* Maekawa	한국(광릉, 속리산)	sword leaved plan-tain lily	シボミギボウシ
호스타 크리스플라	*Hosta crispula* F.Maekawa	일본	ripple margined plantain	サザナミギボウシ
호스타 '데코라타 토마스 호그'	*Hosta decorata* L.H. Bailely 'Thomas Hogg'	미상		
황금무늬옥잠화	*Hosta fortunei* (Bak.)L.H.Baily'Aurea Marginata'	일본 원산종의 원예 품종		

호스타 포츈네이 '픽타'	*Hosta fortunei* (Bak.)L.H.Baily 'Picta'	일본 원산종의 원예 품종		
주걱비비추	*Hosta japonica* var. *lancifolia* Nakai	한국, 중국		ヘラギボウシ
산옥잠화	*Hosta lancifolia* Engler	한국, 일본	Japanese plantain lily, lanceoleaf plantain lily	コバギボウシ, ミズギボウシ
비비추	*Hosta longipes* Matsumura	한국, 일본	purple bracted plantain lily, rock hosta	イワギボウシ
좀비비추	*Hosta minor* (Bak.) Nakai	한국, 일본	Korean dwarf hosta	ケイリンギボウシ
옥잠화	*Hosta plantaginea* Asch.	중국	fragrant plantain lily	ギボウシ
호스타 시볼디아나	*Hosta sieboldiana* Engler	일본	seersucker plantain lily	トウギホウシ
호스타 시볼디아나 '엘레간스'	*Hosta sieboldiana* (Lodd.) Engler 'Elegans'	일본 원산종의 원예 품종	siebold's plantain lily, short cluster plantain lily	トウギボウシ
호스타 운둘라타	*Hosta undulata* Bailey	재배품종	wavy leaved plantain lily	スジギボウシ
호스타 운둘라타 '메디오바리에가타'	*Hosta undulata* Bailey 'Medio Variegata'	일본	waxy leaved funkia	
호스타 운둘라타 '유니비타타'	*Hosta undulata* Bailey var. *univittata* Hort.	일본	waxy leaved plantain lily	スジギボウシ
호스타 벤트리코사	*Hosta ventricosa* Steam	중국(강서성, 만주-광동성)	blue plantain lily	ムラサキギボウシ
호스타 벤트리코사 '바리에가타'	*Hosta ventricosa* Steam 'Veriegata'	중국		フイリムラサキギボウシ
히아신스	*Hyacinthus orientalis* L.		common hyacinth	ヒアシンス
히아신스 '안네마리에'	*Hyacinthus orientalis* L.'Annemarie'	원예품종		

히아신스 '블루자켓트'	*Hyacinthus orientalis* L.'Blue jacket'	원예품종		
히아신스 '카아네기'	*Hyacinthus orientalis* L. 'Carnegie'	원예품종		
히아신스 '시티오브할렘'	*Hyacinthus orientalis* L. 'City of Haarlem'	원예품종		
히아신스 '잔보스'	*Hyacinthus orientalis* L.'Jan Bos'	원예품종		
히아신스 '레이디더비'	*Hyacinthus orientalis* L.'Lady Derby'	원예품종		
히아신스 '마르코니'	*Hyacinthus orientalis* L.'Marconi'	원예품종		
히아신스 '오스타라'	*Hyacinthus orientalis* L.'Ostara'	원예품종		
히아신스 '핑크펄'	*Hyacinthus orientalis* L.'Pink Pearl'	원예품종		
트리토마 '브림스톤'	*Kniphofia* 'Brimstone'	원예품종		
트리토마 '비스선셋트'	*Kniphofia* 'Bee's Sunset'	원예품종		
트리토마 '브레씽감'	*Kniphofia* 'Bressingham Flame'	원예품종		
트리토마 '크리스마스치어'	*Kniphofia* 'Christmas Cheer'	원예품종		
트리토마	*Kniphofia uvaria* Hook.	남아프리카 (케이프)	tritoma	オオトリトマ
라케날리아	*Lachenalia* spp.	남아프리카	lachenalia	
시트로넬라 나리	*Lilium* 'Citronella'	원예교배종		
틈나리	*Lilium* × *elegans* Thunb.	교잡종	thunberg lily	スカシユリ
신나팔나리	*Lilium* × *formolongi* Hort.	교잡종		シンテッポウユリ
털중나리	*Lilium amabile* Palibin	한국	Korean lily,	コマユリ

			amabile lily, friendly lily	
산나리	*Lilium auratum* Lindl.	일본	gold band lily, gold lily, golden rayed lily	ヤマユリ
아우스트레일 백합	*Lilium brownii* F.E. Brown var. *australe* Steam	남부 중국, 홍콩		
땅나리	*Lilium callosum* Sieb. et Zucc.	한국	siebold's lily, slimsten lily	ノヒメユリ
솔나리	*Lilium cernum* Komarov	한국	nodding lily	マツバユリ
흰솔나리	*Lilium cernum* Kom. var. *candidum* Nak.	한국	white nodding lily	シロバナマツバユリ
하늘나리	*Lilium concolor* Salisb. var. *parthneion* Bak.	한국	morningstar lily, star lily, wild scarlet lily	アカヒメユリ
날개하늘나리	*Lilium davuricum* Ker-Gawl.	한국 북부, 일본 북부, 시베리아, 몽고 북부, 만주, 캄차카	candle stick lily	エゾスカシユリ
말나리	*Lilium distichum* Nakai ex Kamib.	한국, 중국	Siberian orange lily	チョウセンクルマユリ
리리움 엔찬트먼트	*Lilium enchantment* Hort.	원예 교배종		
대만나리	*Lilium formosanum* Wallace	대만	formosa lily	タカサゴユリ
민섬말나리	*Lilium hansonii* Leicht for. *mutatum* Lee	울릉도		
섬말나리	*Lilium hansonii* Leichtl. Ex D.D.T. Moore	한국(울릉도)	Hanson's lily, Ulreungdo lily	タケシマユリ
헨리나리(헨리백합)	*Lilium henryi* Baker	중국 중부, 호북, 귀주성의 산지	Henry's lily	キカノコユリ
나팔나리(나팔백합)	*Lilium longiflorum* Thunb.	일본, 대만	blunderbuss lily,	テツポウユリ

			easter lily, long tubed lily, church lily, white trumpet lily	
중나리	*Lilium maximowitzii* Regel	한국	Leichtlin's lily, moreroot lily, Maximowize's lily	オオニユリ
노랑하늘말나리	*Lilium miquelianum* Makino var. *flavum* Wils.	한국	Korean yellow wheel lily	
리갈백합	*Lilium regale* Wilson	중국(사천성의 800~1800m 고지대)	royal lily, regal lily	リーガルリリ, オウカンユリ
루브룸녹자백합	*Lilium speciosum* Thunb. Rubrum'	일본, 중국, 대만		
점박이나리	*Lilium speciosum* Thunb.	일본, 중국, 대만	showy lily, lance leaved lily, brilliant lily	カノコユリ, ドヨウユリ, ススユリ
참나리	*Lilium tigrinum* Ker-Gawl. (*L. lancifolium* T.)	한국, 일본, 중국, 대만, 내몽고	tiger lily, crumble lily	オニユリ
하늘말나리	*Lilium tsingtauense* Gilg	한국, 중국 동부	Korean wheel lily	チョウセンカサユリ
가는잎맥문동	*Liriope minor* Makino	일본, 대만		ヒメヤブラン
왕맥문동	*Liriope muscari* Bailey	중국, 대만, 일본(혼슈, 시코쿠, 규슈, 오키나와), 한국	big blue lilyturf	ヤブラン
무늬왕맥문동	*Liriope platyphylla* Wang. et Tang. forma *variegata* Hort.	중국, 일본, 한국 원산종의 원예품종		シロバナヤブラン、オキナグサ
맥문동	*Liriope platyphylla* Wang. et Tang	한국	big blue lilyturf, snake's beard	ヤブラン

개맥문동	*Liriope spicata* Lour	한국, 중국, 일본	creeping lilyturf	リュウキュウヤブラン
리토니아	*Littonia modesta* Hook. F.	남아프리카	climbing lily	
큰두루미꽃	*Maianthemum kamtschaticum* (Cham) Nakai	한국, 일본, 동부 시베리아, 캄차카, 캘리포니아 중부		マイズルソウ
무스카리	*Muscari armeniacum* Leicht.	아르메니아, 서부 이란, 유럽	blue grape hyacinth, grape hyacinth	ムスカリ
무스카리 '블루스파이크'	*Muscari armeniacum* Leicht. ex Baker 'Blue Spike'	원예품종		
흰꽃무스카리	*Muscari botryoides* (L.) Mill. var. *album* Hort.	유럽 중부 ~트랜스 코카시아	white grape hyacinths	ルリマスカリ
무스카리 '플루모숨'	*Muscari comosum* (L.) Mill. var. *plumosum* Hort.	유럽 남부, 아시아 서부	tassel hyacinth	ハネムスカリ
맥문아재비	*Ophiopogon jaburan* Lodd.	한국 남해안, 일본(류큐)	white lilyturf, jaburan lilyturf	ノシラン
흰줄무늬맥문아재비	*Ophiopogon jaburan* Lodd. var. *argenteivittatus* Hort.	일본 원산종의 변종	variegated mondo grass	
노랑무늬맥문아재비	*Ophiopogon jaburan* Lodd. var. *argenteivittatus* Hort.	일본 원산종의 변종		黄斑入ノシラン
수염풀	*Ophiopogon japonicus* (Thunb.) Ker-Gawl.	한국, 중국, 일본, 대만	dwarf lilyturf, mondo grass, snake's beard	ジヤノヒゲ、カツノヒゲ、リユウノヒゲ
왜란	*Ophiopogon japonicus* Ker-gawl. 'Kyoto Dwarf'	일본 원산종의 원예품종	snake's beard	チヤボリュゥノヒゲ
소엽맥문동	*Ophiopogon japonicus* Ker-Gawl.	일본, 중국	mondograss	ジヤノヒゲ

흑룡	*Ophiopogon planiscapus* Nakai *nigrescens* Hort.	일본 남부	black dragon, arabicus	
긴꼬리문주란	*Ornithogalum caudatum* Ait.	남아프리카	false sea onion, ornithogalum, German onion, Healing onion, meerzwiebel	コモチカイソウ
삿갓풀	*Paris verticillata* Bieb.	한국, 일본, 만주, 중국, 시베리아		クルマバツクバネソウ
신서란 '드와프레드'	*Phormium tenax* Forst. 'Dwarf Red'	뉴질랜드 원산종의 원예품종		
신서란 '브롱즈베이비'	*Phormium tenax* Forst. 'Bronze Baby'	뉴질랜드 원산종의 원예품종	New Zealand flax	
잎새란(신서란)	*Phormium tenax* Forst.	뉴질랜드	New Zealand flax, New Zealand hemp, tough flax lily	ニコウサイラン, マオラン
신서란 '썬도우니'	*Phormium tenax* Forst. 'Sundowner'	뉴질랜드 원산종의 원예품종		
신서란 '노란줄무늬'	*Phormium tenax* Forst. var. *variegatum* Hort.	뉴질랜드산의 변종	variegated Flax	フイリニユウサイラン
신서란 '옐로우웨이브'	*Phormium tenax* Forst. 'Yellow Wave'	뉴질랜드 원산종의 원예품종	tough flax lily, New Zealand flax	
진황정	*Polygonatum falcatum* A. Gray	일본	Solomon's seal	ナルコユリ
각시둥굴레	*Polygonatum humillinum* Nakai (*Polygonatum humile* F.)	한국	Solomon's seal	ヒメイズイ
둥굴레	*Polygonatum odoratum* Druce var. *pluriflorum* Ohwi	한국, 일본	fragrant solomon's seal, Korean solomon's seal	フイリアマドコロ
무늬둥굴레	*Polygonatum odoratum*	일본, 한국,		アマドコロ,

	(Mill.) Druce var. *pluriflorum* Ohwi 'Variegata'	중국		イズイ, カラスユリ
레이넥키아	*Reineckia carnea* (Andre) Kunth.	일본, 중국	pink reineckia	キチジョウソウ
만년청	*Rohdea japonica* Roth.	중국, 일본	lily of China	オモト
호사자만년청	*Rohdea japonica* Roth. 'Housis'	원예 품종		ホウシシ
마르기나타만년청	*Rohdea japonica* Roth. 'Marginata'	중국, 일본 원산종의 원예 품종	sacred manchu lily	
근안송만년청	*Rohdea japonica* Roth. 'Nekishinomatsu'	원예 품종		ネギシノマツ
취고외만년청	*Rohdea japonica* Roth. 'Wasicakaguma'	원예 품종		ワシタカクマ
루스쿠스 아쿨레아투스	*Ruscus aculeatus* L.	영국, 이란, 북아프리카, 유럽남부	butcher's broom, • box holly jew's mytle	ナガイカダ
큰잎루스쿠스	*Ruscus hypoglossum* L.	헝가리, 이탈리아, 중동, 아시아	double tongue, mouse thron	
무릇	*Scilla scilloides* (Lind.) Druce	한국	Japanese squill	ツルボ
민솜대	*Smilacina davurican* Turcz.	한국, 중국		タフリア ユキザサ
청미래덩굴	*Smilax china* L.	한국, 일 본, 중국, 인도차이나, 필리핀	green brier	サルトリイバラ, ガンタチイバラ, カカラ
돌창포	*Tofieldia nuda* Max.	한국, 일본		ハナゼキショウ
뻐꾹나리	*Tricyrtis dilatata* Nakai	한국, 일본	toad lily, Korean toad lily	チョウセンホトトギス
연영초	*Trillium kamtschaticum* Pall.	한국, 일본, 사할린, 만주,	wakerobin, white wood lily	オオバナノエンレイソウ

		우수리, 캄차카		
큰연영초	*Trillium tschonoskii* Max.	한국, 일본, 중국		ミヤマエンレイソウ
튤립	*Tulipa* × *gesneriana* L.	중앙아시아, 북아프리카	tulip	チューリップ
어쿠미나타튜울립	*Tulipa acuminata* Vahl. Ex Hornem	미상	Turkish tulip	
크리산다튜울립	*Tulipa chrysantha* Boss ex Bak.	유럽 남부, 소아시아		
클루시아나튜울립	*Tulipa clusiana* DC.	포르투갈~지중해, 그리스, 이란	lady tulip	
아이히레리튜울립	*Tulipa eichleri* Regel	터키		
포스테리아나튤립	*Tulipa fosteriana* Hoog.	중앙아시아 (브하라)	fosteriana tulip	フォステリアーナチューリップ
타르다튜울립	*Tulipa tarda* Stapf	동부 터키		
박새	*Veratrum patulum* Loes. fil	한국		カラバイケイソウ

버들과_Salicaceae

국명(한자명)	학명	원산지	영명	일명
황철나무	*Populus maximowiczii* A. Henry	한국, 시베리아, 일본, 중국	Japanses poplar	ドロノキ, デロ
양버들	*Populus nigra* L. var. *italica* Koehne	유럽	Lombardy poplar, Italian poplar	セイヨウハコヤナギ
현사시나무 (은수원사시나무)	*Populus tomentiglandulosa* T. Lee	한국	hybrid Suwon	
수양버들	*Salix babylonica* L.	한국, 중국 중남부	Babylon weeping willow	シダレヤナギ
노랑수양버들	*Salix chrysocoma* C.	원예품종	golden weeping willow	
갯버들	*Salix gracilistyla* Miq.	한국, 일본,		ネコヤナギ

		중국, 만주, 우즈리		
호랑버들	*Salix hulteni* Floderus	한국, 일본, 시베리아		コウライバッコヤナギ
용버들	*Salix matsudana* G. Koidz var. *tortuosa* Rehder.	중국의 북부 원산	pekin willow	ウンリユウヤナギ
석화버들	*Salix sachalinensis* Fr. Schmidt 'Sekka'	일본		ジヤリユウヤナギ、セツカヤナギ

범의귀과_Saxifragaceae

국명(한자명)	학명	원산지	영명	일명
돌단풍	*Aceriphyllum* rossii Engl.	한국의 산야, 중국 동부		イワーヤツデ
아스틸베 '브레씽감뷰티'	*Astilbe* 'Bressingham Beauty'	원예품종		
아스틸베 '판날'	*Astilbe* × *arendsii* Arends.'Fanal'	원예 품종	flase Spiraea	
아스틸베 '화이어'	*Astilbe* × *arendsii* Arends.'Fire'	원예 품종	flase Spiraea	アスチルベ アレンジー
아스틸베 아렌드시	*Astilbe arendsii* Arends.(*Astilbe* × *arendsii* Arends.)	원예 품종	false spiraea	アスチルベ
흰노루오줌	*Astilbe chinensis* Fr. Et Sav. Forma *albiflora* Nakai.	한국		シロバナチダケセシ
노루오줌	*Astilbe chinensis* Max. var. *davidii* Fra.	한국, 중국 북부	david astilbe	アスチルベ キネンシス
시베리아바위취	*Bergenia cordifolia* Sternb.	시베리아(알타이 산맥), 몽고	heart leaved stone break	シベリアユキノシタ
히말라야바위취 (베르게니아)	*Bergenia stracheyi* Engl.	히말라야, 아프가니스탄, 서파키스탄 동부~인도의 캐시	starchey bergenia	ヒマラヤユキノシタ

		미어, 네팔, 서부 티베트		
괭이눈	*Chrysosplenium grayanum* Max.	한국	golden saxifraga	ネコノメソウ
매화말발도리	*Deutzia coreana* L.	한국	Korean deutzia	チョウセウメウツギ
좁은잎 댕강나무	*Deutzia coreana Leveille* et Vaniot var. *angustifolia* Nakai	한국		ホソバチョウセンウメウツギ
물참대	*Deutzia glabrata* (Komarov) Duthie	한국, 만주, 중국		チョウセンウツギ
각시말발도리	*Deutzia gracilis* Sieb. et. Zucc.	일본		ヒメウツギ
꼬리말발도리	*Deutzia paniculata* Nakai	한국		ナガホウツギ
말발도리	*Deutzia parviflora* Bunge	한국, 중국, 소련	deutzia	トウウツギ
바위말발도리	*Deutzia prunifolia* Rehder	한국		イワウツギ
미국수국	*Hydrangea arborescens* L. 'Annabelle'	미국(펜실바니아주, 루이지애나 주, 플로리다주	snow wheel hydrangea	–
수국	*Hydrangea macrophylla* Ser.	중국, 일본 원산종의 원예 교배종	hydrangea, hortensia	アジサイ
분수국	*Hydrangea macrophylla* Ser.	중국, 일본 원산종의 원예 교배종		セイヨウアジサイ
무늬잎수국	*Hydrangea macrophylla* Serrata 'Variegata'	일본 원산종의 원예 품종		フイリガクアジサイ
산수국	*Hydrangea macrophylla* Seringe var. *acuminata* Makino (*Hydrangea serrata* var. *acuminata*)	한국 중부이남	Korean hydrangea, tea of heaven	ヤマアジサイ
나무수국	*Hydrangea paniculata* Sieb.	중국, 일본	panicle hydrangea	ノリウツギ

		(가라후토)		
등수국	*Hydrangea petiolaris* Sieb. et Zucc.	한국 남쪽섬 (제주도 울릉도)	climbing hydrangea	ゴトウズル
물매화	*Parnassia palustris* L.	한국, 일본, 중국, 북아메리카, 유럽	grass of parnassus	ウメバチソウ
섬고광나무	*Philadelphus scaber* Nakai	한국(전남, 경북)		チョウセンバイカウツギ,マンシュウバイカウギ
고광나무	*Philadelphus schrenkii* Rupr.	한국, 일본, 중국(아무르, 우수리)	mock orange	チョウセバイカウツギ
털고광나무	*Philadelphus schrenkii* Ruprenckii var. *jackii* Koehn	한국 남해안		ケチヨウセンバイカウツギ
바늘까치밥나무	*Ribes burejense* Schm.	한국 (함경도)		ハリスグリ
까마귀밥여름나무	*Ribes fasciculatum* Sieb. et Zucc. var. *chinensis* Max.	한국, 일본, 중국		シナヤブサンザシ
구즈베리 (서양까치밥나무)	*Ribes grossularia* L.	유럽, 북아프리카, 코카사스	English gooseberry,	セイヨウスグリ
커랜트	*Ribes grossularioides* Maxim.	일본	gooseberry, Currant	スグリ
노던레드커랜트	*Ribes rubrum* L.	유럽 중북부, 아시아 동북부	northern red currant, wild currant, garnet berry	アカフサスグリ
도깨비부채	*Rodgersia podophylla* A. Gray	한국 중부이북	rodger bronze leaf	ヤクルマソウ
풀매화	*Saxifraga decipiens* Ehrh.	유럽의 각 지역 고산 지대와 북극, 유럽 북부	mossy saxifrage	洋種クモマグサ

바위떡풀	*Saxifraga fortunei* Hook. var. *incisolobata* Nakai	한국, 일본	longleaf saxifrage	ダイモンジソウ
바위취	*Saxifraga stolonifera* Meerb.	일본, 중국, 한국, 대만	strawberry saxifrage, strawberry flower	ユキノシタ
삼색 무늬 바위취	*Saxifraga stolonifera* Meerb. var. *tricoler* Hort.	일본, 중국 원산종의 원예품종	variegated strawberry	
톨미아(피기백)	*Tolmiea menziesii* Torr. et Gray	북아메리카의 서해안	piggyback plant, youth an age, mother of thousands	メンジージー
무늬 피기백	*Tolmiea menziesii* Torr. et Gray 'Variegata'	미국(서부 오래곤주), 캐나다(밴쿠버) 원산종의 원예품종	variegated piggy back plant	フイリピギーバッグ

베고니아과_Begoniaceae

국명(한자명)	학명	원산지	영명	일명
베고니아 '그레이페더'	*Begonia* 'Grey Feather'	원예품종		グレイ フェザー
베고니아 '헬렌니콜슨'	*Begonia* 'Helen Nicholson'	원예교배종		ヘレン ニコルソン
베고니아 '실버즈웰'	*Begonia* 'Silver Jewel'	원예교배종		
크리스마스베고니아	*Begonia × cheimantha* T.H. Evereh.	원예품종	Christmas begonia	フユザキベゴニア
베고니아 아코니티폴리아	*Begonia aconififolia A.DC.*	브라질		アコニーテイフォーリア
베고니아 알보픽타 '로세아'	*Begonia albopicta* Bull. var. *rosea* Hort.	브라질 원산종의 변종		アルボ ピクタロセア
부탄베고니아	*Begonia bhutanensis* Hort.	부탄,		ブータン

		보르네오		
베고니아 '니그라마르가'	*Begonia bowerae* Zies. var. nigramarga Zies.	멕시코		
베고니아 브라데이	*Begonia brader* Irmscher	브라질		ブラティ
베고니아 브레비리모사	*Begonia brevirimosa* Irmscher	뉴기니아 북동부		ブレウイリモーサ
베고니아 카로리니아에폴리아	*Begonia caroliniaefolia* Regel	멕시코		
베고니아 쿠페리	*Begonia cooperii* C. DC.	코스타리카		クーペリイ
베고니아 델리키오사	*Begonia deliciosa* Linden	보르네오		デーリキオーサ
베고니아 디크로아	*Begonia dichroa* T. Sprague	브라질		デイクロア
베고니아 드레게	*Begonia dregei* Otto et Dietr.	남아프리카의 나탈	grape leaf begonia, mapple begonia	
베고니아 에반시아나	*Begonia evansiana* Dryand (*Begonia grandis* D.)	중국, 말레이시아	hardy begonia	シュウカイドウ
베고니아 게르티	*Begonia gehrtii* Irmscher	브라질		ゲルティイ
베고니아 고에고엔시스	*Begonia goegoensis* Brown	수마트라		ゴエゴエンシス
베고니아 '맨스훼이버리트'	*Begonia heimalis* Fotsh 'Man's Favorite'	원예품종		
베고니아 '닉세'	*Begonia heimalis* Fotsh 'Nixe'	원예품종		
베고니아 '슈와벨랜드골드오렌지'	*Begonia heimalis* Fotsh 'Schwabenland Gold Orange'	원예품종		
베고니아 '티아라'	*Begonia heimalis* Fotsh 'Tiara'	원예품종		
베고니아 '투르디'	*Begonia heimalis* Fotsh 'Trudy'	원예품종		

베고니아 '발레리나'	*Begonia heimalis* Fotsh 'Ballerina'	원예품종		
엘라티올베고니아	*Begonia hiemalis* Fotsch	원예품종	elatior begonia	ベゴニア ヒエマリス
베고니아 히스피다 '쿠쿨리페라'	*Begonia hispida* Schott. Ex A. DC. var. *cucullifera* Irmscher	브라질		ヒスピーダ ククルリフェラ
베고니아 임페리알리스	*Begonia imperialis* Lemaire	멕시코		インペイアーリス
베고니아 인카나	*Begonia incana* Lindley	멕시코		インカーナ, ワタケベコニア
베고니아 리스티다	*Begonia listida* Hort.	브라질		リステイーダ
베고니아 말라바리카	*Begonia malabarica* Lamarck	인도, 스리랑카		マラバリカ
마소니아나베고니아	*Begonia masoniana* Irmscheriron	말레이시아, 중국 남부	cross begonia	ベゴニア マソニアーナ
베고니아 메타크로아	*Begonia metachroa* Fotsch	코스타리카		
베고니아 메탈리카	*Begonia metallica* W.G. Smith	브라질	metallic leaf begonia	メタルリカ, ケテリハベゴニア
베고니아 올소니아에	*Begonia olsoniae* Smith & Schubert	브라질		
베고니아 파울렌시스	*Begonia paulensis* A. DC.	브라질		
베고니아 필로덴드로이데스	*Begonia philodendroides* Zies.	멕시코		フイロデンドロイデス
렉스베고니아	*Begonia rex* Putz.	원예품종	rex begonia, painted	レックス ベゴニア
렉스베고니아 '피컥'	*Begonia rex* Putz. 'Peacock'	원예품종		
렉스베고니아 '미가도'	*Begonia rex* Putz. 'Mikado'	원예품종		ミカド
렉스베고니아 '쿠르리메리크리	*Begonia rex* Putz. 'Curly Merry Christmas'	원예품종		

스마스'				
렉스베고니아 '필리그리'	*Begonia rex* Putz. 'Filigree'	원예품종		
렉스베고니아 '마운트발디'	*Begonia rex* Putz. 'Mount Baldy'	원예품종		
렉스베고니아 '퍼플글로리'	*Begonia rex* Putz. 'Purple Glory'	원예품종		
렉스베고니아 '퀸어브하노버'	*Begonia rex* Putz. 'Qeen of Hanover'	원예품종		
렉스베고니아 '실버스위트'	*Begonia rex* Putz. 'Silver Sweet'	원예품종		
렉스베고니아 '긴자노메'	*Begonia rex* Putz. 'Ginjanome'	원예품종		ギンジヤノメ
베고니아 루브로 베니아 '스포티드'	*Begonia robro-venia* Plan. 'Spotted'	히말라야 원산종의 아종변이종		
베고니아 로턴디폴리아	*Begonia rotundifolia* Lamarck	서인도 제도의 하이티		ロトウンデイフォーリァ
베고니아 실리키폴리아	*Begonia salicifolia* A. DC.	브라질		サリキフォーリア
꽃베고니아 '핏자즈레드'	*Begonia semperflorens* Link et Otto 'Pizzazz Red'	원예품종		
꽃베고니아 '화이트타우센드셴'	*Begonia semperflorens* Link et Otto 'White Tausendschoen'	원예교배종		
꽃베고니아	*Begonia semperflorens* Link et Otto	브라질	perpetual begonia	ベゴニア センパフローレ ンス
꽃베고니아 '참'	*Begonia semperflorens* Link et Otto 'Charm'	원예품종		
구근베고니아	*Begonia tuberhybrida* Voss.	북부유럽의 원예교배종	tuberous begonia	キュウコンベゴニア
겹꽃구근베고니아	*Begonia tuberhybrida* Voss 'Grandiflora'	원예품종	double begonia	

구근베고니아 '크리스파마르기나타'	*Begonia tuberhybrida* Voss 'Crispa Marginata'	원예품종		
구근베고니아 '피코티스칼렛살몬'	*Begonia tuberhybrida* Voss 'Picotee Scarlet Salmon'	원예품종		
구근베고니아 '피코티레드화이트'	*Begonia tuberhybrida* Voss 'Single Picotee Red White'	원예품종		
구근베고니아 '카멜리아퍼펙타'	*Begonia tuberhybrida* Voss 'Camellia Perfecta'	원예품종		
구근베고니아 '아프리콧트'	*Begonia tuberhybrida* Voss 'Apricot'	원예품종		
베고니아 유니플로라	*Begonia uniflora* Watson	멕시코		ウニフローラ

벼과_Gramineae

국명(한자명)	학명	원산지	영명	일명
벤트그래스	*Agrostis stolonifera* L.	뉴질랜드	creeping bentgrass	ベントグラス
리본그래스	*Arrhenatherum elatius* Mart. et Koch. var. *tuberosum* Hal.	유럽	ribbon grass	リボングラス
큰갈대	*Arundo donax* L. (=*Arundo bifaria* Retz.)	일본, 대만, 중국, 인도, 지중해 연안	long-leaved reed, giant reed	ダンチク
줄무늬큰갈대	*Arundo donax* L. var. versicolor Kunth (=*Arundo donax* L. var. *versicolor* J. Stokes=*A. donax* L. var. *variegata* Vilm)	유럽남부 지중해 지방	variegated giant reed, striped giant reed	シマダンチク, オキナダンチク, フイリノセイヨウダンチク
귀리	*Avena sativa* L.	유럽, 아시아	oats	オートムギ
율무	*Coix lachryma-jobi* L. var. *mayuen* Stapf	아시아의 열대 지방, 중국	Job's tears	ハトムギ

팜파스그래스	*Cortaderia selloana* Aschrs. et Graebn.	브라질 남부, 아르헨티나	pampas grass	パンパスグラス
버뮤다그래스	*Cynodon dactylon* (L.) Pers.		bermudagrass	バームューダグラス
오차드그래스, 오리새	*Dactylis glomerata* L.	중앙 유럽	ochard grass, cock's foot	カモガヤ
피	*Echinochloa crus-galli* (L.) Beauv. var. *frumentacea* (Roxb.) W. F. Wight	한국, 일본	Japanese millet, sanwa millet, Japanese barnyard millet, billon dollar grass	イヌビエ, ヒエ
톨페스큐	*Festuca elatior* var. *arundinacea* (Schreb.) Wimm.	아시아	tall fescue	トールフェスキュ
블루훼스투카	*Festuca ovina* L. var. *glauca*(Lam.) W. D. J. Koch (=*Festuca* 'Glauca' = *F. glauca* Lam.)	북아메리카, 북반구의 온대, 유럽, 아시아	blue fescue, sheep fescue	
메도우훼스투카	*Festuca pratenis Huds.* (=*Festuca elatior L.*)	유럽	English blugress, tall fescue, meadow fescue	ヒロハノウシノケグサ
보리	*Hordeum vulgare* var. *hexatichon* Aschers.	한국, 중국, 아시아, 유럽, 아메리카	barley	ムギ
아탈리안라이그래스	*Lolium multiflorium* Lam.(=*Lolium italicum* A. Br)	이탈리아, 스위스	italian rye grass, australian rye grass	イタリアン, ライグラス, ネズミムギ
퍼레니얼라이그래스	*Lolium perenne* L.	유럽	perennial ryegrass	ペレニアル ライグラス
참억새	*Miscanthus sinensis* Anderss.	한국	Eulalia	ススキ
줄무늬참억새	*Miscanthus sinensis* Anderss. var. *variegatus* Beal.	한국, 중국, 대만, 일본	variegated Eulalia	シマススキ
제브라참억새	*Miscanthus sinensis*	중국,	zebra grass,	タカノハススキ

	Anderss. var. *zebrinus* (Beal) Nakai ex Matsum.	동아시아, 대만, 한국, 일본 원산종의 원예변종	upright zebra grass	
줄무늬참억새	*Miscanthus sinensis* Anderss. var. *variegatus* Bael. (=*M. sinensis* Anderss. for. *variegatus* Nakai)	한국, 중국, 대만, 일본	varigated Eularia	シマススキ
억새	*Miscanthus sinensis* var. *purpurascens* Rendle	한국, 중국, 동아시아, 대만, 일본	Eulalia grass, Japanese plume grass	ムラサキススキ
벼	*Oryza sativa* L.	인도, 말레이시아	rice	イネ
수크령	*Pennisetum alopecuroides* (L.) K. Spreng.	한국	Chinese pennisetum	チカラシバ
흰갈풀(뱀풀)	*Phalaris arundinacea* L. var. *picta* L. (=*P. arundinacea* L. var. *variegata* Parn.)	유럽, 북아메리카, 아시아 원산종의 변종	ribbon grass, gardener's garters	シマガヤ, リボングラス, チクサ
티모시	*Phleum pratens* L.	유럽, 시베리아	common timothy, mountain timothy	オオアワガエリ
갈대	*Phragmites communis* Trin.	한국	reed	ツロヨシ
달뿌리풀	*Phragmites japonica* Steud.	일본	reed	マダケ
오죽	*Phyllostachs nigra* Munro.	중국	black bamboo	クロチク
맹종죽	*Phyllostachys heterocyacla* Mitf. var. *pubescens* Ohwi (*Phyllostachys pubescens* M. ex H.)	중국		
왕대	*Phyllostachys bambusoides* S. et Z.	중국	timber bamboo	モラソラテク
솜대	*Phyllostachys nigra*(Lodd. ex Lindl.) Munro *var.*	한국의 충남 이남, 일본,	henon bamboo	ハチク

	henonis (Mitf.) Stapf ex Rendle (=*P. henonis* Mitf.=*P. nigro* Munro 'Henon')	중국		
난장이조릿대	*Pleioblastus pygmaea* Mitford *(=P. pubescens* Nakai=*Arundinaria pygmaea* (Miq) Asch. et Graebn=*Bambusa pygmaea* Miq.=*Sasa pygmaea* Hort.*)*	일본	Pygmy bamboo	ケネザサ
무늬사사대나무	*Pleioblastus variegatus* Makino (=*P. fortunei* (Van Hautle ex Munro) Nakai=*Sasa fortunei* (Van Hautle ex Munro) A. Rib. & C. Rib= *Arundinaria variegata* (Sieb. ex Miq.) Mak.)	일본	miniature bamboo, dwarf white stripe bamboo	シマザサ
켄터키블루그래스 (왕포아풀)	*Poa pratensis* L.	북반구의 온대지역	Kentucky bluegrass	ケンダッキーブルーグラス
이대	*Pseudosasa japonica* (Sieb. et Zucc. ex Steud.) Makino (= *Arundinaria japonica* Sieb. et Zucc. ex Steud. = *A. metake* Nichols. = *Bambusa metake* Siebold ex Miq. = *Sasa japonica* (Sieb. et Zucc. ex Steud.) Makino)	한국의 중부 이남, 일본	arrow bamboo, hardy bamboo, metake	ヤダケ
조릿대	*Sasa bolialis* (Hack.) Makino	한국		ジダケ
섬대	*Sasa borealis* Makino var. T. Lee	한국남부(완도, 백양산)		キシュウスズ
제주조릿대	*Sasa quelpaertensis* Nakai	한국		タンナザサ
조	*Setaria italica* Beauv.	한국	foxtail millet	アワ
풍후세죽	*Shibataea kumasaca*	일본		オカメザサ,

	Makino (=*S. kumasaka* (Zoll ex Steud.) Nakai)			ブンゴザサ
수수	*Sorghum bicolor* Moench.	한국	millet	モロコシ
밀	*Triticum aestivum* L.		wheat	コムギ
옥수수	*Zea mays* L.	남아메리카	sweet corn, corn, maize, Indian corn, Turkey corn	トウモロコシ, ナンバンキビ, コウライキビ, タマキビ, トウキビ
줄	*Zizania latifolia* Turcz.	한국		マコモ
들잔디	*Zoysia japonica* Steud.	한국	Korean lawngrass	ノシバ
왕잔디	*Zoysia macrostachya* Fr. et Sav.	한국		オニシバ
금잔디	*Zoysia matrella* Merr.	한국	mascarene Korean velvet grass	コライシバ
갯잔디	*Zoysia sinica* Hance	한국	Chinese lawngrass	ナガミノオニシバ
비단잔디 (비로드잔디)	*Zoysia tenuifolia* Willd.	한국	Korean velvetgrass, mascarenegrass	ビロドシバ

벽오동과_Sterculiaceae

국명(한자명)	학명	원산지	영명	일명
벽오동	*Firmiana simlex* (L.) W.F. Wight	일본(류큐), 베트남, 중국, 동남아시아	phoenix tree, foeniy tree, Chinese parasol tree	アオギリ

보리수나무과_Elaeagnaceae

국명(한자명)	학명	원산지	영명	일명
보리밥나무	*Elaeagnus macrophylla* Thunb.	아시아, 동남부	longleaf elaeagnus	オオバグミ

뜰보리수	*Elaeagnus multiflora* Thunb.	일본	goumi, gumi	ナツグミ
왕보리수나무	*Elaeagnus pungens* Thunb.	한국, 일본	thorny elaeagnus	ナワシログミ
마쿨라타보리수나무	*Elaeagnus pungens* Thunb. 'Maculata'	일본원산종의 원예품종		
보리수나무	*Elaeagnus umbellata* Thunb.	아시아, 동남부, 북아메리카	autumn elaeagnus	アキグミ
산자나무	*Hippophae rhamnoides* L. (=*H. rhamnoides* var. *angustifolia* Lodd. ex Loud.)	유럽, 동남 아시아, 중국	sallow thorn	ヒツポフェ

봉선화과_Balsaminaceae

국명(한자명)	학명	원산지	영명	일명
임파티엔스선다즐	*Impatiens* 'Sundazzle'	원예품종	New Guinea hybrida	
뉴기니아무늬봉선화	*Impatiens* 'Telstar'	뉴기니아 원산종의 원예품종		
봉선화	*Impatiens balsamina* L.	인도, 말레이시아, 중국	garden balsam, rose balsam	ホウセンカ
뉴기니아봉선화	*Impatiens hawkeri* Bull.	원예교배종	New Guinea imptiens	インパチェンスハウケリー
선봉선화	*Impatiens linearifolia* Warb.	뉴기니아		
노랑물봉선화	*Impatiens noli-tangere* L.	한국, 일본, 아시아, 북아메리카, 영국, 유럽	touch-me-not	キツリフネ
물봉선화	*Impatiens textori* Miq.	한국, 일본,	snap weed, busy	ツリフネソウ

		만주	lizzie	
아프리카봉선화	*Impatiens wallerana* Hook. f. *(Impatiens sultanii* Hook. f.)	남아프리카의 잔지발	bedding impatiens, sultan impatiens	アフリカホウセンカ
블리츠바이올렛아프리카봉선화	*Impatiens walleriana* Hook. 'Blinz Violet' (= *I. holstii* Engl. Warb. 'Blitz Violet' = *I. sultani* Hook. 'Blitz Violet')	남아프리카의 잔지발, 모잠빅	Zanzibar balsam, busy lizzy, patient lucy, patient plant, sultana	アフリカホウセンカ
다블임파티엔스	*Impatiens walleriana* Hook. 'Double Impatiens'	원예품종		
임파티엔스월러리아나스파크로즈	*Impatiens walleriana* Hook. f. *spark rose* Hort.	남아프리카 원산종의 원예품종	impatiens spark rose	アフリカホウセンカ, インパチエンスースパークロス
임파티엔스월러리아나스파크스칼렛	*Impatiens walleriana* Hook. f. *spark scarlet Hort.*	남아프리카 원산종의 원예품종	impatiens	アフリカホウセンカ, インパチエンス, パークスカーレット

부들과_STyphaceae

국명(한자명)	학명	원산지	영명	일명
애기부들	*Typha angustata* Bory et Chaub	한국		ヒメガマ
부들	*Typha latifolia* L.	한국, 북반구 온대	common cattail	ガマ
좀부들	*Typha orientalis* Presl	한국, 일본, 타이완, 중국, 필리핀, 우수리	cattail, reed-mace	コガマ

부처꽃과_Lythraceae

국명(한자명)	학명	원산지	영명	일명

쿠페아 히쏘피폴리아	*Cuphea hyssopifolia* HBK.	멕시코, 과테말라	cuphea, false heather, elfin herb	クフェア ヒソピフォリア
쿠페아 이그네아	*Cuphea ignea* A. DC.	멕시코	red white and blue flower, cigar flower, firecracker plant	ベニチョウジ, タバコソウ
흰꽃 배롱나무	*Lagerstroemia* × *natchez*	원예교배종		
배롱나무	*Lagerstroemia indica* L.	중국남부	Indian lilac, crape myrtle	サルスベリ
부처꽃	*Lythrum anceps* (Koehne) Makino	한국, 일본, 유럽	loosestrife	ミソハギ
털부처꽃	*Lythrum salicaria* L.	한국, 유럽, 일본, 아프가니스탄, 인도, 중국, 동부시베리아, 캐나다	purple loosestrife	エゾミソハギ

부처손과_Selaginellaceae

국명(한자명)	학명	원산지	영명	일명
셀라기넬라 아포다	*Selaginella apoda* (L.) Spring	동북 아메리카	basket selaginella, meadow spike moss	
셀라기넬라 크라시아나	*Selaginella kraussiana* (Kunze) A. Braun	남아프리카	trailing irishmoss, trailing selaginella, mat spike moss	
셀라기넬라 왓소니아나	*Selaginella martensil* Spring 'Watsoniana'	멕시코 우림지대		クロベゴケ
구실사리	*Selaginella rossii* Warb.	한국		ハリガネヒバ
개부처손	*Selaginella stauntoniana* Spring	한국, 중국		アシブトヒモカヅラ
부젠빌레아	*Selaginella tamariscina*	한국, 일본,	spikemoss	ハリガネヒバ

	Spring	중국, 소련, 동인도, 자바, 대만, 필리핀		

분꽃과_Nyctaginaceae

국명(한자명)	학명	원산지	영명	일명
부게인빌레아 다운	*Bougainvillea* 'Dawn'	원예품종		
부게인빌레아 부티아나 프라에토리아	*Bougainvillea buttiana* Holtt. & Stan. Praetoria'	원예교배종		
부게인빌레아 글라브라	*Bougainvillea glabra Choisy*	브라질 원산종의 원예교배종	oaper flower, bougainvillea	ブーゲンビレア
부게인빌레아 글라브라 산데리아나 바리에가타	*Bougainvillea glabra* Choisy 'Sanderiana Variegata'	브라질 원산종의 원예품종		フイリブーゲンビレア
무늬잎 부게인빌레아	*Bougainvillea glabra* Choisy var. *variegata* Hort.	브라질 원산종의 원예품종		フイリブーゲンビレア
부겐빌레아	*Bougainvillea glabra* Choisy	남아메리카	bougainvillea, paper flower	ブーゲンビレア
부게인빌레아 스펙타빌리스 카르멘시타	*Bougainvillca socctabillis* Willd. 'Carmencita'	브라질 원산종의 원예품종	great bougainvillea	イカダカズラ, ココノエカズラ
부게인빌레아 스펙타빌리스 알바	*Bougainvillea spectabillis* Wild. 'Alba'	브라질 원산종의 원예품종		
분꽃	*Mirabilis jalapa* L.	열대 아메리카	four o'clock	オシロイバナ
무늬피소니아	*Pisonia brunoniana* Endl. var. *variegatum* Hort.	뉴질랜드, 타이티, 마르퀘사스, 오스트레일리아 원산종의 변종	variegated bird catcher tree, variegated para para tree	ピソニア バリエガタム

붓꽃과_Iridaceae

국명(한자명)	학명	원산지	영명	일명
아시단데라 비컬러 무리엘라에	*Asidanthera bicolor* Hochst. var. *murielae* Pery.(=*A. murielae* Hort.)	에티오피아, 아비시니아	peacock orchid	
바비아나 스트릭타	*Babiana stricta* Ker-Gawl.	남부 아프리카	baboon root	バビアナ
바비아나 스트릭타	*Babiana stricta (Ait) ker-Gawler*	남부 아프리카	baboonroot	ホザキアヤメ
범부채	*Belamcanda chinensis* (L.) DC.	한국, 일본, 중국	blackberry lily, leopard flower	ヒオウギ
크로코스미아 마소니오룸	*Crocosmia masoniorum* (L.Bolus) N. E. Br. (=*Tritonia masoniorum* L. Bolus)	열대 아프리카		
크로코스미아 몬테브레티아	*Crocosmia pottsii* (Bak) N.E.Br. *(=Montebretia pottsii* (Bak.) Bak. =*Tritonia pottsii* Benth. *et.* Hook.)	남아프리카의 나탈, 트란스발		モントブレチア
크로코스미아	*Crocosmia pottsii* N.E. Br.	남아프리카	montebretia	トウモロコシ
크로커스 스트립트 뷰우티	*Crocus chrysanthus* Herb. 'Striped Beauty'	원예품종		
크로커스 스노우번팅	*Crocus chrysanthus* Herb. for. *snowbunting* Hort.	발칸 반도, 소아시아 원산종의 원예품종		
크로커스 시베리 바이올렛 퀸	*Crocus sieberi Gay* 'Violet Queen'	그리시아 원산종의 원예품종		ジヤンダークハナサフラン
크로커스	*Crocus vernus* L.	네덜란드, 원예교배종	crocus	コロッカス
크로커스 베르누스 엘로우	*Crocus vernus* L. J. Hill 'Yellow'	유럽산악지대	crocus yellow, dutch crocus	イエロウハナサフラン

크로커스 베르누스 잔다크 화이트	*Crocus vernus* L. J. 'Jeanne d'Arc White'	중부 유럽 원산종의 원예품종		
크로커스 베르누스 페푸레우스 그랜디플로루스	*Crocus vernus* L. J. Hill 'Purpureus Grandiflorus'	중부 유럽 원산종의 원예품종	crocus purpureus grandiflorus	
크로커스 베르누스 픽 윅	*Crocus vernus* L. J. Hill 'Pick Wick'	원예품종		
크로커스 리멤브란스	*Crocus vernus* L. J. Hill 'Remembrance' (*Crocus* 'Remembrance')	원예품종		
프리지아 사파리	*Freesia* 'Safari'	원예품종		
프리지아 알렉산더	*Freesia* 'Alexander'	원예품종		
프리지아 레드라이온	*Freesia* 'Red Lion'	원예품종		
프리지아(프리지어)	*Freesia hybrida* L.H. Bailey	희망봉 원산종의 원예 교배종	freesia	フリージア
글라디올러스 필버트	*Gladiolus* 'Philbert'	원예품종		
글라디올러스 오스카	*Gladiolus* 'Oscar'	원예품종		
글라디올러스 피델리오	*Gladiolus* 'Fidelio'	원예품종		
글라디올러스 프라하	*Gladiolus* 'Praha'	원예품종		
글라디올러스 에밀리아	*Gladiolus* 'Emilia'	원예품종		
글라디올러스 알버트 슈바이처	*Gladiolus* 'Albert Schweitzer'	원예품종		
글라디올러스 벤 트로바토	*Gladiolus* 'Ben Trovato'	원예품종		
글라디올러스 에두아르드 반 베이눔	*Gladiolus* 'Eduard van Beinum'	원예품종		

글라디올러스 그린우드 펙커	*Gladiolus* 'Green Wood Pecker'	원예품종		
글라디올러스 잭슨빌 골드	*Gladiolus* 'Jacksonville Gold'	원예품종		
글라디올러스 마리 하우슬리	*Gladiolus* 'Mary Housley'	원예품종		
글라디올러스 메모리알 데이	*Gladiolus* 'Memorial Day'	원예품종		
글라디올러스 빅터 보게	*Gladiolus* 'Victor Borge'	원예품종		
글라디올러스 화이트 프렌드쉽	*Gladiolus* 'White Friendship'	원예품종		
글라디올러스 간다벤시스	*Gladiolus gandavensis* Van Houtte	원예교배종	ghent gladiolus	トウショウブ
글라디올러스	*Gladiolus gandavensis* Van Houtte	서아시아, 유럽남부아프리카	gladiolus	グラジオラス
아이리스 단포디애	*Iris* 'Danfordiae'	원예교배종		
꽃창포	*Iris ensata* Thunb.	일본	Japanese iris	ハナショウブ
참꽃창포	*Iris ensata* Thunb. var. *spontanea* (Mak.) Nakai	일본	Japanese iris	ノハナショウブ
오디세이 저먼 아이리스	*Iris germanica* 'Odyssey'	원예품종		
독일붓꽃 (저먼아이리스)	*Iris germanica* L.	원예교배종	German iris	ジャーマンアイリス
골든 판타지 저먼 아이리스	*Iris germanica* 'Golden Fantasy'.	원예품종		
구근아이리스 (덧치아이리스)	*Iris hollandica* Hort.	원예교잡종	Dutch iris	ダッチアイリス
화이트 퍼펙숀 덧치 아이리스	*Iris hollandica* Hort. 'White Perfection'	원예교배종		
퍼플 센세이숀 덧치 아이리스	*Iris hollandica* Hort. 'Purole Sensation'	원예교배종		
엘로우 퀸 덧치	*Iris hollandica* Hort.	원예교배종		

아이리스	'Yellow Queen'			
골든 하베스트 덧치 아이리스	*Iris hollandica* Hort. 'Golden Harvest'	원예교배종		
노랑붓꽃	*Iris Koreana* Nakai	한국		オオキンカキツ
제비붓꽃	*Iris laevigata* Fisch	한국, 일본, 만주, 시베리아	rabbit-ear iris	カキツバタ
붓꽃	*Iris nertschinskia* Lodd.	한국, 일본, 시베리아 동부, 만주	Siberian iris	ハナアヤメ
타래붓꽃	*Iris pallasii* Fisch. var. *chinensis* Fisch.	한국, 중국, 일본	flower de Luce, tarae butggot water flag	ネジアヤメ
무늬 아이리스	*Iris pallida Lam. var. variegata* Hort. (= *I. pallida* Lam. 'Argentea')	오스트리아 서부, 이탈리아 북부	variegated orris	
노랑꽃창포	Iris pseudacorus L.	유럽, 소아시아, 북아프리카, 시베리아	yellow flag iris	キショウブ
서양창포	*Iris pumila* L.	우크라이나, 크리미아, 크레타섬, 헝가리, 루마니아, 불가리아, 오스트리아	dwarf early flowering iris	ナンキンアメ
각시붓꽃	*Iris rossii* Baker	한국, 일본	blue flag	エヒメアヤメ
솔붓꽃	*Iris ruthenica* Ker-Gawl.	한국, 일본, 중국, 몽고, 반칸반도, 헝가리, 코카사스		マンシュウアヤメ
금붓꽃	*Iris savatieri* Nakai	한국(서울, 경기도)		キンカキツ
부채붓꽃	*Iris setosa* Pall.	한국(강원도이북), 일본,	aretic iris	ヒオウギアヤメ

		중국 동북 지방, 아무르, 우수리, 사할린, 캄차카반도, 동시베리아, 쿠릴열도, 알류샨열도		
난장이붓꽃	*Iris uniflora* var. *carinata* Kitagawa	오스트리아, 헝가리, 루마니아, 불가리아, 크레타 섬		チヤボアヤメ
익시아	*Ixia hybrida* Hort.	남아프리카 원산종의 교잡종	corn lily	イキシア
네오마리카 그라실리스	*Neomarica gracilis* (Herb. ex Hook) Sprague	멕시코~브라질	apostle plant, slender false flag	
네오마리카 노르디아나	*Neomarica northiana* (Schneev.) T. Sprague *(= Marica northiana* Schneev.)	브라질	walking iris, apastle plant	アメリカシャガ
엣치 씨 반 블리엣 덧치 아이리스	*ris hollandica* Hort. 'H. C. Van Vilet'	원예교배종		
삼색 스파락시스	*Sparaxis tricolor* Ker. *(Ixia tricolor* Curt.)	남아프리카의 케이프 지방	wand flower	
범꽃	*Tigridia pavonia* Ker-Gawl. *(=T. pringlei* S.Wats. = *Ferraria pavonia* L.f. = *Tigridia Pavonia* DC. = *Tigridia grandiflora* Salisb.)	멕시코, 과테말라	peacock tiger flower, tiger flower, shell flower	チグリヅア, トラフユリ

붓순나무과_Illiciaceae

국명(한자명)	학명	원산지	영명	일명
붓순나무	*Illicium religiosum* S. et Z.	한국, 일본, 대만	anise tree, star anise tree	シキミ

비름과_Amaranthaceae

국명(한자명)	학명	원산지	영명	일명
줄맨드라미	*Amaranthus caudatus* L.	중앙아시아, 남부 아시아	love lies bleeding, tassel flower	ヒモゲイトウ
비름	*Amaranthus mangostanus* L.	열대 아시아, 인도	mugwort	ヨモギ
색비름	*Amaranthus tricolor* L.	열대 아시아	Ganges amaranth	ハゲイトウ
템팔라 색비름	*Amaranthus tricolor* L. 'Tampala'	열대 아시아	tampala	
선줄맨드라미	*Amarantuhs cruentus* L.	동부, 서부 아시아, 동인도	purple amaranth, amaranth, red amaranth, prince's feather	スギモリゲイトウ, フジゲイトウ
실 맨드라미	*Celosia argentea* L. 'Castle Gould'	인도 원산종의 원예품종		
맨드라미(계관형)	*Celosia cristata* L.	열대 아시아, 인도	cockscomb	ケイトウ
팰리트 맨드라미	*Celosia cristata* L. 'Palet'	원예품종		パレード
붉은잎 맨드라미	*Celosia cristata* L. 'Jewel Box Red Darkleaved'	원예품종		
주웰 박스 맨드라미	*Celosia cristata* L. 'Jewel Box Crest'	원예품종		
오리엔트 2호 맨드라미	*Celosia cristata* L. 'Orient No 2'	원예품종		オリエント2號
콘시리즈 피치 맨드라미	*Celosia cristata* L. *pulmosa* 'Cone Series Peach'	원예품종		
플로라데일 로즈 핑크 맨드라미	*Celosia cristata* L. 'Floradale Rose-Pink'	원예품종	crested cockscomb	
아프리콧트 브란디 맨드라미	*Celosia cristata* L. 'Apricot Brandy'	원예품종		
나나 글리터스 맨드라미	*Celosia cristata* L. *pulmosa* 'Nana Glitters'	원예품종		

포리스트 파이어 맨드라미	*Celosia cristata L. pulmosa* 'Forest Fire'	원예품종		
구루메 맨드라미	*Celosia cristata* L. 'Kurume'	인도 원산종의 원예품종		クルメケイトウ
콘시리즈 오렌지 맨드라미	*Celosia cristata* L. *pulmosa* 'Cone Series Orange'	원예품종		
페여리 파운테인스 맨드라미	*Celosia cristata* L. *pulmosa* 'Fairy Fountains'	원예품종		
피리 피더	*Celosia cristata* L. *pulmosa* 'Fiery Feather'	원예품종		
골든 피더 맨드라미	*Celosia cristata L. pulmosa* 'Golden Feather'	원예품종		
글로보사 드와프 맨드라미	*Celosia cristata* L. var. *pulmosa globosa dwarf* Hort.	원예품종	globosa dwarf celosia	グロボーサザトワーフ
골든 트라이엄프 맨드라미	*Celosia cristata* L. var. *pulmosa golden triumph* Hort.	원예품종	golden triumph plume	
골든 드와프 맨드라미	*Celosia cristata* L. var. *pulmosa golden dwarf* Hort.	원예품종		ゴールデントワーフ
맨드라미(깃털형)	*Celosia plumosa* L.	열대아시아	feather	
천일홍	*Gomphrena globosa* L.	동남아시아	bachelor's button, common globe amaranth	センニチコウ, センニチソウ
붉은잎 이레시네	*Iresine herbstii* Hook *f.* (=*I. reticulata* Hort. = *Achyranthes herbstill* Hort.)	브라질	beefsteak plant, beef plant, chicken gizzard	アルバビュ, ケショウビュ
노랑무늬 이레시네	*Iresine herbstii* Hook. for. *aureo reticulata* Hort.	브라질	chicken gizzard	黃斑アルバビュ

이레지네 허브스티 아쿠미나타	*Iresine herbstii Hook. var. acuminata Hort.*	원예품종	painted blood leaf	
얼룩말 이레지네	*Iresine lindenii* Lem. *'Formosa'*	에콰도르	yellow bloodleaf	
붉은잎 텔란데라	*Telanthera bettzickiana* Regel *(=Altemanthera bettzickiana* (Regel) Nichols = *A. brasiliensis* Hort. = *Achyranthes bettzickiana*(Regal) Standl.	브라질	red calico	サツバモョウビュ, アキランサス
노랑잎 텔란데라	*Telanthera bettzickiana* Regel var. *aurea Hort. (=Altemanthera bettzickiana* Voss var. *aurea* Hort.*)*	브라질 원산종의 변종	yellow calico plant	サツバモョウビュ, アキランサス
루비 텔란데라	*Telanthera dentata* (Moench) Stuchlik	브라질 원산종의 원예품종		

뽕나무과_Moraceae

국명(한자명)	학명	원산지	영명	일명
'파셀리	*Ficus parcellii* Veitch (=*F. aspera* G. Forst.)	남태평양 제도	mosaic fig, clown fig	フイカスバルセリー
알티시마고무나무	*Ficus altissima* Bl.	인도(아삼), 말레이반도, 필리핀군도	council tree	フィカス ベンジャミナ
벵갈고무나무	*Ficus benghalensis* L. (=*Ficus indica* L.)	열대 아시아의 세일론, 인도, 히말라야 산기슭	banyan tree, east Indian fig tree	ベンガルボダイジュ
크리쉬네벵갈 고무나무	*Ficus benghalensis* L. 'Krishnae'*(=F. krishnae* C. DC.)	파키스탄, 인도 원산종의 원예품종	Krishna;s buttercup, sacred fig tree	クリシュナボダイジュ

골든프린세스 벤자민	*Ficus benjamina* L. 'Golden Princess'	인도 원산종의 원예품종		
벤자민고무나무	*Ficus benjamina* L.	인도, 말레이시아	benjamin tree, weeping fig	フィカス ベンジャミナ
무늬벤자민	*Ficus benjamina* L. 'Variegata'	원예품종	variegated mini ruber	
하와이고무나무	*Ficus benjamina* L. 'Hawaii' (=*Ficus nitida* Thunb. non Blume 'Hawaii'	인도, 세일론, 대만 원산종의 원예품종	variegated Indian laurel	
누다벤자민고무나무	*Ficus benjamina* L. var. *nuda* (Miq.) Barrett	인도 원산종의 원예변종		ベンジャミナ ヌタ
무화과	*Ficus carica* L.	소아시아의 카리아 지방, 동부 지중해 연안 지방	fig tree	イチジク
디버시폴리아	*Ficus diversifolia* Blume.(=*F. deltoidea* = *F. lutescens* Desf.)	인도, 말레이시아, 자바	mistletoe fig	コバンボダイジュ
무늬인도 고무나무	*FIcus elastica* Roxb. 'Variegata'	열대 아시아 원산종의 원예품종	variegated rubber plant	フイリインドゴムノキ
라프랑스고무나무	*Ficus elastica* Roxb. var.*decora La France* Hort. (=*F. elastica* 'La France')	인도, 미얀마 원산종의 원예품종		アイカスラ フランス
데코라고무나무	*Ficus elastica* Roxb. 'Decora'	열대아시아원산종의 변종	wideleaf rubber plant, broad leaved rubber plant	デコラゴムノキ
크라이기 고무나무	*Ficus elastica* Roxb. 'Craigi'	인도, 미얀마 원산종의 원예품종		タチバゴムノキ, クライギー
벨가무늬데코라 고무나무	*FIcus elastica* Roxb. var. *decora variegata* Hort.(=*F. elastica* ' Decora Schrijvereana' = *Ficus elastica* Roxb.	데코라 고무나무의 원예품종		フリデュラゴムノキ

	var. *decora* 'Belgaplant'			
삼색데코라 고무나무	*Ficus elastica* Roxb. var. *decora tricolor* Hort.	열대 아시아 원산 종의 변종		シロフイリルデコラゴムノキ, デュラトリカラー
로부스타고무나무	*Ficus elastica* Roxb. var.*decora robusta* Hort. (=*F. elastica* 'Decora Robusta')	데코라 고무나무의 원예품종		
아사히 고무나무	*Ficus elastica* Roxb. 'Decora Asahi'	데코라 고무나무의 원예품종		デコラリ ゴムノキ アサヒ
인도고무나무	*Ficus elastica* Roxb. ex Horn.	인도, 말레이시아, 열대 아시아의 습윤한 삼림지	Indian rubber plant	インドゴムノキ
아폴로 고무나무	*Ficus elastica* Roxb. var. *apollo* Hort. (=*F. elastica* Roxb. var. *No.2*)	열대 아시아 원산종의 원예품종		アポロゴムノキ
무늬데코라인도 고무나무	*FIcus elastica* Roxb. *Decora Variegata*')	데코라 고무나무의 원예품종	variegated rubber plant	デュラフイリゴムノキ
자바고무나무	*Ficus hirta* Vahl. (=*F. simplicissima* Lour var. *hirta* (Vahl) Migo)	자바		ムクゲコムノキ, ジヤワコムノキ
떡갈잎고무나무	*Ficus lyrata* Warb.	열대 서아프리카	fiddle leaf fig	カツワバゴム
모람	*Ficus nipponica* Fr. et Sav.	일본, 대만, 중국 남부, 한국의 남부 해안 및 섬지방	fig	イタビカズラ
무늬왕모람	*Ficus pumila* L. 'Sunray'	일본, 중국, 오스트레일리아, 대만 원산 종의 원예품종	variegated creeping pig	フイリオオイタビ
왕모람	*Ficus pumila* L.	한국(남해안),	creeping fig,	オオイタビ

	(=*F. stipulata* Thunb. =*F. repens* Hort.)	일본, 중국, 오스트레일리아, 대만	creeping rubber plant	
파이커스라디칸스 바리에가타	FIcus radicans Roxb. var. variegata Hort.(=*F. radicans* Desf. 'Variegata' = *F. rostrata* Ram. = *F. sagittata* Vah 'Variegata')	히말라야 동부, 필리핀군도, 캐롤라이나 섬	variegated creeper, variegated rooting fig	
보리수고무나무	*Ficus religiosa* L.	인도, 세일론, 스리랑카	bo tree, peepul tree of the Hindoos	テンジクボダイジュ
판다대만고무나무	*Ficus retusa* L. 'Panda'	동남아시아 원산종의 원예품종		フイカスパンダ
대만고무나무	*Ficus retusa* L.	중국 남부, 인도, 세일론, 마카오, 필리핀, 보르네오, 말레이 반도	Indian laurel, Malay banyan, glossy leaf fig, Chinese banyan	カジュマル, タイワンマツ
황금대만고무나무	*Ficus retusa* L. 'Golden Leaf'	동남아시아 원산종의 원예품종		オウゴンガジュマル
무늬대만고무나무	*Ficus retusa* L. 'Variegata'	동남아시아 원산종의 원예품종		フイリガジュマル
수양대만고무나무	*Ficus retusa* L. 'Pendulina'	인도, 세일론, 대만 원산종의 원예품종		シダレガジュマル
파이커스 루비기노사 바리에가타	*Ficus rubiginosa* Desf. ex Vent. (=*F. australis* Willd. = *F. rubiginosa* Vent. 'Australis')	오스트레일리아	port Jackson fig, little leaf fig, rusty fig	フランスゴムノキ, コバノコムビワ
파이커스 트라이앵굴라리스	*Ficus rubiginosa* Vent. var. *variegata* Hort. (=*F. rubiginosa* 'Variegata'	오스트레일리아 원산종의 원예품종		フイリコバノコムノキ

파이커스 트라이앵굴라리스 바리에가타	*Ficus triangularis* Warb. Variegata'	아프리카 원산종의 원예품종		トライアンギュラリスバリエガタ
파이커스 와이티아나	*Ficus wightiana* Wall.	일본, 중국남부, 대만, 인도		アコウ,アコギ,アコミズキ
파이커스 윌뎀마니아나	*Ficus willdemaniana* Warb.	열대 아프리카의 카메룬, 자이레		
처진뽕나무	*Morus alba* for. *pendula* Dippell	원예품종	mulberry	

사

사초과_Cyperaceae

국명(한자명)	학명	원산지	영명	일명
왕골	*Carex exaltatus* Retz. var. *iwakii* T. Koyama	한국, 일본 재배종		カンエンガヤツリ
산거울	*Carex humilis* Leyss var. nana Ohwi	한국, 일본, 중국, 우수리, 다후리아		ヒメヒカグ, ホンバヒカゲスゲ
무늬사초	*Carex maculata* Boott	일본	variegated sedge grass, variegated morrow sedge	シマカンスゲ, フイリカンスゲ
지리대사초	*Carex okamotoi* Ohwi	한국(중부이남)	papyrus, Egyptian paper plant	チイサンタガネソウ
대사초	*Carex siderosticta* Hance	한국, 일본, 중국, 아무르, 우수리		タガメーソ
작은 방동사니 시페루스	*Cyperus albostriatus* Schrad. (=*C. diffusus Hort.* not Vahl .=*C. elegans* Hort. not L.)	남아프리카	broadleaf umbrella plant	
종려방동산이	*Cyperus alternifolius* L.	마다가스카르	umbrella grass, umbrella plant, umbrella palm, umbrella sedge	シュロガヤツリ, カラカサガヤツリ
그라실리스 종려방동산이	*Cyperus alternifolius* L. 'Gracilis'	마다가스카르 원산종 의 원예품종	dwarf umbrella	ヒメカラカサガヤツリ, コシュロガヤツリ
무늬 시페루스 방동사니	*Cyperus alternifolius* L. 'Variegatus'	마다가스카르 동부섬		フイリカラカサガヤツリ
애기 파피루스	*Cyperus isocladus* Kunth (=C. *papyrus* 'Nanus')	아프리카 남부로부터 서남부, 모잠비크, 잔지발	dwarf papyrus, miniature papyrus	
파피루스	*Cyperus papyrus* L.	유럽남부, 열대아프리카, 이집트, 팔레스타인	papyrus, Egyptian paper plant	カミガヤツリ
시페루스 풀켈라	*Cyperus pulchellus* R. Br.	남아메리카		ヒメカミガヤツリ

올방개	*Eleocharis kuroguwai* Ohwi.	한국		クロクワイ
큰고랭이	*Scirpus tabernaemontani* Gmel.	한국, 중국, 일본, 유럽, 미국, 오스트레일리아		フトイ
세모 고랭이	*Scripus triqueter* L.	한국		サンカクイ

산토끼꽃과_Dipsacaceae

국명(한자명)	학명	원산지	영명	일명
도깨비 산토끼꽃	*Dipsacus sylvestris* Mill. (=*D. fullonum.* L. = D. *sylvestris* Huds.)	유럽, 아시아	common teasel, venus cup teasel, wild teasel	オニナベナ
서양솔체꽃	*Scabiosa atropurpurea* L.	남부유럽	mourning bride, pincushions, sweet scabious	スカビオサ
코카사스 솔체꽃	*Scabiosa caucasica* Bieb. (=*Scabiosa grandiflora* Dietr. = *sterocephalus caucasicus* Spr.)	코카사스	Caucasion scabious	コーカサスマツムシソウ
유럽 솔체꽃	*Scabiosa graminifolia* L. (=*Asterocephalus graminifolius* Auct.)	남부유럽, 오스트리아		ウスイロマツムシソウ
왜솔체꽃	*Scabiosa japonica* Miq. (=S. *fischeri* DC. var. *japanica* Nakai)	일본북부		マツムシソウ
솔체꽃	*Scabiosa mansenensis* Nakai	한국(경북, 중부이북), 중국	pincushion flower, scabious	チョウセンマツムシソウ
체꽃(가는잎체꽃)	*Scabiosa mansenensis* for. *pnnata* Nakai	한국(강원도, 함북)	scabious	ホソバトウマツムシソウ

산형과_Umbelliferae

국명(한자명)	학명	원산지	영명	일명
참당귀	*Angelica gigas* Nakai	한국	purple parsnip	オニノダケ
당근	*Daucus carota* L. var. *sativa* DC.	지중해 지방, 터키, 아프카니스탄	carrot	ニンジン
섬바디	*Dystaenia takeshimana* (Nakai) Kitagawa	한국(울릉도, 무등산, 안면도, 용문산, 평북)		タケツマシシウド
피막이풀	*Hydrocotyle sibthorpioides* Lam. (=*H. rotundifolia* Roxb.)	중국, 일본, 대만, 한국 남해안, 열대 아시아, 아프리카	lawn water pennywort	チドメグサ
미나리	*Oenanthe javanica* (BL.) DC. (=*O. stolonifera* (Roxb.) Wall. ex DC.)	한국, 일본, 중국, 소련, 인도지나, 인도, 대만, 말레이 반도		セリ
참나물	*Pimpinella brachycarpa* (Kom.) Nakai	한국, 중국 동북지방, 우수리	short fruit	ミツバヒカゲゼリ

삼백초과_Saururaceae

국명(한자명)	학명	원산지	영명	일명
약모밀	*Houttuynia cordata* Thunb.	한국, 일본, 대만, 히말라야, 자바	fishwort	ドクダミ
삼색 무늬 약모밀	*Houttuynia cordata* Thunberg for. *variegata* Hort.	한국(울릉도), 일본, 중국, 자바 원산종의 원예 품종		ドクタミ, ドクタメ, ジュウヤク
삼백초	*Saururus chinensis* Bailey	한국(제주도), 일본, 중국, 필리핀		ハンゲショウ

생강과_Zingiberaceae

국명(한자명)	학명	원산지	영명	일명
흰줄무늬 월도	*Alpinia albo-lineata* Hort	솔로몬군도 원산종의 원예품종		シロフイリゲットウ
홍화월도	*Alpinia purpurata* (Vieillard) K. Schumann	동인도 지방, 뉴칼레도니아, 몰루 카스, 태평 양군도	red ginger	
알피니아 산데라에	*Alpinia sanderae* Sander	뉴기니아, 솔로몬군도	variegated ginger	アルピニアィサンデリ
무늬월도	*Alpinia zerumbet* (Pers.) B.L. Burtt & R.M. Sm. var. *variegata* Hort	솔로몬군도	variegated shellflower	フイリゲットウ
월도	*Alpinia zerumbet* (Pers.) B.L. Burtt & R.M. Sm.	동남아시아, 일본, 중국, 인도	shellflower, shell ginger pink porcelain lily	ゲットウ

생이가래과_Salviniaceae

국명(한자명)	학명	원산지	영명	일명
생이가래	*Salvinia natans* (L.) All.	한국, 일본, 중국, 유럽, 시베리아, 인도	salvinia	サンショウモ

석류과_Puniacaceae

국명(한자명)	학명	원산지	영명	일명
겹꽃 석류나무	*Punica granatum* L. 'Rubro-Pleno' (=*P. granatum* L. 'Rubro-Pleno')	원예품종		メノーサクロ
석류나무	*Punica granatum* L.	남부아시아, 지중해부근	pomegranate	ザクロ

왜성석류	*Punica granatum* var. *nana* Pers.	이란, 히말라야	dwarf pomegranate	ナンキンザクロ, ヒメザフロ

석류풀과_Aizoaceae

국명(한자명)	학명	원산지	영명	일명
리빙스톤데이지	*Dorotheanthus bellidiformis* N.E. Br. (*Mesembryanthemum bellidiforme* Burm. f.	남아프리카(케이프타운)	livingston daisy	リビングストンテージ
드로산데멈 히스피둠	*Drosanthemum hispidum* (L.) Schwant.	아프리카 케이프타운, 남비아		ハナヤヨイ
사해파	*Faucaria tigrina* (Haw.) Schwant. (=*F. tigrina* cv. 'Superba')	남아프리카	tiger's jaw	シカイナミ
황파	*Faucaria tuberculosa* Schwant.	남아프리카	tiger's jaw	アラナミ
사철채송화	*Lampranthus spectabilis* N.E. Br.	남아프리카(케이프타운)		マツバギク

석죽과_Caryophyllaceae

국명(한자명)	학명	원산지	영명	일명
수염패랭이꽃	*Dianthus barbatus* L.	한국(북부), 중국동북지방, 아무르, 유럽, 시베리아	sweet william	ヒゲナデシコ
인디안 카펫트 아메리카 패랭이꽃	*Dianthus barbatus* L. 'Indian Carpet'	원예품종	sweet william Indian Carpet	ヒゲナデツコ, インヂイアンカーペツト
카네이션	*Dianthus caryophyllus* L.	코카서스, 남부유럽, 서부아시아	carnation	クダモノトケイソウ
스노우 파이어 패랭이꽃	*Dianthus chinensis* L. 'Snow Fire'	중국		

히노마루 패랭이꽃	*Dianthus chinensis* L. 'Hinomaru'	한국, 중국		セキチク ヒノマル
프린세스 스칼렛 패랭이꽃	*Dianthus chinensis* L. 'Princess Scarlet'	중국		
갯패랭이꽃	*Dianthus japonicus* Thunb. (*=D. nipponicus* Makino)	한국남부, 류쿠제도		フジナデツコ
패랭이꽃	*Dianthus sinensis* L.	한국, 중국(만주)	Chinese pink, rain-bow pink	セキチク
술패랭이꽃	*Dianthus superbus* L. var. *longicalycinus* (Max.) W.	한국, 유럽, 일본북부, 대만, 중국	lilac pink	エゾカワラナデシコ
집소필라 크림손	*Gypsophila* 'Crimson'	원예		
안개초	*Gypsophila elegans* Bieb.	코카서스	gypsophila	カスミソウ
코벤트 안개초	*Gypsophila elegans* Bieb. 'Covent Garden Market'	코카사스		
숙근안개초	*Gypsophila paniculata* L.	유럽	baby's breath	シュクコンカスミソウ
핑크스타 안개초	*Gypsophila paniculata* L. 'Pink Star'	유럽		
브리스톨 페어리 안개초	*Gypsophila paniculata* L. 'Bristol Fairy'	유럽		ブリストル フェアリ
동자꽃	*Lychnis cognata* Max.	한국, 일본, 만주	crown campion, Chinese lychnis	リクリス·ガンピ
털동자꽃	*Lychnis fulgens* Fisch.	시베리아, 동북아시아	brilliant campion	エゾセンノウ
제비동자꽃	*Lychnis wilfordii* Max.	시베리아, 중국동북부	wilford lychnis	エンビセンノウ
장구채	*Melandryum firmum* (Sieb. et Zucc.) Rohrb.	한국, 일본, 중국동북지방, 아무르, 우수리, 동시베리아	vaccaria	フシグロ
개별꽃	*Pseudostellaria*	한국, 중국,		ワチガイソウ

	heterophylla (Miq.) Pax et Hoffm.	일본		
참개별꽃	*Pseudostellaria coreana* (Nakai) Ohwi	한국		チョウセンワチガイソウ
끈끈이대나물	*Silene armeria* L.	유럽	sweet william catchfly	ムシトリナデシコ
한라장구채	*Silene fasciculata* Nakai	한국(제주도, 한라산)특산	silene	タンナシラタマソウ
층층대나물 (층층장구채)	*Silene macrostyla* Maximowicz ex Komarov	한국(북부), 중국동북지방, 아무르, 우수리		クルマセンノウ
주머니꽃	*Silene pendula* L.	지중해 연안	catchfly, drooping catchfly, nodding catchfly, pendulous fruited catchfly	フクロナデシコ

선인장과_Cactaceae

국명(한자명)	학명	원산지	영명	일명
현무옥	*Ancistrocactus brevihamatus* (Eng.) Br. & R.	미국, 멕시코 북부	fishhook cactus	ゲンブギョク
흑라사	*Ancistrocactus scheeri* (Salm-Dyck) Br. & R.	미국, 멕시코		クロラシヤ
쥐꼬리선인장(금유)	*Aporocactus flagelliformiss* (L.) Lem.	멕시코	rat tail cactus	キンヒモ
두환(성두)	*Astrophytum asterias* (Zucc.) Lem. *(=Echinocactus asterias* Zucc.*)*	멕시코, 미국 텍사스 주	sand dollar silver sollar sea	カブト, カブトマル
유리두금	*Astrophytum asterias* Lem. F. *nudum* f. *variegata* Hort.	멕시코		ルリカトニツキ
서봉옥	*Astrophytum capricorne*	멕시코 북부		ズイホウギョク

	(Dietr.) Br. & R.			
백란봉옥	*Astrophytum coahuilense* (Möll.) Kays. *(=A. myriostigma* var. *coahuilense* (H. Moell.) Borg*)*	멕시코 북부		ハクラソポウキョク
벽유리란봉옥	*Astrophytum myriostigma* Lem. var. *nudum* (R. Mey.) Meg.	멕시코		ヘキルリラソポウギョク
난봉각	*Astrophytum myriostigma* Lem. var. *columnare* Y. Ito	멕시코		ランボウカク
난봉옥	*Astrophytum myriostigma* Lem. var. *columnare* Y. Ito	멕시코	bishop's cap bishop's hood monkshood	ラソホウギョク
반야	*Astrophytum ornatum* (DC.) Web.	멕시코	monks hood star cactus, bishop's cap, ornamental monkshood	ハンニヤ
장군선인장	*Austrocylindropunitia subulata* Backbg.	칠레, 아르헨티나		ツョウグソ
옹환	*Cephalocereus senilis* (Haw.) Pfeiff.	멕시코중부	oldman cactus	ケファロケレウス
귀면각	*Cereus peruvianus* Mill. f. *(=Piptanthocereus peruvianus* (L.) Riccob.*)*	페루	Peruvian apple cactus	キメソカク
암석 기둥 선인장	*Cereus peruvianus* Mill. f. *monstrosus* Hort. *(=C. monstrosus* Steud*)*	페루	curiosity plant, giant club	ガソセキチユウ
백단	*Chamaecereus silvestrii*	아르헨티나	peanut cactus	ビャクダン
땅콩선인장(산취)	*Chamaecereus silvestrii* (Speg.) Br. & R.	서부 아르헨티나	pea-nut cactus	ビャクダソ
안토니 선인장	*Cryptocereus anthonyanus* Alex.	멕시코	Anthony's rick rack	
천환	*Denmoza rhodacantha* (Salm-Dyck) Br. & R.	아르헨티나		アカネマル

금호	*Echinocactus grusonii* Hildm.	멕시코 중부 캘리포니아 남부	golden ball cactus, golden barrel cactus	エキノカクタス キンシャラ
금호금	*Echinocactus grusonii* Hildm. forma *variegata* Hort.	멕시코		キソシャチニシキ
자무금호	*Echinocactus grusonii* Hildm. forma	멕시코		トゲナシキソシャチ
백자금호	*Echinocactus grusonii* Hildm. var. *albispinus* Hort.	멕시코		シロトケキソシャチ
용설옥	*Echinofossulocactus lamellosus* (Dietr.) Br. & R. (=*Stenocactus lamellosus* (A. Dietr.) A. Berger)	멕시코		リユウゼシギヨク
안 푸락투오수스	*Echinofossulocactus anfractuosus* (Mart.) Lawr. (=*Stenocactus anfractuosus* (Mart.) A. Berger)	멕시코		
광자금호	*Echnocactus grusonii* Hildm. forma	멕시코		キョウシキソシャチ
공작선인장	*Epiphyllum hybrid* Hort. F.M. Kunth	멕시코, 남아메리카 북부 지역	red orchid cactus	クジヤクサボテン
월하미인	*Epiphyllum oxypetalum* Haw.	멕시코, 쿠바, 브라질	queen of the night	ゲッカビシン
금관	*Eriocactus schumannianus* (Hort. Nicolai) Backbg. (=*Notocactus schumannianus* (Hort. Nicolai) A. Berger)	파라과이, 북부 아르헨티나		キソカソ
와룡	*Eriocereus tortuosus* (Reb.) Ricc.	브라질, 파라과이, 아르헨티나		ガリユウ
왕관룡	*Ferocactus glaucescens*	멕시코 동부	blue barrel cactus	オウカソリユウ

	(DC.) Br. & R.			
황채옥	*Ferocactus schwarzii* Linds.	멕시코		オウヤイギヨク
모란옥	*Gymnocalycium mihanovichii* (Frič & Gürke) Br. & R. var. *friedrichii* Werd.	파라과이, 우루과이, 아르헨티나	rose plaid cactus	ボタソギョク
비화옥	*Gymnocalycium venturianum* (=*G. balisianum* Speg.)	아르헨티나		ヒカダマ
철화비모란금	*Gymnocalycium mihanovichii* (Frič & Gürke) Br. & R. var. *friedrichii* Werd. cv. Hibotan-Nishiki Hort. f. 'Crist'	원예품종		ヒボタソニシキ テシカ
비모란	*Gymnocalycium mihanovichii* Br. & R. var. *friedrichii*	파라과이	plain cactus, red cap, ruby balls	ヒボタン
비모란금	*Gymnocalycium mihanovichii* (Frič & Gürke) Br. & R. var. *friedrichii* Werd. cv. 'Hibotan-Nishiki'	파라과이		ヒボタソニシキ
삼각주	*Hylocereus trigonus*	서인도제도		サンカクラユウ
여광전	*Krainzia guelzowiana* (Werd.) Backbg. *(=Mammillaria guelzowiana* Werd.*)*	멕시코 중부		レイコウテソ
석무	*Mammillaria microhelia* Werd. var. *microheliopsis* (Werd.) Backbg.	멕시코		ユウギリ
조무	*Mammillaria microhelia* Werd.	멕시코 중부		アサギリ
층운	*Melocactus amoenus*	베네수엘라,		ソウウソ

	(Hoffm.) Pfeiff.	콜롬비아		
금황환	*Notocactus leninghausii (=Eriocactus leninghausii* (Hge. Jr) Backbg.	브라질 남부	golden ball cactus	キンユウマル
소정	*Notocactus scopa* (Spreng.) Berg	브라질, 우루과이	silver ball	ノツカフタスチュウ
브라질부채선인장	*Opuntia brasiliensis* Wild.	브라질, 볼리비아, 아르헨티나	tropical tree opuntia	ブラジルウチワ
단선 (패왕수부채 선인장)	*Opuntia ficus-indica* (L.) Mill.	열대 아메리카	Indian fig, spineless cactus	オオガタホウケンウチワ
오푼티아 투나	*Opuntia ficus-indica* (L.) Mill. 'Tuna'	열대 아메리카, 멕시코	tuna Indian fig	
해안부채 선인장	*Opuntia littoralis* Cock.	미국		カイガソウチワ
백오모자(백도선)	*Opuntia mycrodasys* (Lehm.) Pfeiff. var. *albispina* Fobe	멕시코 북부	polka dots cactus, honey bunny	ハクトウセン
금오모자	*Opuntia mycrodasys* (Lehm.) Pfeiff. 'Yellow Bunny Ears Goldplush'	멕시코 북부, 텍사스	rabbit ears, bunny ears	キンエボシ
교야	*Opuntia pilifera* Web.	멕시코		カタノ
라이온금	*Oreocereus neocelcianus* Backbg.	아르헨티나, 볼리비아 남부		ライオンニシキ
정교환	*Plecyphora asselliformis* Ehrenbg.	멕시코 중부	hatchet cactus	セイコウマル
이스터캑터스	*Schlumbergera gaertneri* (Regel) Britt & Rose	브라질 남부	Easter cactus	イースターカクタス
게발선인장 (크리스마스 캑터스)	*Schlumbergera truncatus* Moran *(Zygocactus truncatus* K. Schum. *=Schlumbergera* × buckleyi)	브라질	Thanksgiving cactus, crab cactus, christmas cactus	シャコバサボテン
석화입능주	*Trichocereus thelegonus* Br. & R. 'Cristata'	아르헨티나 북서부		

와인가르티아 라나타	*Weingartia lanata* Ritt.	볼리비아		

소귀나무과_Mvricaceae

국명(한자명)	학명	원산지	영명	일명
소귀나무	*Myrica rubra* Sieb. et Zucc.	한국, 일본 중남부, 중국 남부	bayberry, candle berry, myrtle	ヤマモモ

소나무과_Pinaceae

국명(한자명)	학명	원산지	영명	일명
운남전나무	*Abies delavayi* Craib. var. *forestii*	중국 서부		ウンナンモミミ
일본 전나무	*Abies filma* Sieb. et Zucc.	일본		モミ, サナギ
전나무	*Abies holophylla* Max.	한국, 일본	needle fir	チョウセンモミ
구상나무	*Abies koreana* E.H. Wils.	한국	Korean fir	チョウセンシラベ
아비스 라시오카르파 콤팩타	*Abies lasiocarpa Nutt.* 'Compacta'	알라스카, 뉴멕시코	compacta alpine fir	
분비나무	*Abies nephrolepis* Max.	한국, 중국, 만주, 시베리아		トウシラベ
코카사스 전나무	*Abies nordmanniana Spach.*	코카사스, 아시아 서남부, 그리스	Caucasian fir, nordmann fir	クリミヤモミ
아틀라스시다	*Cedrus atlantica* Manetti ex Carriere	아틀라스 산맥	Atlas cedar, mount Atlas cedar, African cedar	アトラスシダー
히말라야시다	*Cedrus deodara* (Roxb.) Loud.	히말라야	Hymalaya ceder, India cedar	ヒマラヤスギ
황금개잎갈나무	*Cedrus deodara* Loud.	히말라야,		

	'Aurea'	아스카니스탄		
난쟁이 레바논시다	*Cedrus libani* Loud. 'Nana'	레바논, 소아시아	nana cedar of lebanon	ナーナレバノンシダー
사젠티 레바논시다	*Cedrus libani* Loud. 'Sargentii'	레바논,		
잎갈나무	*Larix gmelinii*	한국, 중국, 우수리, 아무르		チョウセンカラマツ
일본잎갈나무 (낙엽송)	*Larix leptolepis* Gordon	일본	Japanese larch	カラマツ
만주 잎갈나무	*Larix olgensis* Henry	한국, 일본, 동북아시아		マンシュウカラマツ
독일가문비	*Picea abies* Karst.	유럽	Norway spruce	ドイツトウヒ
브레웨리아나 가문비	*Picea* breweriana S. Wats	미국의 서북부 고산지대	brewer's weeping spruce	
가문비나무	*Picea jezoensis* Carr.	한국, 동북아시아		エゾマツ
종비나무	*Picea koraiensis* Nakai	한국, 만주, 소련		チョウセンハリモミ
애기마리아나 소나무	*Picea mariana* BSP 'Nana'	아메리카, 북동부, 알래스카, 캐나다		
풍겐스소나무	*Picea pungens* Lamarck	아메리카 서남부의 콜로라도, 유타	table mountain pine	
엔츠 풍겐스소나무	*Picea pungens* Engelm. 'Endtz'	원예품종	endtz colorado spruce	
글로보사 풍겐스소나무	*Picea pungens* Engelm. 'Globosa'	원예품종		
모에르 헤이미 풍겐스소나무	*Picea pungens* Engelm. 'Moerheimii'	원예품종		
글라우카 셀렉트 풍겐스소나무	*Picea pungens* Engelm. 'Glauca Select'	원예품종		
몽고메리 풍겐스소나무	*Picea pungens* Lamb. 'Montgomery'	원예품종		

콤팩타 풍겐스소나무	*Picea pungens* Lamb. 'Compacta'	콜로라도, 우타하, 뉴멕시코, 와이오밍	compact blue spruce	
풍산가문비	*Picea pungsanensis* Uyeki	한국		ホウサンハルモミ
오대산가문비	*Picea schrenkiana* Fisch et Meyer	한국		ゴダイトウヒ
왕솔나무	*Pinus palustris*	북아메리카 동남부	geogia pine, langleaf pine, southern pitch pine, southern yellow pine	グイオオショウ
만주흑송	*Pinus tabulaeformis* Carr.	중국		マンシュウクロマツ
방크스소나무	*Pinus banksiana* Lamb.	캐나다	jack pine, gray pine,	バンクスマツ
백송	*Pinus bungeana* Zucc.	중국 서북부	lacebark pine	ハクショウ
능수소나무	*Pinus densiflora* Sieb. et Zucc. for. *pendula* Uyeki	원예품종		アカシダレマツ
무늬입소나무	*Pinus densiflora* Sieb. et Zucc. for. *vittata* Uyeki	원예품종		タテジマフイリマツ
소나무	*Pinus densiflora* Sieb. et Zucc.	한국, 일본, 중국	Japanese red pine	アカマツ
반송	*Pinus densiflora* Sieb. et Zucc. for. *multicaulis* Uyeki	한국	Japanese table pine	タギヨウショウ
노랑무늬 소나무	*Pinus densiflora* Sieb. et Zucc. for. 'Koyomatsu'	한국, 일본		コウヨウマツ
히말라야 잣나무	*Pinus griffithii* Mc-Clelland	인도, 히말라야, 아프가니스탄	Himalayn pine, bule pine	
잣나무	*Pinus koraiensis* Sieb. et Zucc.	한국, 일본	Korean pine	チョウセンゴヨウ
무고소나무 (스위스 둥근소나무)	*Pinus mugo* Turra	스위스, 오스트리아, 알프스	mountain pine, mugo pine	ムーゴマツ

그놈 무고소나무	*Pinus mugo* Turra 'Gnom'	원예품종		
애기 무고소나무	*Pinus mugo* Turro var. *pumilio* Hort.	알프스		
구주곰솔	*Pinus nigra* Arnolld	오스트리아, 이탈리아, 스리스, 터키, 유고슬라비아	Austrain pine	オオシュウクロマツ
대왕송	*Pinus palustris* Milllong	미국	leaf pine, true pitch pine	タイオウショウ
섬잣나무	*Pinus parviflora* Sieb. et Zucc.	북동 시베리아, 한국, 일본	Japanese white pine	ヒメコマツ
일본오엽송	*Pinus pentaphylla* Mayer.	일본		キタゴョウマツ
눈잣나무	*Pinus pumila* Regel	한국, 일본, 중국 동남부, 캄차카 한지	dwarf stone pine	ハイマツ
레지노사소나무	*Pinus resinosa* Ait.	미국		レジノサマツ
리기다소나무	*Pinus rigida* Mill.	북아메리카 동부		リギダマツ
스트로브스잣나무	*Pinus strobus* L.	북아메리카	white pine	ストロブマツ
둥근 스트로브스잣나무	*Pinus strobus* L. 'Nana'	미국 동부	white pine, weymouth pine	
구주소나무	*Pinus sylvestris* L.	영국, 유럽		オオシユウアカマツ
곰솔	*Pinus thunbergii* Parl.	한국, 중국의 해변가, 일본	Japanese black pine	クロマツ
노랑 무늬 곰솔	*Pinus thunbergii* Parl. 'Oculis-Draconis'	한국, 중국 해변가		ジヤノメクロマツ
솔송나무	*Tsuga sieboldii* Carr.	한국, 일본	Japanese hemlock	ヒメツガ, コメツガ
캐나다 솔송나무	*Tsuga canadensis* Carr.	북아메리카	Canada hemlock, spruce pine	カナダツガ
캐나다 수양 솔송나무	*Tsuga canadensis* Carr. 'Pendula'	북아메리카	common hemlock,	カナダツガ
솔송나무	*Tsuga sieboldii* Carr.	한국, 일본	Japanese hemlock, siebold hemlock	ツガ

소철과_Cycadaceae

국명(한자명)	학명	원산지	영명	일명
소철	*Cycas revoluta* Thunb.	일본	cycad, sago cycas, sago palm, Japanese fern palm, Japanese sago palm	ソテツ

속새과_Equisetaceae

국명(한자명)	학명	원산지	영명	일명
쇠뜨기	*Equisetum arvense L.*	한국, 일본	field horsetail	スギナ
속새	*Equisetum hyemale* L.	한국, 일본, 중국, 히말라야, 시베리아, 유럽, 북아메리카	common horsetail, common scouring rush horsetail, dutch rush, scouring rush	トクサ
물속새	*Equisetum limosum* L. (=E. fliviatile L.)	한국, 일본	water horsetail	ミズドクサ
개쇠뜨기	*Equisetum palustre* L.	한국	marsh horsetail	イヌスギナ
물쇠뜨기	*Equisetum pratense* Ehrh.	한국	meadow horsetail	ヤチスギナ, カラフトスギナ
개속새	*Equisetum ramosissimum* Desf.	한국	branches horsetail	イヌドクサ, カワラギクサ
좀속새	*Equisetum scirpoides Michaux*	북반구의 온대북부	dwarf scouring rush	ヒメドクサ
능수쇠뜨기	*Equisetum sylvaticum* L.	부전고원, 백두산지역	woodland horsetail	ブサスキナ

쇠비름과_Portulacaceae

국명(한자명)	학명	원산지	영명	일명
채송화	*Portulaca grandiflora* Hook.	브라질, 아르헨티나,	large flowered purslane, rose	マツバボタン

		우루과이	moss, sunplant	
쥬웰 채송화	*Portulaca grandiflora* Hook. 'Jewel'	브라질		
플로레 플레노 겹채송화	*Portulaca grandiflora* Hook. 'Flore Pleno'	브라질		
포투라카리아 아프라	*Portulacaria afra* (L.) Jacq.	남아프리카	elephant bush	イチヨウホク
무늬 은행목	*Portulacaria afra* (L.) Jacq. 'Variegata' Hort.	남아프리카	rainbow bush	
거엽 은행목	*Portulacaria afra* (L.) Jacq. 'Macrophylla'	남아프리카	giant elephant bush	
쇠비름채송화	*Portulacaria oleraceae* L.	한국, 세계의 온대~열대)	common purselane pigweed	スベリヒユ

수련과_Nymphaceae

국명(한자명)	학명	원산지	영명	일명
순채	*Brasenia schreberi* J.F. Gmel.	아프리카북서부, 호주, 유럽	water shield, purple wan dock shield, water target	ジュンサイ
가시연꽃	*Euryale ferox* Salisb.	인도, 중국, 일본, 한국	prickly water lily, fox nut, Asian euryale, gorgon	
연꽃	*Nelumbo nucifera* Gaertn.	열대, 온대 동아시아, 북오스트레일리아	bast Indian lotus, sacred lotus	ハス
개연꽃	*Nuphar japonicum* DC.	일본, 북아메리카	Japanese cow lily	コウホネ
왜개연꽃	*Nuphar pumilum* (Timm.) DC.	일본		ネムロコウホネ
수련	*Nymphaea hybrida* Hort.	원예품종	water lily, water nymph	スイレン
애기수련	*Nymphaea tetragona*	한국, 일본,	pigmee water lily	ヒツシクサ

	George(*Nymphaea pygmaea* Ait.)	중국, 시베리아, 북아메리카, 유럽, 인도		
파라과이수련	*Victoria cruziana* d'Orbigny	아르헨티나 북부, 파라과이, 브라질	Santa Cruz water lily	
아마존수련	*Victoria regia* Lindley	브라질, 볼리비아, 기아나	royal water lily, tropical water lily	オオオニバス

수선화과_Amaryllidaceae

국명(한자명)	학명	원산지	영명	일명
아가판서스	*Agapanthus africanus* Hoff	남아프리카의 희망봉	African lily	アガパンサス
흰꽃 아가판서스	*Agapanthus africanus* Hoff. 'Albidus'	원예품종		
무늬 오리엔탈 아가판서스	*Agapanthus oriental* Leighton 'Auruvuttatus'	아프리카 남부	variegated oriental agapanthus	
알리움 아플라투넨스	*Allium afatunense* B. Fedtsch.	중국 중앙부		
알리움 기간테움	*Allium giganteum* Regel	중앙아시아		
알리움 카라타비엔스	*Allium karataviense* Regel	파키스탄		
알리움 몰리	*Allium moly* L.	서남부 유럽	lily leek	キバナノギョウジャニク
군자란	*Clivia miniata* Regel	남아프리카의 나탈	kaffir lily, scarlet kaffir lily	オオベナクンシラン
무늬 군자란	*Clivia* miniata Regel. var. 'Variegata'	원예품종		フイリオオバナクンシラン
좁은잎군자란	*Clivia nobilis* Lind.	희망봉, 케이프타운	green tip kaffir lily	クンシラン
엘렌 보산쿠엣트	*Crinum* 'Ellen	원예품종		

문주란	Bosanquet'			
자주색 문주란	*Crinum amabile* J. Donn	수마트라	gient spider lily, sumatra crinum	
문주란	*Crinum asiaticum* L. var. *japonicum* Bak.	한국, 일본	Asiatic poison bulb, largest crinum, poison bulb, poison lily	ハマオモト, ハマ ユウ
기가스 문주란	*Crinum gigias* Nakai	일본		オオハマユウ, オガサワラハマユウ
무늬 문주란	*Crinum japonicum* Baker. var. *variegatum* Hort	한국, 일본		フイリハマオモト
인도 문주란	*Crinum latifolium* L.	열대 아시아, 인도	large leaved crinum	インドハマユウ
아프리카 문주란	*Crinum moorei* Hook.	남아프리카의 나탈	longneck crinum	クルナム ムーレイ
크리넘 프로세룸 카아와눔	*Crinum powellii* Baker. 'Kaaawanum'	하와이		
흰색 포웰 문주란	*Crinum powellii* Baker. 'Album'	원예품종		
포웰 문주란	*Crinum powellii* Hort. *ex.* Baker.	원예교배종	powell's swamp lily	
무늬 쿠르쿨리고	*Curculigo capitulata* Kuntze var. *folis* 'Variegata'	열대 아시아		フイリオオギンバイザサ, フイリオオバセンボウ
쿠르쿨리고	*Curculigo capitulata* (Lour.) Kuntze	열대 아시아, 오스트레일리아	Curculigo, palm grass weevil plant	ベニバナトチノキ
아마존릴리 (유카리스)	*Eucharis grandiflora* Planch. & Linden	콜롬비아 안테스산	Amazon lily, eucharist lily, lily of the Amazon, Madonna lily	ギボウシズイセン, フマゾンュリ
자이언트 스노우드로우프	*Galanthus elwesii* Hook.	서남아시아	giant snowdrop	オオユキノハナ
스노우드롭	*Galanthus nivalis* L.	유럽	gay flower, snow drop	スノードロップ

겹꽃 스노우드로우프	*Galanthus nivalis* L. var. *flore-pleno* Hort.	남부 유럽	double snowdrop	
스트립트 아마릴리스	*Hippeastrum* Striped'	원예교배종	amaryllis striped	
아메티스트 아마릴리스	*Hippeastrum* 'Amethyst'	원예교배종		
화이트 아마릴리스	*Hippeastrum* 'White'	원예교배종	amaryllis white	
화이트 크리스마스 아마릴리스	*Hippeastrum* 'White Christmas'	원예교배종		
아마릴리스	*Hippeastrum hybridum* Hort.	원예교배종	amaryllis	アマリリス
신데렐라 아마릴리스	*Hippeastrum hybridum* Hort. 'Cinderella'	원예교배종		
흰줄 무늬 아마릴리스	*Hippeastrum reticulatum* (L' Her.) Herb.	브라질		シロスジ アマリリス
히메노칼리스 (카리브수선)	*Hymenocallis caribaea* Herb.	서인도제도	Caribbean spider lily	カラティーナ
무늬 카브리 백합	*Hymenocallis caribaea* Herb. 'Variegata'	서인도제도 원산의 원예품종	variegated spider lily	
히메노칼리스 페스탈리스	*Hymenocallis festalis* Hort.	원예교배종		
바다수선	*Hymenocallis speciosa* Salisb	서인도제도	spider lily, sea daffodil	ヒメノカリス スペシオサ
백양꽃	*Lycoris koreana* Nakai	한국		ヒガンアナ ムジナ ノカミソリ
석산	*Lycoris radiata* Herb.	중국, 일본	short-tube lycoris	ヒガンバナ
리코리스 스프렌게리	*Lycoris sprengerii* Comes ex Baker.	중국		
상사화	*Lycoris squamigera* Maxim.	일본	magic lily	ナツスイセン
킹 알프레드 수선화	*Narcissus* 'King Alfred'	원예교배종		
피핑 톰 수선화	*Narcissus* 'Peeping Tom'	원예교배종		

나팔수선	*Narcissus pseudo-narcissus* L.	프랑스	daffodil	ラシパズイセン
수선화	*Narcissus tazetta* L. var. *chinensis* Roem.	프랑스	polyanthus narcissus	
네리네	*Nerine bowdenii* W.	케이프타운	Waston nerine	ネリネ
튜베로스	*Polianthes tuberosa* L.	남아메리카	tuberose	チューベローズ
로도히폭시스	*Rhodohypoxis bauerii* Nel.	남아프리카의 나탈	rhodohypoxis	ロードヒポキシス
큰 흰꽃 로도히폭시스	*Rhodohypoxis bauerii* Nel. var. *platypetala* Nel.	남아프리카의 나탈		
제피란서스 (흰꽃나도사프란)	*Zephyranthes candida* Herb.	페루	autumn zephyr lily, white amaryllis	ゼフィランサス
산자고	*Zephyranthes grandiflira* Lindl.	자마이카, 쿠바, 멕시코, 과테말라	fairy lily	サフランモドキ

시계초과_Passifloraceae

국명(한자명)	학명	원산지	영명	일명
시계초	*Passiflora caerulea* L.	중앙아메리카, 브라질, 페루, 아르헨티나	blue crown passion flower	トケイソウ
홍화시계초	*Passiflora coccinea* Aubl.	베네수엘라~볼리비아	scarlet passion flower, red granadilla	ベニバナトケイソウ
열매시계초	*Passiflora edulis* Sims.	브라질	sweet cup, passion fruit, purple granadilla	クダモノトケイソウ
대장실 열매시계초	*Passiflora quadrangularis* L.	남아메리카	granadilla, common granadilla, giant granadilla	オオナガミクダモノトケイ, オオミノトクイソウ

시로미과_Empetraceae

국명(한자명)	학명	원산지	영명	일명
시로미	*Empetrum nigrum* var. *japonicum* K. Koch	한국, 일본, 몽고, 소련		ガンコウラン

아

아라우카리아과_Araucariaceae

국명(한자명)	학명	원산지	영명	일명
칠리 소나무	*Araucaria araucana* C. Koch.	칠레 남부의 안데스산	monkey puzzle tree, chilepine	チリマツ, アメルカウロコモミ
브라질 아라우카리아	*Araucaria brasiliensis* Loud.	브라질 남부	Brasilian araucaria, parana pine	ブラシルマシ, パラナマツ
아라우카리아	*Araucaria heterophylla* (Salisb.) Franco (*Araucaria excelsa* R. Br.)	뉴질랜드, 오스트레일리아	Norfork island pine	アローカリア

아욱과_Malvaceae

국명(한자명)	학명	원산지	영명	일명
어저귀	*Abutilon avicennae* Gaertn	인도, 열대아시아		イチビ, ゴサイバ, キリア
무늬아부틸론	*Abutilon hybrida* Voss	우루과이	pakor maple, Chinese lantern	フイリア アブチロン
아부틸린 오렌지 레드	*Abutilon hybrida* Voss 'Orange Red'	원예품종		
아부틸론 옐로우 벨레	*Abutilon hybrida* Voss 'Yellow Belle'	원예품종		
꽃아부틸론	*Abutilon hybrida* Voss 'Feuergloke'	우루과이	flowerign maple	
아부틸론	*Abutilon hybridum* Voss	열대남아메리카	parlor maple, Chinese lantern	アブチロン
브라질아부틸론	*Abutilon megapotamicum* (K. Spreng.) St.-Hil. et Naud.	브라질 남부	trailing abutilon, Brazilian abutilon	ウキツリボク
무늬 브라질 아부틸론	*Abutilon megapotamicum* St.-Hil. et Naud. 'Variegatum'	브라질	weeping Chinese lantern, Belgian flag,	フイリウキツルボク
톱손 아부틸론	*Abutilon striatum* Dicks.	우루과이	spotted parlor	キフアブロチン

	var. *thompsonii* Veitch		maple	
붉은 줄무늬 아부틸론	*Abutilon striatum* Dicks. ex Lindl	우루과이, 과테말라	redvein abutilon	ショウジョウカ
아부틸론 마르기나타	*Abutilon striatum* Dicks. 'Marginata'	열대아메리카		
접시꽃	*Althaea rosea* Cav.	중국, 러시아	hollyhock	ホリホック
썸머 카니발 촉규화	*Althaea rosea* Cav. 'Summer Carnival'	중국	double chater's hollyhock	
목화	*Gossypium indicum* Lam.	인도, 아시아	tree cotton	ワタ
프라이스비 미국 부용	*Hibiscus* 'Frisbee'	원예품종	rose mallow hybrid	
디스코벨 미국 부용	*Hibiscus* 'Disco Bell'	원예품종	disco bell common rose mallow	アメリカフヨウ デイスコベル
백화 부용	*Hibiscus mutabilis* L. var. *alba* Hort.	한국(제주도), 일본, 중국,		シロ フヨウ
레드 쉴드 히브스커스	*Hibiscus acetosella* Welw. ex Hiem 'Red Shield'	아프리카의 앙고라	bronze hibiscus	
단풍잎 부용	*Hibiscus coccieus* Walt.	미국	scarlet rose mallow	モミジアオイ
오크라	*Hibiscus esculentus* L.	동북 아프리카, 열대 아시아	okra gumbo, gobo,	アメルカネリ, オクラ
황근	*Hibiscus hamabo* Sieb. et Zucc	한국, 일본	rose mallow	ハマボウ
미국부용	*Hibiscus moscheutos* L.	미국	Marsh mallow, wild cotton, rose mallow	アメリカフヨウ
부용	*Hibiscus mutabilis* L.	중국 남부, 대만	cotton rose	フヨウ
하와이무궁화	*Hibiscus rosa-sinensis* L.	동부 아시아, 중국 남부	Chinese rose, Hawaiian hibiscus	ハイビスカス
훌라 걸 하와이 무궁화	*Hibiscus rosa-sinensis* L. 'Hual Girl'	열대아시아		
무늬 하와이 무궁화	*Hibiscus rosa-sinensis* L. var. *cooperi* Hort	동인도	checkered hibiscus	ニシキブツソウゲ

스칼렛 하와이 무궁화	*Hibiscus rosa-sinensis* L. 'Scarlet'	중국		
하와이 겹무궁화	*Hibiscus rosa-sinensis* L. 'Plenus'	인도, 중국	double rose of China	
마텐시스 하와이 무궁화	*Hibiscus rosa-sinensis* L. 'Marensis'	원예품종	snow flake hibiscus	
무궁화	*Hibiscus syriacus* L.	중국, 시리아, 인도	rose of Sharon, Syrian hibiscus	ムクゲ
당아욱	*Malva sylvestris* L. var. *mauritiana* Boiss.	남유럽	mallow flowers, tree mallow	ゼニアオイ

알스트로메리아과_Alstroemeriaceae

국명(한자명)	학명	원산지	영명	일명
알스트로메리아 카나리아	*Alstroemeria* 'Canaria'	원예품종		
알스트로메리아 아펠블로에셈	*Alstroemeria* 'Appelbloesem'	원예품종		
알스트로메리아	*Alstroemeria aurantiaca* D. Don ex Sweet	칠리	alstroemeria	アルストレメリア

앵초과_Primulaceae

국명(한자명)	학명	원산지	영명	일명
긴털 봄맞이꽃	*Androsace lanuginosa* Wall.	히말라야		キソハナガタ
사멘토사 봄맞이꽃	*Androsace sarmentosa* Wall.	히말라야, 중국(운남성)		シルハナガタ
아이비 시클라멘	*Cyclamen neapolitanum* Ten. (=*C. hederifolium* (Ait.) Wild.=*C autumnale* Boos.)	중앙 동부 지중해 지방	ivy leaved cyclamen, neapolitan cyclamen, baby cyclamen	アキザキ シクラメソ

시클라멘	*Cyclamen persicum* Mill.	그리스, 시리아, 지중해 연안	cyclamen	シクラメン
시클라멘 메디아	*Dodecatheon meadia* L. (=*D. hygeri* Small=*D. pauciflorum* (E. Durand Greene)	미국(펜실바니아~조지아, 텍사스 주)	Virginian cowslip, wild cyclamen, cyclamen primula, shooting star	
큰까치 수영	*Lysimachia clethroides* Duby	한국, 일본, 중국	gooseneck loosetrife	オカトラノオ
리시마키아 누무라리아	*Lysimachia nummularia* L.	중부 유럽, 영국, 동북 아메리카	moneywort, creeping Jenny, creeping Charlie	ヨウシュコナスビ
선노랑꽃	*Lysimachia punctata* L. (=*L. verticillata* Bieb.)	유럽, 서부 아시아		
좁쌀풀	*Lysimachia vulgaris* L. var. *davurica* (Ledeb.) R. Kunth	한국, 일본, 중국		タサレダマ
프리뮬라 폴리안사	*Primula* × *polyantha* Hort.	원예교배종	polyanthus primrose	プリムラ ポリアンサ
프리뮬라 덴티쿨라타	*Primula denticylata* Smith (=*P. cachemiriana* Munro=*P. cashmeriana* Car.)	네팔의 해발 4000m 고지대	Himalayana primrose	タマザキサクラソウ, カサザキサクラソウ
큰앵초	*Primula jesoana* Miq.	한국, 일본		オオサワラソウ
프리뮬라 줄리안	*Primula Julian*-hybrida Hort.	원예교배종	mini primrose	
프리뮬라 말라코이데스	*Primula malacoides* Franch. fairy primrose	중국		プリムラ マラコイデス
프리뮬라 오브코니카	*Primula obconica* Hance	중국	top primrose, German primrose	プリムラ オブコニカ
앵초	*Primula sieboldii* Morr.	한국, 일본, 중국, 동부 시베리아	Siebold's primrose	サクラソウ
스노우플레이크 프리뮬라	*Primula sieboldii* E. Morr. Snowflakes	한국, 일본, 중국, 동부 시베리아		

		원산종의 원예품종		
설앵초	*Prinula modesta* Bisset & S. Moor var. *fauriae* Takeda	한국, 일본		ユキワリコサクラ
프리뮬라 불가리스	*Prmula vulgaris* Huds. (=*P. acaulis* Hill. = *P. grandiflora* Lam. =*P. hybrida* Schrank)	유럽	primrose	イチゲサクラソウ

야자과_Palmae

국명(한자명)	학명	원산지	영명	일명
배추야자	*Acoelorrhaphe* (Griseb. & H. Wendl.) H.Wendl.ex Becc.(=*A. arborescens* (Sarg.) Becc.=*Paurotis wrightii* (Griesb.&H. Wendl.) brott.)	플로리다, 중남아메리카, 쿠바, 온두라스	silver saw palm, cabbage palm, eerglades palm	
가시야자	*Aiphanes caryotifolia* Wendl. (=*Martinezia caryotaefolia* H.B.K.)	콜롬비아, 베네수엘라, 에콰도르	chonta palm, spine palm	
흑죽야자	*Arenga engleri* Becc. (=*Didymosperma engleri* Wumb)	일본, 대만		ワロツグ, ツグ, マアニ, ヤマツユロ
멕시코 청야자	*Brahea armata* S. Wats. (=*Erythea armata* (S.Wats.)S.Wats.=*E. roezlii* Becc.)	켈리포니아 (바자)	blue hesper palm, gray goddress, blue fan palm, Mexican blue fan palm, Mexican blue palm	
브라헤아 브란디지	*Brahea brandegeei (C. Purpus)* H. E. Moore *(=Erythea brondegeei* C. Purpus	켈리포니아 (바자), 멕시코 서북부	San Jose Hesper palm	
브라헤아 니티다	*Brahea nitida* Andre	서부 멕시코, 과테말라		

브라질야자	*Butia capitata* Becc	브라질	Brazilian butia, jelly palm	ブティア カピタタ
야타이야자	*Butia yatay* (Mart.) Becc.	우루과이, 아르헨티나	yatay palm, jelly palm	ヤタイヤシ
공작야자	*Caryota mitis* Lour.	인도 말레시아 반도, 필리핀	clustered fishtail palm	コモチクジヤクヤシ
과테말라 테이블야자	*Chamaedorea geonomiformis* H. Wendl.	온두라스, 과테말라	Guatemala pacaya	ウスベヒメテーブルヤシ
멕시코 테이블야자	*Chamaedorea cataractarum* (Liebm.) Mart.	멕시코 남부		
테이블야자	*Chamaedorea elegans* Mart.(*Collinia elegans* Liebm.)	멕시코 과테말라	parlor palm	テ ブルヤシ
카마에도레아 마크로스파딕스	*Chamaedorea microspadix* (Oerst.)Burret.	멕시코, 코스타리카		
세이프릿지야자	*Chamaedorea seifrizii* Burret.	멕시코	reed palm	セイブリジヤシ
붕어꼬리 야자	*Chamaedorea tenella* H. Wendl.	멕시코	Mimiature Fishtail	ヒメテーブルヤツ
카마에로프스 후밀리스	*Chamaerops humilis* L.	지중해 연안	hair palm, dwarf fan palm, European fan palm	チヤボトウジュロ
대나무야자	*Chamoedorea erumpens* H.E. Moore	멕시코, 온두라스, 과테말라	Bamboo palm,	キレバテーブルヤツ
아레카야자 (황야자)	*Chrysalidocarpus lutescens* H. Wendl (*Areca lutescens* Bory)	마다가스카르, 열대·아열대 지역	areca palm, butter-fly palm, golden feather palm	アレカヤシ
코코스야자	*Cocos nucifera* L.	태평양 제도 열대 지방 해안가	coconut palm, yellow palm	ココヤシ
테이블야자 '벨라'	*Collinia elegans* Lievrri Bella (=*Chamaedorea elegans* Mart. Bella	과테말라 동부	Neanthe bella palm	

룸피아나 공작야자	*Coryota rumphiana* Mart. (=*C. alberti* F.J. Muell. Ex H. Wendl. & Drnde)	인도네시아, 말레이지아, 뉴기니아, 오스트레일리아 북부, 필리핀군도		
넓은잎켄챠야자	*Howeia forsteriana* Becc.	오스트레일리아 동부(로오드 호웨)	forster palm, sentry palm, flat leaf palm, kentia palm, thatch leaf palm	ヒロハケンチャヤシ
켄챠야자	*Howeia belmoreana* Becc.(*Kentia belmoreana* Moore et Muell.)	오스트레일리아 동부(로오드 호웨)	belmore palm, curly palm	ケンチャヤシ
칠레야자	*Jubaea chilensis* Johow. (=*J. spectabilis* Hbk. =*Cocos chilensis* Molina=*C. molini* Mirb. *Molinaea micrococos* Bert. =*Micrococos chilensis* Philip= *Jubaea chilensis* (Mol.) Baillon	칠레	Chilean wine palm, syrup palm, honey palm, coquito palm, little coker nut	チリーヤシ
리쿠알라 펠타타	*Licuala peltata* Roxb. Ex Buch-Harm.	인도 북부, 히말라야, 버마, 아삼 지방	kukri Licuala palm	タテバゴヘイヤツ
비로야자	*Livistona chinensis* R. Brown	중부남부	Chinese fan palm, fountain palm	トウビロウ, トウビロウ, ビロウ
병야자	*Mascarena lagenicaulis* L.H. Bailey (*Hyophorbe lagenicaulis* H. E. Moore)	마스카레인 섬, 마우리티우스	bottle palm	トックリヤシ
마스카레나 베르샤펠티	*Mascarena verschaffeltii* (H. Wendl.) L.H.Bailey (=*Hyophorbe cerschaffeltii* H. Wendl.)	아스카레인 섬	Verschaffeltii bottle palm, spindle palm	トツワリヤシモドキ
데카리야자	*Neodypsis decaryi* Jumelle	마다가스카르 남부(말라카시)		ミエミシヤヤシ
카나리야자	*Phoenix canariensis* Hort.	카나리아	Canary date palm,	カナリ ヤシ

	ex Chabaud	군도	Canary island date palm	
다간 훼닉스 야자	*Phoenix humilis* Royle. (=*Phoenix reclinata* Jacq.)	인도, 인도차이나, 버마 원산 종의 원예 교배종		コモチシンノウヤシ, カブダチシンノウヤシ
페닉스 푸실라	*Phoenix pusilla* Gaertn. (=*phoenix farinifera* Roxb)	인도 동남부, 세일론의 건조지대	slender date palm	ヒメナシメヤシモドキ
세네갈 야자	*Phoenix reclinata* Jacq. (=*P. pumila* Regel.= *P. senegolensis* Van Houtte ex Solomon = *P. spinosa* Tonning	남아프리카	Senegal date palm	セネガルヤシ
페닉스야자 (로에벨르니야자)	*Phoenix roebelenii* O'Brien.	인도(아삼지방), 타이, 인도차이나	pigmy date palm	シンノウヤシ
마카르투리야자	*Phychosperma macarthurii* Nichols. (=*P. macarthyrii* Wendl.=*Actinophloeus macarthurii* (H. Wendl.) *Becc.* =*Kentia macarthurii* H. Wendl. =*P. haspitum* (Burret) Burret)	뉴기니	macarthur palm, Macarthur feather palm, hurricane palm, cluster palm	
프로핀쿰야자	*Ptychosperma propinquum* Becc.	이루섬		
그라실리오르야자	*Reinhardita gracilis* (H.Wendl.) Drude ex Dammer var. *gracilior* H.E. Moore Jr.(=*R. gracilor* Burret =*Malortiea gracilis* H. Wendl. Grocilior)	멕시코, 온두라스, 코스타리카 동부		ヒメアメリカチヤボヤシ
관음죽	*Rhapis excelsa* Wendl.	중국 남부, 일본	bamboo palm, large lady palm	カンノンチク
서황금관음죽	*Rhapis excelsa* Henry ex	중국 남부 원산		ズイユウニシキ

	Rehd. var. *zuikonisiki* Hort.(=*R. folbelliformis* L. Herit var. *zuikonisiki* Hort.)	종의 변종		
무늬 관음죽	*Rhapis excelsa* Henry ex Rehd. var. *variegata* Hort. (=*R. folbelliformis* L. Heritier var. *variegata* Hort.)	중국 남부 원산 종의 변종		シマカンノンチワ, フイリカンノンチワ
종려죽	*Rhapis humilis* Blume	중국북부	low ground rattan, lender lady palm	シュロチク
사발야자	*Sabal minor* (Jacq.) Pers. (=*Chamaerops acaulis* Michx. =*Chamaerops sabaloides* Baldwin= *Corypha minor* Jacq. =*Chomaerops pumila* Walt. =*Rhopis acaulis* Wild. =*Sabal acaulis* Hort. =*S. adansonii* Guers. =*S. glabra* Sarg. =*S. minima* Nutt. =*S. pumila* Elliott =*S. deeringiana* Small =*S. luisiana* Bomh.)	북아메리카열대 기후 지역	dwarf palmetto	チヤボサベル
웨델리아나 야자 (코코야자)	*Syagrus weddelliana* (H. Wendl.)Becc.(=*Cocos elegantissina* Hort. =*C. weddelliana* Wendl. = *glaziova martiana* Glaz. Dt Drude =*Leopoldinia pulchra* Hort. = *Microcoelum martianum* =*M. Weddelianum* (H. Wendl.) H.E. Moore)	브라질남부	Weddell palm	ブラジルヒメヤシ
종려(왜종려)	*Trachycarpus excelsa* Wendl.	중국 남부, 일본, 버마	trachycarpus	ワジュロ
당종려	*Trachycarpus fortunei* Wendl.	중국, 버마	fortune palm	トウジュロ

와싱토니아 필리페라	*Washingtonia filifera* (L. Linden) H. Wendl.	미국(켈리포니아 남부, 애리조나 서부)	California washington palm, desert fan palm	オキナワシントンヤシ
와싱토니아야자	*Washingtonia robusta* H. Wendl.	멕시코, 미국(켈리포니아동남부)	thread palm	ワシントンヤシモドキ

양귀비과_Papaveraceae

국명(한자명)	학명	원산지	영명	일명
애기똥풀	*Cheliclonium majus* var. *asiaticum*	한국, 일본, 만주	Korean celandine	ヤマブキソウ
흰꽃캘리포니아포피	*Eschscholtzia californica* Cham. var. *alba* Hort.	미국(켈리포니아주, 오레곤주)		
캘리포니아포피	*Eschscholtzia californica* Cham.	미국(켈리포니아주, 오레곤주)	common California poppy	ハナビシソウ
멕시코양귀비	*Hunnemannia fumariifolia* Sweet Sunlite	멕시코	Mexican tulip poppy. golden cup	
매미꽃	*Hylomecon hylomeconoides* (Nak.) T. Lee	유라시아, 일본	Korean hylomecon	イヌヤマブキソウ
알프스양귀비	*Papaver alpinum* L.	알프스, 피레네, 시베리아	alpine poppy	ミヤマヒナゲシ
두메양귀비	*Papaver coreanum* Nakai	한국(백두산), 중국동북지방	poppy	ミヤマヒナゲシ
아이슬란드양귀비	*Papaver nudicaule* L.	북방구의 극지	Iceland poppy	アイスランドポピ
오리엔탈양귀비	*Papaver orientale* L.	지중해~이란	oriental poppy	オニゲシ

옻나무과_Anacardiaceae

국명(한자명)	학명	원산지	영명	일명
스모크트리	*Cotinus coggygrnia* Scop.	남부 유럽,	smoke tree	スモ クツリ

		히말라야, 중국 중부		
붉나무	*Rhus chinensis* Mill.	한국, 일본, 중국	nutgall tree, true rhus	ヌルデ

용담과_Gentianaceae

국명(한자명)	학명	원산지	영명	일명
꽃도라지 (유스토마, 리시안서스)	*Eustoma grandiflorum* (Raf.) Shinn	미국(네브라스카 주, 텍사스 주)	eustoma, lisianthus, Russell prairie getian	トルコギキョウ
소코트라용담	*Exacum affine* Balf.	아라비아(소코드라 섬)	German violet, Persian violet	ベニヒメリンドウ
젠티아나 아카울리스	*Gentiana acaulis* L.	알프스 산맥, 피레네 산맥	stemless gentian, gentianella	チヤボリンドウ
산용담	*Gentiana alginda* Pall.	한국(백두산), 일본, 시베리아, 북아메리카 서부		トウヤクリンドウ
용담	*Gentiana scabra* Bunge var. *buergeri* Maxim.	한국, 일본	Korean rough gentian	リンドウ
구슬붕이	*Gentiana squarrosa* Ledeb.	한국, 일본, 대만, 인도, 중국, 시베리아, 내몽고		コケリンドウ
칼잎 용담	*Gentiana uchiyamai* Nakai.	한국 중부 이북		ナガベオオリンドウ
큰구슬붕이	*Gentiana zollingeri* Fawcett.	한국, 중국, 일본		フデリンドウ
좀어리연꽃	*Nymphoides coreana* Hara	한국, 일본, 중국동부, 우수리		チョウセンガガブタ
어리연꽃	*Nymphoides indica* (L.) O. Kuntze	중국, 대만, 한국의 중부 이남, 일본, 소련	water snowflake	ガガブタ

노랑어리연꽃	*Nymphoides peltata* (S.G. Gmel.) O. Kuntze	중국, 한국의 중부이남, 일본, 소련	yellow floating heart, water fringe	アサザ
스트렙토카르프스 미켈센	*Streptocarpus* 'Mikkelsen Hybrid'.	원예품종	Cape primrose	
쓴풀	*Swertia japonica* (Schult.) Makino	한국, 일본, 중국		センブリ
자주쓴풀	*Swertia pseudo-chinensis* (Bunge) Hara	한국 산야, 일본, 중국, 내몽고		ムラサキセンブリ
별꽃풀	*Swertia veratroides* Max.shunk cabbage, polecat weed	한국, 세계각처		チョウセンアケボノソウ

용설란과_Agavaceae

국명(한자명)	학명	원산지	영명	일명
아가베 치아펜시스	*Agave chiapensis*	멕시코		
용설란	*Agave americana* L.	열대아메리카	century plant	リョウゼツラン
아우레아 몬스트로사 용설란	Agave americana L. 'Marginata Aurea Monstrosa'	원예품종		
노란 줄무늬 용설란	*Agave americana* L. for. *striata* Hort	원예품종		ツマリュウゼツラン
테무늬 용설란	*Agave americana* L. var. *marginata* Trel.	열대 아메리카 원산종의 변종	century plant	リュウゼツラン
메디오픽타 용설란	*Agave americana* L. var. *medio-picta* Trel.	열대 아메리카 원산종의 변종		ナガリュウゼツラン
카리브용설란	*Agave angustifolia* Haw.	중앙아메리카의 카리브 지방, 서인도 제도	Caribbean agave	アがベ アングスティフォ リア
무늬 카리브용설란	*Agave angustifolia* Haw. var. *marginata* Hort.	중앙아메리카의 카리브 지방, 서인도 제도	variegated Caribbean agave	ウスベリユウセツラン, ニスセンコウ

아가베 애리조니카	*Agave arizonica* Gentry et Weber	미국		アリゾニカ
아가베 아텐누아타	*Agave attenuata* Salm-Dyck	멕시코 동부		
아가베 디시피엔스	*Agave decipiens* Bak	멕시코	false sisal	
세취설	*Agave femandi-regis* A. Berger	멕시코 동북부		ササフブキ
아가베 필리페라	*Agave filifera* Salm-Dyck	멕시코 동부	thread agave	ダレユキ
아가베 필리페라 콤펙타	*Agave filifera* Salm-Dyck. var. *compacta* Hort	멕시코 동부		オオヒササノユキ
아가베 포르크로이데스	*Agave fourcroydes* Lem	멕시코	henequen	
아가베 레오폴디	*Agave leopoldii* Hort.	원예교배종		タキのシライト
아가베 마크로아칸다	*Agave macroacontha* Zucc.	멕시코 남부		アガベマワロアカソタ
아가베 모페이 바리에가타	*Agave murpheyi* F. Gibs 'Variegata'	원예품종		
아가베 파리	*Agave parryi* Engelm.	애리조나, 뉴멕시코 (치후아후아)	mescal	
아가베 파리 트룬카타	Agave parryi Engelm 'Truncata'	원예품종		
길상천	*Agave parryi* Engelm var, *huachucensis* Bak.	애리조나, 뉴멕시코(치후아후아)	mesaual, mescal	キツショウテソ
아가베 파르비훌로라	*Agave parviflora* Torr	멕시코(소노라, 치후아후아, 애리조나		ヒメミレユキ
아가베 파토니	*Agave patonii* Trel.	멕시코		
길상관	*Agave potatorum* Zucc, f.	멕시코 중부 원상종의 품종		キツショウカソ
뇌신	*Agave potatorum* Zucc, var. *verschaffeltii* (Lem.) Bgr.	멕시코 중부		ライツソ

아가베 푸밀라	*Agave pumila* De Smet. Ex Bak.	멕시코		アガベプミラ
아가베 시살라나	*Agave sisalana* Perr.	멕시코(유카탄)	sisal hemp, hemp plant	サイザルアサ, ツザルアサ
고슴도치 용설란 (취상)	*Agave stricta* Salm-Dyck.	멕시코 고원지대	hedgehog agave	フキアゲ
아가베 우타헨시스 네바덴시스	*Agave utahensis* Engelm. var. *nevadensis* Engelm.	미국		セイツロ
아가베 우타헨시스	*Agave utahensis* Engelm. var. *mevadensis* Engelm.	유타 원산종의 원예 변종		
백발 용설란	*Agave vestita* S. Wats.	멕시코		
아가베 빅토리아 레기나에 바리에가타	*Agave victoriae-reginae* T. Moore for. *variegata* Hort.	멕시코 동부 원산종의 품종		キフクリソササノユキ
아가베 빅토리아 레기나에 닉켈시	*Agave victoriae-reginae* T. Moore f. 'Nickelsii'	원예품종		
아가베 빅토리아 레기나에	*Agave victoriae-reginae* T. Moore	멕시코	queen victoria agave	ササノユキ
아가베 빌모리니아나	*Agave vilmoriniana* Berger.	멕시코 서북부		
아가베 제미니플로라	*Ageave geminiflora* (Togl) Ker-Gaul	멕시코		
독구리란(노리나)	*Beaucarnea recurvata* Lem.(*Nolina tuberculata* Hort.)	멕시코	bottle ponytail	ドツクリラン
코르딜리네 푸르티코사	*Cordyline fruticosa*	폴리네시아, 자바, 중국 남부, 열대 지방, 인도, 태평양 군도		
코르딜리네 오스트랄리스	*Cordyline australis* Hook. F. *(=Dracaena australis* Forst.)	뉴질랜드	green dracaena, giant dracaena, fountain dracaena, cabbage tree, palm lily, grass	ニオイシユロラソ

			palm.	
코르딜리네 인디비사	*Cordyline indivisa* (G. Forst.) Steud.	뉴질랜드	blue dracaena	アツバセンネンボクラン
코르딜리네 루브라	*Cordyline rubra* Huegel ex Kunth *(=Dracaena rubra* Hort. *=D. zeelandica* Hort.)	미상		
코르딜리네 스트릭타	*Cordyline stricta* Endl.	오스트레일리아		アオバドラセナ
코르딜리네	*Cordyline terminalis*	중국남부, 오스트리아	Kunthtree of kings, ti plant, good luck plant, red dracaena	センネンボク
코르딜리네 '벨라'	*Cordyline terminalis* Kunth 'Bella'	열대아시아 원산종의 원예품종		
코르딜리네 '크리스탈'	*Cordyline terminalis* Kunth 'Crystal'	열대아시아 원산종의 원예품종		
코르딜리네 '고시기바'	*Cordyline terminalis* Kunth 'Goshikiba'	열대아시아 원산종의 원예품종		
티코르딜리네	*Cordyline terminalis* Kunth 'Liliput'	히말라야 동부, 중국 남부, 말라카, 북부 오스트레일리아 원산 종의 원예 품종	dwarf ti plant	
코르딜리네 '니시기바'	*Cordyline terminalis* Kunth 'Nishikiba'	동남아시아, 오스트레일리아, 폴리네시아 원산종의 원예품종		ニシキバセンネンボク
코르딜리네 '레드에지'	*Cordyline terminalis* (L.) Kunth 'Red Edge'	동남아시아, 오스트레일라아, 폴리네시아	red good luck plant	レッドエッジセンネンボク
홍죽	*Cordyline terminalis* (L.) Kunth	열대 아시아 및 동아시아	tree of kings, red dracaena ti,	コウチク, センホンボク

			good–luck plant, Hawaiian good–luck plant	
코르딜리네 '아이치아카'	*Cordyline terminalis* (L.) Kunth 'Aichiaka'	인도, 말레이시아, 오스트레일리아 북부, 뉴질랜드	Hawaiian ti plant, red dracaena	センネンボク
코르딜리네 아마빌리스	*Cordyline terminalis var. amabilis* Hort.	오스트레일리아, 중국, 말레이지아 원산종의 변종	pink dracaena	コルジリネターミナリスアマビリス
코르딜리네 하쿠바	*Cordyline terminalis* var. *hacuba* Hort.	원예품종		
드라세나 수쿨로사	*Dracaena surculoca.*	기니아 북부		ホシセンネンボク
드라세나 콘시나	*Dracaena concinna* Kunth	마다가스카르	red margined dracaena	ドラセナ コンシンナ
드라세나 '트리컬러'	*Dracaena concinna* Kunth 'Tricolor'	마다가스카르 원산종의 변종	tricolor dracaena	ドラセナ トリカラ
드라세나 '트리컬러 레인보우'	*Dracaena concinna* Kunth 'Tricolor Rainbow'	마다가스카르 원산종의 원예품종	tricolor rainbow	ドラセナ レインボウ
드라세나 비렌스	*Dracaena derememensis* N.E. 'Virens'	열대 아프리카 원산종의 원예변종		アオワーネシキー
드라세나 바우세이	*Dracaena deremensis* N.E. Br. var. *bausei* Hort.	열대 아프리카 원산종의 원예변종		オオツロツマセンネンボク
드라세나 '골든킹'	*Dracaena deremensis* N.E.Br. 'Souv.de.A. Schryver'	열대 아프리카 원산종의 원예변종		
드라세나 '롱끼'	*Dracaena deremensis* N.E.Br. 'Longii'	열대 아프리카 원산종의 변종	dragon plant	ドラセナデレメンシス,ロンギー
드라세나 '점보'	*Dracaena deremensis* N.E.Br.'Jumbo'	열대 아프리카 원산종의 원예품종		ドラセナ·ジヤンボ
드라세나 '비렌스바리에	*Dracaena deremensis* N.E.Br. 'Virens	열대 아프리카 원산종의 원예		フイリアオワーネツキー

가타'	Variegata'	품종		
드라세나 '로에르스골드'	*Dracaena deremensis* N.E.Br.'Roehrs Gold'	열대 아프리카 원산종의 원예 품종		
드라세나 '스노우 퀸'	*Dracaena deremensis* N.E.Br. 'Snow Queen'	열대 아프리카 원산종의 원예 품종		
청엽 드라세나	Dracaena deremensis N.E . Br. var. *janet craig* Hort.	열대 아프리카		
드라세나 와넥키 마르기나타	*Dracaena deremensis* N.E. Br. 'Warneckii Marginata'	열대 아프리카 원산종의 원예 변종		
드라세나 와넥키 콤팩타	*Dracaena deremensis* N.E. Br. 'Warneckii Compacta'	열대 아프리카 원산종의 원예 품종		ユソベワト ワーネワツキー
드라세나 '와넥키'	*Dracaena deremensis* N.E. Br. 'Warneckii'	열대 아프리카 원산종의 원예 품종	striped dracaena	ドラセナ ワ ネッキい
드라세나 콤팩타	*Dracaena deremensis* N.E. Br. var. *compacta* Hort.	열대 아프리카	calypso queen, dwarf bouquet	ドラセナ コン パクタ
드라세나 데레멘시스	*Dracaena deremensis* N.E. Br.	열대아프리카	janet craig	シロシマセンネン ボク
드라세나 데레멘시스 콤팩타 바리에가타	*Dracaena deremensis* 'Compacta Variegata'	열대 아프리카 원산종의 원예 품종		
용혈수	*Dracaena draco* L.	카나리아 제도	dragon tree, dragon blood tree	リユウケツヅユ
행운목	*Dracaena fragrans* Ker-Gawl.	기니아, 열대 동남 아프리카, 나이지리아, 에티오피아 (아비지니아)	corn plant, fragrant dracaena	ニオイセンエンボ ク
드라세나 빅토리아	*Dracaena fragrans* Ker-Growl. var.	기니아, 에티오피아		

	victoria Hort. (=*Dracaena* 'Victoria')	(아비지니아), 열대 아프리카 동남부 원산종의 변종		
드라세나 로디아나	*Dracaena fragrans* Ker. var. *rothiana* Hort. (=*D. hooderiana* 'Rothiana')	아프리카 케이프 원산종의 원예 품종		オオアシベセソネソボワ
드라세나 린덴니아나	*Dracaena fragrans* Ker. 'Lideniana' (=*D. lindenii* Hort. Linden ex Andre'	기니아, 에디오피아 원산종의 원예 품종		ウスイロフワリソセソネゴボワ
드라세나 맛상계아나	*Dracaena fragrans* Ker. var. *massangeana* Hort. (=*D. fragrans* 'Massangeana')	기니아, 열대 동남 아프리카 동남부 원산 종의 원예 변종, 에티오 피아 (아비지니아)	cane, variegated dragon-lily, corn plant, cornstalk plant	ツマセソネソショウ, シマセソネソボワ
드라세나 맛상계아나 콤팩타	*Dracaena fragrans* Ker. 'Massangeana Compacta'	기니아, 에티오피아 원산종의 원예 품종		
드라세나 후리드만니	*Dracaena godseffiana* Baker 'Friedmannii'	기니아 북부, 콩고 원산종의 원예 품종		
드라세나 골디에아나	*Dracaena goldieana* Hort. Ex Bak. (=*D. goldieana* Bull. =*Pleomele goldieana* N.E. Br)	기니아	Goldie dracena	トラフセソネソボワ
드라세나 리플렉사 '플레오멜레'	*Dracaena reflexa* Lam.	마다카스카르, 모리티 우스 제도, 인도	Malaysian dracaena	ドラセナ レフレクサ
드라세나 리플렉사 (드라세나 리플렉사 플레오멜레)	*Dracaena reflexa* Lam.	마다가스카르, 모리티우스 제도, 인도	Malaysian dracaena	ドラセナ レフレクサ
드라세나 리플렉사 바리에가타	*Dracaena reflexa* Lam. 'Variegata (=*Pleomele reflexa* N.E. Br. 'Song of india'=*Pleomele*	인도 남부, 세일론	song of India	プレオメレ ソソグオブイソテア

	reflexa 'Variegata'			
드라세나 산데리아나	*Dracaena sanderiana* Sander ex M.T. Mast.	서부 아프리카의 카메룬, 자이레	Belgian evergreen, ribbon plant	キソヨウセソネソショウ
개운죽(開運竹) (드라세나 산데리아나 비레스센스)	*Dracaena sanderiana* Hort. Sander ex M.T. Mast 'Virescens'	서부 아프리카 원산종의 원예품종	Sander's dracaena	ドラセナ センデラ ナ
드라세나 스트릭타	*Dracaena stricta* Endl. (=*Cordyline stricta* Endl. =*Cordyline congesta* Endl.)	오스트레일리아 (퀸즐랜드, 뉴사우스웨일스)		アオベトラセナ
드라세나 수쿨로사	*Dracaena surculosa* Baker	기니아북부	gold dust dracaena	ドラセナ ゴッドセフィア ナ
드라세나 플로리다 뷰티	*Dracaena surculosa* Baker var. *florida beauty* Hort. (=*D. godseffiana* 'Florida Beauty')	기니아북부 원산종의 변종	Florida beauty dracaena, spotted-leaf dracaena	フロリダビューテイ
드라세나 '플로리다뷰티'	*Dracaena surculosa* Baker. var. *florida beauty* Hort.	기니아 북부 원산종의 변종	Florida beauty dracaena, spotted leaf dracaena,	フロリダ ビューテイ
푸크레아 기간테아	*Furcraea gigantea* Vent.	브라질	mauritius hemp, green aloe, nearly trunkless	オオマンネンラン
노리나 롱기필리아	*Nolina longifolia* Hemsl.	멕시코		
잎새란(신서란)	*Phormium tenax* J.R. Forst.& G.Forst.	뉴질랜드	New Zealand flax, tough flaxlily	ニュ サイラン
노란줄 무늬 신서란	*Phormium tenax* J.R. Forst var. *variegatum*	원예품종	variegated flax	フイリニコウサイラン
플레오멜레 리플렉사	*Pleomele reflexa* (Lam.) N.E. Br.	인도, 마다가스카르, 오리샤스	Malaysian dracaena	ドラセナ レフレクサ
원통형 산세베리아	*Sansevieria cylindrica* Bojoer	열대 아프리카 동부, 남부 케냐	spear sansevieria	ボウチトセラン
산세베리아그란디스 '줄르엔시스'	*Sansevieria grandis Hook* 'Zulensis"	남아프리카의 줄르랜드		ヒロハチトセラン

산세베리아 '문샤인'	*Sansevieria* Hyb. 'Moon Shine'	원예 품종		
산세베리아 스투키	*Sansevieria stuckyi* Godefr.	중앙아프리카의 로데지아		シシチトセラソ
기네아 산세베리아	*Sansevieria thrsiflora* Thunb.(=*S. hacinthoides* (L) Druce=*S. specata* Haw.=*S. guineensis* (L.) Wild.	서아프리카, 동남 아프리카의 나이제리아 (기네아 해변)	bowstring hemp	ヒロハチトセラソ
산세베리아 트리파시아타 문 샤인	*Sansevieria trifaciata* Prain. 'Moonshine'	원예품종		
산세베리아	*Sansevieria trifasciata* Prain	열대 아프리카	mother in law's tongue, snake plant	サンセベリア
산세베리아 '하니'	*Sansevieria trifasciata* Prain 'Hahnii'	열대 서부 아프리카 원산종의 변종	dwarf snake plant	サンセベリア, ハ ニィ,
산세베리아 콤팩타	*Sansevieria trifasciata* Prain *laurentii* 'Compacta' (=*S.nilotica* Baker *laurentii* 'Compacta')	열대 아프리카 원산 종의 변종		サソセビレアコソバクタ
산세베리아 라우렌티	*Sansevieria trifasciata* Prain var. *laurentii* N.E. Br.	열대 서부 아프리카 원산종의 변종	bowsting hemp, mother in law's tongue	フクリンチトセラン
산세베리아 실버 하니	*Sansevieria trifasciata* Prain 'Silver Hahnii' (=*S.* 'Silver Hahnii')	열대 서부 아프리카 원산종의 변종		
산세베리아 '하니'	*Sansevieria trifasciata* Prain var. *hahnii* Hort	열대 서부 아프리카 원산종의 변종	golden hahnii	サンセビレア ハーニー
실라 비올라세아	*Scilla violacea* Hutch.	남아프리카	silver squill, wood hyacinth	シラ ビオラケア
천수란유카	*Yucca aloifolia* L.	동부 멕시코, 자마이카	Adam's needle, dagger plant	センジュラン

천수란	*Yucca aloifolia* L.	미국(캐롤라이나), 동부 멕시코, 자마이카		センジユラン, チモラン, リンポウラン
무늬 천수란	*Yucca aloifolia* L. *forma marginata* Bommer *(=Y. aloifolia* L. 'Marginata')	미국(캐롤라이나), 동부 멕시코 원산종의 원예 품종		キソボウラソ
사색 무늬 천수란	*Yucca aloifolia* L. var. *quadricolor* Hort. *(=Y. aloifolia* L. 'Quadricolor')	미국(캐롤라이나), 동부 멕시코 원산종의 원예 품종		
민유카(무자유카)	*Yucca elephantipes* Regel	멕시코 남동부, 과테말라	bulb stem yucca, spineless yucca	ユッカ エレファンティパ ス
메디오픽타 실유카	*Yucca fialmentosa*. L. var. *medio-picta* Hort. *(=Yucca filamentosa* 'Variegata'	북아메리카 원산종의 원예 변종		
실유카	*Yucca filamentosa* L.	원예 품종	silk grass	イトラン
브라이트 에이지 실유카	*Yucca filamentosa* L. 'Bright Edge'	원예 품종	variegated Adams needle	
무늬 실유카	*Yucca filamentosa* L. var. *marginata* Hort. *(=Yucca filamentosa* 'variegata')	북아메리카 원산종의 원예 변종	variegated silk grass	フイリイトラソ
유카	*Yucca gloriosa* L.	아메리카 남부	mound lily, yucca	アツバキミガヨラン
수양 유카	*Yucca recuvifolia* Salisb*(=Y. recurva* Haw. *=Y. pendula* Sieb(Carr))	미국 (조지아 주)		キミガヨラソ, ネゾイトラソ, イトナツイトラソ
유카로스트라타	*Yucca rostrata* Engelm ex Trel.	텍사스, 북부 멕시코		

운향과_Rutaceae

국명(한자명)	학명	원산지	영명	일명
백선	*Dictamnus dasycarpus* Turcz.	한국, 동부 시베리아, 만주		ハクセン

위성류과_Tamaricaceae

국명(한자명)	학명	원산지	영명	일명
위성류	*Tamarix chinensis* Lour.	중국 서북부	Chinese tamarix	ギュリュウ

으름덩굴과_Lardizabalaceae

국명(한자명)	학명	원산지	영명	일명
으름덩굴	*Akebia quinata* Decne.	한국, 중국, 일본	five leaf akebia, chocolate vine	アケビ
멀꿀	*Stauntonia hexaphylla* (Thunb.) Dence.	한국 남해안, 일본, 대만, 중국	Japanese staunton vine	ムベ

은행나무과_Ginkoaceae

국명(한자명)	학명	원산지	영명	일명
은행나무	*Ginkgo biloba* L.	중국	ginkgo, maidenhair tree	イチョウ
무늬은행나무	*Ginkgo biloba* L. 'Variegata'	중국	variegate maidenhair tree	フイリイチョウ

인동과_Caprifoliaceae

국명(한자명)	학명	원산지	영명	일명
꽃댕강나무 (아벨리아 그랜디플로라)	*Abelia grandiflora* Rehd.	중국 원산종의 원예 교배종	glossy abelia	ハナツクベネ, アベ
댕강나무	*Abelia mosanensis* Nakai	한국		モウザンツクバネウツギ
구슬댕댕이	*Lonicera caerulea* var. *edulis* Regel	한국(중부이북), 중국(동부지방)	bear berry, honeysuckle	マタヒョウタンボク
산괴불나무	*Lonicera chrysanda* Turcz. var. *crassipes* Nakai	한국		ネムロブシダマ
인동덩굴	*Lonicera japonica* Thunb.	한국, 일본, 중국(만주)	Japanese honey-suckle	ニンドウ
무늬인동덩굴 (노랑 무늬 인동덩굴)	*Lonicera japonica* Thunb. var. *aureo-reticulata* Nichols	원예변종	Japanese honey-suckle	キススイカズラ
괴불나무	*Lonicera macckii* (Rupr.) Max.	한국, 일본, 중국(만주)	amur honeysuckle	ハナヒヨウタンボク
붉은꽃인동덩굴 (셈퍼비렌스 인동덩굴)	*Lonicera sempervirens* L.	미국(플로리다, 미조리, 네브라스카, 텍사스 주 등)	trumpet honeysuckle	ツキヌキニンドウ
딱총나무	*Sambucus williamsii* Hance var. *coreana* Nakai	한국	Korean elder, elder	コウライニワトコ
아왜나무	*Viburnum awabuki* K. Koch	한국 남해안, 일본, 대만, 중국, 인도	sweet viburnum, Japanese coral tree	サンゴシュ
분꽃나무	*Viburnum carlesii* Hemsley.	한국	fragrant viburnum, Korean spice viburnum	オオショウジガマズミ
가막살나무	*Viburnum dilatatm* Thunb.	한국	linden viburnum	ガマズミ
덜꿩나무	*Viburnum erosum* Thunb.	한국(황해도, 강원도 이남)		コバノガマズミ
서양 가막살나무	*Viburnum lantana* L.	유럽	wayfaring tree,	

			twist wood	
설구화	*Viburnum plicatum* Tunb.	일본, 대만 원산종의 변종	Japanese snowball	オオデマリ
백당나무	*Viburnum sargentii* Koehne	한국, 일본, 중국, 아무르, 우수리, 사할린, 큐렐열도	sargent viburnum	カンボク
불두화	*Viburnum sargentii* Bl. for. *sterile* Hara	유럽, 북아프리카 원산종의 원예 품종	snowball tree	テマリカンボク
삼색병꽃	*Weigela coraeeinsis* Thunb.	일본		ハコネウツギ
붉은병꽃나무	*Weigela florida* A. DC.	한국, 일본, 중국	weigela	オオベニウツギ
흰병꽃나무	*Weigela florida* A. DC. for. *candida* R.	한국		ゲンジウツギ
골병꽃나무	*Weigela hortensis* (Sieb. et Zucc.) C. Koch.	한국, 일본		タニウツギ
병꽃나무	*Weigela subsessilis* L.H. Bailey	한국	Korean weigela	コウライヤブウツギ

자

자금우과_Myrsinaceae

국명(한자명)	학명	원산지	영명	일명
백량금	*Ardisia crenata* Sims.	한국, 중국, 일본, 타이완, 인도	spear flower, coral berry, spice berry	マンリョウ
자금우	*Ardisia japonica* (Hornst.) Bl.	한국, 중국, 일본, 타이완,	marlberry	ヤブコウジ
산호수	*Ardisia pusilla* DC.	한국, 중국, 일본, 타이완, 필리핀		ツルコウジ

자라풀과_Hydrocharitaceaes

국명(한자명)	학명	원산지	영명	일명
자라풀	*Hydrocharis asiatica* Miq.	한국, 중국, 일본, 타이완, 오스트레일리아		ドチカガミ

자작나무과_Betulaceae

국명(한자명)	학명	원산지	영명	일명
거제수나무	*Betula costata* Trautv.	한국(지리산, 중부 이북)	costata birch	チョウセンミネバリ
물박달나무	*Betula davurica* Pall.	한국, 중국, 일본, 중국 동북지방, 우수리, 아무르	dahurian birch	コオノオレ
사스레나무	*Betula ermani* Cham.	한국, 동북 아시아, 일본	ermanii birch	エゾノダケカンバ
종이 백자작나무	*Betula papyrifera*Michx.	미국	paper birch, canoe birch, cluster birch	
백자작나무	*Betula pendula* Roth.	유럽, 소아시아, 중국	European birch, white birch,	シダレカンバ

			European weeping birch	
자작나무	*Betula platyphylla* Sukacher var. *japonica* Hara	한국, 일본, 중국	Japanese birch	シラカンバ
까치박달	*Carpinus cordata* Bl.	한국, 일본, 중국	cordata hornbeam	サワシデ
소사나무	*Carpinus coreana* Nakai	한국의 경기도 해안가의 산지와 남부 지역	Korean hornbeam	コシデ
서어나무	*Carpinus laxiflora* Blume	한국, 일본, 중국	laxiflora hornbeam	アカシデ,シテノキ

장미과_Betulaceae

국명(한자명)	학명	원산지	영명	일명
채진목	*Amelanchier asiatica* (Sieb. et Zucc.) Endl.	한국(제주도), 일본	juneberry, service berry, Asian service berry	ザイフリボク, シデ ザクラ
아룬쿠스 실베스터	*Aruncus silvester* Kostel. (=*A. dioicus* (Walt.) Fem=*Spiraea aruncus* L.)	북아메리카, 아시아, 북유럽	Goat s beard	
흰명자나무	*Chaenomeles eburnea* Nakai	중국		ツロボケ
풀명자나무	*Chaenomeles japonica* Lindl. ex Spach.	일본, 한국 남부	dwarf Japanese quince, lesser flowering quince	クサボケ
명자나무(명자꽃)	*Chaenomeles lagenaria* Koidz.	중국	Japanese quince	ボケ
모과나무	*Chaenomeles sinensis* Koehne	중국	Chinese quince	カリン
홍자단	*Cotoneaster horizontalis*	중국 서부 서천성	rock cotoneaster	ベニシタン

코토네아스터 콘스피쿠스	*Cotoneaster conspicuus* Marg.	중국 중부 호북성	wintergreen cotoneaster	コトネアスタ コンス ピクウス
다메리 홍자단	*Cotoneaster dammerii* C. K. Schneid(=*C. fumifusus* Duthie ex Veitch)	중국 중부 호북성		
푸란체 홍자단	*Cotoneaster franchetii* Bois.	중국 남서부, 버마 북부	Franchet cotoneaster	
서양산사나무	*Crataegus laevigata* (Poir) DC.	유럽, 북아프리카	English hawthorn	セイヨウサンザシ
산사나무	*Crataegus pinnatifida* Bunge	한국, 중국, 일본	red hawthorn, large Chinese hawthorn	オオサンザシ, オオミサンザシ
좁은잎 산사나무	*Crataegus pinnatifida* Bunge var. *psilosa* Schnekd.	한국		ホソバサソザシ
뱀딸기	*Duchesnea chrysantha* (Zoll. Dt Morr.) Miq.	한국, 일본		ヘビイチゴ
비파나무	*Eriobotrya japonica* (Thunb.) Lindley	중국	Chinese loquat, Japan plum, loquat	ビワ
가침박달	*Exochorda serratifolia* S. Moore	한국	common pearlbush	ヤナギザクラ
터리풀	*Filipendula glaberrima* Nakai	한국		シラユキソウ
양딸기	*Fragaria chiloensis* (L) Duch. var. *ananassa* L.H. Bailey (*Fragaria grandiflora* Ehrn.)	아메리카 서부 원산 종의 원예 교배종	strawberry	イチゴ
게움 보리시	*Geum borisii* Kellerer ex Sundermann	원예 교배종		
게움 미쎄스 브래드쇼우	*Geum chiloense* Balb. 'Mrs. Bradshow'	칠레 원산종의 원예 품종		
황매화	*Kerria japonica* (L.) DC.	한국, 중국, 일본	kerria	ヤマブキ

죽단화	*Kerria japonica* DC. 'Pleniflora Witte' (=*Kerria japonica* DC. F. plena Schneid= *Kerria japonica* DC. var. *plena* Makino)	한국, 일본, 중국	double kerria	
흰무늬잎 황매화	*Kerria japonica* DC. var. *variegata* Hort.(=K. Japonica DC. 'Argenteo-Variegata')	원예 변종		
난장이 무늬 황매화	*Kerria japonica* DC. Nana Variegata Dwarf Kerria	한국, 일본, 중국 원산종의 원예 품종	variegated dwarf kerria	
야광나무	*Malus baccata* (L.) Borkh.	한국, 일본, 중국(만주), 몽고	Siberian crab	マンシュウズミ
사과	*Malus domestica* Borkh	원예교배육성종		
꽃아그배나무	*Malus halliana* Koehne	중국	crab apple	ハナカイドウ
환엽해당	*Malus prunifolia* (Willd.)	유럽, 아시아, 북아메리카	Chines crab apple	ヒメリンユ
아그배나무	*Malus sieboldii* (Regel) Rehder	한국, 일본	toringo crab apple	ズミ, ミツバカイドウ
펜타스 란세올라타 케르메지아나	*Pentas lanceolata* K. Schum. var. *kermesiana* Hort. (=*P. lanceolata* Forsk.) *Deflers* 'Kermesiana'= *P. carnea* Benth. var. *kermesiana* Hort.	동부 열대 아프리카, 아라비아 원산종의 원예 변종	kermesiana, Egyptian star cluster	ワササソタソカケルメシアナ
섬국수나무	*Physocarpus insularis* Nakai	한국 (울릉도)		タケシマシモツケ
딱지꽃	*Potentilla chinensis* Ser.	한국, 일본, 중국	cinquefoil	カワラサイユ
돌양지꽃	*Potentilla dickinsii* Fr. et. Sav.	한국, 일본		イワキンバイ
양지꽃	*Potentilla fragarioides* var. *major* Max.	한국, 일본	cinquefoil	キジムシロ

세잎양지꽃	*Potentilla freyniana* Bornm.five finger	한국, 중국, 일본, 아무르, 우수리		ミツバツチグリ
물싸리	*Potentilla fruticosa* L.	한국 북부, 일본(북해도, 혼슈의 고산지대), 북반구의 아한대와 고산지대, 몽고, 소련, 유럽, 북아메리카	golden hardhack, shrubby cinquefoil	キンロウベイ, キンロバイ
선셋트 물싸리	*Potentilla fruticosa* L. 'Sunset'	원예품종		
베이치 흰물싸리	*Potentilla fruticosa* L. 'Veitchii' (=*P. fruticosa* L.var. *friedrichsenii* Nestl.=*P. veitchii* Bean.)	원예품종		
아보트스우드 흰물싸리	*Potentilla fruticosa* L. 'Abbottswoood'	원예 교배종		
좀양지꽃	*Potentilla matsumurae* Wolf	한국남부(제주도, 한라산), 일본		ヤマキンバイ
살구	*Pruns armeniaca* L. var. *ansu* Max.(=*Prunus ansu* Komarov=*P. fauriei* Leveil.)	중국	apricot	アソズ
산옥매	*Prunus glandulosa* Thunb.	한국, 중국	flowering almond	ヒトエノシロバナ, ニワサクラ
옥매	*Prunus glandulosa* Thunb. for. *albiplena* Koehne	중국		ヤエノシロバナニワザクラ
실수양 벚나무	*Prunus itosakura* Nakai	동부 아시아	rosebud cherry	イトザワラ, シダレザワラ
산벚나무	*Prunus jamasakura* Nakai	한국, 일본	Japanese hill cherry	ヤマザワラ, シルヤマザワラ
산이스라지	*Prunus japonica* Nakai	한국		オワヤマニワウメ

이스라지	*Prunus japonica* var. *nakaii* (Lev.) Rehder	한국		オクヤマニワウメ
개벚나무	*Prunus leveilleana* Koehne	한국	Korean hill cherry	チョウセンヤマザクラ
개살구	*Prunus mandshurica* Koehne var. *glabra* Nakai	한국, 만주		マソシュウアソズ
만첩홍매실	*Prunus mume* Sieb. Dt Zucc for. *alphandii Rehdet*	중국		ヤエノアカウメ
매화(매실나무)	*Prunus mume* Sieb. et Zucc.	중국	Japanese apricot	ウメ
매실	*Prunus mume* Sieb. et Zucc. for. *alphandii* Rehder	중국		ヤエノアカウメ
귀룽나무	*Prunus padus* L.	동북아시아	European bird cherry, hagberry, bird cherry	エゾノウワミズザクラ
서울귀룽나무	*Prunus padus* L. var. *seoulensis* Nakai	한국		ケイジョウウワミヅザクラ
올벚나무	*Prunus pendula* for. *ascendens* (Mak.) Ohwi	한국		エトヒガン
복숭아나무	*Prunus persica* (L) Batsch.	중국, 한국	peach	
겹홍도(많첩홍도)	*Prunus persica* Batsch. for. *rubroplena* Schneid.	중국, 페르시아 원산종의 원예 품종		ヤエノアカモモ
겹백도(많첩백도)	*Prunus persica* Batsch. var. *alba-plena* Schneid.	중국, 페르시아 원산종의 원예변종		ヤエノシロモモ
남경도	*Prunus persica* Sieb. et Zucc. var. *densa* Makino	원예변종		ナンキンモモ, アメンドウ
삼색도	*Prunus persica* Sieb. et Zucc. var. *versicolor* Voss	중국 원산종의 원예 변종		ゲンバイモモ

벚나무	*Prunus serrulata* Lindl. var. *spontanea* Max.	한국	oriental cherry	ヤマサクラ
겹벚꽃나무	*Prunus serrulata* Lindl. for. *fugenzo* Hara	원예품종	Japanese pink cherry	ベニフケンソウ
자두나무, 자도나무, 오얏나무	*Prunus solicina* Lindl.	중국	Japanese plum, plum	スモモ
섬벚나무	*Prunus takesimensis* Nakai	한국(울릉도)		タケシマサクラ
앵두나무	*Prunus tomentosa* Thunb.	중국	Chinese bush fruit, Nanking cherry	ユスラウメ
겹풀또기 (많첩풀또기)	*Prunus triloba* Lindley var. *petzoldii* Bailey	한국(함북 회령), 중국, 몽고 원산종의 원예 변종	double flowering almond, double flowering plum	オヒヨモモ
왕벚나무	*Prunus yedoensis* Matsumura.	한국(제주도)	Japanese cherry	ソメイヨシノ
흰귀룽나무	*Punus padus* L.var. *glauca* Nakai	한국 원산종의 변종		ウラシロウワミスサワラ
좁은잎피라칸사	*Pyracantha angustifolia* (Franch.) C.K. Schneid.	중국(운남)	narrowleaf firethorn	タチバナモドキ
피라칸사 아탈란티오이데스 아우레아	*Pyracantha atalantioides* (Hance) Stapf.	중국 원산종의 원예 품종	gibba firethorn	ピラカンサ アタランティオイ デス
피라칸사 아탈란티오이데스	*Pyracantha atalantioides* (Hance) Stapf.	중국, 호남, 귀주	gibba firethorn	ピラカンサ アタランティオイ デス
피라칸사	*Pyracantha coccinea* M.J. Roem.	남유럽, 소아시아	everlasting thorn, firethorn	トキワサンザシ
대만피라칸사	*Pyracantha koidzumii* (Koidz.)Rehder var. *victory* Hort.	대만	red firethorn	タイトウカマツカ
다정큼나무	*Raphiolepis umbellata* Thunb.) Makino	한국, 일본	yeddo hawthorn	シャリンバイ
병아리꽃나무	*Rhodotypos scandens*	한국(백경도,		シロヤマブキ

	(Thunb.) Makino	황해도 이남 지역), 일본, 중국		
론델레티아 오도라타	*Rondeletia odorata* Jacq. (=*R. speciosa* Lodd.)	멕시코, 쿠바, 파나마		バニマツリ
대만찔레	*Rosa bracteata* J.C. Wendl.	중국 남부, 대만	macartney	カカヤソバラ
생열귀나무	*Rosa davurica* Pall.	한국, 일본, 중국, 시베리아		ヤマヘマナス
긴생열귀나무	*Rosa davurica* Pall. var *ellipsoidea* Nakai	한국(강원도 이북)		ナガミヤマヘマナス
장미	*Rosa hybrida* Hort.	원예교배종	rose	バラ
찔레꽃	*Rosa multiflora* Thunb. ex J. Mur r.	한국, 일본, 중국	polyantha rose, baby rose	ノイバラ
덩굴장미	*Rosa multiflora* var. *platyphylla* Thory	한국, 일본, 중국		ムラサキゴヤバラ
해당화	*Rosa rugosa* Thunb.	한국, 일본, 중국, 캄차카 반도의 해변 모래땅	Japanese rose, Turkestan rose, hedgehog rose	ハマナス
흰꽃 해당화	*Rosa rugosa* Thunb. 'Alva'	한국, 일본, 중국, 캄차카 반도 원산종의 원예 품종	white Japanes rose	シロハマナス
겹해당화	*Rosa rugosa* Thunb. F. plena Byhauwer (=*R. rugosa* Thunb. var. *plena* Regel)	중국 원산종의 품종	double rugosa	マイカイ, ヤエハマナ
돌가시나무	*Rosa wichuraiana* Crep.	한국, 일본, 중국	memorial rose	テリハノイバラ
노란해당화	*Rosa xanthina* Linnl.	중국 북부, 한국		キバナハマナス
산오이풀	*Sanguisorba hakusanensis* Makino	한국, 일본	burnet	カライトソウ

오이풀	*Sanguisorba hakusanensis* Makino	한국, 일본, 유럽		カライトソウ, トウウチソウ
큰오이풀	*Sanguisorba stipulata* Rafin	한국(백두산)		タカネトウウチソウ
무늬 백정화	*Serissa foetida* (L. f.) Lam. var. *variegata* Hort.	대만, 중국, 인도지나, 한국 남부 원산종의 원예 변종		
쉬땅나무	*Sorbaria sorbifolia* A. Br. var. *stellipila* Max.	한국, 일본, 동아시아	ural false spiraea	ホザキナナカマド
팥배나무	*Sorbus alifolia*(Koch.) Sieb. et Zucc.	한국, 일본, 중국	Korean mountain ash	アズキナシ
마가목	*Sorbus commixta* Hedl.	한국, 일본	Japanese mountain ash	ナナカマド
호북마가목	*Sorbus hupuhensis Schneid*	중국 서부 의 해발 1500~3500m 고지대		フ ペンシス
스칼라리스 마가목	*Sorbus scalaris* Koehne	중국 서부		
공조팝나무	*Spiraea cantoniensis* Lour.	중국 남부	cantoniensis spiraea	コデマリ
인가목 조팝나무	*Spiraea chamaedryfolia* L. var. *ulmifolia* (Scop.) Max. (=*S. flexuosa* Fisch. Ex Camb. var. *ulmifolia* (Scop.)Maxim.)	한국, 유럽 동남부, 일본		アイズツモッケ
참조팝나무	*Spiraea fritschiana* Schneid.	한국, 중국		チョウセンシモツケ
일본조팝나무	*Spiraea japonica* L.	한국, 중국, 일본	Japanese spiraea	シモツケ
덤불조팝나무	*Spiraea miyabei* Koidz.	한국		モリシモツケ
겹조팝나무	*Spiraea prunifolia* Sieb. et Zucc.	중국	bridal wreath	シジミバナ
조팝나무	*Spiraea prunifolia* Sieb. et Zucc. var. *simpliciflora* Nakai	한국, 중국 중부, 대만		ヒトエシジミバナ

꼬리조팝나무	*Spiraea salicifolia* L.	한국의 중부 이북, 유럽~동부 아시아	willow leaved spiraea, aron's beard	ホザキシモツケ
능수조팝나무	*Spiraea thunbergii* Sieb. ex Bl. thunberg spiraea	중국		コキマナナギ, ユキヤナギ

제비꽃과_Violaceae

국명(한자명)	학명	원산지	영명	일명
팬지	*Viola × wittrockiana* Hort. (*Viola tricolor* L. var. *hortensis* DC.)	한국	pansy, garden pansy	パンジー
태백제비꽃	*Viola albida* Palibin	한국전역, 일본·만주 등지		
바이올렛(비올라 코르누타)	*Viola cornuta* L.	유럽	horned violet, tufted violet	
구름털제비꽃	*Viola crassa* Makino	한국(낭림산이북), 캄차카, 일본		タカネスミレ
비올라 쿠쿨라타	*Viola cucullata* Ait.	미국	marsh blue violet	
남산제비꽃	*Viola dissecta* Ledebour var. *chaerophylloides* (Regel) Makino	한국, 일본, 만주, 러시아		ナンザンスミレ
제비꽃	*Viola mandshurica* W. Becker	한국, 중국(만주)	violet	スミレ
비올라 오도라타	*Viola odorata* L.	유럽, 북아프리카, 서아시아	sweet violet	
노랑제비꽃	*Viola orientalis* W. Becker	한국, 만주, 우스리, 일본, 중국·헤이룽강		キスミレ
흰제비꽃	*Viola patrinii* DC.	한국, 일본, 중국, 시베리아 동부	white flower violet	シロスミレ

고깔제비꽃	*Viola rossii* Hemsley	한국	ross violet	アケボノスミレ
서울제비꽃	*Viola seoulensis* Nakai	한국	Seoul violet	ケイジョウスミレ
비올라	*Viola tricolor* L	한국(서울, 경기도)	viola, miniature pansy	ビオラ トリコロリ
알록제비꽃	*Viola variegata* Fishch.	동부아프리카 적도 지방의 탄자니아	variegated leaf violet	ゲンジスミレ
호제비꽃	*Viola yedoensis* Makino	한국	Tokyo violet	ノジスミレ

제스네리아과_Gesneriaceae

국명(한자명)	학명	원산지	영명	일명
아키메네스	*Achimenes longiflora* DC.	멕시코~파나마	achimenes, orchid pansy, monkey faced pansy	アキメネス
에스키난서스	*Aeschynanthus pulcher* (Blume) G. Don.	타이, 말레이시아 북부, 시암, 버마	lipstick plant	エスキナンサス
에스키난서스 라디칸스	*Aeschynanthus radicans* Jack.	자바, 말레이 반도		エスキナンサス ラディカンス
에스키난서스 스페시오서스	*Aeschynanthus speciosus* Hook.	인도네시아, 자바	lipstick plant	エスキナンサス スペシオスス
콜룸네아 글로리오사	*Columnea gloriosa* Sprague	코스타리카	goldfish vine	グロリオーサ
에피시아	*Episcia cupreata* (Hook.) Hanst.	브라질, 콜롬비아, 베네수엘라, 멕시코 남부, 서인도 제도	flame violet, carpet plant	ベニキリソウ
에피시아레이스	*Episcia dianthiflora* H.E. Moore. et R.G. Wilson	멕시코	cat's whiskers, lace flower vine	エピスシア ダイアンチフローラ
아프리칸바이올렛	*Saintpaulia ionantha* H. Wendl	탄자니아	African violet, usambara violet	セントポーリア

시마니아	*Seemannia latifolia*	볼리비아의 300~1000m 고지대		
글록시니아	*Sinningia speciosa* Hiern.	브라질	gloxinia	グロキシニア

조록나무과_Hamamelidaceae

국명(한자명)	학명	원산지	영명	일명
도사물나무	*Cortlopsis spicata* S. et Z.	일본(시코쿠)	spike winter hazel	トサミズキ
히어리	*Corylopsis coreana* Uyeki	한국(지리산, 경기도 백운산)	Korean winter hazel, Korean corylopsis	ショウコウミツキ
조록나무	*Distylium racemosum* Sieb. et Zucc.	한국(완도, 제주도), 일본(혼슈, 규슈), 대만, 중국 난대 지역	isu tree	イスノキ
풍년화	*Hamamelis japonica* Sieb. et Zucc.	일본의 온대·난대 지역	Japanese witch hazel, winter hazel	マンサク
풍나무	*Liquidambar formosana* Hance	중국, 타이완	sweetgum	フウ

주목과_Taxaceae

국명(한자명)	학명	원산지	영명	일명
개비자나무	*Cephalotaxus koreana* Nakai	한국	Korean plumyew	チョウセンイヌガヤ
설악눈주목	*Taxus caespitosa* Nak.	한국	yew	ダイセンキョラボク
주목	*Taxus cuspidata* Sieb. et Zucc.	한국, 일본, 중국, 러시아	Japanese yew	イチイ
애기주목(눈주목)	*Taxus cuspidata* Sieb. et	일본	dwarf Japanese yew	キャラボク

	Zucc. var. *nana* Hort.			
비자나무	*Torreya nucifera* Sieb. et Zucc.	한국	Japanese torreya, torreya	カヤノキ

쥐꼬리망초과_Acanthaceae

국명(한자명)	학명	원산지	영명	일명
아칸더스 몬타누스	*Acanthus montanus*(Nees) T. Anders.	열대 서부 아프리카	bear's breech, mountain acanthus, moutain thistle	
도깨비망초	*Acanthus spinosissimus* Desf.	남부 유럽, 소아시아	spiny acanthus	トゲハアザミ
아펠란드라 스쿠아로사	*Aphelandra squarrosa* Nees.	멕시코, 남아메리카 북부	tiger plant	アフェランドラ
벨로페로네 코모사	*Belloperone comosa* Nees (=Justica fulvicoma Schlech tend. & Cham.)	멕시코	shrimp plant	
노랑새우풀	*Beloperone guttata* Brandegee var. *yellow queen* Hort.	멕시코 원산종의 변종	supur goldy, lollypops, goldhops	バキスタキス, キバナコエビソウ
크로산드라	*Crossandra infundibuliformis* (L.) Nees.	인도남부, 세일론	crossandra, fire cracker flower	ヘリトリオシベ
나나피토니아	*Fittonia verschaffeltii* E. Coëm. var. *argyroneura* Nichols. 'Nana'	콜롬비아, 페루	miniature fittonia, mosaic plant	シロアミメグサ
붉은줄무늬 피토니아	*Fittonia verschaffeltii* E. Coëm.	페루	fittonia, mosaic plant	ベニアミメグサ
큰잎피토니아	*Fittonia verschaffeltii* E. Coëm. var. *argyroneura* N.	남아메리카의 페루 원산종의 변종	fittonia	シロアミメグサ
만화풀	*Graptophylluk pictum* Grieff. (=*G. hortense*	뉴기니	caricature Plant	キンシボク

	Nees = *Justicia picta* L. = *J. nitida* Nees = *J. klotzschiana Hoffmsgg.*)			
동록초	*Hemigrophis altemata* (Bum. f.) T. Anderson 'Exotica'*(=H. colorata* (Blume) H.G.Hallier 'Exotica')	말레이제도, 뉴기니아	purple waffle plant, red ivy, red flame	レッドアイビー
히포에스테스 필로스타키아	*Hypoestes phyllostachya* (Van Houtte) Hook.	마다가스칼	hamingo plant, polka dot plant, freckle face, baby's tears, spotted dog	フィロスタキア
산호꽃	*Jacobinia carnea* Nichols. (*Justica carnea* Hook.)	아메리카	Brazillian plume, plume flower	サンゴバナ
주스티키아 브란데게아나	*Justicia brandegeana* Wassh. & L.B. Sm.	멕시코, 플로리다	shrimp plant, Mexican shrimp plant, false hop	ベロペロネ グッタータ (コエビソウ)
파키스타키스	*Pachystachys lutea*	페루	lollypops	パキスタキス ルテア
산케지아	*Sanchezia nobilis* Hook.	에콰도르	sanchezia	

쥐방울덩굴과_Aristolochiaceae

국명(한자명)	학명	원산지	영명	일명
등칡	*Aristolochia monshuriensis Kom.*	한국, 중국	Manchurian Dutch manspipe	キタチウマノスズ
개족도리	*Asarum maculatum* Nakai	한국(제주도, 완도)	Korean wild ginger	アツバカンアオイ
족도리	*Asarum sieboldii* Miq.	한국, 중국	wild ginger	ラスバサイシ

쥐손이풀과_Geraniaceae

국명(한자명)	학명	원산지	영명	일명
꽃쥐손이	*Geranium eriostemon* var. *megalanthum* Nak.	한국	cranesbill	ハナフウロ
둥근이질풀	*Geranium koreanum* Kom.	한국	Korean geranium	チョウセンフウロ
이질풀	*Geranium nepalense* ssp. *thunbergii* (S. et Z.) Hara	한국, 중국, 일본, 타이완, 쿠릴열도		ゲンノショウコ
쥐손이풀	*Geranium sibiricum* L.	한국	Siberian cranesbill	イチゲフウロ
펠라르고니움 도메스티쿰	*Pelargonium × domesticum*	원예품종		
제라니움	*Pelargonium × hortorum* L.H. Bailey	남아프리카원산종의 원예 교배종	bedding geranium, common fish geranium, house geranium, zonal geranium	ゼラニウム
펠라르고니움	*Pelargonium grandiflorum* (Andr.) Willd.(=*Gernium himalayense* Klotzsch)	터키, 인도, 티베트	cascade geranium	ペラルゴニウム
아이비제라니움	*Pelargonium peltatum* Jacq.	남아프리카의 희망봉	ivy geranium	シタバゼラニウム
아프리카 노랑나팔꽃	*Thunbergia gregorii* S.L. Moore	아프리카	African golden morning glory	ツンベルギア

지치과_Borraginaceae

국명(한자명)	학명	원산지	영명	일명
안츄사 아주라	*Anchusa azura* Miller	남부유럽, 시베리아, 북아프리카 원산종의 원예 품종	Italian bugloss	アンチューサ アズレア
헬리오트롭	*Heliotropium arborescence* L.	페루, 에콰도르	common heliotrope	ヘリオトロープ

물망초	*Myosotis sylvatica* Hoffm.	유럽, 아시아	garden forget me not	ワスレナグサ

진달래과_Ericaceae

국명(한자명)	학명	원산지	영명	일명
에리카	*Erica carnea* L.	유럽	spring heath	エリカ ヘルバケア
칼미아	*Kalmia latifolia* L.	북아메리카 동부	american laurel, calico bush, kalmia	アメリカシャクナゲ
루우코소에 카테스바에이	*Leucothoe catesbaei* A. Gray	미국(버지니아 주, 테네시 주, 조지아주)	drooping leucothoe	アメリカイワナンテン
마취목	*Pieris japonica* (Thunb.) D. Don ex G. Don	일본	Japanese andromeda, lily of the valley bush	アセビ
철쭉꽃나무	*Rhododendron schlippenbachii* Max.	한국, 중국, 내몽고	royal azalea, smile rosebay	クロフネツツジ
노랑만병초	*Rhododendron xanthostephanum* Merr.	한국, 일본, 중국		キバナシヤクナゲ
만병초	*Rhododendron brachycarpum* D. Don.	한국(지리산, 울릉도, 북부 지방), 일본	fauriei rosebat	シロバナショクナゲ
홍만병초	*Rhododendron fauriei* Fr.	한국(지리산, 울릉도, 북부 지방)		ハクサンシャクナゲ
왜철쭉	*Rhododendron indicum* Sweet	일본	Indica azalea	サツキ
홍철쭉	*Rhododendron japonicum* Sur.	일본		レンケツツジ
황철쭉	*Rhododendron japonicum* Sur. for. *flavum* Nakai	일본		キレンケツツジ
꼬리진달래	*Rhododendron micranthum* Turcz.	한국, 중국, 만주	Manchurian rhododendron	ホザキツツジ

눈철쭉	*Rhododendron mucronatum* G. Don	일본	snow azalea	ヒラトツツジ
흰진달래	*Rhododendron mucronulatum* Turcz. for. *albiflorum* T. Lee	한국	Korean white rose bay	シロバナゲゲンカイツツジ, シロバナゲンカイツツジ
진달래	*Rhododendron mucronulatum* Turcz.	한국, 중국, 일본	Korean rhododendron	カラムラサキツツジ
왜진달래	*Rhododendron obtusum* Planch	일본	Kirishima azalea	キリシマツツジ
왕자색철쭉	*Rhododendron oomurasaki* Makino	일본		オオムラサキ
아잘레아	*Rhododendron simsii* hybrids	부탄	azalea hybrids	アザレア
대만철쭉	*Rhododendron simsii* Planch.	중국, 대만	sims azalea	タイワンツツジ
참꽃나무	*Rhododendron weyrichii* Max.	한국(제주도, 전남, 경남)		オンツツジ
산철쭉	*Rhododendron yedoense* Maxim. var. *poukhanense* Nakai	한국	Korean azalea, false rosebay, Korean rosebay	チョウセンヤマツツジ
겹산철쭉	*Rhododendron yedoense* Maxim.	한국(경기도, 황해도, 평안도)	yodogawa azalea	ヨトガワツツジ
산앵두나무	*Vaccinium koreanum* Nakai	한국, 일본	huckleberry, blue berry	チョウセンウスノキ
들쭉나무	*Vaccinium uliginosum* L.	한국	bog bilberry	クロマメノキ
월귤	*Vaccinium vitis-idaea* L.	한국		コケモモ

차

차나무과_Theaceae

국명(한자명)	학명	원산지	영명	일명
동백나무	*Camellia japonica* L.	한국 남해안, 일본, 중국	common camellia	ツバキ,ヤブツバキ, ヤマツバキ
당동백나무	*Camellia reticulata* Lindl.	중국		トウツバキ
애기동백(산다화)	*Camellia sasanqua* Thunb.	일본, 한국	camellia sasanqua, sasanqua	サザンカ
빗죽이나무	*Cleyera japonica* Thunb.	한국(남부 도서 지방), 일본, 중국, 대만	Japanese cleyera	サカキ
우묵사스레피나무	*Eurya emarginata* (Thunb.) Makino	한국, 일본, 대만, 중국		
사스레피나무	*Eurya japonica* Thunb.	한국 남해안, 일본, 대만, 중국, 말레이시아, 인도		ヒサカキ
노각나무	*Stewartia koreana* Nakai	한국	Korean stewartia, Korean mountain camellia	コウライシャラノキ
후피향나무	*Ternstroemia japonica* Thunb.	한국, 일본, 대만, 중국, 보르네오, 필리핀	Japanese ternstroemia	モッコク
차나무	*Thea sinensis* L. (*Camellia sinensis* O. Kunze)	한국남해안, 일본, 중국	tea	チャ

참나무과_Fagaceae

국명(한자명)	학명	원산지	영명	일명
구실잣밤나무	*Castanopsis cuspidata* (Thunb.) Schottky var. *sieboldii* Nakai	한국남부(제주도), 일본, 하와이	Japanese chestnut tree	ヒマ

너도밤나무	*Fagus crenata* Blume var. *multinervis* T. Lee	한국(울릉도)	European beech	チョウセンブナ
홍가시나무	*Photinia glabra* (Thunb.) Max.	일본, 중국	Japanese photinia	アカメモチ
붉가시나무	*Quercus acuta* Thunb.	한국	Japanese evergreen oak	アカガシ
상수리나무	*Quercus acutissima* Carruth	한국, 일본, 중국, 인도, 대만	oriental chestnut	クヌギ
갈참나무	*Quercus aliena* Blume	한국, 일본, 중국	oriental white oak	ナラガシワ
종가시나무	*Quercus glauca* Thunb.	한국	ring-cupped oak, blue Japanese oak	アカガシ
가시나무	*Quercus myrsinaefolia* Bl.	한국(진도, 제주도), 일본(혼슈, 규슈), 중국 중남부의 산지		シラガシ

천남성과_Araceae

국명(한자명)	학명	원산지	영명	일명
창포	*Acorus calamus* L.	한국	sweet flag, calamus	ショウブ
석창포	*Acorus gramineus* Soland.	한국	grass leaved sweet flag, Japanese sweet flag, alpine yarrow	セキショウ
아글라오네마 코스타툼	*Aglaonema costatum* N.E. Br.	말레이시아, 말라카, 타이	spotted evergreen	アグラオネマ コスー タタム
알로카시아 아마조니카	*Alocasia amazonica* Andre	원예 교배종	giant caladium	アローカシア アマゾニカ
알로카시아 쿠프레아	*Alocasia cuprea* C. Koch	보르네오, 말레이시아	giant caladium	アロカーシア クープレア

알로카시아 오도라	*Alocasia odora* (Lodd.) Spach	인도 북동부, 중국, 필리핀, 일본, 대만		アろかーシア オドーラ
안수리움 안드레아넘	*Anthurium andreanum* Linden	콜롬비아	flamingo flower	アンスリウムアンド レアナム
안수리움 세르제리아넘	*Anthurium scherzerianum* Schott	코스타리카, 과테말라	common anthurium	アンスリウムシェル ツエリア
천남성	*Arisaema amurense* Max. var. *serratum* Nakai	한국, 만주	Jack in the pulpit	テンナンショウ
큰천남성	*Arisaema ringens* Schott	한국, 일본, 중국	putto Jack in the pulpit	ムサシアブミ
이탈리아 아룸	*Arum italicum Mill*	유럽, 북부 아프리카, 지중해 연안	Italian arum	
칼라디움	*Caladium bicolor* Vent.	남아메리카의 열대지방, 서인도제도, 브라질 안데스 산맥	caladium	カラジウム
칼라디움 훔보르티	*Caladium humboldtii* Schott	남부 베네수엘라, 브라질		ガラジウム
디펜바키아 아모에나	*Dieffenbachia amoena* Hort. et Bull.	콜롬비아, 코스타리카	dumb cane	エナ
디펜바키아 마쿨라타	*Dieffenbachia maculata* Schott	중앙아메리카, 남아메리카	dieffenbachia maculata	ディフェンバキアマク ラータ
스킨답서스	*Epipremnum aureum* Bunt.(*Scindapsus aureus* Engl.)	솔로몬군도	devil's ivy, golden pothos, pothos, taro vine	スキンダプサス, ポトス
호말로메나 월리시	*Homalomena wallisii* *Regel*	베네수엘라, 콜롬비아	Silver shield	ハルユキソウ
갈퀴몬스테라	*Monstera adansonii* (*Monstera pertusa* De Vriese)	기아나, 멕시코, 열대 아메리카	Mexican bread fruit	ヒメモンステラ
몬스테라	*Monstera deliciosa* Liebm.	멕시코, 중앙아메리카	Swiss cheese plant, window plant,	モンステラ

			cut leaf philodendron, geriman	
필로덴드론 비핀나티피덤	*Philodendron bippinnatifidum* Schott ex Endl.	브라질 중부, 남부		フィロデンドロン ビピンナティピイダ
필로덴드론 카니폴리움	*Philodendron cannifolium* Mart. ex Kunth	브라질 남동부, 기아나	flask philodendron	ホウイガズラ
필로덴드론 에루베스센스	*Philodendron erubescens* C. Koch & Augustin	콜롬비아	leaf philodendron	フィロデンドロン エルベスケンス
필로덴드론 구티페럼	*Philodendron guttiferum* Kunth	페루, 코스타리카, 콜롬비아		フィロデンドロン グツチフイルム
필로덴드론 임베	*Philodendron imbe* Schott ex Endl.	브라질	imbe	フィロデンドロン イムベ
필로덴드론 옥시카르디움	*Philodendron oxycardium* (Schott) Bunt. (*P. scandens* ssp. *oxycardium* (Schott) Bunt.)	서인도 제도, 자마이카, 중앙 아메리카	sweet heart vine, parlor ivy, heart leaved philodendron vine	ヒメカズラ
필로덴드론 셀로움	*Philodendron selloum* C. Koch.	브라질, 파라과이	lace tree philodendron	ヒトデガズラ
물상추	*Pistia stratiotes* L.	열대, 아열대	water lettuce, shellflower	ボタンウキクサ
라피도포라	*Raphidophora decursiva (Roxb.)* Schott.	동남아시아의 세일로, 인도지나, 남태평양 제도	tonga creeper	
스파티필럼 카니폴리움	*Spathiphyllum cannifolium* Schott	남아메리카 북부, 콜롬비아, 서인도, 기니아, 베네수엘라, 트리니다드	spathe flower	スパシフィルム カンニフォリ ウム
스파티필럼 파티니	*Spathiphyllum patinii* N.E. Br.	콜롬비아		ササウチワ

스파티필럼 왈리시	*Spathiphyllum wallisii* Regel	콜롬비아, 베네수엘라	white flag, peace lily	スパティフィルム ワーリシ
싱고니움	*Syngonium podophyllum* Schott	멕시코, 코스타리카	arrow head vine	シンゴニウム ポド フィルム
칼라	*Zantedeschia aethiopica* (L.) K. Spr.	남아프리카의 희망봉	common calla, lily of the Nile	オランダカイウ, カラー, バンカイウ
황색칼라 (노랑꽃칼라)	*Zantedeschia elliottiana* Engl.	아프리카 남부의 나탈, 케이프타운	yellow calla, golden calla	キバナカイウ

초롱꽃과_Campanulaceae

국명(한자명)	학명	원산지	영명	일명
도라지모싯대	*Adenophora grandiflora* Nakai	한국	grandifloral lady bell	キキョウシャジン
층층잔대	*Adenophora radiatifolia* Nakai	한국		ニオイシャジソ
모싯대	*Adenophora remotiflora* (Sieb. et Zucc.) Miq.	한국	remotiflorate lady bell	ソバナ
잔대	*Adenophora triphylla* var. *japonica* Hara	한국	Japanese lady bell	ツリガネニンジン
캄파눌라 후라길리스	*Campanula fragilis* Cyrillo	이탈리아 남부	Italian bell flower, star of Bethlehem	
흰꽃 루라길리스	*Campanula fragilis* Cyrillo 'Alba'	이탈리아		
자주꽃방망이	*Campanula glomerata* var. *dahurica* Fisch.	한국, 일본, 중국, 시베리아	clustered bellflower	ヤツシロソウ
캄파눌라 이소필라 알바	*Campanula isophylla* Moretti. '*Alba*'	이탈리아 북부, 알프스		

종꽃	*Campanula medium* L.	유럽 남부, 프랑스	canterbury bells, bell flower	フウリンソウ
캄파눌라 메디움 컵 엔드 소서	*Campanula medium* L. Cup and Saucer	남부 유럽 원산종의 원예 품종	canterbury bells	
초롱꽃	*Campanula punctata* Lamarck	한국, 동부 시베리아, 일본	bell flower	ホタルブクロ
섬초롱꽃	*Campanula takesimana* Nakai	한국		タケシマホタルブクロ
더덕	*Codonopsis lanceolata* Traut.	한국, 중국, 일본		ツルニンヅン, チイソブ
금강초롱	*Hanabusaya asiatica* Nakai	한국	Gumkang bluebell	ハナブサソウ
영아자	*Phyteuma japonicum* Miq.	한국, 일본, 중국 북동부, 시베리아 동부	horned rampion	シデシャジン
겹꽃 백도라지	*Platycodon grandiflorum* A. DC. for. *leucanthum* Hara	원예 품종		=重咲キキョウ
백도라지	*Platycodon grandiflorum* A. DC. for. *album* Makino	한국, 일본, 중국 원산종의 원예 품종	balloon flower, Chinese or Japanese bellflower	シロキキョウ
도라지	*Platycodon grandiflorum* A. DC.	한국, 중국, 일본	balloon flower, Chinese bell flower	キキョウ
겹꽃도라지	*Platycodon grandiflorum* A. DC. for. *violaceum* Makino	원예 품종		ムラサキフタエギギョウ
쉘 핑크 도라지	*Platycodon grandiflorum* A. DC. 'Shell Pink'	원예 품종		
마리에시 도라지	*Platycodon grandiflorum* A. DC. var. *mariesii* Hort.	한국, 일본, 중국 원산종의 원예 품종		

측백나무과_Cupressaceae

국명(한자명)	학명	원산지	영명	일명
캄마에시파리스 로소니아나 알보바리에가타	*Chamaecyparis lawsoniana* Parl. 'Albovariegata'	미국 서부 지역 원산종의 원예 품종		
캄마에시파리스 로소니아나 알루미	*Chamaecyparis lawsoniana* Parl. 'Allumii'	미국 서부 지역 원산종의 원예 품종	allumii lawsons cypress	
나나 그라실리스 편백	*Chamaecyparis obtusa* (Sieb. et Zucc.) Endl. 'Nana Gracilis'	원예품종	dwarf hinoki cypress	
편백	*Chamaecyparis obtusa* (Sieb. et Zucc.) Endl.	일본	hinoki false cypress, hinoki cypress	ヒノキ
화백 블루바드	*Chamaecyparis pisifera* (S. et Z.) Endl. 'Boulevard'	미국원예 품종		
화백	*Chamaecyparis pisifera* (Sieb. et Zucc.) End1.	일본	sawara cypress, sawara false cypress	サワラ
실화백	*Chamaecyparis pisifera* var. *filifera* Beissn. et Hochst.	일본 원산종의 원예 품종	moss sawara cypress	ヒヨクヒバ
쿠프레서스	*Cupressus macrocarpa* Hartweg	캘리포니아	Monterey cypress	
향나무	*Juniperus chinensis* L.	한국, 중국, 희말라야, 일본	Chinese juniper	イブキ
황금 향나무	*Juniperus chinensis* L. 'Aurea'	원예품종		
눈향나무	*Juniperus chinensis* L. var. *sargentii* Henry	한국 고산지대	sargentii juniper	ミヤマビャクシン
섬향나무	*Juniperus chinensis* L. var. *procumbens*(Seib.)Endl	한국 남해안, 일본	procumbens juniper	ハイビャクシン

둥근 향나무(옥향)	*Juniperus chinensis* L. var. *globosa* Hornibr.	한국, 일본	globe Chinensis juniper	タマイブキ
가이즈가향나무	*Juniperus chinensis* L. var. *kaizuka* Hort.	일본	holleywood juniper	カイヅカイブキ
펜슬포인트 미국향나무	*Juniperus communis* L. 'Pencil Point'	북아메리카, 유럽~북아시아, 북아프리카	pencil point juniperus	
노랑 무늬 단천향나무	*Juniperus davurica* Pall. 'Expansa Aureospicata'	한국 함경도 원산종의 원예품종		
필리시누스 미니무스 눈향나무	*Juniperus horizontalis* Moench 'Filicinus Minimus'	북아메리카 원산종의 품종	creeping juniper	
서양눈향나무	*Juniperus horizontalis* Moench	북아메리카	creeping juniper, savin juniper, creeping cedar	アメリカハイネズ
노간주나무	*Juniperus rigida* Sieb. et Zucc.	한국, 일본, 중국	needle juniper	ネズ
스카이 로켓	*Juniperus Scopulorum* Sarg. 'Skyroket'	콜롬비아~캘리포니아		
블루 스타 둥근 향나무	*Juniperus squamata* (Lamb.) Buchanan et Hamiton 'Blue Star'	히말라야, 중국서부와 중부, 대만 원산종의 원예품종		
쿠프레씨폴리아 향나무	*Juniperus virginina* L. 'cupressifolia'	북아메리카 동부 원산종의 원예 품종		
버지니아 스카이 로켓트	*Juniperus virginina* L. 'Sky roket'	북아메리카 동부 로키산맥 동측 허드슨만 ~뉴멕시코, 텍사스, 플로리다		
황금 서양측백	*Thuja occidentalis* L. 'Aureo'	북아메리카 원산종의 원예품종		

서양측백	*Thuja occidentalis* L.	북아메리카	American arborvitae, northern whiteceder	ニオイヒバ
측백나무	*Thuja orientalis* L.	한국, 중국	oriental arborvitae	コノテガシワ
황금 둥근 측백나무	*Thuja orientalis* L. 'Aurea Nana'	원예 품종		
주니페로이데스 측백나무	*Thuja orientalis* L. 'Juniperoides'	한국, 중국 서부 · 북부		
둥근 측백	*Thuja orientalis* L. for. *sieboldii* Rehder	한국, 중국	Thuja oriental	
나한백	*Thujopsis dolabrata* Sieb. et Zucc.	일본	hiba false arbovitae	アスナロ

층층나무과_Cornaceae

국명(한자명)	학명	원산지	영명	일명
무늬 식나무	*Aucuba japonica* Thunb. var. *variegata* Regel	한국 남해안, 일본 원산종의 원예품종	variegated aucuba	ナカフアオキ
바이컬러 식나무	*Aucuba japonica* Thunb. var. *bicolor* Carr.	한국 남해안, 일본 원산종의 변종		アオキ
별얼룩 무늬 식나무	*Aucuba japonica* Thunb. var. *variegata* 'Crotonifolia'	한국 남해안, 일본 원산 종의 원예품종	gold dust tree	フイリアオキ
식나무	*Aucuba japonica* Thunb.	한국, 일본, 중국, 대만	Japanese aucuba	アオキ, アオキベ
흰말채나무	*Cornus alba* L.	한국 북부, 시베리아, 중국 북부	Siberian dog wood, Tatarian dogwood	シロミノミズキ
풀산딸나무	*Cornus canadensis* L.	한국, 일본,		ゴビソタチベチ

		만주, 캐나다, 아무르, 간도, 사할린		
층층나무	*Cornus controversa* Hemsl.	한국, 일본	giant dogwood	ミズキ
미국산딸나무	*Cornus florida* L.	북아메리카	flowering dogwood	ハナミズキ
산딸나무	*Cornus kousa* Buerger	한국, 일본, 중국	kousa dogwood	ヤマボウシ
양산수유	*Cornus mas* L.	중앙아시아, 유럽남부, 중부, 코카사스, 아르메니아	cornelian cherry	セイヨウサンシュユ
산수유	*Cornus officinalis* Sieb. et Zucc.	한국, 중국	Japanese cornel dogwood	サンシュユ
서양말채나무	*Cornus stolonifera* Michx.	북아메리카	red osier dogwood	アメリカミズキ
노랑서양말채나무	*Cornus stolonifera* Michx. 'Flaviramea'	북아메리카	yellow stem dogwood	
말채나무	*Cornus walteri* Wanger.	한국, 중국	Korean dogwood	チョセンミズキ

칠엽수과_Hippocastanaceae

국명(한자명)	학명	원산지	영명	일명
붉은꽃칠엽수	*Aesculus carnea* Hayne	원예교배종	red horse chestnut	ベニバナトチノキ
마로니에	*Aesculus hippocastanum* L.	그리스, 불가리아, 알바니아	marronnier	ウマグリ, セイヨウトチノキ
칠엽수	*Aesculus turbinata* Blume	일본	Japanese horse chestnut	トチノキ

카

캥거루발톱과_Hippocastanaceae

국명(한자명)	학명	원산지	영명	일명
아니고잔사스	*Anigozanthos* Labill.	호주	kangaroo paw	アニゴザンサス

콩과_Leguminosae

국명(한자명)	학명	원산지	영명	일명
왕자귀나무	*Albizzia coreana* Nakai	한국, 중국, 일본, 인도		チョウセンネムノキ
자귀나무	*Albizzia julibrissin* Durazz.	한국, 중국, 일본, 동남아시아	silk tree, mimosa tree	ネムノキ
족제비 싸리	*Amorpha fruticosa* L.	북아메리카, 멕시코	indigo bush amorpah, false indigo, indigo bush	クロベナェンジュ

땅콩	*Arachis hypogaea* L.	중남 아메리카, 브라질	peanut, ground nut, earth nut	ラシカセイ, ナンキンマメ, ピ―ナツ
자운영	*Astragalus sinicus* L.	중국	Chinese milk vetch	レンゲソウ,ゲンゲ
골담초	*Caragana sinica* (Buchoz) Rehder	중국	Mongolian pea shrub	ムレスズメ
카시아 토멘토사	*Cassia tomentosa* L. f.	멕시코, 칠레, 인도, 과테말라	wooly senna	
박태기나무	*Cercis chinensis* Bunge	유럽중남부	Chinese red bud	ハナズオウ
흰 박태기나무	*Cercis chinensis* Bunge 'Alba'	중국		
클라안더스 푸니케우스	*Clianthus puniceus* (G.Don) Soland. ex Lindl.	뉴질랜드	red Kowhai, parrot's bill, red parrot beak	
접두화	*Clitoria ternated* L.	자바, 파나마, 인도, 몰루카	slender twiner butterfly pea	チヨウマメ
왜성 노랑 콩꽃	*Cytisus racemosus* Hort. ex Marnock	카나리아 섬		ワイ性黃花, エニシダ
금작화	*Cytisus scoparius* (L.) Link var. *andreanus* Dipp.	중남부 유럽	paradise broom	アカバナエニツダ, ホオベニエニツダ
편두	*Dolichos lablab* L.	아시아 열대 지방~열대 아프리카	hyacinth bean, labla bean	フヅマメ, インケンマメ
개느삼	*Echinosophora koreensis* Nakai	한국		イメクララ
콤팩타 홍두화	*Erythrina crista-galli* L. var. *compacta* Bull	브라질	coral tree	アメリカデイコ
홍두화	*Erythrina crista-galli* L.	브라질, 아르헨티나	coraltree, cockspur coral tree	アメリカデイコ
무늬 에리스리나	*Erythrina indica* Lam. var. *parcellii* Hort.	인도, 말레이시아		フイリテイコ

덩굴보라 콩꽃	*Hardenbergia violacea* Stearn.	오스트레일리아	happy wander, purple coral pea	ヒトツバマメ
땅비싸리	*Indigofera kirilowii* Max. ex Palib	한국, 중국		チョウセンニワフジ
스콧치 금사슬	*Laburnum alpinum* Griseb.	유럽 남동부	scotch laburnum	
금사슬나무	*Laburnum anagyroides* Medic.	지중해	golden chain tree, golden rain tree	キングサリ
스위트피	*Lathyrus odoratus* L.	지중해	sweet pea	スイートピー
산싸리	*Lespedeza bicolor* Turcz. var. *japonica* Nakai	한국, 일본		ハギ,ヤマハギ
참싸리	*Lespedeza cyrtobotrya* Miq.	한국, 일본, 중국		ミヤマハギ
호비수리	*Lespedeza davrica* Schindl.	한국, 일본, 타이완, 중국, 몽골, 아무르, 다후리아, 동시베리아	Manchurian bush lover	オオバメドハギ
흰꽃 산싸리	*Lespedeza japonica* Ball. var. *albiflora* Nakai	한국, 일본		シロバナハギ
해변싸리	*Lespedeza maritama* Nakai	한국	beach bush clover	ハマハギ
브라질 자귀나무	*Leucaena glauca* (L.) Benth.	열대 아메리카, 브라질, 필리핀	white popinac	ギンゴウカン
벌노랑이	*Lotus corniculatus* var. *japonicus* Regel	한국, 중국, 일본, 대만, 히말라야	double birds foot trefoil	ミヤコグサ
푸른꽃 루피너스	*Lupinus hirsutus* L.	유럽남부	blue lupine	カサバルピナス, ケノボリフヅ
루피너스 러셀	*Lupinus hybrid* 'Russell'	원예품종		ラシセル ルピナス
루피너스	*Lupinus hybrida* Hort.	북아메리카	lupine	ルピナス
알팔파	*Medicago sativa* L.	유럽, 지중해 연안	alfalfa, lucerne	ムラサキウマゴヤシ

미모사(신경초)	*Mimosa pudica* L.	브라질, 페루	sensitive plant, humble plant	オジギソウ, ネムリグサ
붉은 강낭콩	*Phaseolus multiflorus* (Wild.) Lam.	열대 아메리카	scarlet runner bean, flowering bean	ベニベナインゲン, アカハナマメ
덩굴 강낭콩	*Phaseolus vulgaris* L.	중남 아메리카	kidney bean, wax bean	インゲン
칡	*Pueraria hirsuta* Matsumura	한국, 중국, 대만, 우수리	kudzu vine, kudzu	クズ
꽃아까시아	*Robinia hispida* L.	미국동남부, 북아메리카	mossy locust, rose acacia	ハナエンジュ
아까시나무	*Robinia pseudo-acacia* L.	북아메리카	locust	ニセアカシア
회화나무	*Sophora japonica* L.	중국	Chinese scholar tree, Japanese pagoda tree	エンジュ
붉은토끼풀	*Trifolium pratense* L.	유럽	red clover	アカツメクサ
토끼풀(클로버)	*Trifolium repens* L.	유럽	white clover	シロツメクサ
백등나무	*Wisteria brachybotrys* Sieb. et Zucc. f. *alba* Hurusawa	일본서부		シラフジ, カピダン
등나무	*Wisteria floribunda* DC.	한국, 일본, 중국	Japanese wisteria	フジ, ノダフジ
자색 겹꽃	Wisteria floribunda DC. forma *violaceo-plena* (Bailey) Rehd et Wils.	원예품종	double wisteria	ヤエフジ

타

택사과_Alismataceae

국명(한자명)	학명	원산지	영명	일명
택사	*Alisma canaliculatum* A. Br. et Bouche	한국, 일본, 중국		ヘラオモダカ
질경이택사	*Alisma plantago-aquatica* L. var. *orientale* Samuels.	한국, 일본, 중국, 몽고, 소련, 인도 북부		サジオモダカ
자고	*Sagittaria sogittifolia* L.	유럽, 아시아	old world arrowhead, swamp potato, swan potato	
벗풀	*Sagittaria trifolia* L.	한국, 중국, 일본, 대만, 시베리아, 인도, 아프가니스탄, 이란		オモダカ

통발과_Lentibulariaceae

국명(한자명)	학명	원산지	영명	일명
핀구이쿨라 코우다타	*Pinguicula caudata* Schlecht.	멕시코 고원지대	tailed butter wort	アシナガムシトリスミレ
벌레잡이제비꽃	*Pinguicula vulgaris* var. *macroceras* Herd.	북아메리카, 유라시아		ムシトリスミレ

파

파인애플과_Bromeliaceae

국명(한자명)	학명	원산지	영명	일명
아브로메이티엘라 클로란다	*Abromeitiella chlorantha* Mez.	아르헨티나 서북부		
솔방울아나나스	*Acanthostachys strobilacea* Klotzsch	브라질 남부, 파라과이, 아르헨티나	pine corn bromeliad	マツカサアナナス
에크메아 칼리큘라타	*Aechmea calyculata* Bak.	아르헨티나, 브라질	vase plant	
에크메아 카우다타 바리에가타	*Aechmea caudata* Lindim. var. *variegata* Hort.	브라질 원산종의 원예변종		
에크메아 챤티니	*Aechmea chantinii* Baker	콜롬비아, 페루, 베네수엘라	amazonia zebra plant	エクメア チャンティニイ
에크메아 파시아타	*Aechmea fasciata* Baker	브라질 서부	silver vase	エクメア ファッシアータ
에크메아 파시아타 마르기나타	*Aechmea fasciata* Baker var. *marginata* Hort.	브라질 원산종의 변종	margined vase	
에크메아 파시아타 바리에가타	*Aechmea fasciata* Baker var. *variegata* Hort.	브라질 원산종의 변종	variegated silver vase	
산호아나나스	*Aechmea fulgens* Brongn.	원예교배종	coral berry	サンゴアナナス
에크메아 플겐즈 디스컬러	*Aechmea fulgens* Brongn. var. *discolor* Brongn	브라질	coral berry	ウラベニサソゴアナナス
에크메아 마그니피센트	*Aechmea fulgens discolor* 'Magnificent'	원예 교배종		
에크메아 마모라타	*Aechmea marmorata* Mez.	브라질 남부	grecian	エクメーアマルモラー
에크메아 메르텐시	*Aechmea mertensii* Schult	남아메리카	patriotic plant	
에크메아 오르란디아나	*Aechmea orlandiana* L B. Smith	브라질	finger of god	オルラソテイアナ
에크메아	*Aechmea recurvata* L. B	브라질,		トックリ

레쿠르바타	Smith	우르과이		アチチス
에크메아 스파에로케팔라	*Aechmea sphaerocephala* Baker	브라질	canary island aechmea	
에크메아 틸란드시오이데스	*Aechmea tillandsioides* Baker	멕시코, 브라질, 콜롬비아		
아나나스 스트리아투스	*Ananas bracteatus* Schult. var. *striatus* M.B. Foster	브라질	variegated red pineapple	
파인애플	*Ananas comosus* Merr.	열대 아메리카	pineapple	パイナップル
스무스 카이엔느 파인애플	*Ananas comosus* Memill 'Smooth Cayenne'	열대 아메리카	pineapples	ペイナップル
아나나스 코모수스 바리에가타	*Ananas comosus* Memill var. *variegata* M. B. Foster	열대아메리카 원산종의 원예품종	variegated pineapple	フイリペイナップル
빌베르기아 무리엘 워터맨	*Billbergia* 'Muriel Waterman'	브라질 원산종의 교배품종	muriel waterman	
빌베르기아 디스타키아	*Billbergia distachia* Mez.	브라질		
빌베르기아 유페미에	*Billbergia euphemioe* E. Morr	브라질 남부		
빌베르기아 누탄스	*Billbergia nutans* Wendl.	남부 브라질, 우루과이, 아르헨티나	friendship plant, queen's tears, indoor oats	ヨウラクツツアナナス
빌베르기아 피라미달리스	*Billbergia pyramidalis* Lindl.	브라질	summer torch	ベニフデツツアナナス
빌베르기아 피라미달리스 바리에가타	*Billbergia pyramidalis* Lindley var. *variegata* Hort.	브라질 원산종의 변종		
빌베르기아 피라미달리스 스트리아타	*Billbergia pyramidalis* Lindl. var. *striata* M.B. Foster	브라질 원산종의 원예품종	striped urn plant	
빌베르기아 피라미달리스 콘컬러	*Billbergia pyramidalis* Lindl. var. *concolor* L.B. Smith	브라질	summer torch	ベニフデッッアナナス

빌베르기아 비다타	*Billbergia vittata* Brongn	브라질		
브로멜리아 발란새	*Bromelia balansae* Mez.	브라질, 아르헨티나, 파라과이	heart of flame	バランセー
카니스트룸 포스테리아눔	*Canistrum fosterionum* L.B. Smith	브라질		
청엽 크리프탄서스	*Cryptanthus acaulis* Beer	브라질	star fish plant	ヒメアナナス
크립탄서스	*Cryptanthus acaulis* (Lindl.) Beer	브라질	earth stars, starfish plant	ヒメアナナス
루베르 크리프탄서스	*Cryptanthus acaulis* Beer var. *ruber* Hort. ex Beer	브라질		ムラサキ ヒメ アナナス
크리프탄서스 베우케리	*Cryptanthus beuckeri* E. Morr.	브라질 남부	marbled spoon	ヘフヒメアメアチチス
크리프탄서스 비비타투스 마이놀	*Cryptanthus bivittatus* Rgl. 'Minor'	브라질	dwarf rose stripe star	ビロートヒメアナナス
삼색 크리프탄서스	*Cryptanthus bromelioides* Otto et Dietr. var. *tricolor* M. B. Foster	브라질 원산 종의 원예품종	rainbow star	フイリナガベヒメアナナス
크리프탄서스 브로메리오이데스	*Cryptanthus bromelioides* Otto et Dietr.	브라질		ナガベヒメアナナス
크리프탄서스 라케르다에	*Cryptanthus lacerdae* Ant.	기아나	silver star	
크리프탄서스 조나투스 문리버	*Cryptanthus zonatus* Beer. 'Moon River'	브라질	Zebra plant	トラフヒメアナナス
디키아 브레비폴리아	*Dyckia brevifolia* Baker	남부 브라질	pineapple dyckia, miniature agave	シマ ケソザソ
대형호검산	*Dyckia frigida* Hook. f.	브라질		オオカタ シマ ケソザソ
구즈마니아 마그니피카	*Guzmania* × *magnifica*	원예 교배종	scarlet star	グズマニア マグニフイカ
구즈마니아	*Guzmania dissitiflora*	콜롬비아		

디씨플로라	L.B. Smith			
구즈마니아 링굴라타 미놀	*Guzmania lingulata* 'Minor'	콜롬비아, 에콰도르, 니카라과		
구즈마니아 링굴라타 카르디날리	*Guzmania lingulata* Mez var. *cardinalis* Andre	중남미	scarlet star	グズマニア カルデイナリ
구즈마니아 모노스타기아	*Guzmania monostachia* L	플로리다 남부, 브라질	striped torch	
구즈마니아 무사이카	*Guzmania musaica* Mez	콜롬비아	mosaic vase	グズマニア ムサイカ
구즈마니아 비타타	*Guzmania vittata* Mez	원예 교배종	snake vase	
구즈마니아 자아니이	*Guzmania zahnii* Mez	콜롬비아, 파나마	pencil stripe, ribbon plant	グズマニア ザーニー
구즈마니아 자니	*Guzmania zahnii* (Hook. f.) Mez.	콜롬비아, 파나마	pencil stripe, ribbon plant	グズマニア ザーニー
구즈마니아	*Guzumania monostachia* L.	플로리다 남부, 브라질	striped torch	グズマニア モノスターキア
헤크티아 메지니아나	*Hechtia meziniana* L.B. Smith	멕시코		
네오레겔리아 록스리안스	*Neoregelia* 'Luxurians'	원예 교배종		
네오레겔리아 암플라케아	*Neoregelia ampullacea* L.B. Smith	브라질	flask like neoregelia	
네오레겔리아 카로리나에	*Neoregelia carolinae* L.B. Smith	브라질	blushing bromeliard	ネオレグリア カロリーナ
네오레겔리아 트리컬러	*Neoregelia carolinae* L.B. Smith var. *tricolor* M.B.	브라질 원산종의 변종	striped blushing	ネオレグリア カロリーナ トリカラー
네오레겔리아 스펙타빌리스	*Neoregelia spectabilis* L.B. Smith	브라질	fingernail plant	ツマベニアナナス
네오레게리아	*Neoregeria spectabilis* L.B. Sm.	브라질	fingernail Plant	ツマベリアナナス

니두라리움 픽툼	*Nidularium fulgens* Lem. 'pictum'	브라질 남부 원산종의 원예품종		
니두라리움 풀루겐스	*Nidularium fulgens* Lem.	브라질, 동남부	blushing bromeliad	ニズラリウム フルグソス
니두라리움 이노센티	*Nidularium innocentii* Lem.	브라질 동남부		
줄무늬 니두라리움	*Nidularium innocentii* Lem. var. *striatum* Wittm.	브라질	striped birdsnest	
니두리아움 이노센티 린네아툼	*Nidularium innocentii* Lem. var. *lineatum* L.B. Smith	동남 브라질 원산종의 변종	lined birdnest	
니둘라리움 인노센티	*Nidularium innocentii* Lem.	브라질, 동남부		ニズラリユム インノセンチイ
니두리아움 레겔리오이데스	*Nidularium regelioides* Ule	브라질		
오르소피툼 나비오이데스	*Orthophytum navioides* L.B. Smith	브라질		
피트카이르니아 무스코사	*Pitcairnia muscosa* Mart.	브라질	pitcairnia	ケイビアナナス
푸아 알페스트리스	*Puya alpestris* Gay	칠레		
퀘스넬리아 테스투도	*Quesnelia testudo* Lindm.	브라질	tuttle head bromeliad	
틸란드시아 플라벨라타	*Tillandsia flabellata*	과테말라, 멕시코, 엘살바도르	red fan	
틸란드시아 베르게리	*Tillandsia bergeri* Mez	아르헨티나, 우르과이		
틸란드시아 캐프트 메두사	*Tillandsia caput medusae* E. Morr	멕시코, 쿠바	medusa's head	
틸란드시아 키아네아	*Tillandsia cyanea* Linda ex C. Koch	에콰도르, 페루	pink quill	チラソデツア キアネア
틸란드시아 키아네아	*Tillandsia cyanea* Linden ex C. Koch	에콰도르, 페루	pink quill	チランジア シアネア

틸란드시아 플라벨라타	*Tillandsia flabellata* Baker	멕시코, 과테말라, 엘살바도르	red fan	
틸란드시아 이오난사	*Tillandsia ionantha* Planch	중앙멕시코, 유카탄 반도	blushing bride, sky plant	
틸란드시아 이오난사	*Tillandsia ionantha* Planch.	중앙멕시코, 유카탄 반도	sky plant, blushing bride	
틸란드시아 레이볼디아나	*Tillandsia leiboldiana* Schlecht	남부멕시코, 과테말라		
틸란드시아 린데니아나	*Tillandsia lindeniana* Regel	페루		
수염 틸란드시아	*Tillandsia usneoides* L.	미국남동부, 중부, 아르헨티나 중부	Spanish Moss	サルオガゼモトキ
브레에세아 페네스트랄리스	*Vriesea fenestralis* Linden et André	브라질 동남부	netted vriesea	
브리세아	*Vriesea fenestralis* Linden et Andre.	브라질 동남부	netted vriesea	フリーシア フェネ
브레에세아 포스테리아나 레드 체스넛트	*Vriesea fosteriana* L.B. Smith 'Red Chestnut'	브라질 동남부	red chestnut	
브레에세아 클루티노사	*Vriesea gluttinosa* Wawra	브라질 동남부, 트리니다드		
브레에세아 히에로글리피카	*Vriesea hieroglyphica* E. Morr	브라질 동남부	king of bromeliads, bromeliad king	
잉꼬 아나나스	*Vriesea mariae* André	브라질 원산종의 원예품종	painted feather	
잉꼬아나나스	*Vriesea mariae* Andre. (*Vriesia carinata* W.)	브라질 원산종의 원예품종	painted feather	インコアナナス
브리에세아 포엘마니	*Vriesea poelmannii* Hort.	남아메리카 원산종의 교배종		オオイソュ アナナス, エグサキ アナナス
카리나타 잉꼬	*Vriesea psittacina* Lindl.	브라질	lobster claws	イソュ アナナス

아나나스				
브리세아 스프렌덴스	*Vriesea splendens* Lem.	기아나, 브라질	flaming sword	トラフアナナス
브레에세아 스프렌덴스	*Vriesea splendens* Lem.	기아나, 브라질	flaming sword	トラフ アナナス
브레에세아 테셀라타	*Vriesea tessellata* E. Morr.	브라질 동남부		ヴイレシア テセラタ

파초과_Musaceae

국명(한자명)	학명	원산지	영명	일명
헬리코니아 안구스티폴리아	*Heliconia angustifolia* Hook	브라질		
헬리코니아 아우란티아카	*Heliconia aurantiaca* Ghiesb. ex Lem.	멕시코 중남부	gold stripe heliconia	ヘリコニア アウラン ティアカ
헬리코니아 일러스트리스 아우레오 스트리아타	*Heliconia illustris* Ball. ex M. T. Mast. Hort. 'Aureo Striata'	남태평양제도 원산종의 원예품종		
헬리코니아 라티스파사	*Heliconia latispatha* Benth	콜롬비아, 베네수엘라, 파나마, 과테말라, 남부멕시코		
헬리코니아 메탈리카	*Heliconia metallica* Planch & Linden ex Hook	콜롬비아 (산타마르타)		
헬리코니아 리조마토사	*Heliconia psittacorum* L. var. *rhizomatosa* Hort.(=*H. psittacorum* 'Rhizomatosa')	서인도 제도, 남 브라질, 중남 아메리카의 원예품종		
헬리코니아 로스트라타	*Heliconia rostrata* Ruiz. et Pav.	페루, 하와이, 아르헨티나	hanging lobster claws	
무사 아쿠미나타	*Musa acuminata* Colla (=*Musa cavendishii*	아프리카, 인도, 필리핀	edible banana	バショウ アクミナタ

	Lamb. ex Paxt. =*Musa chinensis* Sweet.)			
제브리나 파초	*Musa acuminata* Colla (=*M. cavendishii* Lamb. ex Paxt.=*M. chinensis* Sweet.=*M. zebrina* Van Houtte ex Planch.)	열대 아시아	edible banana	トラフベショウ
파초	*Musa basjoo* Sieb. et Zucc.	일본 남부, 중국 남부	Japanese banana	バショウ
꽃바나나	*Musa coccinea* Andr. (=*M. uranoscopos* Lour.)	중국 남부, 인도지나 반도, 베트남	flowering banana	ヒメベショウ, ゼヅンシジョウ
삼척바나나	*Musa nana* Lour. var. *cavendishii* Lambert (=Musa *sinensis* Sweet =*M. cavendishii* Lambert =*Musa acuminata* Colla 'Dwarf Cavendish')	중국 난부, 히말라야, 네팔	Chinese dwarf, dwarf banana, dwarf caven dish, dwarf Jamaica	サソツヤクバナナ
무늬 삼척바나나	*Musa nana* Lour. var. *variegata* Hort.	중국 남부, 히말라야, 네팔 원산종의 변종	dwarf Chinese banana	フイリサンヅヤクバナナ
바나나	*Musa paradisiaca* L.	인도, 세일론, 말레이시아	banana	バナナ
무사 벨루티나	*Musa velutina* Wendl. et. Drude	인도	velvet banana	
부채파초	*Ravenala madagascariensis* (Sonn.) Gmel.	마다가스카르	traveler's tree, ravenala, traver's parm, traver's fan	タビビトノキ
큰 파초	*Strelitzia augusta* Thunb. (=*Heliconia alba* L. =*S. gigantea* Kem. =S. *alba* L)	케이프타운, 나탈	great white strelitzia	オオギベショウモドキ, オーガスタ
큰 극락조화	*Strelitzia* nicolaii Regel Kőm	남아프리카	giant bird of paradise, bird of paradise tree	ルリゴクラクチョウカ

극락조화	*Strelitzia reginae* (Banks)Alt.	남아프리카의 케이프타운, 희망봉	bird of paradise flower	ゴクラクチョウカ

파키라과_Bombacaceae

국명(한자명)	학명	원산지	영명	일명
파키라	*Pachira aquatica* Aubl.	남아메리카, 서인도제도, 멕시코	guiana chestnut	パキラ

판다누스과_Pandanaceae

국명(한자명)	학명	원산지	영명	일명
판다누스 보니넨시스	*Pandanus boninesis* Warb.	일본 (소립원도)	screw pine	タユノキ
판다누스 산데리	*Pandanus sanderii* Hort.	인도네시아, 솔로몬 군도		キフタユノキ
대만 판다누스	*Pandanus tectoris* Sol. (=*P. odorotus* Salisb. =*P. verus* Pumph. =*P. tectoris* Porkinson var. *liukiuensis* Warb.)	남아시아, 폴리네시아, 열대 오스트레일리아, 인도양, 태평양 제도, 일본, 대만	pandanus parm, thatch, screw pine	アダソ, エラソ, リソトウ
판다누스 우틸리스	*Pandanus utilis* Bory	마다가스카르	common screw pine	ビヨウタコノキ
무늬판다누스	*Pandanus veitchii* Hort. Veitch ex M.T. Mast. & T. Moore	폴리네시아	variegated screw pine, veitchs screwpine	シマタコノキ

팥꽃나무과_Thymelaeaceae

국명(한자명)	학명	원산지	영명	일명

팥꽃나무	*Daphne genkwa* Sieb. et Zucc.	한국, 중국, 대만	lilac daphne	チョウジザクラ
서향	*Daphne odora* Thunb.	중국	winter daphne	ジンチョウゲ
무늬 서향	*Daphne odora* Thunb. var. *marginata* Makino	중국	variegated daphne	フクリンチョウゲ
백화 서향	*Daphne odora* Thunb.var. *leucantha* Makino	중국		ツロバナジンチョユウゲ
삼지닥나무	*Edgeworthia papyrifera* Sieb. et Zucc. *(=E. chrysantha Lindl.* = *E. tomentosa* Nakai)	한국, 중국, 히말라야	paper Bush, mitsumata	ミツマタ
피뿌리풀	*Stellera rosea* Nakai (=S. chamaejasme L.)	한국, 중국, 몽골, 시베리아 동부		ベニバナイモガンピ

포도과_Vitaceae

국명(한자명)	학명	원산지	영명	일명
개머루(蛇葡萄, 山葡萄, 見毒k消)	*Ampelopsis brevipedunculata* (Maxim.) Trautv. var. *heterophylla* (Thunb.) Hara	한국, 중국, 일본		ノブドウ
자주개머루	*Ampelopsis brevipedunculata* Trautv. 'Elegans'	한국, 일본, 만주 원산종의 원예품종		ニシキノブドウ
아마존담쟁이	*Cissus amazonica* Linden(*Cissus amazonas*)	브라질		
호주 담쟁이덩굴	*Cissus antarctica* Vent.(*Vitis antarctica* (Venten) Benth.)	오스트레일리아 (뉴사우스 웨일스, 퀸즐랜드)	kangaroo vine	シッサスアンタルグティカ
청자갈 (넝쿨씨서스)	*Cissus discolor* Blume	자바, 캄보디아	begonia treevine, rex begonia vine, trailing begonia	セイシカズラ

포도옹	*Cissus juttae* Dinter. et Gilg ex & M. Brandt.	서남 아프리카		ブトウガメ
멕시코담쟁이	*Cissus rhombifolia* Vahl(= *Vitis rhombifolia* Baker)	멕시코~콜롬비아, 브라질, 서인도제도	Venezuela treevine, grape ivy	シッサスロンビフォリア
엘렌다니카 담쟁이덩굴	*Cissus rhombifolia* Vahl 'Ellen Danica'	서인도제도(원예품종)	grape ivy 'Ellen danica'	グレープアイビー エレン タニガ
미국담쟁이덩굴	*Parthenocissus quinquefolia* (L.)Planch.(=*Ampelopsis quinquefolia* (L.)Michx. = *Vitis quinquefolia*(L.) Lam.)	뉴잉글랜드, 플로리다, 멕시코, 북아메리카 동부, 텍사스	ture Virginia creeper, woodbine, five leaved ivy, Virginia creeper American ivy	アメリカヅタ
담쟁이덩굴 (常春藤, 爬山虎, 地錦)	*Parthenocissus tricuspidata* (Sib. et Zucc.) Planch. (=*Ampelopsis tricuspidata* Sieb. et Zucc)	한국, 중국, 일본	Japanese ivy, Boston ivy	ツタ, ナツヅタ, コウヨヅタアマヅラ
케이프 그레이프	*Vitis capensis* Burm. f. (=*Rhoicissus capensis* (Burm.f.) Planch. = *Cissus capensis* (Burm. f.) Willd.)	남아프리카	cape grape, evergreen grape vine	
캠벨어얼리 포도	*Vitis vinifera* L. 'Campbell Early'	미국	campbell early	キヤンベルアーリー

풍접초과_Caparidaceae

국명(한자명)	학명	원산지	영명	일명
풍접초(羊角菜, 白花菜, 醉蝶花, 西洋白花菜)	*Cleome spinosa* Jacq. (=Cleome pungens Willd.)	열대아메리카의 서인도 제도, 멕시코 남부, 베네수엘라	spider flower, giant spider	セイョウフウチョウソウ, クレオメソウ
클레오메 헬렌 캠프벨	*Cleome spinosa* L. 'Helen Campbel	열대아메리카원산종의 원예품종		

프로테아과_Proteaceae

국명(한자명)	학명	원산지	영명	일명
우의목(羽衣木)	*Grevillea robusta* A. Cunn.	오스트레일리아(퀸즐랜드, 뉴사우스웨일즈, 빅토리아)	silk oak, silk oak tree	シノブノキ, ハゴロモノキ, キヌガシワ
마카다미아	*Macadamia tetraphylla* L.A.S. Johnson	오스트레일리아 동부(퀸즐랜드, 뉴사우스 웨일즈)	Queensland nut, Macadamia nut	クインズランドナッツ, カダミアナッツ
용왕꽃	*Protea cynaroides* L.	남아프리카	king protea, giant protea	キナロイデス
스테노카르푸스 시누아투스	*Stenocarpus sinuatus* (A. Cunn.) Endl. (=*S. conninghamii* Hook. non R. Br. = *Agnostus signuatus* A. Cunn.)	오스트레일리아(퀸즈랜드, 뉴사우즈웨일즈)	fire wheel tree, rotary tree	ステノカルプスシヌアタス
무늬 스테노카르프스	*Stenocarpus sinuatus* (A. Cunn.) Endl. 'Variegata'	오스트레일리아 동부		

하

한련과_Tropaeolaceae

국명(한자명)	학명	원산지	영명	일명
한련화(金蓮花)	*Tropaeolum majus* L.	페루, 콜롬비아, 브라질 고산지대	nasturtium, Indian cress	キンレンカ, ノウゼンハレン
골든 킹 한련화	*Tropaeolum majus* L. 'Golden King'	페루		
왜성 겹꽃 한련화	*Tropaeolum majus* L. 'Jewel'	페루		

현삼과_Scrophulariaceae

국명(한자명)	학명	원산지	영명	일명
금어초(金魚草)	*Antirrhinum majus* L.	유럽남부, 북아프리카의 지중해 연안지방	common snapdragon	キンギョソウ
칼세올라리아	*Calceolaria herbeohybrida* Voss(=*C. hybrida* Hort. = *C. herbacea* Hort. = *C. youngii* hybrida Vilm. = *C. wheeleri* Sw.)	원예교배종	slipper flower, pocket plant	カルセオラリア
칼세올라리아 '글로리아레드 엔드 골드'	*Calceolaria herbeohybrida* Voss var. *grandiflora* 'Gloria Delight Red and Gold' Hort.	원예교배종	calceolaria red and gold	カルセオラリア デライトレッドアント コーリド
칠레 칼세올라리아	*Calceolaria integrifolia* J.Murr.	칠레	bush caleolaria, chilean pouch flower	チリメンキンチヤク
디기탈리스	*Digitalis purpurea* L.(= *D. tomentosa* LK. et Hoffm.)	서부유럽 및 남부유럽	common foxglove	ジギタリス
헤베 미세스 윈더	*Hebe* 'Mrs Winder'	원예품종		
헤베 알리시아	*Hebe speciosa* Cockayne	뉴질랜드	showy speed well	トラノオノキ

암헤르스	et Allan 'Alicia Amhers'	원산종의 원예품종		
누운 주름잎	*Mazus miquelii* Makino	한국, 일본		ムラサキサギゴケ
미물루스	*Mimulus hybrida* Hort.	남북아메리카, 아시아, 오스트레일리아, 남부아프리카 원산종의 원예 교배종	musk, monkey musk	ミムルス
참오동	*Paulownia tomentosa* (Thunb.) Steud.(=*P. coreana* Uyeki = *P. imperialis* Sieb. et Zucc.)	중국	royal tomentosa	キリ,キリメキ, ヒトハクワ, ンギリ
토레니아	*Torenia foumieri* Linden ex Fourn(=*T. edentula* Hort. non Benth.)	베트남 남부, 인도차이나	wishbone plant, blue wings	トレニア、ハナウリクサ
베로니카 앤더소니	*Veronica andersonii* Lindl. et Paxt. (= *Veronica speciosa* R. Cunn. var. *andersonii* Hort. = *Hebe andersonii* (Lin. et Paxt.) Cockayne)	종간 원예 교배종		
베로니카 앤더소니 미드섬머 뷰티	*Veronica andersonii* Lindl. et Paxt. 'Midsummer Beauty' (= *Hebe andersonii* (Lindl. et Paxt) Cockayne for. *midsummer beauty* Hort.)	종간 원예 교배종		
베로니카 스페키오사	*Veronica speciosa* R. Cunn. ex A. Cunn. (= *Hebe speciosa* (R. Cunn. ex A. cunn.) Cockayne et Allan)	뉴질랜드	showy speed well	トラノオノキ
냉초	*Veronicastrum sibiricum* (L.) Pennell(= *Veronica sibirica* L. = *Veronica sibirica* var. *glabra* Nakai=*V. sibirica* var. *typica* Nakai)	한국, 중국, 일본		エゾクガイソウ

현호색과_Fumariaceae

국명(한자명)	학명	원산지	영명	일명
왜현호색	*Corydalis ambigua* Cham. et Schlechtend.	한국		エゾエンゴサク
좀현호색	*Corydalis decumbens* (Thunb.) Pers.	한국(제주도), 일본, 중국		ジロボウエンゴサク
갯괴불주머니	*Corydalis heterocarpa* S. et Z. var. *japonica* Ohwi	한국, 일본		キケマン
산괴불주머니	*Corydalis speciosa* Max.	한국, 일본, 중국, 동부시베리아		エゾキケマン
들현호색	*Corydalis ternata* Nakai	한국		ノンゴサク
빗살현호색	*Corydalis turtschaninovii* Besser var. *pectinata* Nakai	한국		クシバエンゴサク
금낭화(荷包牡丹, 錦囊花)	*Dicentra spectabilis* (L.) Lem. (= *D. spectabilis* DC. = *Dielytra spectabilis* Don)	중국, 한국	bleeding heart, showy dicentra, chinaman's breeches	ケマンソウ, フジボタン, タイツリソウ, ヨウラクボタン
흰금낭화	*Dicentra spectabilis* (L.) Lem. 'Pantaloons'	중국원산종의 원예품종		

협죽도과_Tropaeolaceae

국명(한자명)	학명	원산지	영명	일명
사막장미(砂漠玫瑰)	*Adenium obesum* (Forssk.) Roem. et Schult. (= *A. arabicum* Balf. f.)	모잠비크, 아라비아 남부, 케냐, 우간다, 탄자니아	desert rose	
알라만다	*Allamanda cathartica* L.	남아메리카의 브라질, 기아나 해변	common allamanda, golden trumpet-vine	アリアケカズラ, ヘンデルギ
헨더슨 알라만다	*Allamanda cathartica* L. var. *hendersonii* Raffill.	남아메리카, 기아나	henderson allamanda	オオバナアリアケカズラ

(軟枝黃蟬)	(= *A. hendersonii* Bull. = *A. wardleyana* Lebas.)			
유엽알라만다	*Allamanda neriifolia* Hook.	브라질	bush allamanda, oleander allamanda, golden trumpet bush	ヒメアリアケカズラ
큰꽃 카리사 (卡利撒)	*Carissa grandiflora* (E.H. Mey.) A. DC.(= *Arduina grandiflora* E. Mey. = *Carissa macrocarpa* A. DC.)	남아프리카의 나탈	natal plum, amatungula	オオバナカリツサ
만데빌라 알리스 두퐁	*Mandevilla* 'Alice S. du Pont'	원예교배종	Mexican love vine	
만데빌라 아모에나	*Mandevilla amoena* Hort. (*Dipladenia amoena* T. Moore. ex Flor & Pomol.)	중남 아메리카		テブラデニア アモエナ
만데빌라 볼리비엔시스	*Mandevilla boliviensis* (=*Dipladenia boliviensis* Hook. f.)	볼리비아, 에콰도르	white dipladenia	デプラデニア ボリビエンシス
브라질 만데빌라	*Mandevilla sanderi* (Hemsl.) Woodson (= *Dipladenia Sanderi* Hemsl.)	동남부 브라질	rose dipladenia, Brazilian jasmine	
흰꽃협죽도	*Nerium oleander* L. 'Album'	지중해 원산종의 변종	sister agnes oleander	シロバナキヨウチクトウ
협죽도(夾竹桃)	*Nerium oleander* L. (=*Nerium indicum* Mill. =*N. odorum* Ait.)	지중해 지역의 해안 구릉	rose bay, common oleander, rosebay, gemeiner oleander	ヒイヨウチクトウ
무늬협죽도 (斑葉夾竹桃)	*Nerium oleander* L. 'Variegatum Plenum'	지중해 원산종의 변종	variegated oleander	フイリバキヨウチクトウ
로세움 협죽도	*Nerium oleander* L. 'Roseum'	지중해 원산종의 원예품종	pink oleander	
겹꽃협죽도	*Nerium oleander* L. var. *plenum* Makino(= *Nerium indicum* Mill. var. *plenum*	지중해, 인도		ヤエキヨウチクトウ

	Makino. = *Nerium odorum* Wild. var. *plenum* Makino)			
페타이트 샐몬 협죽도	*Nerium oleander* L. 'Petite Salmon'	지중해 연안 원산종의 원예품종		
파키포디움 바로니	*Pachypodium baronii* Const. et Bois	마다가스카르 섬 북부		バロニー
괴황화(塊黃花)	*Pachypodium brevicaule* Bak.	마다가스카르 (이드레모 지방)		エビスワライ
석화(石花)	*Pachypodium densiflorum* Bak.	마다가스카르 중부·남서부		
파키포디움 게아이	*Pachypodium geayi* Cost. et Bois	마다가스카르 섬 서남부		
파키포디움 라메리	*Pachypodium lamerei* Drake	마다가스카르 남부·서남부	Madagascar palm, club-foot	
파키포디움 레아리	*Pachypodium lealii* Welw.	서남부 아프리카, 스르랜드		
파키포디움 나마쿼아눔	*Pachypodium namaquanum* Welw.	남아프리카의 소나마퀘아 랜드, 서남아프리카의 내나마쿼아랜드		ヒカリドウ
파키포디움 그라킬리우스	*Pachypodium rosulatum* Bak. var. *gracilius* H. Perr.	마다가스카르 (이사로 산지, 마게이)		
플루메리아 아쿠미나타 (鷄蛋花, 緬梔, 蕃仔花)	*Plumeria acuminata* Ait. (= *P. acutifolia* Poir. = *P. rubra* L. for. *acutifolia* (Poir.) Woodson = *P. rubra* L. var. *acutifolia* (Poir.) L.H. Bailley)	중앙아메리카 원산종의 원예품종	pagoda tree frangipani, plumeria	トカリバインドソケイ
번화(蕃花)	*Plumeria rubra* L.	중남 아메리카	nosegay, frangipani	インドソケイ
데베티아 네리이폴리아 (黃花夾竹桃)	*Thevetia nereifolia* Juss. ex Steud. (= *T. peruviana* K. Schum.)	열대아메리카, 서인도제도, 멕시코	bestill tree, yellow oleander, trumpet flower	キバナキョウチクトウ, オオバナキョ

				ウチクトウ
마삭줄	*Trachelospermum asiaticum* (S. et Z.) Nakai var. *intermedium* Nakai	한국남부	Chinese ivy	テイカカズラ, マサキカズラ, テョウジカズラ
당마삭줄(絡石, 爬墻虎, 鈷骨岡, 棉絮繩**)**	*Trachelospermum jasminoides* (Lindl.) Lemaire (= *Rhynchospermum jasminoides* Lindl.)	중국남부	Malayan jasmine, confederate jasmine, star jasmine	
무늬마삭줄	*Trachelospermum asiaticum* Nakai var. *variegatum* Hort.	중국남부, 한국(전남 북, 경남북), 대만		フイリテイカカズラ
좁은잎마삭줄 덩굴	*Trachelospermum asiaticum* (Sieb. & Zucc.) Nakai f. (= *T. divaricatum* (Thunb.) Kaniz = *Rhynchospermum asiaticum* Hort. = *R. divaricatum* Hort.)	한국, 일본, 대만		
빈카	*Vinca major* L.	프랑스, 남부유럽, 북아프리카	great periwinkle	ツルニチニチソウツルギキヨウ
금맥무늬빈카	*Vinca major* L. 'Golden Vein'	프랑스, 유럽남부, 아프리카북부 원산종의 원예변종	golden vein vinca	
무늬빈카	*Vinca major* L. var. *variegata* Loud. (= *Vinca major* L. var. *argenteimarginata* Hort.)	프랑스, 남부유럽, 북아프리카 원산종의 변종	band plant	フクリンツルニチニチソウ
좁은잎 빈카	*Vinca minor* L. (= *Pervinca minor* All Lam.)	중부유럽	common periwinkle, blue myrtle running myrtle, trailing myrtle	ヒメツルニチニチソウ
일일초(日日草,	*Vinca rosea* L.	마다가스카르,	madagascar	ニチニチソウ,

長春花)	(= *Lochnera rosea* Reichb. = *Catharanthus roseus* G. Don	자바, 브라질	periwinkle, old maid	ニチニチカ

홀아비꽃대과_Chloranthaceae

국명(한자명)	학명	원산지	영명	일명
죽절초(竹節草, 珊瑚, 靑珊瑚, 千兩)	*Chloranthus glaber* (Thunb.) Makino (= *C. brachystachys* Blume. = *Ascaria serrata* Blume. = *Bladhia glabra* Thunb. = *Sarcandra glabra* Nakai)	한국(제주도 남쪽), 일본, 대만		センリヨウ
노란죽절초	*Chloranthus glaber* Makino var. *flava* Honda	제주도, 일본, 대만 원산종의 원예변종		キミノセンリョウ
홀아비꽃대 (銀綫草, 灯籠花, 分葉芹, 假細辛)	*Chloranthus japonicus* Sieb.	한국, 일본, 중국		ヒトリシズカ

홍초과_Cannaceae

국명(한자명)	학명	원산지	영명	일명
꽃 칸나(美人蕉, 蓮蕉)	*Canna generalis* Bailey	원예교배종	common garden canna	ハナカンナ

회양목과_Buxaceae

국명(한자명)	학명	원산지	영명	일명
긴잎회양목	*Buxus microphylla* Sieb. et Zucc. var. *elongata* T. Lee	한국		ナガバチヨウセン ヒメツゲ
회양목(黃楊木)	*Buxus microphylla* Sieb.	한국	box tree	チヨウセン

	et Zucc. var. *koreana* Nakai (= *Buxus koreana* Nakai)			ヒメツゲ
무늬회양목	*Buxus sempervirens* L. 'Agrentea'	중국, 일본, 대만		
무늬수호초	*Pachysandra terminalis* Sieb. et Zucc var. *variegata* Hort.	중국, 일본, 사할린	variegated Japanese pachysnadra, variegated Japanese spurge	イリフツキソウ, フイリキチジソウ
수호초	*Pachysandra terminalis* Sieb. et Zucc.	중국, 일본, 사할린	Japanese spurge , Japanese pachysandra	フツキソウ キチジソウ

후추과_Piperaceae

국명(한자명)	학명	원산지	영명	일명
페페로미아 아쿠미나타	*Peperomia acuminata* Miq. (= *P. acuminata* Ruiz & Pav.)	멕시코, 남북아메리카		
페페로미아 카페라타	*Peperomia caperata* Ruiz. et Pav.	브라질	little fantasy, emerald ripple	チチミバシマアオイソウ
페페로미아 카페라타 바리에가타	*Peperomia caperata* Ruiz et Pav. var. *variegata* Hort.(= *P. c.* 'Variegata')	브라질 원산종의 변종	emerald ripple with blotched white edging	ペペロミアカペラータバリエガタ
페페로미아 클루시폴리아	*Peperomia clusiifolia* (Jacq.)Hook. (= *P. clusiaefolia* Hook.)	서인도제도, 베네수엘라	red edge peperomia	
페페로미아 콜룸멜라	*Peperomia columella* Rauh. et Hutchison	페루		
페페로미아 달스테티	*Peperomia dahlstedti* C. DC. (= *P. fosteri* Hort.)	열대 아메리카, 브라질 남부	vining peperomia	
페페로미아 글라벨라	*Peperomia glabella* (Swartz) A. Dietr.	중앙아메리카	wax plant	ペペロミアグラベラ
페페로미아	*Peperomia glabella*	중앙아메리카	variegated	

글라벨라 바리에가타	(Swartz) A. Dietr. 'Variegata'	원산종의 원예품종	wax plant, peperomia glabella	
페페로미아 헤데라에폴리아	*Peperomia hederaefolia* Hort. (=*P. griseo-argentea* Yunck. =*P. hederifolia* Hort.)	브라질, 열대아메리카	ivy peperomia, silverleaf peperomia	ペペロミアヘデリフォリア
페페로미아 인카나(솜털 페페로미아)	*Peperomia incana* A. Dietr. (= *Piper incanum* Hort.)	브라질	felted pepperface	キダチアオイソウ
호산나 페페로미아 (彩虹椒草, 紅邊椒草)	*Peperomia* Jewelry'(= *P. clusiifolia* Hook. 'Jewelry')	서인도 원산종의 원예품종	red edge peperomia	ペペロミアジュリー
페페로미아 마쿨로사	*Peperomia maculosa* (L.) Hook. (= *P. variegata* Ruiz & Pav.)	에콰도르, 콜롬비아	radiator plant	
페페로미아 오브투시폴리아	*Peperomia obtusifolia* (L.) A. Dietr. (= *Rhynchophorum obtusifolium* (L.) Small)	베네수엘라, 열대아메리카	pepper face, baby rubber plant, American rubber plant	
흰무늬 페페로미아 (鑲邊椒草)	*Peperomia obtusifolia* A. Dietr. var. *albomarginata*	서인도제도, 남아메리카의 열대 우림지대 원산종의 변종	variegated peperomia	キフヘフペペロミア
잉꼬 페페로미아, 그린골드 페페로미아	*Peperomia obtusifolia* A. Dietr. 'Green Gold'(= *P. obtusifolia* 'Sensation' = *P. obtusifolia* 'Gold Tip')	베네수엘라 원산종의 변종	baby rubber plant	ペペロミアグリーンゴールト
페페로미아 오르바	*Peperomia orba* Hort. (=*Peperomia orba* 'Princess Astrid' = *P.* cv. 'Pixie'= *P.* 'Astrid' = *P.* 'Teardrop')	열대아메리카	much branched	
오엽페페로미아	*Peperomia pereskiifolia* (Jacq.) HBK.	브라질, 베네수엘라, 콜롬비아		

진홍초(루벨라)	*Peperomia rubella* (Haw.) Hook.	자마이카, 오리자바, 멕시코		
수박페페로미아	*Peperomia sandersii* A. DC. (=*P. argyreia* E. Morr. = *P. peltifolia* Hort.)	브라질, 열대 남아메리카	watermelon peperomia, watermelon begonia	ペペロミアサンデルツー
페페로미아 서펜스	*Peperomia serpens* (Swartz) Loud. (=*Peperomia scandens* Ruiz. & Pav. not Hort.)	페루	philodendron peperomia	
페페로미아 서펜스 바리에가타 (蔓性椒草)	*Peperomia serpens*(Swartz) Loud. 'Variegata' (=*Peperomia scandens* Ruiz. & Pav. 'Variegata'	페루	radiator plant variegated philodendron peperomia	
페페로미아 스위트하트	*Peperomia* 'Sweetheart'	원예교배종		
페페로미아 우로카르파	*Peperomia urocarpa* Fish. & C.A. Mey	파라과이, 콜롬비아, 서인도제도		
긴잎 수박페페로미아	*Peperomia verschaffeltii* Lem.(= *P. marmorata* Hook. non Hook.)	브라질 아마존강 유역	sweetheart peperomia	オオシマアオイソウ
후추등 (細葉青蔞藤)	*Piper kadzura* (Choisy) Ohwi (= *P. futo-kadsura* S. et Z.)	한국(남해안 숲속), 일본 (중남부해안 숲), 중국 (동남부해안), 대만	Japanese pepper	フウトウカズラ

화훼용어해설

A

ABA (abscisic acid) [아브시스산; アブシジンさん] 식물체 내에서 식물의 생리, 생화학적 과정을 억제 또는 제어하는 식물생장 억제물질의 일종. ABA는 식물의 노화현상 유도, 과일의 착색촉진, 식물의 낙엽촉진 등의 작용을 함. 단풍나무에서는 생육 중이라도 연속처리하면 휴면아를 형성하고, 감자, 장미 등에서는 종자휴면을 연장하여 발아를 억제함. 또한 토마토에서는 ABA가 증가되면 기공이 닫혀 위조저항성이 커지고, 목본식물에서는 냉해에 대한 저항성이 커짐.

abaxial [背軸性; 배축성; はいじくせい] 배축에서 분리되어 나온 측생기관의 구조상의 면을 규정. 배축(背軸). ① 종자가 발아하였을 때 뿌리와 줄기의 경계가 되는 부분. ② 식물의 배를 구성하는 부분. 자라서 줄기가 됨. ↔ adaxial

abaxial side, abaxial surface [背軸面; 배축면; はいじくめん] 배축에서 분리되어 나온 조직표면. 잎의 경우 배축면은 뒷면을 지칭(the abaxial surface of a leaf).

abortion [發育不進; 발육부진; はついくふしん] 발육부진. 병든 조직의 발육이 건전조직에 비하여 조직학적으로 발육이 충분하지 못한 상태.

abscisic acid [아브시스산; アブシジンさん] → ABA

abscission layer, absciss layer [離層; 이층; りそう] 잎, 과실, 꽃 또는 식물체의 기타 기관의 기부를 이루는 부분으로 이층과 보호 층으로 형성되어 있으며 공히 탈락현상에 관계됨. 또한 탈리층(脫離層, だつりそう)은 탈리시 엽병, 화병, 과병 등의 기부에 오옥신의 감소에 따라 형성되는 층.

absolute long-day plant, qualitative long-day plant, obligate long-day plant [絕對的長日植物; 절대적장일식물; ぜったいてきちょうじつしょくぶつ] 어떤 한계에 있는 일장보다 일장이 짧게 되면 개화하지 않는 식물. 즉 장일조건에서만 개화됨.

absolute short-day plant, qualitative short-day plant, obligate short-day plant [絕對的短日植物; 절대적단일식물; ぜったいてきたんじつしょくぶつ] 어떤 한계에 있는 일장보다 일장이 길어지면 개화하지 않는 식물. 즉 단일조건에서만 개화됨.

accessory bud [副芽; 부아, 덧눈; ふくが] 고등식물의 액아는 보통 1개이지만 그 밖에 생긴 1~다수의 눈을 일괄하여 말하는 것으로 액아는 상처가 나면 대신 신장하지만 副芽는 보통은 발아하지 않고 휴아로 그침.

acclimation, acclimatization [順化; 순화; じゅんか] 다른 환경조건에 옮겨진 생물이 점차로 그 환경에

적응하는 체질로 변하는 일. 특히 기후 순화의 의미로 쓰이며 생물이 고유의 생육 조건에서 벗어난 새로운 기후에 적응하는 성질. 조직배양에서는 기내 배양된 소식물체를 pot(盆)에 이식하여 생장조절장치나 온실 내에서 온습도를 조절하며 자연 상태의 기후에 적응시키는 과정임.

accommodation [順応; 순응; じゅんのう] → adaptation

accumulated temperature [積算溫度; 적산온도; せきさんおんど] 일정한 날로부터 일정 온도 이상을 합한 온도. 일반적으로 0℃ 이상의 일평균 온도를 누적한 값으로 단위는 ℃/일 (degree-day)을 사용.

achene [痩果; 수과; そうか] 작고 단단하며 씨는 1개이고, 심피로부터 형성되며 열매가 익어도 열개하지 않는 과일. 민들레의 열매 따위.

acropetal (basifugal) [求頂的; 구정적; きゅうちょうてき] 세포층 또는 조직, 기관이 상부를 향해 계속 생육하는 것을 말함. ↔ basipetal

adaptation [適応; 적응; てきおう] 생물체가 주위환경에 맞추어 생활하기 알맞도록 형태 및 생리적으로 변화하는 현상. 비유전적 변화에 의한 것은 좁은 의미로 순응(順應)이라고 함.

adaxial [向軸性; 향축성; こうじく] 배축의 대어로서 축에 향한 측생기관의 구조상의 면을 규정한 것.

adaxial side, adaxial surface [向軸面; 향축면; こうじくめん] 잎의 횡단면은 반달 모양으로 되어 있는데 그 수평면을 잎의 표면 또는 향축면이라 함.

adhesive root [附着根, 着生根; 부착근, 착생근; ふちゃくこん, ちゃくせいこん] 다른 물체에 붙어서 식물체를 지지하는 뿌리를 말함. 줄기로 다른 물체를 감거나 또는 덩굴손이나 가시 등으로 감아서 높이 자라 올라가는 덩굴성 목본식물에서 볼 수 있음. 그 밖의 방법으로 흔히 볼 수 있는 것은 줄기에서 많은 뿌리를 내어 다른 나무의 줄기나 바위·벽 등에 붙는 부착근으로, 담쟁이덩굴은 처음에 흡반(吸盤)이 달린 덩굴손을 내어 벽면 등에 달라붙으며, 후에 부착근이 밀생하는 성질이 있음.

adult form [成形, 成體形; 성형, 성체형; せいたいけい] 완전히 발육하여 생식능력이 있는 성숙한 동물의 모양. 곤충은 성충의 형태.

adult phase, ripening phase [成熱相; 성숙상; せいじゅくそう] 작물의 영양생장, 생식생장이 완료되어 종실이 생장하고 탄수화물, 지방, 단백질 등의 저장물질을 축적하는 시기.

adventitious bud [不定芽; 부정아, 막눈; ふていが] 끝 눈, 겨드랑 눈, 덧눈 등과 같이 일정부위에 생기는 정아(定芽, definite bud)와 대비되어 잎, 뿌리, 줄기의 절간(節間)등 일반적으로 눈이 형성되지 않는 부분에 생기는 것을 부정아(不定芽)라 함. ↔ definite bud

adventitious root, adventive root [不定根; 부정근 막뿌리; ふていこん] ① 뿌리 이외의 기관에서 2차적으로 형성된 뿌리. 꺾꽂이 한 삽수로부터 생긴 뿌리가 이에 속함. ② 줄기의 위나 잎 등 정근(定根)이외의 자리에서 생기는 뿌리· 연, 옥수수, 양딸기 등의 뿌리 같은 것.

aerial bulblet, aerial tuber, bulbil [珠芽, 零餘子; 주아, 영여자; しゅが, むかご] 〈식물〉 마(山藥) 등의 식물체 줄기 겨드랑이에 달리는 영양체.

aerial root, pneumatophore [氣根; 기근; きこん] 땅속에 있지 아니하고 공기 중에 노출되어 있는 변태근. 대개 지상경에서 생성하며 공기, 양분을 섭취함. 옥수수, 석곡(石斛) 풍란 등에서 볼 수 있음. 공기뿌리.

aerial tuber [地上塊莖; 지상덩이줄기; ちじょうかいけい] 땅윗 덩이줄기

aerial vegetative shoot, off-shoot, off-set [高芽; 고아] 덴드로비움, 팔레놉시스 등 일부의 난은 위구경의 상위절의 곁눈은 생장하지 않거나 꽃이 되는 것이 보통이지만, 어떤 조건에 두면 영양아로 발달하며 특히 팔레놉시스 등은 화경의 곁눈이 영양아로 발달하는데 이와 같이 상위절에 발생하는 묘를 고아라고 함. 이들은 발달 후 모근에서 잘라내어 배양하면 번식에 이용할 수 있음. 일반적으로 off-set은 짧고 비후한 줄기가 로제트상을 이루는 경우를 말하고 구근류의 외자구를 가리키는 경우가 많으나, off-shoot와의 명확한 구별은 없음.

affinity, compatibility [親和性; 친화성; しんわせい] ① 효소와 기질이 결합하는 능력. 일반적으로는 친화정수로 측정함. ② 항체가 항원과 결합하는 능력. 이것은 결합 반응에 있어서의 평균회합정수에 의해 측정함. ③ 종이 다르면 대개는 접목이 잘 안되지만 잘되는 것도 있는데 전자의 경우를 친화성이 없다하고 후자의 경우는 친화성이 있다고 함. 동일 종 내에서도 품종에 따라 접목친화성이 다를 수 있음. 어울림성.

after effect [後作用; 후작용; こうさよう] ① 식물체가 외부로부터 어떠한 자극을 받아 자극을 수용하더라도 그 반응이 즉시 나타나지 않고 일정시간이 경과한 뒤 2차적으로 나타나는 경우를 말함. ② 방사선조사에 의하여 생긴 생성물(주로 과산화물)이 이차적으로 생물에 작용하는 현상. 넓은 의미로는 생물효과 이외의 작용도 포함하며 다시 말하면 지방산을 X선조사하면 과산화물이 생기는데 조사 후에도 이중결합의 이동, 중합, 자동산화 등이 일어나는 것 등을 말함.

after ripening, postmaturity [後熟; 후숙; こうじゅく] 많은 과일에 있어서 수확 후에도 색의 변화, 과육의 연화, 향기성분의 증가 등 성숙과정의 변화가 일어나는데, 이와 같이 과일, 종자 등이 수확 후에 익어가는 생리적 현상을 말함.

age [齡; 령; れい] 나이.

aggregate structure [粒團構造; 입단구조, 떼알구조; だんりゅうこうぞう(團粒構造), りゅうだんこうぞう] 〈토양〉 단일입자가 집합해서 2차 입자로 되고 다시 3차, 4차 등으로 집합해서 입단(ground granule)을 구성하고 있는 토양구조.

aging, ageing, senescence [加齡, 老化; 가령, 노화; かれい] 생물의 성장, 분화, 형태형성 이후에 나타나는 쇠퇴과정으로 넓은 의미로 나이 먹음, 좁은 의미로 노화라고 함. 식물에서는 발아직후의 화성유도가 곤란한 상태를 유년기(幼年期, juvenility), 화성유도가 가능해서부터 결실할 때까지를 성숙(成熟, maturity), 이후 엽록소 분해 및 황화과정을 노화(老化, senescence)라고 함.

air layering [高取法; 고취법; たかとりほう] 취목법의 일종으로 높이떼기라고도 하며 큰 나무의 가지를 취목하고자 할 때, 정원에 식재된 나무의 짜임새 있는 가지의 부분을 취목하고자 할 때, 모주의 가지를 환상박피하여 습한 바위옷(수태)을 싸고 물을 보충한 다음 비닐로 밀봉하여 마르지 않도록 하여 일정기간 발근시킨 후 모주로부터 분리하여 새로운 묘를 얻는 방법. 주로 고무나무 등의 관엽식물과 분재묘 양성에 활용. 고지취목법(高枝取木法).

air permeability [通氣性; 통기성; つうきせい] ① 흙 속에서 발생하는 CO_2와 공기 중의 O_2가 교환되는 정도. 통기가 불량한 경우 근모(根毛)의 발달이 나빠 양수분(養水分) 흡수가 떨어지는 등 생육이 불량. ② 직물의 양측에 공기의 압력차가 있을 때, 직물의 기공을 통해 공기가 통과하는 것.

air plant, epiphyte [着生植物; 착생식물; ちゃくせい しょくぶつ] 식물의 표면이나 노출된 바위 면에 붙어서 자라는 식물로 기근(氣根)과 같은 특별한 기관이 발달해 있는 것도 있는데 빗물이나 수증기 또는 여기에 녹아 있는 영양염류를 뿌리와 잎면으로 흡수하며, 온도가 높고 습기가 많은 지대에 많음.

amateur gardening [趣味園藝; 취미원예; しゅみえんげい] 영리를 목적으로 하지 않고 개인적으로 화훼(花卉)·채소 또는 과수를 재배하는 일.

ammonification [암모니아생성작용; アンモニアせいせいさよう] 혐기성 또는 통성혐기성균은 환원적 탈아미노산 작용을 하는데 이 반응에서 상당한 지방산이 생성됨. 혐기적으로 작용하는 균에는 *Bac. valgare* 등이 있고 가수분해를 받을 때 옥살산이 생성되며 암모니아가 유리되는데 이와 같이 아미노화합물로부터 암모아가 생성되는 것.

ammonium nitrogen [암모니아태질소; アンモニアたいちっそ] 무기암모늄염(NH_4염)의 질소를 관행적으로 말하며, 질소비료는 법률상 암모니아태질소로 규정되어 있으나 생물체중에서는 암모늄태질소라고도 말함. 식물체중에서는 암모니아태 질소는 암모늄염의 질소를 나타냄.

amount of solar radiation [日射量; 일사량; にっしゃりょう] 태양광선이 비치는 양, 빛이 빛에너지로 보는 것을 말함. 맑은 날 논에 조사되는 평균 빛에너지는 1일 $1cm^2$당 350~400cal이며, 빛의 밝기도는 10~12만 lux에 해당.

analogous organ [相似器官; 상사기관; そうじきかん] 서로 다른 종류의 생물이 발생 계통상 그 기원은 다르나 형상이나 작용이 서로 같은 기관.

ancymidol [안시미돌; アンシミドル] 생장억제제의 일종.

andromonoecious [雄花同株; 웅화동주; ゆうかどうしゅ] 한 주에 수꽃과 양성화가 함께 핌.

anemone [아네모네형; アネモネガタ] 아네모네 형태의 꽃모양.

aneuploid [異數體; 이수체; いすうたい] 염색체수가 정배수보다 하나 내지 몇 개가 많거나 적은 개체. 세포분열 때 염색체가 분리되지 않거나 소실 등에 의하여 생김. 일반적으로 불임성(不稔性)임. 유전분석에 이용되거나 특수형질을 육종하는데 이용.

aneuploidy, heteroploidy [異數性; 이수성; いすうせい] 기본 염색체수를 2N이라 할 때, 2N-1, 2N+1, 2N+2와 같이 염색체의 기본수에 1개 또는 2개 이상의 증감이 있는 것.

annual, annual herb [一年草; 일년초; いちねんそう] 일년 내에 발아, 개화, 결실하고 말라죽는 초본성 식물. → biennial, perennial

annual plant [一年生植物, 一年草; 일년생식물, 일년초; いちねんしょくぶつ] 1년 내 발아, 생장, 개화, 결실을 끝내고 종자를 남기고 죽는 식물. → biennial plant, perennial plant

antagonism [拮抗作用; 길항작용; きっこうさよう] 생체에 약물을 투여했을 때에 약물의 존재에 의하여 그 작용의 일부 또는 전부가 감쇄되는 약물의 작용. 여러 종류의 균이 혼재해 있을 때 그 중 어떤 균의 발육조건 그 발육을 억제하는 작용. 대항작용. 2종 이상의 미생물이 같이 서식할 때 영양분, 산소, 생활공간 등의 결합적 섭취, 혹은 균의 대사산물에 의하여 다른 균의 생육이 억제되는 현상. 식물체 상호간 상대의 작용을 억제하는 작용. 협력 작용의 반대어로 생체에서 어떤 인자의 작용을 감소 또는 소멸시키거나 억제시키는 작용을 말함.

anther [葯; 약, 꽃밥; やく] 꽃의 한 기관(器官). 수술 끝에 붙어서 꽃가루를 만드는 부분. 약(葯). 약포(葯脯). 꽃가루 주머니.

anthesis [開花, 開葯; 개화, 개약; かいやく] 꽃밥(葯)이 터져 꽃가루(花粉)이 방출되는 현상.

anthocyan [안토시안; アントシアン] 꽃, 과실, 줄기, 잎의 세포액 중에 생기는 적, 자, 청의 배당체 색소. 이 색소는 가을에 잎의 착색이나 봄에 어린가지나 어린눈의 착색의 원인이 됨.

anthocyanidin [안토시아니딘; アントシアニジン] 플라보노이드 색소의 일종으로 당이 결합되지 않은 것이 본체임. 여기에 당이 결합된 배당체가 안토시아니딘이 되며 카로티노이드와 함께 식물의 꽃, 과실, 잎 등의 주홍, 자주, 청 등 여러 가지 색을 나타냄.

anthocyanin [안토시아닌; アントシアニン] 꽃, 과실, 줄기, 잎에서 발견되는 중요한 식물색소로서 수액에 용해되는 glucoside가 주홍, 자주, 하늘색을 나타내며, 식물열매에서 이를 흡수한 몇 종의 곤충에서도 나타남.

anticlinal division [垂層分裂; 수층분열; すいそうぶんれつ] 원주상의 식물기관의 주위를 직각방향으로 분열하는 것.

apical bud, terminal bud [頂芽; 정아, 끝눈; ちょうが] 줄기나 가지의 맨 끝에 생기는 정아(頂芽). 꼭지눈. 가지의 끝에 위치한 눈으로 끝눈 이외에 각 마디에 생긴 눈을 곁눈(側芽, lateral bud)이라 함. 한편, 또 다른 정아(定芽, definite bud)은 정상눈을 의미하며 부정아(不定芽, adventitious bud)가 대어임.

apical dominance [頂部優勢, 頂芽優勢; 정부우세, 정아우세; ちょうぶゆうぜい, ちょうがゆうせい] 정아에서 생성된 오옥신이 정아의 발달을 촉진하고 측아의 발달을 억제하는 현상. 눈이 정부에 많고 세력도 정부가 강한 현상. 정단우세현상(頂端優勢現象)이라고 표현하기도 하며, 이 경우 가지를 자른 후 다시 그 가지로부터 나오는 새가지는 상부일수록 세력이 강하여 길게 자라서 가장 위의 가지군(群)을 100이라 할 때, 다음 것들은 80, 가장 아래의 가지군은 50 비율로 자라는 현상을 말함.

apical dominancy [頂部優勢性, 頂芽優勢性; 정부우세성, 정아우세성; ちょうぶゆうせいせい, ちょうがゆうせいせい] 정아우세 혹은 정부우세가 나타나는 현상으로 줄기에 정아와 측아가 공존할 경우 측아보다 정아가 먼저 발육하는 현상.

apical meristem [頂端分裂組織; 정단분열조직; ちょうたんぶんれつそしき] 성장점(成長點)이라고도 하며 보통 정아에 위치한 미분화(undifferentiated) 조직. 0.1mm 미만의 크기이며 가장 어린 엽원기에 부착된 빛나는 반구형의 구조를 가짐. 줄기나 뿌리의 선단에 있는 분형세포군(分形細胞群)으로 그 분열에 의해 줄기나 뿌리의 1기 조직이 형성됨.

approach grafting, inarching grafting [寄椄; 기접, 가새접; よせつぎ] 접붙이기의 일종으로 두 나무의 상처나 줄기를 묶어 접목함.

aquatic plant [水生植物; 수생식물; すい-せいしょくぶつ] 水中에서 생활하고 있는 식물.

arbor [木本; 목본; もくほん] 줄기 및 뿌리에서 비대생장에 의해서 다량의 목부를 형성하고 그 막은 대개 목질화해서 견고한 식물. ↔ herb(草本)

asexual propagation, unsexual propagation [無性繁殖; 무성번식; むせいはんしょく] 종자번식(유성번식) 이외의 모든 번식방법. 화훼류의 영양체를 이용한 번식. 식물의 재생기능을 이용한 방법으로 뽕나무에서는 접목, 꺾꽂이, 휘묻이법이 이에 속함. 식물체의 일부를 사용하여 증식하는 방법으로 모체와 똑같은 유전적 구성을 갖는 개체를 번식시킬 수 있으나, 조작이 어렵고 또는 많은 개체를 얻기 어려우며 바이러스 등 병원균이 이전되는 것이 단점.

asexual reproduction [無性生殖; 무성생식; むせいせいしょく] ① 양치식물이하의 하등생물에서 볼 수 있는 암수의 생식세포에 의하지 아니하고 분열, 출아, 포자 또는 지하경 등에 의하여 생식하는 현상. ② 분열생식에 의하여 배우자 없이 무성적으로 번식하는 법.

assimilate, assimilation products [同化産物; 동화산물; どうかさんぶつ] 동화작용에 의해 생성된 물질

로 보통 독립영양식물에 한하여 사용하며 고등식물에서는 탄소동화작용(광합성)에 의해 생성되는 전분 또는 당이 이에 해당함.

assimilation, anabolism, metabolism [同化作用; 동화작용; どうかさよう] 에너지원으로 취한 물질에 화학변화를 가한 다음 생물의 생활에 필요한 화학구조물로 바꾸는 일. 특히 녹색식물의 광합성을 통해 이산화탄소로부터 유기물을 합성하는 것으로 식물에서는 광합성 또는 작용이라고도 함.

assimilatory leaf [同化葉; 동화엽; どうかよう] 동화작용을 하는 식물체의 잎.

assimilatory organ [同化器官; 동화기관; どうかきかん] 동화작용을 담당하는 기관.

atavism, reversion [隔世遺傳, 先祖復歸, 歸先遺傳; 격세유전, 선조복귀, 귀선유전; かくせいいでん] 어떤 개체에 우연히 선조의 형질이 출현하는 현상. 이것은 형질의 분리, 유전자의 組換, 불완전 표현, 또는 돌연변이 등으로 설명됨.

atrinal [아트리날; アトリナール] dikegulac sodium이 주성분으로 알려져 있으며, 측지를 발생시키는 적심제로 사부를 통해 생장점의 생장을 억제시켜 정아우세를 타파시키는 성질이 있음.

autoclave [高壓滅菌器; 고압멸균기; オートクレーブ] 고압의 증기를 이용한 멸균기. 따라서 고압에 충분히 견딜 수 있는 철제로 되어 있고 뚜껑도 튼튼한 철제로 되어 있으며 조임새로 밀폐할 수 있게 되어 있음. 내부에 물을 넣어 가스나 전열로 가열해 수증기를 발생하거나 또는 직접 내부에 수증기를 보내어 증기를 채움. 압력조절판으로 적당한 압력에 달하게 하여 소정의 온도 증기로 물품을 멸균함. 통상 1.0~1.1kg/cm^2(약 15파운드/평방인치, 약 2기압℃)의 압력으로 120~121℃, 15~20분간 정도 가열해서 멸균하는 경우가 많음.

available water, available moisture [有效水分; 유효수분; ゆうこうすいぶん] 식물이 토양으로부터 흡수하여 이용할 수 있는 수분은 주로 포장용수량과 위조점 사이의 수분으로 이를 유효수분이라 함.

axillary bud [側芽; 측아, 겨드랑이 눈; そくが] 잎자루와 가지가 만나는 사이에 생긴 눈으로 가을에 낙엽질 때까지 성숙 발달하여 두꺼운 인편(鱗片)으로 둘러싸인 겨울눈.

B

B-9 [비-나인] SADH(succinic acid-2, 2-dimethyl-hydrazide). 생장억제제의 일종. 분화용 및 왜화용으로 주로 사용. ← daminozide, Alar, B995

BA(benzyladenine) [벤질아데닌; ベンジルアデニン] 사이토카이닌(cytokinin)의 일종으로서 주로 세포분열을 촉진하고, 세포비대촉진, 측아생장촉진, 세균발생억제, 휴면타파, 개화촉진 등의 효과를 가지고 있음. ← N^6-benzyladenine

back bulb [退化球, 退化球莖; 퇴화구, 퇴화구경, 백벌브; たいかきゅうけい] 난의 줄기는 굵고 짧은 구경(bulb)으로 형성되는데, 벌브, 촉, 혹은 위구경(僞球莖) 또는 가구경(假球莖), pseudo- bulb이라 부름. 이 벌브는 뿌리와 잎에 필요한 양분과 수분의 저장고 역할을 하며, 한 분에 심어 몇 년이 지나면 새 촉이 돋아나면서 모촉은 점차 잎이 떨어지고 세력을 잃게 되는데, 이것을 백벌브(back bulb)또는 묵은 위구경 혹은 가구경이라 부름. 이렇게 된 백벌브라도 버리지 말고 떼어내어 잘 관리해주면 새 촉이 나옴. ↔ lead bulb

ball cutting, earth-ball cutting [團子揷, 瓊團揷; 단자삽, 경단꽂이; だんごさい] 삽목의 일종으로 삽수의 아래쪽에 흙(질흙)을 둥글게 뭉쳐 경단을 만드는 방법.

ball type [球形; 구형; きゅうかた] 구 모양.

bark [樹皮; 수피; じゅひ, きはだ] 수목의 줄기 자리 등의 형성층의 바깥쪽에 있는 조직으로서 오래되면 코르크(cork)조직으로 변하여 벗겨지기도 함.

basal dressing, basal fertilizer, basal fertilization, base manure [基肥; 기비, 밑거름; きひ, もとごえ(元肥)] 파종, 묘 이식, 구근을 심기 전에 주는 퇴비를 포함한 비료 총칭. 낙엽과수에서는 낙엽 후의 만추~춘기에, 상록과수에서는 신엽의 싹눈 전의 춘기에 각각 사용하는 비료임. 기비는 시비위치에 따라 전층, 심층, 표층, 표면시비 등 시비양식에 따라 다양하게 시용. 비료성분으로 볼 때 인산, 칼륨, 칼슘(석회), 마그네슘(고토) 등은 일반적으로 기비 중심이지만 칼륨 흡수량이 많은 작물, 비료유실이 많은 토양이나 다수확 재배 등에서는 추비로도 사용함. 질소는 일반적으로 기비와 추비로 나누어 시비하지만, 토양 중에서 화학적 또는 미생물적으로 분해되어 암모니아태질소를 방출하는 질소비료, 즉 석회질소, 완효성 질소비료, 유기질 질소비료 등은 전적으로 기비로 시용함.

basal plate [底盤, 底盤部; 저반, 저반부; ていばん, ていばんぶ] 구근의 맨 아랫부분을 일컬음.

basal shoot, lower branch [下枝; 기부자람가지, 밑가지; したえだ] 식물의 기부에서 발생하는 일종의 도장지. 교목류에서는 정아 우세성이 강하여 기부에 가지의 발생이 적지만 장미와 같은 관목류에서는 많이 발생하며 오래된 가지는 노쇠하여 새 가지로 갱신됨. 전정이나 적심 또는 관수나 시비를 통해 조절가능 함.

basipetal [求基的; 구기적; きゅうきてき] 세포층 또는 조직, 기관이 기부를 향해 계속 발전하는 것을 말함. ↔ acropetal, basifugal(구정적)

BEC (base exchange capacity) [塩基置換容量; 염기치환용량; えんきちかんようりょう] 일정량의 토양 또는 교질물이 가지고 있는 치환성 양이온의 총량을 당량으로 표시한 것. 양이온치환용량(CEC 또는 cation exchange capacity).

bed [床; 상, 묘상; , どこ(床), なえどこ(苗床)] 식물을 심어서 키울 수 있도록 구획해 놓은 곳.

bench [作業臺; 작업대; さぎょうだい] 바이스 등이 장착되어 있는 작업대.

bench grafting, indoor grafting [楊接; 양접; あげつぎ] 대목을 옮겨 심은 뒤에 접목하는 방법. 들접. ↔ 거접(field grafting)

bent neck [首曲; 꽃목굽음; ベントネック] 〈장미〉 비정상적으로 꽃목이 한쪽으로 굽어지는 현상.

6-benzyladenine [벤질아데닌; ベンジルアデニン] 실용적으로 사용되는 인공합성 사이토카이닌(cytokinin)의 일종으로 자연산 kinetin의 furfuryl이 benz-oxyl group으로 대체된 것.

berry [漿果; 장과; しょうか] 성숙 시 과육(과실의 중과피, 또는 내과피)세포의 대부분이 액포로 채워져 있어 과즙이 많고 연화되기 쉬운 다래, 머루 등의 과실들을 말함.

biennial [二年草; 이년초; にねんそう] 1년차에는 영양생장을 하고, 2년차에는 생식생장을 하여 2년간에 일생을 마치는 것. → annual, perennial

biennial plant [二年生植物, 二年草; 이년생식물, 이년초; にねんせいしょくぶつ] 종자가 발아해서 다시

종자를 만들고 죽을 때까지의 그 생활환이 2년을 필요로 하는 식물을 말함. → annual plant, perennial plant

bioassay [生物檢定; 생물검정; せいぶつけんてい] 미지(未知)의 물질에 대해 빠른 개발 정보나 방향을 설정하고자, 화학적인 구명이전에 생물학적인 반응을 검정하는 것.

biological time [生物時計; 생물시계; せいぶつどけい] 생물의 측시기구(測時機構)를 말함. 보통 환경조건하에서 생물이 나타내는 약 24시간 주기의 리듬은 직접적으로 내인성(內因性) 연주기적(年週期的)생활을 지배하는 일장(日長)변화도 체내시계에 관여하는 것으로 알려져 있음. 체내시계의 생리학적 기구는 그다지 밝혀져 있지 않음.

biological control [生物的防除; 생물적방제; せいぶつてきぼうじょ] 천적을 이용하여 유해동물을 없애고, 그의 해를 방제하는 등 생물간의 상호관계를 이용하여 유해한 생물을 방제하는 것.

biotechnology [生命工學; 생명공학; せいめいこうがく] 생명공학. 생물체 및 그의 기능특성을 활용하는 기술. 생물이 갖는 각종 다양한 기능을 밝혀 주는 한편, 그들의 기능을 여러 측면에서 응용하는 것을 목적으로 하고 다시 인공적으로 생물기능을 재현시켜 활용하는 것을 목적으로 하는 연구 분야.

bisexual flower [兩性花; 양성화; りょうせいか] 한 꽃에 수술과 암술이 함께 있는 꽃.

blasting [블라스팅] 충분히 발달한 꽃봉오리가 꽃이 피기 전에 고사하는 현상으로 블라인드(blind)와 구별되며, 나리(백합)이나 이이리스의 촉성절화재배에서 가끔 발생함. 일본에서는 花飛現象으로 표현.

blended fertilizer [配合肥料; 배합비료; はいごうひりょう] 2가지 이상의 비료성분이 함유되도록 물리적으로 혼합한 비료. 복합비료와는 다른 개념임. ← BB(bulk blend)

blind [盲芽; 블라인드; もうが] ① 분화한 화아가 정상적으로 발달하지 않고 생육도중에 멈추어 개화에 이르지 않는 현상. 분화된 화서는 체내의 알맞은 생리적 상태 및 환경조건하에서는 순조롭게 발달하지만 부적당한 일장, 온도, 광량 등의 환경조건하에서는 분화가 중단되고 생장상이 영양생장으로 역전됨. 〈장미〉 채화, 적심, 전정 등으로 정아우세가 제거되면 환경조건에 관계없이 새가지가 1~4cm 자라면 화아분화를 시작하고 꽃받침, 화판, 수술, 암술 순으로 분화하여 개화하는데, 저온, 저광하에서는 화판분화 단계에서 정지하여 블라인드로 되며 수술, 암술이 모두 분화한 단계에서는 불량환경조건하에서도 정지하지 않고 순조롭게 발달하여 개화됨. ② 구근류에서는 구근저장 중의 고온, 에틸렌 피해, 생장억제제의 과다처리, 저온처리 후의 계속적인 온도관리 등으로 화아형성이 기형화되는 것을 말하며, 과수에서는 혼합화아가 싹터서 개화 결실할 때 보통 1, 2본의 신초가 자라나서 잎이 되지만 엽아(葉芽)가 없거나 발아하지 않으므로 신초발생이 안되는 것을 말함.

blind bud, blind bulb, blind shoot [盲芽; 맹아 ; もうが] 생리조건 및 환경 불량으로 화아분화가 정상적으로 이루어지지 않아 화아 발육이 정지하거나, 영양생장으로 역전되어 기형화된 화아(bud), 구근(bulb), 화경(shoot).

blueing [靑變; 청변, 블루잉; せいへん] 장미의 적색품종의 화색이 푸른색을 띠며 암색화하는 현상. 그 원인에 대해서는 탄닌결핍설, pH상승설, 금속착체설, 코피그먼트설, 탄닌을 주체로한 특수 세포내 구조설 등이 있으나, co-pigmentation과 pH와의 관계로 설명할 수 있는 경우와 화판의 세포내에 탄닌이나 펙틴을 주체로 하는 특수구조를 만들고, 그것에 안토시아닌이 흡착하여 청색을 나타내도록 하는 경우가 확인됨.

bolting, stalking [抽薹; 추대; ちゅうだい] 화아분화가 진행되어 이삭이나 꽃대가 올라오는 현상.

bonsai, bonsy [盆栽; 분재; ぼんさい] 생명이 있는 식물을 소재로 하여 작은 분상에 표현하는 자연으로 단순히 분에 심는 것과는 다르며 여기에는 자연의 미는 말할 것도 없고 인위적인 조형의 미를 포함한 종합된 미가 요구됨.

border effect, edge effect [周邊效果, 周緣效果; 주변효과, 주연효과; しゅうへんこうか] 포장시험에서 토양조건이 균일하더라도 시험구획의 주변부는 미세한 환경조건의 차이로 시험구획 중심부와 달리 개체생육이 왕성하고 잘 번무하는 등의 중심부 개체와 생육차이를 보이는 현상으로 주연효과라고도 함.

border flower bed [境栽花檀; 경재화단; きょうさいかだん] 건물, 통로 등의 주변에 조성한 화단.

bostryx [券散花序; 권산화서; けんさんかじょ] 주요 꽃자루와 첫 번째 가지가 평행인 식물들에서 2차 화축이 발달하는 나선형의 취산화서.

botanical garden, botanic garden [植物園; 식물원; しょくぶつえん] 식물학연구에 필요한 자료를 수집하여 재배하는 한편 일반사회에 공개하여 교육이나 레크레이션을 할 수 있는 시설.

botany [植物學; 식물학; しょくぶつがｎ] 동물학에 상대되는 생물학의 한 부문. 식물에 관한 모든 사항을 연구하는 자연과학. 순정식물학과 응용식물학으로 크게 나뉘고, 다시 식물발생학·식물형태학·식물생태학·식물유전학·식물분류학·식물지리학·고생식물학 등의 여러분과로 나뉨.

botrys [總穗花序; 총수화서; そうしゅうかじょ] → inflorescence

bottom heating [底面加溫; 저면가온; ていめんかおん, ていめんかねつ] 온상이나 온실의 밑부분에서 토양 및 상토를 가온하는 방법.

bound water [抑留水; 억류수; よくりゅうすい] → combined water

bouquet [花束; 화속, 꽃다발, 부케; はなたば] 생화 또는 조화(造花)를 모아 만든 꽃다발.

bowed branch layering, bend layering [壓條法; 압조법; とりきほう] 취목의 일종으로 1, 2년생 가지를 구부려 그 가지의 일부를 흙으로 덮어(복토) 발근시킨 후 분리시켜 묘를 얻는 방법. 주로 가지 신장이 비교적 좋은 작물로서 삽목발근이 어려운 식물에서 활용.

bract [苞; 포; ほう] 꽃대의 밑 또는 꽃꼭지의 밑에 있는 비늘 모양의 잎. 총포(總苞), 화포(花苞), 포엽(苞葉) 등이 있음.

bract leaf [苞葉; 포엽; ほうよう] 포(苞)라고도 부름. 잎의 변태로 눈이나 꽃봉오리를 싸서 보호하는 작은 평평한 잎을 말하며, 비교적 대형인 것을 포엽, 비교적 소형인 것을 인편엽이라 하나 양자의 구별이 반드시 명확하지는 않음. 이삭잎.

branching [分枝; 분지; ぶんし] 식물이 2개 이상의 가지로 분화되는 것으로 원줄기에서 원가지가 나오는 것을 말함.

branching habit [分枝性; 분지성; ぶんしせい] 가지를 만들려는 성질.

breaking of dormancy, dormancy breaking, breaking of rest [休眠打破; 휴면타파; きゅうみんだは] 휴면 상태에서 성장이나 활동을 개시하게 하는 것, 휴면각성.

breaking of rest [休眠打破; 휴면타파; きゅうみんだは] → breaking of dormancy

breaking of rosette [로제트타파] 화훼에서 줄기가 신장하지 않고 뿌리에 직접 잎이 붙어 있는 것 같이 보이는 근출엽의 상태를 타파함.

breeder's seed [基本種, 基本植物; 기본종, 기본식물; きほんしょくぶつ] 장려 품종으로 결정된 품종의 종자 순도를 유지하기 위하여 육성 기관에서 유지하는 식물.

breeder's stock [原原種; 원원종; げんげんしゅ] 육종가에 의해 육성된 신품종이나 기존품종 중 그 계통의 유전적 특성이 변화되지 않도록 유지하여 종묘 증식의 근원이 되는 종, 품종. → foundation stock

bud, sprout [芽; 싹, 아, 눈; め] 씨앗, 뿌리, 줄기, 가지 끝 등에서 돋아나 있는 것으로 생육을 시작할 경우 가지, 뿌리, 잎, 줄기 등이 됨. → sprouting

bud break [發芽, 萌芽; 발아, 맹아; はつが, ほうが] 눈(bud)의 발생. → sprouting

bud burst [發芽, 萌芽; 발아, 맹아; はつが, ほうが] 눈(bud)의 발생. → sprouting

budding, emergence [出芽; 출아; しゅつが] 토양에 종자를 파종 했을 때 발아한 새싹이 지상으로 출현하는 것.

bud mutation, bud sport [芽條突然變異; 아조돌연변이; がじょうとつぜんへんい] 돌연변이의 일종으로 식물체 일부의 체세포에서 돌연변이가 일어나 형질이 다른 부분이 생기는 것. 그 형질을 그대로 보존하려면 그 가지를 접목이나 취목와 같은 영양번식법에 의하여 가능함. 십문자(十文字), 구곡상(九曲桑), 와룡(臥龍) 등이 이 방법에 의해 육성됨.

bud scale [芽鱗; 아린, 눈비늘; がりん] 일반적으로 목본식물은 신초 신장이 정지되는 동시에 그 선단 또는 엽액에 화아 또는 엽아가 착생되는데, 그 눈의 내부에 화원기 또는 엽원기가 형성되어 그것들을 감싸고 있는 수십개의 인편이 보통 형성되며 그 눈의 인편을 아린, 눈비늘이라고 함.

budding [芽接; 아접, 눈접; めつぎ] 접목법의 한 가지. 중앙부에 있는 눈을 잘드는 눈접칼로 벗겨 내어 대목(臺木)이 될 가지의 껍질을 '十'자 모양, 'T'자 모양 또는 'I'자 모양으로 절개(切開)하여, 그 곳에 끼운 뒤에 잡아 맴. 아(芽)를 가진 수피를 접하는 것.

bulb [球根, 鱗莖; 구근, 인경, 비늘줄기; きゅうこん, りんけい] ① 숙근초 가운데 잎의 기부 또는 줄기 뿌리 등에 양분이 저장되어 공과 같이 둥글게 비대하는 한편 다음 생육기를 위한 눈을 가진 지하조직 ② 비늘줄기(鱗莖; 인경)로 땅속줄기의 일종으로서 줄기 자체가 비대하여 덩어리 또는 둥근 모양의 줄기가 된 것과는 다르게 줄기의 끝에 육질이 풍부한 다수의 마디가 짧은 줄기를 둘러싼 지하 저장기관.

bulbil [珠芽; 주아, 살눈; しゅが, むかご] 변태적인 액아의 하나. 줄기에 상당하는 부분에 양분을 저장하여 다육질의 작은 덩어리가 되어 쉽게 모체에서 땅에 떨어져 나와 발아하여 무성적으로 새 개체가 됨.

bulblet [小鱗莖; 소인경; しょうりんけい] 구아(球芽). 작은 인경.

bulbous plant [球根植物; 알뿌리식물; きゅうこんしょくぶつ] 양파, 튜립, 히아신스, 수선 등과 같이 엽체가 피막상을 이루고 있는 식물의 총칭.

bulky organic matter [粗大有機物; 조대유기물; そだいゆうきぶつ] 밭의 부초나 심경에 이용되는 비교적 탄소율이 높은 유기물. 볏짚(탄소율 80), 죽재, 톱밥(500) 등을 말함.

bull-head [불헤드] 장미의 화아가 정상적인 꽃이 되지 않고 기형이 되는 경우로 화판수는 정상화보다 많으나 짧고 광폭(廣幅)이며 안쪽으로 굽는 현상. 심하면 화심부가 넓직해지고 화심이 둘, 셋으로 갈라져서 소의 머리와 같다는 의미에서 통상 불헤드로 칭함. 고온기와 저온기에 주로 발생하는데 고온기에는 개화 약 1주일 전에 꽃받침이 화판에서 분리될 때 30℃의 고온에 단시간이라도 처리되면 발생하며, 저온기에는 화뢰 발육초기의 저온(5~10℃)이 원인이며 품종에 따라 발생차가 큼.

C

C_3 plant [C_3植物; C_3식물; シィスリしょくぶつ] 광합성에서 탄소를 고정할 때 인글리세르산(PGA 또는 phosphoglycericacid)처럼 3개의 탄소를 가진 화합물을 맨 처음 만드는 식물. 광합성에서 CO_2를 고정하는 방식에 C_3, C_4, CAM의 세 가지가 알려져 있고 식물의 종에 따라 결정되며 C_3식물, C_4식물, CAM식물이라 부름. C_3식물은 칼빈회로를 가지며 최초의 CO_2고정산물이 탄소가 3개인 PGA이기 때문에 C_3식물이라 부르고, C_4식물의 C_4회로는 CO_2가 포스포에놀피루브산(PEP 또는 phosphoenolpyruvate)와 결합하여 탄소가 4개인 OAA(옥살아세트산)이 첫 화합물로 생기기 때문에 C_4식물로 부르며 이때 C_4회로는 C_3회로에 합류되므로 C_4식물은 C_3회로도 갖고 있음. CAM식물은 꿩의 발톱과(科)식물의 산대사의 약칭인데 다육질 잎을 갖고 주간에 기공을 막아 수분증발을 억제하기 때문에 내건성이 큰 것이 특징이며, 밤에 기공을 열어 C_4식물의 방식으로 CO_2를 고정해서 액포에 저장했다가 낮에 이를 유기산에서 유리한 CO_2를 활용하여 C_3회로를 돌림. CAM식물의 경우 CO_2를 수용하는 PEP가 탄수화물을 분해해서 만들기 때문에 물질생산이 가장 불리한 방식이나 선인장처럼 사막과 같은 불량환경에서도 살아갈 수 있는 방법임.

C_4 plant [C_4植物; C_4식물; シーよんしょくぶつ] 광합성에서 암반응의 초기 산물로 탄소가 4개인 화합물을 생성하는 식물. → C_3 plant

callus [癒傷組織; 캘러스, 유상조직; ゆしょうそしき, カルス] 식물체에 상처가 났을 때 생기는 조직으로 유상조직, 유합조직, 캘루스라고도 함.

calyx [萼; 꽃받침, 악; がく, へた] 꽃의 보호기관의 하나. 꽃잎을 받치고 있는데 녹색이나 갈색임. 꽃대의 한 끝으로 꽃잎이 붙는 부분, 또는 생식기소가 형성될 때 특히 분화되는 소엽지. 꽃을 받치고 있는 자루가 변형되어 비대한 부분.

calyx splitting [萼割; 악할, 언챙이; がくわれ] 꽃받침 갈라짐 현상. 카네이션에서 꽃잎을 싸고 있는 꽃받침의 일부가 세로로 갈라져서 꽃이 필 때 꽃잎이 터져 나오는 현상. 보통 화판수가 60매 이상으로 증가했을 때 발생하는데, 화판수는 재배온도가 낮거나 밤낮의 온도차가 클 때 , 칼륨 성분이 높을 때 증가함.

cambium [形成層; 형성층, 부름켜; けいせいそう] 식물의 줄기와 가지, 뿌리의 유관속 중에 있는 조직으로 물관과 체관의 경계에 위치하는 분열세포의 열. → 부름켜.

CAM plant (Crassulacean Acid Metabolism) [CAM植物; CAM식물; シーエーエムしょくぶつ] 식물에 의한 탄소산화 동화과정으로 탄소산화는 밤 동안에 유기산으로 고정되고, 광합성을 위한 낮 동안은 쉼. 사막식물의 특징. → C_3 plant

canopy [樹冠, 草冠; 수관, 초관; じゅかん] 나무, 초본 등 식물의 가지와 잎이 있는 부분.

capillary water [毛管水; 모관수; もうかんすい] 모세관 또는 토양의 미세한 틈 안에서는 벽면에 대한

물의 점착력(粘着力)이 물의 응집력보다 크기 때문에 표면장력에 의하여 토양 공극 내에서의 중력에 저항하여 물이 모세관 안쪽이나 틈 안에 유지되는 수분.

capillary watering [毛管灌水; 모관관수; もうかんかんすい] 모관현상에 의해서 관수하는 방법.

capitate flower [頭狀花; 두상화; とうじょうか] 꽃대 끝에 많은 꽃이 붙어 머리 모양을 이룬 꽃. 국화 따위.

capitulum, head [頭狀花序; 두상화서; とうじょうかじょ] 무한화서의 한가지로 여러 꽃이 꽃대 끝에 모여 붙어 머리모양을 이루어 한 송이의 꽃처럼 보임. 예를 들면 국화의 경우 두상 꽃차례.

carotenoid [카로티노이드; カロチノイド, カシナいんりょう] 여러 과실, 채소에 포함되어 있는 것 외에 새우, 게, 홍송어, 알의 노른자 등 동물체에 넓게 분포한 색소의 총칭으로 황~적색계를 나타냄. 당근의 주색소는 카로틴(carotene)에서 유래. 대부분 C_{40}의 탄소조성을 가지며 식물체에서는 유색체와 엽록체에 수종이 섞여있어 꽃, 과실, 뿌리 또는 가을 단풍을 보여 황~적색계의 다채로운 색을 발현하는데 관여함.

carpet flower bed [毛氈花壇; 모전화단; もうせんかだん] 개화기가 같고 키가 작은 꽃을 양탄자처럼 군식한 화단.

caryopsis, grain [穎果; 영과; えいか] 곡물류의 곡과 견과의 한 가지, 과피가 건조하여 종피와 꼭 붙어 있고 씨도 하나임. 보리, 벼 등 포아풀과 식물의 열매 같은 것.

cataphyll [低出葉; 저출엽; ていしゅつよう] 싹, 근경, 인경 인편엽(鱗片葉)과 같이 발생초기의 식물에서 지면에 가까운 부분에 형성되는 이형엽(異形葉)의 일종으로 고출엽(hypsophyll)의 대어. 그 밖에 전출엽(前出葉; prophyll), 근출엽(根出葉; radical leaf) 등과 비교됨.

cation exchange capacity (CEC) [양이온치환용량; ようしおんちかんようりょう] 특정 pH에서 일정량의 토양에 다른 양이온과 교환이 가능한 형태로 흡착된 양이온의 총량. 양이온교환용량이라고도 함. 이는 영양분을 흡수, 보유할 수 있는 능력으로 표현되며, 용량이 크면 좋은 토양으로 간주됨. 일반적으로 사토나 카올리나이트 계열 토양은 3~15me/100g 내외로 낮고 점토나 몬모릴로나이트, 버미큘라이트는 100me/100g 내외로 높은 편임. → BEC

cell fusion [細胞融合; 세포융합; さいぼうゆうごう] 인접세포가 융합하여 융벽(融壁)이 소실된 결과 세포의 다핵화가 일어나는 것. 자연적으로는 생식세포의 수중 등이 있음. 상이한 종의 체세포 핵과 세포질로부터 한 개의 교잡세포를 만드는 것.

chemical control, chemical pest control [化學的防除; 화학적방제; かがくてきぼうじょ] 화학적 물질(약제)을 이용하여 유해생물(잡초, 병해충 등)을 방제하는 것. 효과가 확실하고 빠르지만 약해 발생의 염려가 있고 천적도 동시에 죽이는 문제점이 있음.

chemical regulation [化學調節; 화학조절; かがくちょうせつ] 식물생장조절제를 사용하여 식물의 생장과 분화를 조절하여 생장, 개화, 착과, 발아, 발근, 낙엽 등을 촉진 또는 억제시키는 것.

chilling treatment [低溫春化; 저온춘화; ていおんしょり, ていおんしゅんか] 일반적으로 월년생 장일식물은 비교적 저온인 0~10℃의 처리가 화아유도에 유효하며, 이와 같은 저온처리를 저온춘화처리(저온버어날리제이션)이라고 함. 예를 들면, 맥류, 무우, 배추, 딸기 등.

chimera [키메라; キメラ] 동일 개체 중에 유전자형이 다른 조직이 서로 접촉하여 존재하는 현상. 동물에서는 이와 같은 현상을 모자이크라고 불리 우는 것이 보통임. 조직혼재의 모습에 따라서 한편의 조직이 축의 중심까지 들어와 있는 구분(區分)키메라와 축을 둘러싸고 있는 층의 조직이 한쪽의

유전자형인 주연(周緣)키메라 등의 구별이 있음.

chip [칩; チップ] 칩퍼로 절단한 목재나 참대 같은 펄프원료의 소편으로 삭편이라고도 함. 펄프, 섬유판 등을 만들기 위해 증해 관에 넣을 수 있는 원료상태.

chlorosis [白化; 백화; はっか] 〈작물〉 식물체의 유색체 결여 및 엽록소의 합성 저해로 인해 발생. 때로는 돌연변이나 엽록소 합성에 필요한 Mg, Fe, Mn 등의 이온공급 불량으로도 백화현상이 발생하며, 장시간 암흑조건에 식물체를 놓아두어도 백화현상이 발생함.

cincinnus, scorpioid cyme [單花梗聚散花序, 互散花序; 단화경취산화서, 전갈꼬리형꽃차례, 호산화서; たんかこうしゅうさんかじょ] 하나의 꽃자루만 가지는 취산화서의 한 형태.

circadian rhythm [써케이디언리듬, 개일성; がいじつリズム] 써케이디언 리듬이라고도 말하며, 약 24시간의 주기를 가지는 생물학적 리듬. 생리기능 주기. 생리적 리듬. 활동일주기.

cladodium [扁莖; 편경; へんけい] 넓적 줄기.

clay pot [土盆; 토분; つちばち] 흙을 재료로 하여 만든 화분.

clean bench [無菌床; 무균상; クリーンベンチ] 병원균 이식 등의 작업을 할 때 다른 미생물의 오염을 방지하기 위하여 만들어진 장치. 공기를 걸러서 무균상태로 만들어 이 상자 안에 공급하므로 무균작업이 가능함.

cleft grafting [割接; 짜개접, 할접; わりつぎ] 대목이 비교적 굵고 접수가 가늘 때 적용하는 방법으로 접수를 알맞은 방법으로 끊고 하단 양쪽에 있어서 삭면을 만들고 대목은 줄기의 중심부를 지나는 방향으로 칼을 넣어 아래로 쪼개고, 그 길이는 접수에 만들어준 삭면의 길이와 비슷하게 하여 접수를 갈라진 사이에 끼우고 접목하는 법. 쪼개접.

cleistogamous flower [閉鎖花; 폐쇄화; へいさか] 꽃받침조각, 꽃잎이 열리지 않는 등 개화하지 않으면서 작고 빛깔이 엷은 꽃을 맺는 자가수분 식물. 종자식물 전반에 걸쳐 발생하며 주로 건조, 저온, 광 부족 등의 악조건에 대한 적응성(適應性)의 일환으로 알려짐.

climacteric rise [極上昇; 극상승; きょくじょうしょう] 어떤 과실과 그의 수확의 방법에 따라 식물체에서 과실을 제거하기 전이나 후에 익어 가는 과실의 호흡이 최대로 상승하는 것. 호흡급등현상.

climber, climbing plant [蔓性植物; 만성식물; つるせいしょくぶつ] 다른 것에 감기거나 부착하면서 자라는 덩굴식물을 가리키며 줄기 자체가 다른 것에 감겨 올라가는 것으로는 왼쪽으로 감아 올라가는 것과 오른쪽으로 감아 올라가는 것이 있음. → liana

climbing stem [蔓性枝; 만성줄기; つるせいし] 덩굴성 줄기.

clone, clonal strains, clonal line [營養系; 영양계; クローン, えいようけい] 단일세포 또는 개체로부터 무성적(無性的)인 증식에 의하여 생긴 유전적으로 동일한 세포군 또는 개체군. 영양계(營養系) 또는 분지계(分枝系)라고도 하며, 1903년에 웨버가 명명함. 바이러스의 경우에도 1개의 입자에 유래한다고 생각되는 자손의 집단을 관용적으로 클론이라고 하며, 1개의 클론 속에 하나하나의 개체를 말할 때는 라멧(ramet)이라고 함.

close planting, close spacing [密植; 밀식; みっしょく] 빈틈없이 빽빽하게 심음.

closed cutting [密閉插, 密閉插木; 밀폐삽, 밀폐삽목; みっぺいさしき] 밀폐삽목법. → cutting under closed condition

closed system [循環式, 閉鎖式; 순환식, 폐쇄식; じゅんかんしき] 양액재배에서 배양액의 재활용 여부에

따른 구분으로 순환식 혹은 폐쇄식 양액재배라고 부름. 배양액을 흘려버리는 방식(개방식)과 달리 배양액을 순환시켜 다시 사용하는 방식으로 배양액을 순환시켜 사용한다는 의미에서 순환식(circulated), 흘려버리지 않고 사용한다는 의미에서 폐쇄식(closed)이라고 표현함.

C-N ratio [C-N 率; C-N 율, 탄질율, 탄질비, 탄소질소비율; C-Nりつ] 탄소-질소율의 약자. 식물체내의 탄수화물과 질소화합물의 비율이 클 경우는 화아형성이 촉진되고 작으면 영양생장이 지속된다고 함.

coaction [生物相互作用; 생물상호작용; せいぶつそうごさよう] 한 군집 내의 생물들의 호혜적인 활동(reciprocal activity).

coated fertilizer [被覆肥料; 코팅비료; ひふくひりょう] 보통의 단비와 화성비료의 입자 표면을 유지류나 합성수지류로 피복하여 비료의 완효화를 도모한 비료.

cold hardiness, cold resistance, cold tolerance [耐寒性; 내한성; たいかんせい] ①월동식물이 겨울철에 한냉에 견디어 상해(傷害)를 받지 않거나, 받아도 피해가 경미한 성질을 말함. 내한성에는 체내 수분감소에 의하여 동결을 회피하는 것과 동결하여도 잘 견디는 것(내동성)등 두 종류가 있음. ② 추위에 견디는 능력을 말하며, 추운 환경에 많이 노출됨으로 인해 추위에 대응하는 체온조절기능이 향상되어 얻게 됨. 내냉성(耐冷性, たいれいせい), 냉해저항성(冷害抵抗性, れいがいていこうせい).

cold storage [冷藏; 냉장; れいぞう] 식료품(食料品)이나 약품 같은 것의 부패를 막고 또는 냉각하기 위하여 냉장고 등을 사용하여 냉온(冷溫)에서 저장하는 일.

collenchyma [厚角組織; 후각조직; こうかくそしき] 쌍자엽 식물의 잎, 줄기 또는 꽃의 최초 지지(支持)조직으로 식물체를 견고하게 하는 기계조직. 주연부에 있는 표피의 바로 밑에 생기는데 세포벽의 일부분만 혹처럼 도드라져 두텁게 생기는 현상으로 원형질을 가지고 있음. 대표적으로 베고니아 줄기세포가 있음. 반면 후막조직(厚膜組織, sclerenchyma)은 세포벽 전체가 두텁게 목질화(木質化)되며 완전히 성숙하게 되면 원형질이 없어짐.

column, gynostemium [蕊柱; 꽃술대; ずいちゅう] 암술과 수술이 하나로 이어져 기둥 모양을 이루며, 난초과 따위의 꽃에서 볼 수 있음.

combined water, bound water [結合水, 抑留水; 결합수, 억류수; けつごうすい, よくりゅうすい] 토양 중의 화합물의 한 성분으로 되어 있는 수분으로 화합수라고도 하는데, 토양을 100~110℃로 가열해도 분리되지 않고 pF가 7.0 이상인 수분으로 식물에는 흡수되지 않으나 화합물의 성질에 영향을 줌.

commercial horticulture [生産園藝; 생산원예; せいさんえんげい] 상업을 목적으로 한 원예작물 재배활동. ↔ home gardening(가정원예)

community, colony [群集, 群落; 군집, 군락; ぐんしゅう, ぐんらく] 일반적으로 종이 다른 개체 모임(biotic community)을 말함. 식물 군락(association)의 경우 특정 생육조건과 연관을 가지고 있으며 표징종(標徵種)과 식별종(識別種)을 통해 종을 규정할 수 있는 기본 식생단위.

compatibility [和合性; 화합성; わごうせい] 약제를 혼용하면 화합성 여부에 따라 효력이 감퇴하고 약해가 발생하여 혼용가능여부가 발생하는데, 혼용가능상태를 화합성이라고 함.

compensation point [補償点; 보상점; ほしょうてん] 광합성에서 광합성량과 호흡량이 평형을 이루는 상태를 광보상점이라고 함.

complete flower [完全花; 완전화, 갖춘꽃; かんぜんか] 꽃받침, 꽃부리, 암술, 수술을 모두 갖춘 꽃. 이에 대하여 어떤 기관이 덜 갖추어진 것을 불완전화라고 함.

compost [堆肥; 퇴비; たいひ] 짚류, 풀, 낙엽과 기타 비료성분이 들어 있는 여러 가지 재료를 모아 퇴적하여 부숙시킨 것으로 비료공정규격의 부산물 비료의 일종.

compound fertilizer [複合肥料; 복합비료; ふくひ, ふっごうひりょう] 2개 이상의 비료성분이 함유되도록 화학적 제조과정을 거쳐 제조된 화학비료. 복합비료.

compound flower [集合花; 집합화; しゅうごうか] 다수의 소화(小花)가 모여서 한 개의 꽃과 같이 보이는 꽃.

compound layering, serpentine layering [波狀取木法; 파상취목법; はじょうとりきほう] 모체에서 가지를 분리하지 않은 채 파도모양으로 구부려 땅에 묻어서 한 가지의 여러 부위에서 발근시키는 영양번식 방법.

compound leaf [複葉; 복엽; ふくよう] 한 개의 엽신이 여러 개의 소엽으로 이루어진 잎.

cones, strobilus [毬果; 구과; きゅうか] 솔방울. 잣송이 등 솔방울처럼 모인 포린 위에 2개 이상의 소견과를 가진 열매의 형태로 나자식물의 대표적인 열매 형태.

container culture, box culture [容器栽培; 용기재배; ようきさいばい] 물건을 담는 그릇에 식물을 자라게 하는 재배법.

continuous layering [連續取木法; 연속취목법; れんぞくとりきほう] 연속취목법.

continuous lightening [終夜照明; 종야조명; しゅうやしょうめい] 인공광원으로 일장기간의 연장을 목적으로 야간에 계속 조명하는 것.

contractile root [收縮根; 수축근; しゅうしゅくこん] 성장과정에서 수축된 뿌리를 말함. 따라서 토양과의 관계에 따라 묘(苗)의 부위가 변화하게 됨.

controlled atmosphere storage (CA storage) [空氣調節貯藏; 공기조절저장, CA저장; くうきちょうせつちょぞう] 저장고의 온도, 습도, 공기의 조성을 최적조건으로 제공하여 식물체 및 과실의 호흡을 억제하고 저온을 유지하여 저장 수명 및 품질보전성을 향상시키는 저장방법.

controlled horticulture [施設園藝; 시설원예; しせつえんげい] → protected horticulture

controlling of flowering, flowering control, regulation of flowering [開花調節; 개화조절; かいかちょうせつ] 온도, 일장 등의 환경조절, 화학물질의 처리, 재배기술 등에 의해 식물의 개화를 인위적으로 조절하는 것.

coring [除心; 제심; じょしん, じょかく(除核)] 히야신스 번식법의 하나로 구근의 저반에서 정부까지 중심을 빼내어 주아(主芽)를 제거하고 인공적으로 부정아 형성을 유도시키는 방법. 자구의 형성수은 적지만 큰 구근을 얻을 수 있기 때문에 1~2년 양성재배로 판매가 가능해지는 이점이 있음. 그 밖에도 notching(노칭), scooping(스쿠핑), 고온처리 등이 있음.

corm [球莖; 구경, 알줄기; きゅうけい] 알줄기는 괴경과 비슷한데 지하경의 선단에 생기지 않고 그 기부에 양분을 축적해 온 부분임. 즉, 지하경의 절간이 단축되어 구형으로 된 것으로 괴경과는 달리 뿌리와 출엽이 있고 지하경은 인편상의 잎으로 싸여 있음. 크로커스, 글라디올러스 등이 있음.

cormel, bulblet, cormlet [木子, 子球; 목자, 자구; きご, しきゅう] 지하부에 형성된 소구근에 대한 원예상의 이름임. 백합류 지하경의 엽액에 생기는 것을 소인경(bulblet), 글라디올러스, 프리지아 등

신구기부에 형성되는 것을 소구경(cormel)이라 하고 형태는 다르지만 역시 목자(木子)라고 함. 또한 성숙한 구경에서 만들어지는 2차 구경이란 의미에서 분생구경(分生球莖; ぶんせいきゅうけい)이라고도 함.

corolla [花冠; 화관; かかん] 꽃받침 안쪽에 있는 꽃잎들의 모형 꽃잎을 총칭하는 말로서, 화관에는 개개의 꽃잎(화판)이 하나로 유합되어 있는 합판화와 이판화가 있음.

corona, trumpet [副冠; 부관, 부화관; ふくかん] 나팔 수선화에서 볼 수 있으며, 화피편의 융합으로 형성된 컵 모양의 구조.

corpus [内体; 내체; ないたい] 줄기의 정단분열 조직에 있어서 수층 분열하는 주변부의 세포층의 바로 밑에 위치하고 있는 세포군.

corsage [코사지; コーサージ] 가슴이나 어깨에 다는 작은 꽃다발.

corymb [繖房花序; 산방화서; さんぽうかじょ] 끝이 거의 평평하도록 화경이 길어진 총상화서.

cover plant, ground cover plant [地被植物; 지피식물; ちひしょくぶつ] 자라면서 토양을 덮어 풍해나 수해를 방지하여 주는 식물.

covering material [被覆資材; 피복자재; ひふくしざい] 멀칭을 할 수 있는 자재. 비닐, 풀, 생짚, 산야초 등.

cracking of skin, skin cracking [裂皮; 열피; れっぴ] 작물의 열매나 과실외피(과피)가 어떤 피해를 받아 상처를 입은 모습.

critical day length, critical photoperiod [限界日長; 한계일장; げんかいにっちょう, りんかいにっちょう(臨界日長)] 작물의 생육이 일장의 영향을 받을 때 생육에 영향을 줄 수 있는 일장의 한계로, 식물의 출수 또는 개화를 촉진하거나 늦추게 하는 고비가 되는 낮 시간의 길이를 말함. 예를 들어 단일식물인 벼의 한계일장은 12~14시간의 범위에 있음. 임계일장.

crooked neck [首曲; 수곡; くびまがり] 카네이션이나 튜울립 등에서 나타나는 꽃목이 굽는 현상으로 꽃목의 한쪽면의 생육이 비정상적으로 저조하여 발생함.

cropping type, cropping pattern [作型; 작형; さくがた] 가꿈꼴, 작부모형, 재배양식.

crop rotation [輪作; 윤작; りんさく] 한 포장에서 몇 가지 작물을 특정한 순서로 규칙적으로 반복하여 재배해 나가는 것. 돌려짓기.

cross-incompatibility [交雜不親和性; 교잡불친화성; こうざつふわごうせい] 화분이나 배란은 완전하나 생리적인 원인(화분의 불발아, 화주에의 침입불능, 화분관의 생장정지 등)으로 수정이 되지 않는 현상. 교잡친화성(cross-compatibility)의 대어.

crown [冠部; 관부; かんぶ] 종자의 뿌리와 줄기가 만나는 지점. 나무의 줄기와 가지를 일컬음.

crown bud, willow bud [柳芽; 버들눈; ヤナギのめ] 국화의 꽃눈분화는 각 품종의 꽃눈분화에 대한 한계일장보다 짧은 조건 또는 그 식물의 성숙도에 의해서 유발되며 그 후의 일장조건이 꽃눈 발달에 대한 한계일장보다 길든가 심한 고온 또는 저온에 의해서 정상적인 꽃눈 발달이 중단되는 경우에는 포엽의 일부가 버들잎 모양인 가느다란 잎 모양으로 변하여 꽃목 부분에 위치하는데 이 같은 기형의 잎을 가진 기형의 꽃봉오리를 버들눈이라 함.

cultivar [栽培品種; 재배품종; さいばいひんしゅ] 인위적으로 재배되고 있는 품종을 말함. 어떤 육성식물종의 집단속에서 특정한 유전적인 형질에 관하여 다른 것과 구별하여 특징이 있는 일군의 식물.

cultivation under shaded light, shade culture [遮光栽培, 減光栽培; 차광재배, 감광재배; しゃこうさ

いばい] 햇빛을 가려 작물을 재배하는 일.

culture medium [培養土, 培地; 배양토, 배지; ばいようど] 관상용의 화초나 목본(木本)식물의 재배에 사용하기 위하여 인위적으로 가공한 흙.

cumulative temperature [積算溫度; 적산온도; せきさんおんど] 일정 기간 온도의 적산치를 적산온도라 하는데 산출방법, 기간, 적산하는 온도의 종류 등은 목적대상에 따라 달라짐. → accumulated temperature

curing [乾燥; 건조, 큐어링; かんそう] 저장 중인 고구마의 부패를 방지하기 위해 상처에 유상조직(癒傷組織)을 발달시키는 조작. 고구마의 표피는 목질 ·코르크질로 된 몇 층의 조직으로 되어 있는데, 캐거나 운반할 때 생긴 상처로 병원균이 침입하여 저장 중에 부패하는 경우가 많음. 상처가 생긴 고구마를 온도 29~30℃, 습도 85%에서 10~14일 동안 처리하면, 상처 바로 밑에 유상조직이라고 하는 코르크의 보호층(保護層)이 생겨 병원균의 침입을 방지할 수 있으므로 저장 중의 부패를 막을 수가 있음.

cuttage, cutting method [挿木法; 삽목법, 꺾꽂이; さしきほう] 식물의 영양기관인 가지나 잎을 잘라낸 후 다시 심어서 식물을 얻어내는 재배 방식으로 무성생식에 속함. 이 방식으로 번식하는 대표적인 식물은 철쭉, 장미, 개나리와 고구마, 파인애플 등이 있음.

cutting [挿木; 삽목; さしき] 식물체의 일부인 줄기. 잎. 뿌리 등을 잘라 부정근(不定根)이나 부정아(不定芽)를 발생시켜 하나의 독립된 개체를 얻는 영양번식의 한 방법이며, 모주와 동일형질의 개체를 일시에 대량 증식할 수 있음.

cutting bed [挿木床; 삽목상; さしきしょう] 삽목묘를 양성하는 묘상.

cutting under closed condition [密閉挿木; 밀폐삽목; みっぺいさしき] 삽목묘를 플라스틱 등을 이용하여 삽목상을 밀폐하여 내부 습도를 100%까지 높여 발근효율을 증진시키는 방법.

cutting-graft [挿木接; 삽목접; さしきつぎ] 뿌리가 없는 두 식물의 가지끼리 접목하는 것.

cv.(cultivar) [栽培品種; 재배품종; さいばいひんしゅ] → cultivar

cyclic lightening, alternate lightening, periodic lighting [交互照明; 교호조명; こうごしょうめい, かんけつしょうめい(間歇照明)] 국화의 개화억제 목적으로 전조(電照)할 때 2~3일 전조 후 하루는 쉬는 식으로 조명하는 방법.

cycocel [사이코셀; サイコセル] 식물생장억제제의 일종.

cyme [集散花序; 집산화서, 집산꽃차례; しゅうさんかじょ] 꽃들이 화서축의 아래쪽 측지에서 발달하여 점차 내리 피는 것.

cytokinin [사이토키닌; サイトカイニン] 세포 분열을 촉진하는 식물생장조절 물질로 흔히 부정 줄기의 형성을 촉진하는 반면 부정근 형성을 억제시키고, kinetin, zeatin, BA 등이 있음.

damping-off [立枯病; 모잘록병, 입고병, 잘록병; たちがれびょう] 어린 식물체의 지제부를 침해하여 부패시킴으로서 죽게 하는 병해. 식물체가 성숙해지면 병에 대한 저항력이 생기므로 주로 어린 묘에서만 나타남.

D

daminozide [SADH] → B-9

dark germinating seed, dark germinator [暗發芽種字; 암발아종자; あんはつがしゅし, こうあんせいしゅし(好暗性種子)] 종자가 발아하는데 광이 필요치 않거나 광에 의해서 발아가 억제되는 종자를 암발아 종자라고 하며, 종자의 발아에 관여하는 명·암은 생리적인 특성이라 할 수 있고 대부분의 종자가 암발아성이며 맨드라미와 비름 등은 광발아종자(light germinating seed, light germinator)에 속함.

dark period [暗期; 암기; あんき] 식물의 일장효과에서 사용되는 용어로 햇빛이나 인공조명을 하지 않는 기간.

dry set, cormlet [子球; 자구; しきゅう] 양파에서 사용. 인경식물에서 뿌리의 주구에서 나오는 새끼구를 자구라고 하며, 백합, 글라디올라스, 튤립, 히야신스, 토란, 마늘등에서 생김. → cormel

daughter corm [子芋; 자우; こいも] 토란 등의 자구(子球).

daylength, photoperiod [日長; 일장; にっちょう] 1일 24시간 중의 명암 비율을 말함.

day-neutral plant, neutral plant [中日性植物; 중일성식물, 중성식물, 중일식물; ちゅうせいしょくぶつ] 식물의 일장(日長) 감응성을 분류할 때, 단일 또는 단일성(短日性) 식물(코스모스와 같이 일조시간이 짧을 때 개화하는 식물), 장일 또는 장일성(長日性) 식물, 중일(성) 식물 또는 중성식물로 분류하며 일정한 한계일장이 없고 대단히 넓은 범위의 일장에서 화성이 유도되는 식물을 중일(성) 식물이라 하며, 화성이 일장에 영향을 받지 않는 식물. → DNP

dedifferentiation [脫分化, 逆分化; 탈분화, 역분화; だつぶんか, ぎゃくぶんか] (역분화) 세포나 조직의 분화가 역전되는 현상으로 성숙한 세포가 분열활동을 다시 계속하는 경우. (탈분화) 특정화된 세포들이 배양 과정에서 고유의 특성을 소실하고, regression이 더욱 단순한 상태로 바뀌는 것(regression은 진화의 역방향으로 진행되는 과정을 말함). 탈분화는 분화된 세포가 비분화된 세포, 즉 분열 조직적 세포로 바뀌는 현상.

definite bud [定芽; 정아, 정상눈; ていが] 끝 눈, 겨드랑 눈, 덧눈 등과 같이 일정부위에 생긴 눈. 이것에 대하여 잎, 뿌리, 줄기의 절간(節間)등 일반적으로 눈이 형성되지 않는 부분에 생기는 것을 부정아(不定芽)라 함. 한편, 정아(頂芽)는 apical bud, terminal bud로 식물에서 가장 윗부분에 위치한 눈을 말함.

definite inflorescence [有限花序; 유한화서; ゆうげんかじょ] 유한 꽃차례. 화축에 꽃이 배열되어 있는 상태를 화서라 하며 소화의 개화순서가 구심성(밑에서 위로 차례로 개화하는 것)인 무한화서와 원심성(정부의 소화부터 개화 하는 것)인 유한화서로 구분함. 유한 꽃차례.

defoliant [枯葉劑; 고엽제; こようざい] 수목 등의 잎을 낙엽지게 함으로서 고사시키는 약제.

degeneration [退化; 퇴화; たいか] ① 개체발생이나 진화과정에서 어떤 기관이 분화가 없어지거나 작게 되는 일. 특수한 구조나 기능이 보다 퇴보하는 방향으로의 변화. ② 어떤 세포가 특징적인 구조를 잃고, 보다 원시적인 배형(胚型)으로 되돌아가는 것. 퇴생. 품종퇴화(degeneration of variety).

degradation [退化, 低下; 퇴화(작용), 저하(작용); たいか(さよう), ていか(さよう)] 물질이나 환경이 바

라지 않는 방향으로 변함. 품종퇴화(degradation of variety).

denitrification [脫窒作用; 탈질작용; だつちつさよう] 질산태질소(NO_3-N)가 유기물이 많고 환원상태인 조건에서 미생물에 의해 산소를 빼앗겨 일산화질소(NO)나 질소가스(N_2)가 되어 공중으로 날아가는 것. 탈질.

development [發育; 발육; はついく] 발육은 점진적으로 유기체의 골격을 이루어 가는 전 과정을 말하며, 생장(growth)과 분화(differentiation)라는 뚜렷한 특성을 지니고 있음. 생장이란 세포 분열이 일어나고, 또한 분열된 세포가 커짐에 따라 전체적으로 크기가 커지는 것을 말함. 발육 및 분화는 발생해 가고 있는 식물체에서 형태적, 기능적으로 특화가 진행되어 특이성을 확립해 가는 과정을 말함. → growth, differentiation

developmental phase [發育相; 발육상; はついくそう] 발육단계.

developmental stage [發育段階; 발육단계; はついくだんかい] 작물의 생장을 어떤 구분을 두고 나누는 것. 즉 작물의 발생, 분열, 화성, 등숙 등의 과정을 거치면서 체내에 질적인 변화가 생기는 각각의 단계, 발육단계.

devernalization [脫春化現像, 離春化現像; 탈춘화현상, 이춘화현상; だっしゅんかげんしょう, しゅんかしょうきょ(春化消去),] 춘화과정(vernalization) 중 급격한 고온에 처하게 되면 춘화효과를 잃게 되는 현상을 말함. 밀 등의 맥류에 저온 춘화처리를 실시한 직후에 35℃ 정도의 고온처리를 하면 춘화효과가 상실되는 되는 현상. → vernalization, revernalization

dew point [露点; 노점, 이슬점; ろてん] 수분을 함유한 기체를 냉각하면 어떤 온도에서 포화점에 도달하여 이슬이 맺히는데 이 때의 온도를 말함.

dichasial cyme [岐散狀聚繖花序; 기산상취산화서; きさんじょうしゅうさんかじょ] 기산화서(dichasium)와 취산화서(cyme)의 중간형.

dichasium [岐散花序; 기산화서; きさんかじょ, にししゅうさんかじょ(二枝集散花序)] 유한화서 중 취산(聚散)화서의 한 가지 화총의 꼭대기에 한 개의 꽃이 있고 그 꽃의 아래에 두개의 꽃꼭지가 생기어 그 꼭대기마다 꽃이 달리고 또 그 꽃 아래에 두개의 꽃꼭지가 생기어 여러 층으로 된 것. 별꽃 따위. 기산꽃차례.

dichotomous branching [兩軸分枝; 양축분지; りょうじくぶんし] 2개의 가지가 동시에 발생.

diclinism [雌雄異花, 雙精花器; 자웅이화; しゆういか, そうせいかき] 식물의 자웅 생식세포가 서로 다른 꽃 속에서 만들어지는 상태. 그 결과 수꽃, 암꽃이라고 불리 우는 2종류의 단성화를 만드는데, 이때 암꽃과 수꽃이 같은 그루에 생기면 자웅동주(雌雄同株, hermaphrodite, monoecism, monoecy), 각각 다른 그루에 생기면 자웅이주(雌雄異株, dioecious, dioecism) 라 부름.

diclinous, diclinous flower [雌雄異花; 자웅이화; しゆういか] 자웅이화 → diclinism, monosexual flower

differentiation [分化; 분화; ぶんか] 살아 있는 한 계통이 두개 이상의 질적으로 구분될 수 있는 부분계(部分系)로 나뉘어지는 현상. 발생해 가고 있는 생체계에서 형태적, 기능적으로 특화가 진행되어 특이성을 확립해가는 과정.

dioecious [雌雄異株; 자웅이주; しゆういしゅ] 암꽃과 수꽃이 각각 딴 나무에서 피는 나무.

dioecism [雌雄異株; 자웅이주; しゆういしゅ] 암꽃과 수꽃이 각각 다른 나무에 피는 것. 자웅이주는 자웅별주, 자웅이체(암수딴몸)라고도 하며 자웅동주와 대어. 단성화(암꽃과 수꽃)로 된 종자식물로서, 암꽃과 수꽃이 별개의 개체에 생길 때 각각을 암그루(자주), 숫그루(웅주)라고 함.

disbudding [摘芽; 적아; てきが] 겨울을 지난 눈에서 잎이나 줄기가 나오려할 때 필요하지 않는 눈을 따주는 것을 적아라고 함.

disease resistance [病抵抗性; 병저항성; たいびょうせい, びょうていこうせい] 병에 대하여 한 유기체가 견디는 힘의 상대적인 크기.

disease tolerance [耐病性; 내병성; たいびょうせい] 병원체의 침입, 감염을 받아도 병징이 나타나지 않거나 또는 병징이 나타나서 발병되더라도 그 식물자신의 생육이나 수량에 영향을 주지 않는 기주식물이 갖는 성질.

disease-free stock [無病株; 무병주; むびようかぶ] 일반적으로 조직배양 즉, 생장점 배양을 통해서 얻을 수 있는 영양번식체로서 바이러스를 위시하여 조직 특히 도관 내에 존재하는 병이 제거된 묘를 말하여 메리클론(mericlone)이라 칭하기도 함.

disk floret, disk flower [管狀花, 筒狀花; 관상화, 통상화; とうじょうか] 합판화의 일종. 통모양의 꽃을 말함.

division [分球; 분구; ぶんきゅう] 비대하여 자근이나 생장점이 많이 붙은 근을 각각의 자구 또는 각각의 생장점이 붙어있는 부분으로 절단하여 나누는 일.

DNP (day-neutral plant) [中日性植物; 중일성식물; ちゅうじつせいしょくぶつ] → day-neutral plant

dominant species [優占種; 우점종; ゆうせんしゅ] 식물 군락에서 우선적으로 군락 전체의 상(相)을 결정하는 종류를 말함. 일반적으로 군락의 최상부를 형성하기 때문에 그 기상 등의 환경 조건의 영향을 가장 강하게 받는 동시에 군락 내의 미기상이나 토양 상태 등에 영향을 주어 다른 종(種)의 생육 등을 지배함.

dormancy [休眠; 휴면; きゅうみん] 성숙한 종자 또는 식물체에 적당한 환경조건을 주어도 일정기간 발아발육·성장이 일시적으로 정지해 있는 상태를 말하며, 휴면에는 환경조건에 따라서 여러 가지 타발휴면(강제휴면, imposed, external)과 식물체내의 원인에 의해서 발생하는 자발휴면(생리적 휴면, internal, spontaneous)으로 대별됨.

double bud [複芽; 복아, 겹눈; ふくが] 한 엽액에서 나오는 둘 이상의 싹.

double flower [重瓣花; 겹꽃; じゅうべんか, やえざき] 장미나 국화처럼 여러 겹의 꽃잎으로 된 꽃을 말하며 홑꽃의 수술, 암술 및 악편(萼片, sepal) 등이 꽃잎으로 변한 것임.

double grafting, double working [二重椄木; 이중접목; にじゅうつぎ] 이중접목.

drip watering [点滴灌水; 점적관수, 점적관개; てんてきかんすい] → trickle irrigation,

dropper [垂下球; 수하구(구근); すいかきゅう] 새로운 구근을 형성할지 모르는 구근 지하경의 아래쪽 성장 싹.

drought resistance [耐乾性; 내건성; たいかんせい] 식물이 건조에 견디어 생명을 유지하려는 성질. 뿌리의 흡수 능력이 저하되고 증산에 의하여 위조 상태가 되어도 최소의 함수량을 유지하여 회복될 수 있는 성질. 내한성(耐旱性).

drought tolerance [耐乾性; 내건성; たいかんせい] 식물이 건조에 견디어 생명을 유지하려는 성질. 뿌리의 흡수 능력이 저하되고 증산에 의하여 위조 상태가 되어도 최소의 함수량을 유지하여 회복될 수 있는 성질. 내한성(耐旱性).

dry-cold storage [乾燥冷藏; 건조냉장; かんそうれいぞう] 구근을 건조하여 저온상태에서 저장하는 방

법. 습윤냉장보다 생력적이며 일반적으로 튤립, 구근아이리스는 건조냉장을 하며 통풍이 안되면 저온처리 중 발근이 되는 경우가 있으므로 주의가 필요함.

dry flower [乾燥花; 건조화; かんそうか] 생화를 건조시킨 꽃.

dry fruit [乾果; 건과; かんか] 과실의 껍질을 벗기거나, 과피에 균열을 주거나, 또는 가스를 쏘여주는 등의 사전처리로 과실을 건조시켜 수분함량을 낮춤으로써 저장성 및 가공성을 높여준 과실.

dry storage [乾燥貯藏法; 건조저장법; かんそうちょぞうほう] 씨앗을 건조한 상태로 저장하는 방법으로 상온저장법과 저온저장법이 있음.

dust coating [粉衣; 가루 묻힘; ふんい] 어떤 물건에 가루를 묻히는 것을 말하는데 농업관련 분야에서는 작물 파종 전에 가루 형태의 약제를 종자에 묻혀 병·해충 등의 예방 및 치료효과를 위한 수단으로 사용하며 이를 분의처리라고 함.

dwarf stem [短縮莖; 단축경; たんじくけい] 짧은 줄기(나무줄기).

dwarfing chemical, growth retardant [矮化劑; 왜화제; わいかざい] 식물의 절간을 짧게 하여 생장을 억제시키는 물질, 외화제는 생장 억제 작용 외에 지베렐린과의 길항작용, 엽색의 농록화, 화색의 변화, 발근 촉진, 화아 분화 촉진, 내한성 및 내건성 증진 등의 작용을 갖고 있음.

dwarfing rootstock, dwarf rootstock [矮性臺木; 왜성대목; わいせいだいぎ] 사과를 파라다이스 대목에 접목하면 현저히 왜화(矮化)하여 착과연령이 단축되고 관리에도 편리해지는데 이런 대목을 왜성대목이라고 함.

E

earliness [早晩性; 조만성; そうばんせい] 숙기의 빠르고 느린 정도.

EC(electric conductivity) [電氣傳導度; 전기전도도; でんきでんどうど] 용액 중의 전기의 전도능력을 일컬으며 용액의 이온농도와 관련됨. 토양에서 염분의 농도를 나타내어 염도가 높을수록 전기전도도가 높게 측정. 단위는 dS/m (decisimens per meter).

ecotype, biotype, biovar [生態型; 생태형; せいたいがた] ① 병원균의 생리적인 계통. ② 동일한 유전자형을 갖는 집단에서의 개체들로 이질접합체이거나 동일접합체일 수도 있음. 한 종내 다른 계통.

edge effect [周緣効果; 주연효과; しゅうえんこうか] 시험구 주위의 식물은 시험구 내부의 것에 비하여 생육이 왕성하고 잘 번무하는데 이와 같은 현상을 주변효과, 또는 주연효과라고 함. → border effect

electrical conductance [電氣傳導度; 전기전도도; でんきでんどうど] → EC

electronic leaf [電氣葉, 電子葉; 전기엽, 전자엽; でんしは] 미스트번식에서 분무간격을 조절하기 위해 사용되는 인공으로 만든 잎을 말함. 전자엽의 무게 변화, 건조상태에 따라 분무조절.

embryo [胚; 배; はい] ①다세포 생물의 발생초기에 난세포(卵細胞)가 수정(受精)하여 어지간히 자랄 때까지의 유생물(幼生物). ②식물에 있어서 씨 속에 있는 발생초기의 어린 자엽(子葉), 배축(胚軸), 유아(幼芽), 유근(幼根)의 네 가지로 되었음. 배아(胚芽). 씨눈.

embryo culture [胚培養; 배배양; はいばいよう] 무균상태에서 끄집어낸 식물의 배를 적당한 배양액으로 성장시키는 것. 배양액 및 배양방법은 조직배양에 준하며 배(胚)의 발생단계나 생리적 요인의 연구 등에 쓰임. 또 발생관계에서 불임성을 나타내는 계통을 배양으로 발육시켜서 유전학적, 육종학적 연구재료로 쓰임.

embryoid [胚狀體; 배상체; はいじょうたい] ① 식물조직배양에서 외식편이나 캘러스, 배양세포로부터 부정배, 또는 배와 유사한 구조물이 분화, 형성되는 일이 있는데 이것은 본래의 배와 구별하여 배상체 또는 배낭체라 함. ② 배낭(embryo sac)의 바깥 체세포 조직에서 접합체의 수정 없이 형성되는 부정배를 말함.

endogenous rest [内生休眠; 내생휴면; ないせいきゅうみん] 내생적 원인에 의한 자발적 휴면. → internal dormancy

endogene rhythm [内生週期; 내생주기; ないせいしゅうき] 식물이 밤낮의 변화에 따라 규칙적으로 움직이는 현상을 말함.

epicotyl [上胚軸; 상배축; じょうはいじく] 유아의 자엽 위쪽에 있는 줄기(잎은 제외)를 상배축이라 함.

epicotyl dormancy [上胚軸休眠; 상배축휴면; じょうはいじくきゅうみん] 유아의 자엽의 위쪽에 있는 줄기인 상배축의 휴면.

epinasty [上偏生長; 상편생장; じょうへんせいちょう] 잎의 늘어짐. 수하현상(垂下現象)이라고도 하는데 이것은 잎 상측면의 세포생장이 뒷면의 세포생장보다 빠를 때 생김.

epiphyte [着生植物; 착생식물; ちゃくせいしょくぶつ] 다른 식물의 몸 위에 붙어서 생활하나 그 식물로부터 물이나 영양분을 공급받지 않는 식물.

epiphytic [着生; 착생; ちゃくせい] 다른 생물로부터 영양분을 섭취하면서 자라는.

essential element [必須元素; 필수원소; ひっすげんそ] 작물생장에 반드시 필요한 원소들로서 N, P, K, Ca, Mg, S 등 다량원소와 Cu, Mn, Zn, Mo 등 필수미량 원소로 구성됨.

establishment [定着; 정착; ていちゃく] 종자가 파종된 후 그 토양에 뿌리를 내릴 수 있는 상태.

ethephon [에테폰; エテフォン] 에세폰(2-chloroethyl-phosphonic acid, 상품명: 에스렐)은 식물 생장조절제로 1966년 Amchem社에서 식물생리 활성물질의 고체합성품으로 선발되어 에틸렌 발생제로서의 효과가 실험되었음. 작물에 살포되면 빠르게 가수분해되어 에틸렌이 발생함. 이 가수분해는 용액의 OH^- 이온농도에 의존해서 물리화학분해를 쉽게 받게 되며, 됨. 에틸렌 발생은 pH 4.1이상에서 나타나는데 식물세포액은 보통 pH 4 이상이어서 체내에서의 에틸렌의 유리가 쉽게 일어남. 주로 휴면타파(부겐베리아), 화아분화 촉진(아나나스류), 숙기촉진, 조기낙화 등의 효과를 보임.

ethrel [에스렐; エスレル] 에세폰의 상품명.

ethylene [에틸렌; エチレン] 원예 산물의 생장에 관여하는 호르몬. 뿌리, 줄기의 길이 생장과 잎의 확장을 억제하며, 과실의 성숙과 개화, 줄기의 부정근 생성을 촉진시키며, 완두에서 삼배축의 hook이 정상적으로 열리는 것을 지연시키는 영향을 미침.

etiolation [黃化; 황화; おうか] 햇빛을 보지 못하여 엽록소를 형성하지 못하여 엽록체 발달이 없어지고 누렇게 되며 생육 장애현상이 일어나는 일. 녹색식물을 암소에서 키울 때 엽록소가 형성되지 않기 때문에 카로티노이드의 황색이 나타나는 현상을 황화라고 함. 카로티노이드의 황색이 나타나지 않는 때에는 백화라고 부르지만 이것도 황화에 포함.

etiolation treatment [黃化處理; 황화처리; りゅうかしょり] 발근을 촉진시키기 위해 황화현상을 인위적

으로 처리하는 것을 말함. 황화한 가지에서 발근성이 높은 것을 이용하여 취목번식용 화훼작물이나 사과, 셀러리, 아스파라거스, 파의 연백의 발근촉진을 위한 광차단 처리 등이 황화처리의 한 예임.

evapotranspiration [蒸發散; 증발산; じょうはっさん] 증발(evaporation)과 증산(transpiration)을 하나로 취급한 용어. 즉 토양 면으로부터의 증발과 식물체로부터의 증산을 통해서 지구표면으로부터 대기 중으로의 수증기의 이동을 말함.

even-span greenhouse [兩-溫室; 양쪽 지붕식 온실; りょうやねしきおんしつ] 지붕의 좌우가 균등하기 때문에 수광량도 균등하고 실내의 이용도도 다른 형보다 넓으며, 겨울철의 보온력은 약간 떨어지나 여름철 온도변화가 크지 않음.

excess moisture tolerance [耐濕性; 내습성; たいしつせい] 습기에 잘 견디어 내는 성질.

exchangeable base, exchangeable cation [置換性塩基; 치환성염기; ちかんせいえんき] 토양입자나 입자 가까이에 토양교질의 음전하에 의하여 붙어있는 양이온. 측정은 염용액으로 추출된 양이온에서 물로 추출된 양이온을 뺀 나머지 양으로 단위는 Cmol/kg으로 표기. 토양에 주로 취급하는 치환성 양이온으로는 Ca, Mg, K, Na 등이 있음.

explant [外植體, 外植片, 切片體; 외식체, 외식편, 절편체; がいしょくたい, せっぺんたい] 식물의 어떤 부위를 잘라서 재생실험, 병의 감염여부 등을 목적으로 시험관내에서 배양을 시작할 때에 사용하는 조직 또는 기관을 절제한 단편. → explantation

explantation [外植; 외식; がいしょく] 실험발생학, 실험형태학 등에서 이용하는 기술로서, 식물체에서 그의 일부분을 적출(떼어내기)하여 그것을 단독으로 또는 다른 부분과 조합하여 체외에서 배양하는 것. 이 때 외식하는 부분을 외식편, 외식체(explant), 익스플랜트라고도 하며 외식을 그 의미로 사용하기도 함.

external dormancy [他發休眠; 타발휴면; たはつきゅうみん] 강제휴면, 외적조건이 종자의 발아에 부적당하기 때문에 유발되는 휴면. → imposed dormancy, quiescence

F

F1 hybrid [一代雜種; 일대잡종; いちだいざっしゅ] ① 어떤 두 순계간 교잡에서 나온 잡종. 교잡제일대. ② 잡종 제1대때 잡종강세효과가 가장 크게 나타나는 것을 이용하기위하여 1대에 한하여 사용하는 교잡종. 1대교잡종 제조는 조합하는 방법에 따라 품종 간교잡, 자식계통간교잡, 품종계통간교잡 등으로 나눔.

facultative long-day plant, quantitative long-day plant, non-obligate long-day plant [相對的長日植物; 상대적장일식물; そうたいてきちょうじつしょくぶつ] 어떤 한계에 있는 일장보다 일장이 짧아져도 상대적으로 장일조건이면 개화가 이루어지는 식물.

facultative short-day plant, quantitative short-day plant, non-obligate short-day plant [相對的短日植物; 상대적단일식물; そうたいてきたんじつしょくぶつ] 어떤 한계에 있는 일장보다 일장이 길어져도 상대적으로 단일조건이면 개화가 이뤄지는 식물.

fall planting bulb [秋植球根; 추식구근; あきうえきゅうこん] 가을에 심는 구근 작물.

false fruit, pseudo carp, sphalerocarp [僞果; 위과; ぎか] 식물학상 과실이란 자방이 발육하여 비대한 것을 말함. 그러나 과실에 따라서는 꽃받기(花托)등 자방 이외의 부분이 자방과 같이 발육하여 과실이 되기도 하며 이와 같은 과실을 위과라 하며 배, 사과 등이 속함.

far-infrared ray [遠赤外線; 원적외선; えんせきがいせん] 가시광선보다 파장이 긴 적외선. 일정치는 않으나 흔히 5~25마이크론의 눈에 보이지 않는 광선을 이르며, 파장이 길어 물체에 깊숙이 침투하고 물질의 분자를 쉽게 진동시켜 스스로 열을 내게 하는 등의 성질이 있음.

far-red light [遠赤色光; 원적색광; えんせきしょくこう] 가시광선보다 파장이 긴 적외선. 종자발아, 생장에 영향을 미침.

fasciation [帶化; 대화; たいか] 줄기의 일부가 비정상적으로 편평하게 된 기형.

fertility [稔性; 임성; ねんせい] 수정능력(受精能力). 비옥도(肥沃度).

field [圃場; 포장; ほじょう] 수확 시까지 작물을 재배하는 본 토양.

field grafting [居接; 거접; すえつぎ] 대목을 파내지 않고 포장(圃場) 상태에서 접목을 하는 것으로서, 접을 붙이는 높이에 따라서 고접과 저접으로 구별함. 딴자리접에 대응하는 말. 접이 붙기 어려운 밤나무나 감나무 등에 실시함.

field moisture capacity [圃場容水量; 포장용수량; ほじょうようすいりょう] 농경지에 관개 또는 강우로 많은 물이 가해지면 과잉수의 대부분은 큰 공극을 통하여 배제되고 그 후 물의 표면장력에 의한 모세관작용으로 물의 이동이 계속되다가 이 작용에 의한 이동이 거의 정지 되었을 때 이 표층토(表層土)의 수분을 포장용수량이라고 함.

filament [花糸; 화사, 꽃실; かし] 약(葯)을 받치는 수꽃술의 실같이 생긴 자루 부분.

flavonoid [플라보노이드; フラボノイド] 식물체에는 2개의 벤젠환이 3개의 탄소로 연결된 색소가 많이 분포하며, 플라보노이드는 이와 같은 색소를 총괄한 이름으로 플라본, 플라보놀, 안토시아닌, 유론, 아이소플라본 등의 색소군이 포함되어 있음.

floral axis [花軸; 화축; かじく] 꽃대(花柄, peduncle)의 한 끝으로 꽃잎이 붙는 부분.

floral diagram [花式圖; 화식도; かしきず] 꽃을 구성하고 있는 각 부분 상호간의 위치를 알기 위해서 만든 평면도. 이것은 꽃의 모든 부분의 상호관계를 동심원상에 표시하며 같은 윤상(輪上)의 것은 동일선상에 위치시키고 간혹 퇴화한 것은 X로 표시하며 각 부분의 이합(離合)이나 줄기의 위치를 표시함. 동심원의 바퀴 수는 꽃받침, 화관, 수술 및 암술의 4~5개(수술이 두 바퀴일 경우)로 함.

floral formula [花式; 화식; かしき] 꽃이 줄기에 붙은 위치와 수를 간략하게 표현한 것. 화피를 P, 악편을 K, 꽃잎을 C, 수술을 A, 심피를 G로 표시한 후 각각 숫자를 붙여 식으로 나타냄.

floral leaf [花葉; 화엽; かよう, はなば] 꽃을 형성하고 있는 여러 가지 기관 가운데 잎의 변형으로 된 모든 기관(포, 악, 화판, 수술, 심피 등).

floral stimulus [開花刺戟; 개화자극; かいかしげき] 일장에 감응되어 잎에서 만들어져 눈으로 전달되어 화아분화를 일으키는 물질을 호르몬이나 물질이라고 하지 않고 보다 추상적으로 이르는 말.

floret [小花; 소화; しょうか, こばな] 꽃송이 중 개개의 작은 꽃.

floricultural crop, florist crop [花卉; 화훼; かき] 관상용 초본 또는 목본의 식물.

flower, blossom [花; 꽃; はな] 현화 식물의 유성 생식기관. 형상과 색채가 다종다양하여 각각 그 특징

을 나타냄. 구조상 주요기관인 꽃술과 보조 기관인 화피의 두 부분으로 되어 있음.

flower abscission, falling blossoms, flower drop, flower shedding [洛花; 낙화; らっか] 꽃이 떨어짐. 또는 그 꽃.

flower and ornamental plant [花卉; 화훼; かき] 화훼. 관상용 초본 또는 목본의 식물.

flower arrangement [活花, 生花; 꽃꽂이; いけばな] 꽃꽂이. 화초나무의 가지를 화기(花器)에 꽂아 자연미를 나타내는 기법.

flower bed [花檀; 화단; かだん] 화초를 심어놓는 구획된 곳. 흔히 지면보다 흙을 높게 쌓음.

flower bud [花芽; 화아, 꽃눈; はなめ, かが] 꽃눈의 구조는 수목에서 다양한 형태로 가지고 있으며 당년지 혹은 1년지 이상 가지의 정단부에 정아로서 달리거나 엽액(leaf axil)에 생김. 꽃송이에서 가장 위에서 늦게 피는 꽃. 자라서 꽃이 될 눈.

flower budding, flower bud emergence [發蕾; 발뢰; はつらい] 종자식물의 번식기관. 꽃 받침과 꽃부리의 모양. 색이 다소 눈에 띄게 싹트기 시작함.

flower cluster [花叢; 화총; かぼう] 화방(花房), 꽃송이, 꽃떨기.

flower development, floral development, flower bud development [花芽發育; 화아발육; かがはったつ] 화아발육.

flower differentiation, floral differentiation, flower bud differentiation [花芽分化; 화아분화; かがぶんか] 발육 중에 있는 정아 및 액아는 장차 엽으로 될 원기를 형성하고 있으나, 어떤 시기가 되면 엽의 원기형성을 중지하고 장차 발육하여 꽃으로 되는 화아형성을 개시하는데 이것을 화아분화라고 함. 꽃눈분화.

flower formation, floral formation, flower bud formation [花芽形成; 화아형성; かがけいせい] 꽃눈형성.

flower garden, flower bed [花壇; 화단; かだん] 화초를 심어놓는 구획된 곳. 흔히 지면보다 흙을 높게 쌓음.

flower induction, floral induction [開花誘導; 개화유도; かいかゆうどう, かせいゆうどう(花成誘導)] 꽃이 피도록 조장하는 것. 온도나 일장 또는 화학물질의 처리 등을 했을 때와 다른 여러 가지 방법을 이용하여 개화를 유도하는 것.

flower initiation, floral initiation, flower bud initiation [花芽分化開始; 화아분화개시; かがぶんかかいし] 꽃눈이 분화되기 시작하는 것.

flower maturation, flower bud maturation [花芽成熟; 화아성숙; かがせいじゅく] 꽃눈 성숙.

flower organ [花器; 화기; かき] 꽃 또는 꽃의 기관들을 말하며, 꽃은 화엽, 화탁, 암술, 수술 등의 기관으로 되어 있음.

flower pigment [花色素; 화색소; かしきそ] 화색소.

flower pot, planting pot [盆; 분; はち(鉢), うえきばち(植木鉢)] 화분, 포트.

flower season, blooming period, blooming season, flowering period, flowering season, flowering time [開花期; 개화기; かいかき] 꽃이 피는 시기. 작물의 생육조사에서의 개화기는 꽃이 40% 개화한 날로 정함.

flower spike, spike [花穗; 화수; かすい] 수상화서, 총상화서 등과 같이 긴 화축에 화병이 없거나, 소

화병이 많이 붙어 있는 것을 화수라 함. 꽃송이.

flower stalk [花莖, 花柄; 화경, 화병; かこう, かへい] 꽃대. 직접 꽃이 달리는 짧은 가지. 곧 낱낱의 꽃의 꼭지. ~development 혹은 formation(추대, 抽薹)

flowering, blooming, blossoming, flowering anthesis, opening of flower [開花; 개화; かいか] 화기가 완성되고 배우자가 성숙된 후 환경조건이 갖추어지면 꽃이 피는 것.

flowering behaviour, flowering habit [開花習性; 개화습성; かいかしゅうせい] 꽃눈의 발생 및 개화에서 나타나는 특징적인 생리 생태.

flowering hormone, florigen [개화호르몬; かいかホルモン] 식물의 개화는 잎에서 만들어진 물질이 생장점으로 이동하여 꽃눈분화가 시작되는 것으로 생각되나 그 물질은 극히 미량으로 작용하고 호르몬적인 성질을 갖고 있는 것으로 보여 그 가정적 물질을 개화호르몬이라 함.

flowering physiology [開花生理; かいかせいり] 식물의 개화와 관련된 여러 가지 생리현상

flowering response [開花反應; 개화반응; かいかはんのう] 일장, 온도 등 처리에 의한 종자식물의 생식기관인 꽃이 피는 반응.

flowering trees and shrubs [花木; 꽃나무; かぼく, かじゅ] 꽃이 피는 나무. 화목(花木).

flushing [플러싱; フラッシング] 물을 한꺼번에 흘려 침사를 씻어 내는 것.

foliage leaf, foliage [普通葉; 보통엽; ふつうよう] 잎. 식물체의 줄기나 가지의 마디에서 나오며 호흡 및 광합성을 하는 영양기관.

foliage plant [觀葉植物; 관엽식물] → ornamental foliage plant

foliar application [葉面施用; 엽면시용; ようめんせよう] 식물의 지표면에 노출된 줄기와 잎에 농약 또는 비료 등을 살포하는 방법.

foliar bud, leaf bud, foliage bud [葉芽; 잎눈; ようが] 발아 후 새 가지로 자라는 것으로서 꽃이 피지 않는 눈을 말함.

foliar fertilization [葉面施肥; 엽면시비; ようめんせよう] 식물이 양분부족으로 생육이 불량할 때 주로 질소질 비료를 물에 타서 식물체 잎에 직접 뿌려주는 일로서 조기에 효과를 거두고자 할 경우에 이용.

foliar spray, leaf spray [葉面撒布; 엽면살포; ようめんさんぷ] 식물의 영양분을 용액으로 만들어 잎 표면에 직접 살포하여 주는 것.

follicle [袋果; 대과; たいか] 하나의 심피에서 된 과실로 복봉(腹縫)에서 개열하는 것.

forced ventilation [强制換氣; 강제환기; きょうせいかんき] 송풍기에 의해서 실내공기를 강제적으로 내보내고 외부공기를 끌어들이는 환기방법.

forcing [促成; 촉성; そくせい] 재촉하여 빨리 이루어지게 함.

forcing culture [促成栽培; 촉성재배; そくせいさいばい] 재촉하여 빨리 이루어지게 하는 재배.

foundation stock, foundation seed [基本集團; 기본집단; きほんしゅうだん] 〈작물〉 농작물의 품종개량 등에 쓰이는 기본이 되는 집단 또는 개량한 품종의 기본식물(基本植物) 집단. 원원종(原原種) 생산의 기본 재료가 되는 집단. → breeder's seed, breeder's stock

frame [骨組; 골조; ぼねぐみ] 온실틀. 온실구조. 형강, 목재 등 봉재를 결합하여 조립한 구조물.

free stock [共臺; 공대; ともだい] 대목(臺木). → stock, stock plant

free water [遊離水, 自由水; 유리수, 자유수; ゆうりすい, じゆうすい(自由水)] 생체나 토양 가운데에 함유된 수분 가운데서 자유로이 이동이 가능한 물. 곧 생체 따위의 구성분자와 결합되어 있지 않은 물. 생체반응, 영양물, 이온 따위의 수송 등 중요한 역할을 함.

frost tolerance [耐霜性; 내상성; たいそうせい] 서리에 견디는 정도.

fruit [果實; 과실; かじつ, くだもの] 열매.

G

GA (gibberellic acid) [지베렐린산; ジベレリンさん] 지베렐린 중의 하나로 GA_3라고도 하며 지베렐린 생산합성 과정에서 중요한 위치에 있고, 식물계에 널리 분포하는 전형적인 지베렐린의 하나. 지금까지 60여종 이상이 알려져 있으며, 벼의 키다리병의 병원균의 배양액 중에서 분리됨.

gamete [配偶子; 배우자; はいぐうし] ① 원생(原生)동물 또는 조류(藻類)같은 것이 소세포를 만들어 그것이 두개가 합체(合體)하여 새로운 개체를 만들 때 합체하기 전의 서로의 한 쪽 소세포를 일컫는 말. ② 단위생식 등 특별한 경우를 제외하고 그 자체가 단독으로 발생하여 신개체를 형성하는 일은 없고 이성의 배우자가 융합하여 접합자를 형성하여 이로부터 차대의 개체가 생김.

gametophyte [配偶体; 배우체; はいぐうたい] 배우자를 만드는 식물체. 세대교체를 하는 식물에서는 유성세대의 식물체를 말하며 양치식물에서는 조정기(造精器)와 조난기(造卵器)를 만드는 전엽체가 이에 해당함. 종자식물의 배우체 체제는 극히 간단화되어 있어 작고 포자체에 기생하는 꽃을 취하고 있음.

gamopetalous flower [合辦花; 합판화; ごうべんか] 꽃잎이 서로 붙어 있는 꽃. 통꽃.

gas permeability [−透過性; 가스투과성; がスとうかせい] 가스를 통과시킬 수 있는 성질.

gaseous phase, vapor phase [氣相; 기상; きそう] 물질이 기체 상태에 있을 때의 상(相). 기체를 하나의 상으로서 취급할 경우의 일컬음.

gemma [無性芽; 무성아; むせいが] 동·식물에서 새로운 개체가 되는 눈(芽).

germination [發芽; 발아; はつが] 씨눈으로부터 싹이 트는 것. 씨앗이나 포자가 활동을 시작하여 새 식물체가 껍질을 찢고 나오는 현상.

germination forcing [催芽; 최아; さいが] 발아, 생육촉진을 위해 파종 전에 종자의 싹을 틔움. → hastening of germination

gibberellin [지베렐린; ジベレリン] 일본 쿠로자와 등에 의해서 발견된 벼의 키다리병균이 생산하는 고등식물에 유효한 생장물질. 주로 세포의 신장을 촉진시켜 고등식물의 생장을 강하게 촉진하고 때로는 도장을 일으킴.

gibberellic acid [지베렐린산; ジベレリンさん] → GA

girdling [環狀剝皮; 환상박피; かんじょうはくひ] → ringing

glasshouse [琉璃溫室; 유리온실; ガラスおんしつ] 빛이 투과되도록 유리로 만든 온실.

grafting [接木; 접목; つぎき] 눈 또는 눈이 붙은 줄기(접수)를, 뿌리가 있는 줄기 또는 뿌리(대목)에 접착시켜 접붙이 묘를 생산하는 방법. 대목과 접수의 형성층에서 형성된 유상조직에 의하여 서로 밀착하고 유관속으로 연결되어 완전한 식물체로 생장하게 됨. 가지접, 뿌리접, 눈접 등의 방법이 있음.

grafting compatibility [接木親和性; 접목친화성; つぎきしんわせい] 접수와 대목이 생리적으로 일치하여 결합이 잘 되는 성질.

graft incompatibility [接木不親和性; 접목불친화성; ふしんわせい] ↔ grafting compatibility

graft-take [接木活着; 접목활착; かっちゃく] 접목한 식물이 서로 달라붙고 발근하여 정상적으로 생존.

grain [穎果; 낟알; えいか] 곡물류의 곡과 견과의 한 종류. 과피가 건조하여 종피와 꼭 붙어 있고 씨도 하나임. 벼, 보리, 옥수수 등. → caryopsis

gravel culture [礫耕栽培; 역경재배; れきこうさいばい] 흙 대신에 자갈을 사용하여 식물체를 지지하는 양액재배 방식의 한 방법.

gravitational free water [重力水; 중력수; じゅうりょくすい] 중력의 영향으로 토양에서 배수되는 물. 수분장력이 1/3기압보다 낮을 때 수리전도도가 커서 중력에 의해 용이하게 하강함.

green plant vernalization [綠色植物春化型; 녹색식물춘화형; りょくしょくたりしゅんか(綠植体春化)] 식물체가 어느 정도 생장한 다음 녹색식물체 상태로 저온에 감응해야 꽃이 피는 것.

greenhouse [溫室; 온실; おんしつ] 일정한 지면을 투명한 피복재로 덮고, 이 둘러싸인 공간의 온도를 높임으로써 옥외에서 재배할 수 없는 시기에 식물을 재배하기 위한 시설이며, 시설목적 및 그 횡단면의 모양에 따라 여러 가지도 구분되는데 육묘온실, 재배온실, 유리온실, 양지분식온실, 반원형온실, 단동온실 및 연동온실 등 그 명칭이 상당히 많음.

ground cover plant [地被植物; 지피식물; ちひしょくぶつ] 자라면 토양을 덮어 풍해나 수해를 방지하여 주는 식물.

growing point [生長点; 생장점; せいちょうてん] 고등식물에서는 개체발생의 초기를 제외하고는 새로운 세포를 만들어 내는 기능이 개체의 특정한 부위에만 존재하는데 식물체에서는 이러한 분열조직 줄기와 뿌리 선단에 존재하는데 이를 생장점이라고 함.

growing point culture, meristem culture [生長点培養; 생장점배양; せいちょうてんばいよう] 식물의 생장점을 잘라서 배지에서 키워 전체 식물체를 분화시키는 조직배양 방법으로 무병(주로 바이러스) 식물체를 얻는데 이용됨. 고등식물의 줄기나 뿌리의 생장점 또는 생장점을 함유하는 주변조직을 분리하여 기내에서 무균배양하는 방법. → shoot tip culture

growth [生長; 생장; せいちょう] 연륜과 더불어 생물의 직경, 높이, 단면적, 체적 등이 증가하는 것. 즉 식물체에서 생장이란 세포 분열이 일어나고, 또한 분열된 세포가 커짐에 따라 전체적으로 크기가 커지는 것을 말함. 분화(differentiation)와 구분. → development

growth activity [生長活性; 생장활성; せいちょうかっせい] → growth potential

growth curve [生長曲線; 생장곡선; せいちょうきょくせん] 식물체 또는 식물체집단의 생장 현상을 그림으로 표시 또는 정식화(定式化)해서 나타낸 것. 통상 시간 또는 생장요인량의 함수로 표시함. logistic곡선이나 mitscherlich 곡선이 대표적임. 성장곡선.

growth cycle [生長週期; 생장주기; せいちょうしゅうき] 생장환.(生長環). 고등식물의 생장 발육 cycle의 최소단위이며 발생, 발아, 신장, 생장, 분화 및 개화결실의 과정을 경과하는 일생을 가지는 것.

growth inhibitor, growth inhibiting substance [生長抑制物質; 생장억제물질; せいちょうよくせいぶっしつ] 식물의 생육을 저해하는 물질. 담배 액아 억제제인 말레이액제, 페티알콜유제가 있으며, 포인세티아의 신장억제제인 비나인 수화제 등도 이에 속함. → growth retardant

growth potential [生長活性; 생장활성; せいちょうかっせい] 잠재적인 생산력, 식물의 휴면, 로제트현상을 체내의 생리활성으로 설명할 때 생장활성 개념을 적용함. 식물 생장활성은 환경조건에 의하여 유도되고 또는 내생적인 리듬에 의하여 변동되는데 이것이 높을 때와 낮을 때가 있으며, 활성이 높을 때에는 넓은 온도범위에서 생장 또는 신장을 하지만 낮을 때에는 좁은 특정온도 범위에서만 생장 또는 신장하게 됨. 어떤 특정온도에서 생장하고 있지만, 생장활성이 높을 때와 낮을 때가 있어서 다른 온도에 옮겼을 때 활성이 높은 것은 생장하고 낮은 것은 정지함. 예를 들어 국화는 겨울저온을 경과한 봄에 밤온도 5℃ 또는 이보다 낮은 온도에서도 신장하지만 여름고온을 받은 후의 가을에는 야온이 15℃이상 되지 않으면 신장하지 않고 온도가 이보다 낮으면 로제트가 되어 가을에는 고온에서 신장하고 있어도 생장활성이 낮다고 말할 수 있음.

growth promoting substance [生長促進物質; 생장촉진물질; せいちょうそくしんぶっしつ] 비타민 B군이나 성장호르몬 등과 같이 성장을 촉진시키는 물질의 총칭.

growth regulating substance [生長調節物質; 생장조절물질; せいちょうちょうせつぶっしつ] 생장을 억제하거나 촉진하는 물질.

growth retardant [生長抑制物質, 矮花劑; 생장억제물질, 왜화제; わいかざい] 식물의 절간을 짧게 하여 생장을 억제시키는 물질, 외화제는 생장 억제 작용 외에 지베렐린과의 길항작용, 엽색의 농록화, 화색의 변화, 발근 촉진, 화아 분화 촉진, 내한성 및 내건성 증진 등의 작용을 갖고 있음.

gynomonoecious [雌性花兩性花同株; 자성화양성화동주, 자성양성동주; しせいかりょうせいかどうしゅ] 식물의 암꽃과 양성화의 두 가지를 한 그루에 갖는 성질.

H

habitat [生育地; 생육지; せいいくち] 생물의 산지 또는 서식.

halophyte [塩生植物; 염생식물; えんせいしょくぶつ] 바다, 해안, 간척지 등 염분이 많은 곳에서 생육하는 식물로서 세포 속에 식염을 포함하며 물을 잘 흡수하는 특성이 있음. 열성식물.

hanging basket [행잉바스킷; つりばち] 벽 등에 매달아 늘어뜨린 화분. 공중걸이 화분재배.

haploid [半數体; 반수체; はんすうたい] 핵상의 교대에 있어서 염색체 수가 반감해 있는 상을 반상이라고 하며, 자연 혹은 인위적으로 만들어진 염색체가 반수인 개체를 반수체라 함. 약배양 등으로 얻어진 배우자(gamete)의 염색체만을 소유한 식물체를 흔히 반수체라 부름.

hard pinch [强摘心; 강적심; きょうてきしん] 강하게 적심하는 것. → pinching, soft pinch

hard seed [硬實; 경실; こうじつ] 종피가 단단한 종자.

hardening [硬化; 경화; こうか] 액체상의 식물유를 고체의 유지로 변화시키는 것. 기름은 보통 불포화 지방산의 글리세리드임. 이 불포화결합에 니켈촉매의 존재 하에서 수소첨가를 하면 포화의 글리세리드가 되고 녹는점이 상승함. 식물유의 수소첨가는 마가린제조 등에 이용됨.

hardwood cutting [熟枝揷; 숙지삽, 굳가지꽂이; じゅくしざし, きゅうみんしざし(休眠枝揷)] 지삽의 한 종류로 일명 경지삽(硬枝揷)이라고 하며, 과수나 화훼에서 묵은 가지 또는 굳은 가지로 삽목하는 방법.

hastening of germination [催芽; 최아; さいが] 벼, 맥류, 땅콩, 가지 등에서는 발아, 생육을 촉진할 목적으로 종자의 싹을 약간 틔워서 파종하는 일이 있는데, 이것을 최아라고 함.

heat balance [熱收支; 열수지; ねつしゅうし] 연료가 가지고 있는 열량 중 얼마만큼 유효하게 이용되고 어떤 열손실이 얼마만큼 발생하였는가를 조사하여 열량의 출입을 정산하는 것.

heat insulation [斷熱; 단열; だんねつ] 열이 전달되지 아니하게 막음. ~material(단열자재).

heat load [熱負荷; 열부하; ねつふか] 엔진 각 부분에 가해지는 열량으로 내구성과 강도 등에 영향을 주는 열.

heat tolerance [耐熱性, 耐暑性; 내열성, 내서성; たいねつせい] 더위나 높은 열에 변형되거나 변질되지 않고 견디는 것.

heat transmission [傳熱; 전열; でんねつ] 열이 공간의 한쪽에서 다른 곳으로 전달되는 것의 총칭으로 전도, 대류, 방사의 3가지 기본형태가 있으며 이들이 단독 또는 조합되어 열 이동이 일어남.

heating [暖房; 난방; だんぼう] 온실 전체 또는 일부분을 가온하는 것.

heating degree hour [暖房積算溫度; 난방적산온도; だんぼうせきさんおんど] 일정온도의 난방에 필요한 적산온도. → accumulated temperature

heel cutting [踵揷木; 종삽목; かかとざし] 뒤꿈치 꽂이, 삽수의 하단에 성숙조직의 일부를 붙이는 것.

helicoid cyme [螺旋狀聚散花序; 나선상취산화서; らせんけいしゅうさんかじょ] 동일한 면위에서 연속적인 축의 억제에 의해 생성된 집산형의 꽃차례로서 축을 나선형으로 꼬이게 만들어 꽃들은 오직 축의 한 면에만 존재하게 됨.

herb [草本植物; 초본식물; そうほんしょくぶつ] 줄기가 비교적 연하여 목질(木質)을 이루지 않아 꽃이 피고 열매가 맺은 뒤에 지상부가 말라 죽는 식물, 우리나라에서 가을철에 그 지상부가 말라 죽는 식물은 초본에 속함.

herbaceous cutting [草本莖揷; 초본경삽; そうほんくきざし] 초본 식물의 줄기를 삽목하여 번식하는 방법.

herbaceous plant [草本植物; 초본식물; そうほんしょくぶつ] → herb

hermaphrodite flower, bisexual flower [兩性花; 양성화; りょうせいか] 자웅동화. 한꽃 안에 암술과 수술을 가지는 꽃. 매화, 무 및 나팔꽃 등이 해당.

heteromorphous flower [異形花; 이형화; いけいか] 보통과 다른 모양의 꽃.

heteroploid, aneuploid [異數体; 이수체; いすうたい] 염색체수가 정배수보다 하나 내지 몇 개가 많거나 적은 개체. 세포분열 때 염색체가 분리되지 않거나 소실 등에 의하여 생김. 일반적으로 불임성(不稔性)임. 유전분석에 이용되거나 특수형질을 육종하는데 이용.

heteroploidy, aneuploidy [異數性; 이수성; いすうせい] 기본 염색체수를 2N이라 할 때, 2N-1, 2N+1,

2N+2와 같이 염색체의 기본수에 1개 또는 2개 이상의 증감이 있는 것.

heterosis, hybrid vigour, luxuriance [雜種强勢; 잡종강세; ざっしゅきょうぜい] 이형접합체가 동형접합체에 비하여 우수한 생활력을 가지는 현상. 집단의 잡종강세에서 종간, 변종간, 품종간, 혹은 다른 계통간의 잡종이 양친형보다도 우수한 육종적 형질을 나타내는 경우를 말함.

hibernalism [座止現象; 좌지현상; ざしげんしょう] → remaining in rosette state

home gardening, home horticulture [家庭園藝; 가정원예; かていえんげい] 판매목적으로 원예작물을 생산하는 것이 아니라 가정에서 이용하기 위한 원예활동. 화훼에 있어서는 취미원예라고도 함. → commercial horticulture

homologous organ [相同器官; 상동기관; そうどうきかん] 그 기능은 다르지만 같은 진화적 기원을 가지고 있는 기관.

horizontal layering, trench layering [撞木取法; 당목취법; しゅもくとりほう] 가지를 수평으로 묻고, 각 마디에서 발생하는 새가지를 발근시켜 한 가지에서 여러 개 취목하는 방법이며 포도, 양앵두, 자두 등에서 이용됨.

horticulture under structure [施設園藝; 시설원예; しせつえんげい] → controlled horticulture, protected horticulture

hot-water heating [溫湯暖房; 온탕난방; おんとうだんぼう] 농업용시설, 건물 전체 또는 방안을 덥게 하는 일. 또 덥게 한 방.

hot-water treatment [溫湯處理; 온탕처리; おんとうしょり] 일정한 온도의 탕 속에 식물체를 침지하여 휴면의 타파 생육 및 개화를 촉진시킴. 나팔나리는 35℃의 온탕에 5분간 예비처리 후 43~45℃의 온탕에 60분간 처리해야 효과가 크고, 라일락은 30~35℃에 9~12시간 처리로 휴면타파 가능.

house [家屋, 住宅; 집; いえ, かおく, じゅうたく] 벽과 지붕으로 공간을 막고 내부를 꾸며 사람이 거처하는 구조물.

house plant [室內植物; 실내식물; しつないしょくぶつ] 대부분의 식물은 햇빛을 받아야 정상적인 생육을 할 수 있으나 일부 식물은 햇빛을 받지 않고도 정상생육이 가능한 식물이 있는데 흔히 이를 실내 식물이라고 부르며 관상용 식물이 여기에 속함. → indoor plant

humus [腐植; 부식; ふしょく] 흑색 또는 흑갈색의 유기 콜로이드로서, 유기물 원형의 구조를 현미경 하에서도 알아볼 수 없을 만큼 분해된 것이 토양의 유기물 부분.

hybrid vigour [雜種强勢; 잡종강세; ざっしゅきょうせい] → heterosis

hydroponics [水耕栽培, 養液栽培; 수경재배, 양액재배; すいこうさいばい, ようえきさいばい] 양액재배가 토양 없이 영양소가 들어있는 물로 재배한다는 뜻(수경, 水耕)의 용어. 통상 양액재배로 사용함. → nutriculture, soilless culture, solution culture

hygrophyte [水生植物, 濕生植物; 수생식물, 습생식물; すいせいしょくぶつ, しっせいしょくぶつ] 수분이 풍부한 물 주변이나 습한 곳에 생육하는 육상식물을 말하며 습지식물이라고도 함. 지상부에 비해 지하부의 발달이 미약한 편이고 갈대류처럼 통기조직이 발달한 것도 있음.

hypanthodium [隱頭花序; 은두화서; いんとうかじょ] 유한화서의 하나. 살찐 꽃대의 끝이 오목하게 들어가고 그 가운데 작은 꽃들이 많이 달리는 화서. 무화과에서 볼 수 있음. 은두꽃차례.

hypobaric storage [低壓貯藏; 저압저장; ていあつちょぞう] 일반대기 압력인 760㎜Hg 보다 낮은 압력

하에 저장하는 농산물의 저장 방법.

hypocotyl [下胚軸; 하배축; かはいじく] 하자엽부(下子葉部)라고도 하며, 고등식물에서 배의 부분에서 자엽이 부착된 부분 이하에서 생기는 최초의 줄기 부분.

hyponasty [下偏生長; 하편생장; かへんせいちょう] 상부에서 보다는 어떤 표면 밑에서 더욱 왕성한 성장을 나타내는 납작한 구조의 생장상태.

hypsophyll, hypsophyle, bracternal leaf [高出葉; 고출엽; こうしゅつよう] 화부의 화엽과 같은, 식물체의 상부에 형성되는 보통엽과는 형태가 다른 잎. 저출엽의 대어. → prophyll

I

IAA (indoleacetic acid) [인돌초산] 무색 비늘상의 결정으로 에스렐, 알코올, 아세톤, 초산에틸 등에 쉽게 녹고 물, 벤졸, 리그로인 등에서는 잘 녹지 않는 특징을 가짐. 초기엔 헤테로 오옥신이라고 불렀으며 자연 식물생장조절물질의 하나로 천연 오옥신 중 가장 널리 분포.

IBA (indolebutyric acid) [인돌낙산] 합성 오옥신의 일종으로 식물생장조정물질.

illumination intensity, illuminance [照度; 조도; しょうど] 빛에 비추어진 면 위의 단위면적당 광속(光束)을 말함. 조도의 단위를 럭스(lux)라고 하는데, 이것은 1루멘(lumen)의 광속이 1㎡의 면적에 입사할 때의 조도를 말하며, 1럭스=1루멘/㎡임.

imbricated bulb [無皮鱗莖; 무피인경; むひりんけい] 비늘상의 인편이 기와와 같이 겹쳐 있고 외피로 덮히지 않은 것으로 백합, 프리지아가 그 예임. → non-tunicated bulb, scaly bulb

imperfect flower [不完全花; 불완전화; ふかんぜんか] 수술과 암술 중 하나가 같은 꽃속에 없는 꽃을 말하며 불완전화중에는 박, 수박, 옥수수 등과 같이 암꽃과 수꽃이 한그루 내에서 따로 달리는 자웅동주식물과 삼, 시금치 등과 같이 자웅이주식물이 있음.

imposed dormancy, external dormancy, quiescence [他發休眠; 타발휴면; たはつきゅうみん] 강제휴면, 외적조건이 종자의 발아에 부적당하기 때문에 유발되는 휴면.

in vitro [生体外; 생체 외; せいたいがい] 생물체에서 끄집어낸 성분을 혼합한 반응계를 사용하여 체외에서 재현 시키는 것을 의미하는 라틴어 기원의 형용사. ↔ in vivo

in vivo [生体内; 생체 내; インビボ, せいたいない] 생물체내에서 이루어지는 반응으로 생체 밖에서 재현시키는 반응과 구별하기 위한 용어. 생물체내에서(in living body)의 의미인 라틴어. ↔ in vitro

inarching grafting [寄椄; 기접; よせつぎ] → approach grafting

inbreeding [同系交配; 동계교배; どうけいこうはい] 동일계통에 속하는 개체간의 교배. 형질의 차가 그다지 크지 않은 다른 계통간의 교배도 포함될 수 있으며, 대응용어로 이계교배(異系交配, out-breeding)가 있으나 양자간의 차이는 엄밀하지 않음. 경우에 따라서는 근친교배와 동일하게 취급되기도 함.

inbreeding depression, degeneration by inbreeding [内婚弱勢; 내혼약세; ないこんじゃくせい] 근

친간에 교배를 할 때 그 후손의 생육이 양친의 생육보다 열악해지는 현상.

incompatibility [不和合性; 불화합성; ふわごうせい, ふしんわせい(不親化性)] ① 〈작물〉성염색체 혹은 성결정유전자 이외의 화합성 유전조합에 의하여 자웅 사이의 유성생식이 방해되는 현상 ② 〈생물자원〉한 개의 세균 세포에 두 종류의 plasmid가 공존하지 않는 성질 ③ 〈임업〉화분이나 배낭은 완전하지만 생리적 원인 때문에 수정이 되지 않는 것으로 화분의 불발아, 화주에의 침입불능, 화분관의 생장정지등에 원인이 있음. → 비친화성.

indefinite inflorescence [無限花序; 무한화서, 무한꽃차례; むげんかじょ] 꽃눈의 생장이 무한하기 때문에 무한정한 분지에 의한 꽃대의 생장.

indicator plant, indicator [指標植物; 지표식물; しひょうしょくぶつ] 기상, 토양 등의 환경조건을 나타내는 지표가 되는 식물 또는 식물군락. 임업에서는 주로 조림지 지표로서 조림수종과 환경과의 관계를 밝히고자 할 때 이용됨. 식물의 성장상태라든가 특징에 의하여 특수한 성장조건을 반영하는 식물.

indoor plant [室内植物; 실내식물; しつないしょくぶつ] 대부분의 식물은 햇빛을 받아야 정상적인 생육을 할 수 있으나 일부 식물은 햇빛을 받지 않고도 정상생육이 가능한 식물이 있는데 흔히 이를 실내 식물이라고 부르며 관상용 식물이 여기에 속함. → house plant

indoor grafting, bench grafting [揚椄; 양접; あげつぎ] 대목을 옮겨 심은 뒤에 접목하는 방법. 들접.

induced rest [誘導休眠; 유도휴면; ゆうどうきゅうみん] 인위 유도휴면. → external dormancy

inflorescence [花序; 화서, 꽃차례; かじょ] 꽃이 줄기나 가지에 배열(排列)되어 있는 상태를 화서라고 함. 또 꽃을 붙인 줄기나 가지에 따라(분지법) 단축화지를 기본으로 하는 총수화서(總穗花序)와 가축분지(假軸分枝)에 의한 집산화서(集散花序)로 구별하지만, 일반적으로는 개화 순위(開花順位)의 방향에 따라 무한(無限)화서와 유한(有限)화서의 둘로 크게 나눔.

infrared ray [赤外線; 적외선; せきがいせん] 파장이 적색 가시광선보다 긴 760~1,000nm에 해당하는 복사역. 화학작용은 극히 적으며 열작용은 크므로 열선이라고도 부름.

injury by continuous cropping [連作障害; 연작장해; れんさくしょうがい] 해마다 계속적으로 같은 작물을 재배함으로써 작물이 피해를 입는 증상.

inner perianth [内花被; 내화피; ないかひ] 악편과 화판을 총칭하여 화피라고 하는데 화피편은 엽서나 형태에 있어서 안쪽에 있는 것과 바깥쪽에 있는 것으로 구별되며 전자를 말함.

inorganic fertilizer [無機質肥料; 무기질비료; むきしつひりょう] 유기질비료 이외의 비료. 시판비료는 유안, 요소, 과석, 용인 등이 있으며 화학비료는 주로 이것에 포함됨. 한편 자급비료로는 초목회(草木灰) 등이 있음.

insectivorous plant [食虫植物; 식충식물; しょくちゅうしょくぶつ] 곤충을 양분의 일부로 하는 식물의 총칭.

interaction [交互作用; 교호작용; こうごさよう] 실험계획법에서 두 개 이상의 인자에 대해 각각의 기준을 조합하였을 때 생기는 효과, 즉 조합에 의해 최적조건이 달라질 때 조합의 영향을 교호작용이라고 함.

intermediate plant [中間性植物; 중간성식물; ちゅうかんせいしょくぶつ] 어떤 좁은 범위의 특정한 일장에서만 개화하는 식물.

intermediate stock [中間台木; 중간대목; ちゅうかんだいぎ] → inter-stock

internal dormancy, spontaneous dormancy, rest [自發休眠; 자발휴면; じはつきゅうみん] 종자, 겨울눈, 비늘줄기, 덩이줄기, 덩이뿌리 등은 외적 조건이 생물체에 적절하지 않을 때에도 내적원인(內的原因)에 의해서 휴면 하는 것.

internode [節間; 절간; せっかん] 마디 사이에 있는 줄기 부분.

interstock [中間台木; 중간대목; ちゅうかんだいぎ] 이중접목을 할 때 접수와 대목사이에 있는 중간 대목.

involucral scale [總苞片; 총포편, 총포엽, 총포조각; そうほうへん] 총포를 구성하고 있는 각각의 조각.

involucre, involucrum [總苞; 총포; そうほう] 화서의 기부에 많은 포엽이 모여 형성된 일종의 엽적 기관이고 개개의 포엽을 총포편이라 하는데 총포는 꽃이 발육하는 동안 꽃을 보호하는 역활을 함. 일반적으로 포는 화병의 기부에 생기는 소형의 잎이고 총포는 착생위치의 차이로 구별함. 국화과의 두상화서와 미나리과 식물의 산형화서에서 볼 수 있는 포의 한 가지. 화서 전체의 기부(基部)를 싸고 있음.

irradiance [照射度; 조사도; しょうしゃど] 광이 비추는 각도, 광도

irradiation [照射; 조사; しょうしゃ] 특정파장의 방사선이나 광이 비치는 것.

irregular flower [不定形花; 부정형화; ふせいけいか] 바르지 않은 모양의 꽃.

J

jiffy pot [지피포트; ジフィポット] 일회성 화분이란 의미. peat moss(이탄)를 주재료로 하여 원 또는 각으로 성형한 것으로 공기가 잘 통하여 뿌리의 발육이 좋음.

joint [節; 마디; けいせつ] 2개 이상의 부재(部材)를 결합하여 필요에 따라 하중을 전달하는 구조의 것. 경절(莖節).

juvenile form [幼年刑; 유년형; ようねんがた] 식물에 있어서 생식생장이 가능한 환경조건에 접하여도 계속 영양생장만 하는 상태. ~of plant (식물유년형)

juvenile phase [幼年相; 유년상; ようねんそう] 유년기. → juvenile stage

juvenile stage [幼年期; 유년기; ようねんき] 발아 후 일정한 묘령에 달할 때까지 영양 생장을 하여 화아분화에 적당한 조건을 주어도 생식 생장으로 넘어가지 않는 식물이 많은데 이와 같이 화성유도(花成誘導)가 곤란한 생육기를 유년기, 이러한 성질을 유년성이라 함.

juvenility [幼年性; 유년성; ようねんせい] 유년기를 갖는 성질. → juvenile stage

K

keel, carina [龍骨; 용골; りゅうこつ] ① 콩과 식물의 전방 꽃잎 두 개에 의해 형성된 보트 모양의 구조. ② 풀의 잎 가장자리나 혹은 다른 부위.

keeping quality, storability, quality for storage [貯藏性; 저장성; ちょぞうせい] (꽃을) 오래 저장해 두어도 상하지 않는 성질. ~of flowers (꽃 저장성, 花持).

kinetin [카이네틴; カイネチン] 식물세포분열 촉진물질. 천연식물호르몬이라고는 할 수 없으나 이와 유사한 물질이 식물체에서 추출되게 됨에 따라 이런 종류의 호르몬의 식물조절에서의 의의가 중요하게 됨.

L

labellum [脣瓣; 순판, 입술끝판; しんべん] 난과 식물 꽃의 입술처럼 생긴 꽃잎. → lip

labiate corolla [脣狀花冠; 순상화관, 입술꽃부리; しんじょうかかん] 합판 화관의 일종. 위의 두 개의 꽃잎은 길고 구부러져 윗입술을 이루고, 아래의 세 개의 꽃잎은 짧고 구부러져 아랫입술을 이루는 화관. 광대수염, 수엽 등의 꿀풀과 식물이 이에 속함. 순형화관.

LAI (leaf area index) [葉面積指數; 엽면적지수; ようめんせきしすう] 한 군락(群落)의 총 엽면적을 그 군락의 재배면적으로 나눈 값으로 재배면적에 대하여 몇 배의 잎이 퍼져 있는가를 표시.

lamina [葉身, 엽신, 잎몸; ようしん] 잎을 잎자루와 구분하여 부르는 명칭. 잎자루를 제외한 넓은 부분.

latent bud, cryptic bud [潛芽; 잠아, 숨은눈; いんが] 어떤 기간 휴면상태가 계속되고 있는 가지의 표면에 흔적적(痕跡的)으로 있거나, 또는 줄기의 2차 비대생장 결과 가지 중에 매몰 되어 있는 휴면아가 가지를 벌채하면 발아하여 생장하게 됨. 여름 베기 후에 자라는 것은 이 눈을 이용하는 것임.

lateral branch, lateral shoot [側枝; 측지; そくし] 줄기 측면에서 나온 가지. 곁가지. ↔ apical shoot

lateral bud [側芽; 측아, 곁눈; そくが] 정아(頂芽, apical bud, terminal bud)에 대비되는 눈으로, 줄기 측방에 생기는 눈의 한 가지. 보통 한 개이나 한 개 이상일 때도 있는데, 이것을 부아(副芽)라고 함. 겨드랑 눈보다 범위가 넓음. → apical bud, terminal bud

lateral meristem [側生分裂組織; 측생분열조직; そくぶぶんれつそしき] 정단분열조직 이외의 식물체 내의 분열조직.

layering [取木; 취목, 휘묻이; とりき] 모주로부터 가지를 절단하지 않은 채로 흙에 묻거나 그 밖에 적당한 조건(암흑, 수습, 공기 등)을 주어서 발근시킨 다음에 절리해서 독립된 번식 시키는 방법. 압조법(bowed branch layering), 성토법(mound layering), 고취법(air layering)이 있음.

LDP (long-day plant) [長日植物; 장일식물; ちょうじつしょくぶつ] → long-day plant.

lead bulb [리드벌브; リードバルブ] 〈난〉 새로 자라나온 벌브. 해를 넘긴 퇴화구(backbulb)와 구분.

leaf axil [葉腋; 엽액, 잎겨드랑이; ようえき] 식물의 가지나 줄기에 잎이 붙은 자리. 잎겨드랑이.

leaf blade [葉身; 엽신, 잎몸; ようしん] 잎살과 잎맥으로 구성된 잎의 주요부분. 누에의 사료로 이용.

leaf bud [葉芽; 엽아; ようが] 잎눈. 발아 후 새 가지로 자라는 것으로서 꽃이 피지 않는 눈.

leaf bud cutting [葉芽挿; 엽아삽; はめざし] 엽아(잎눈)을 절취하여 삽목하는 것.

leaf cushion [葉枕; 엽침; ようちん] 잎이 붙은 곳 또는 밑 부분의 불룩한 부분. 엽병의 하단부가 확대된 부분으로 잎에 운동을 일으키는 작용을 함. → pulvinus

leaf cutting [葉挿; 엽삽; はざし] 잎을 재료로 하여 발근시켜 번식시키는 것. 산세베리아, 베고니아, 글록시니아 등.

leaf mold [腐葉土; 부엽토; ふようど] 풀과 나무 등의 낙엽 같은 것이 썩어서 이루어진 흙. 원예에 유익하게 사용되고 있음. 부식토(腐植土).

leaf sheath [葉墅; 엽초, 잎집; よぅしょう] 잎의 하단부에서 줄기를 둘러싸고 있는 부분. 벼, 보리, 옥수수와 같은 화본과(禾本科) 식물에 많음. 잎싸게.

leaf stalk [葉柄; 엽병, 잎자루; ようへい] 식물의 잎을 지탱하는 꼭지부분(밑부분). 잎을 햇빛방향으로 바꾸는 작용을 함. → petiole

leaflet [小葉; 소엽; しょうよう] 복엽을 이루는 작은 잎, 꼬마 잎, 콩의 잎은 3개의 소엽을 갖는 복엽임.

liana, twiner, climber, climbing plant, tendril [蔓性植物; 만성식물; つるせいしょくぶつ] 다른 것에 감기거나 부착하면서 자라는 덩굴식물을 가리키며 줄기 자체가 다른 것에 감겨 올라가는 것으로는 왼쪽으로 감아 올라가는 것과 오른쪽으로 감아 올라가는 것이 있음. 줄기가 가늘고 길게 자라 다른 식물이나 물체에 걸치거나 감겨서 생활하는 식물의 총칭.

life history, life cycle [生活史; 생활사; せいかつし] 생물개체가 발생하여 죽을 때까지의 과정.

light break, interruption, light breaking [光中斷; 광중단; こうちゅうだん] 단일식물의 경우 연속암기 중간에 광을 쪼여 소정의 암기 이하의 길이로 분단하면 암기의 합계가 명기보다 길다 하더라도 단일효과를 나타내지 못하게 하는 작용.

light culture [電照栽培; 전조재배; でんしょうさいばい] 인공광원을 이용해서 일장(日長) 시간을 인위적으로 연장하거나 야간을 중단함으로써 화성(花成)의 유기, 휴면타파 등의 효과를 얻는 재배방법.

light germinating seed [光發芽種子; 광발아종자; こうはつがしゅし, こうこうせいしゅし(好光性種子)] 광(光)이 있어야 발아가 촉진되는 종자(久 명발아종자라고도 하였음).

light intensity [光度, 照度; 광도, 조도; ひかりきょうど] 발광체에서 방사하는 빛의 세기. 발광체에서 단위(單位) 거리에 있는 면(面)의 단위 면적이 단위 시간 동안에 받는 빛의 에너지의 양으로 표시됨. 1948년까지는 국제촉광을, 지금은 칸델라(candela)라는 SI 단위를 사용함.

light period [明期; 명기; めいき] 밝은 기간, 햇빛이 나는 기간.

light quality, spectral quality of light [光質; 광질; こうしつ] 광이 작물(作物)의 생장(生長)에 미치는 영향은 광파장에 기인하는 광선으로 390~760nm의 파장을 가진 가시광선(可視光線)이며 광파장에 따라 그 질이 다름.

light saturation point [光飽和點; 광포화점; ひかりほうわてん] 식물의 호흡작용에서 더 강하게 빛을 비추어도 광합성량(光合成量)이 증가하지 않을 때의 빛의 세기.

lighting [電照; 전조; でんしょう] 조명.

light-sensitive seed → light germinating seed

lignification [木質化; 목화; もくか] 식물의 세포막에 리그닌이 쌓여 나무처럼 단단해지는 현상.

line [系統; 계통; けいとう] ① 종족이나 품종간의 유연관계를 말함. 공통의 어버이에서 유래하여 유전적으로 같거나 유사한 집단. 계통 내에 변이를 나타내어 형질이 다른 집단으로 분리했을 때는 다른 계통으로 함. ② 고등식물에서는 종 또는 품종 중에서 같은 선조의 종자에서 나왔더라도 특성이 약간 다른 군(郡). ③ 미생물 또는 virus에 있어서는 동일종에서 병원성 · 병징· 기주범위· 배양상의 성질이 서로 다를 때 계통이라고 함.

line selection, pedigree selection [系統選拔; 계통선발; けいとうせんばつ] 육종법의 한 가지. 잡종의 초기 분리세대에서 어떤 형질마다 개체선발을 한 후 그 각각의 자손을 보존함. 이것들을 각각의 계통으로 하여 계통간의 비교로부터 선발하는 것.

line separation, pedigree separation [系統分離; 계통분리; けいとうぶんり] 개체 또는 계통 집단을 대상으로 하여 선발을 반복 실시하는 분리육종 방법으로 타가수정 식물에 주로 적용.

lip [脣瓣; 순판, 입술끝판; しんせんばん] 〈난〉 입술처럼 생긴 꽃잎 → labellum

liquid fertilizer [液肥; 액비; えきひ] 액체상태의 비료를 통틀어서 말하며 간단히 액비라고 하며, 이것은 고체상태의 비료와는 달리 액체상태로 사용하는 비료인데 원제는 액상이거나 분말 상으로 되어 있음. 분말상의 원제는 물에 녹여서 사용하고 액상의 원제는 물로 적당한 농도까지 희석하여 사용함. 용도에 따라 토양용, 수경재배용 및 엽면살포용으로 구분.

liquid medium [液体培地; 액체배지; えきたいばいち] 한천(agar)과 같은 경화 재료가 무첨가 된 액체배지.

liquid phase [液相; 액상; えきそう] 토양은 고체, 액체, 기체로 구성되어 있는데 이것을 각각 고상, 액상, 기상 그리고 3자를 일괄해서 토양삼상이라고 함. 또한 이들의 용적비율을 삼상분포라하여 토양의 물리성을 결정하는 중요한 지표가 됨. 액상은 공극의 일부 혹은 전부를 채우고 있는 수분이며 토양수 또는 토양용액이라고도 함. 액상의 조성은 토양의 종류, 환경조건, 관리상태 등에 따라 다르며, 유기물질과 무기물질이 용존 해 있는 수용액. 기상은 공극내의 물로 채워지지 않는 부분에 존재하는 공기이며, 또한 고상은 무기입자의 크기에 따라 모래와 점토로 구분하며 유기물에는 동식물유체, 부식 등이 포함됨.

long-day plant [長日植物; 장일식물; ちょうじつしょくぶつ] 하루 일조시간이 12시간 이상이 되면 화아분화가 시작되면서 개화가 촉진되는 식물.

long-day treatment [長日處理; 장일처리; ちょうじつしょり] 조명을 이용하여 인위적으로 일조 시간을 12시간 이상으로 유지하게 하여 장일 식물의 개화· 결실을 촉진시켜 주는 일.

long-short-day plant (LSDP) [長-短日植物; 장-단일식물; ちょうたんじつしょくぶつ] 화아형성이 처음에는 장일조건을 유지한 다음 단일조건이 되어야 화아분화가 유도되는 식물. 밤에 개화하는 자스민이 대표적인 식물임.

low temperature storage [低溫貯藏; 저온저장; ていおんちょぞう] ① 저온에서 저장을 하는 방법으로 대개 5℃이하로 저장하는 것. 고구마 등은 저장한계 온도가 9℃이하이면 부패가 됨. ② 저온에서 저장하여 호흡을 억제하여 저장하는 방법. ③ 실내온도 10~15℃와 상대습도 70~80%에서 저장하는 방법으로 저온하에서 곡물의 호흡을 억제시켜 곡물이 지니고 있는 성분을 소모시키지 않고 품질을 유지시키는데 유용함.

low temperature treatment [低溫處理; 저온처리; ていおんしょり] 〈식물〉 구근류나 화목류 등에서 화

아분화나 영양생장을 인위적으로 시키기 위해서 필요로 하는 낮은 온도.

luxury absorption [奢侈吸收; 사치흡수; ぜいたくきゅうしゅう, かじょうきゅうしゅう] 과잉흡수

M

macroelement [多量元素; 다량원소; たりょうげんそ] 다량원소. → macronutrient element

macronutrient, macronutrient element [多量營養元素; 다량영양원소; たりょうえいようげんそ] 식물이 영양분을 섭취하는데, 많이 필요로 하는 영양원소. 이와 반대되는 말은 미량원소(다량원소: 탄소, 수소, 산소, 질소, 인산, 칼륨, 칼슘, 마그네슘, 황).

main shoot [主枝; 주지; しゅし] 주간으로부터 분지된 가장 굵은 가지.

male sterility [雄性不稔; 웅성불임; ゆうせいふねん] 웅성기관의 형태적 또는 기능적 이상 때문에 수분, 수정, 종자현상이 이루어지지 않는 현상을 말함. 웅성불임은 환경적인 일시적 변이로서 발현하는 경우와 유전형질로서 발현하는 경우가 있음. 전자는 영양조건의 불균형, 온도, 일조 등의 이상에 의하지만 후자는 화분불임성, 웅성불임성, 수정 불능 등에 의함.

mallet cutting [撞木插; 당목삽; しゅもくざし] 분주의 한 방법으로 당목취법으로 삽목하는 것을 당목삽이라고 함.

marginal flower, marginal floret, ray florets [周邊花; 주변화; しゅうへんか] 두상화서 중에서 주변화와 중심화의 분화가 생길 때, 주변의 꽃들을 지칭하며, 국화과 식물에서 그 예를 볼 수 있음(설상화).

marginal variegation [覆輪; 복륜; ふくりん] 식물의 얼룩이 꽃에 나타나는 현상.

masking [病徵隱蔽; 병징은폐; びょうちょういんぺい] 외계의 환경이 부적당하기 때문에 병에 걸린 식물의 병징 발현이 일시적으로 억제되어 외관상으로 나타나지 않는 현상.

mass flower-bed [寄植花壇; 기식화단, 모둠화단; よせうえかだん] 가운데를 높여서 사방에서 관상할 수 있는 화단.

mat watering [매트관수] 분화재배에서 화분 바닥에 설치한 매트를 통해 관수하는 방법.

mature phase, ripening phase [成熟相; 성숙상; せいじゅくそう] 작물이 영양생장, 생식생장이 완료되어 종실이 생장하고 탄수화물, 지방, 단백질 등의 저장물질을 축적하는 시기.

maximum water holding capacity [最大容水量; 최대용수량; さいだいようすいりょう] 토양이 수분을 머금을 수 있는 최대량. 이 지점을 초과하는 수분은 중력에 의해 용탈되어 흘러나감.

megaspore [大胞子; 대포자; だい ほうし] 하나의 배낭모세포가 감수분열하여 생긴 4개의 세포중 하나만이 배낭으로 되는 n핵상을 가진 세포를 말함. 나머지 3개는 퇴화됨

meristem [分裂組織; 분열조직; ぶんれつそしき] 분열에 의해 새로운 세포의 형성과 원형질 합성 능력을 갖고 있는 조직. 식물은 배(胚) 형성 시기를 제외한 장기간에 걸친 식물의 생활사를 통하여 고등식물은 세포분열을 일으킬 수 있는 능력을 보유하고 있음. 이 때 세포분열을 일으킬 수 있는 조직을 분열조직이라 부르며, ① 정단분열조직, ② 근단분열조직, ③ 유관속 형성층, ④ 코르크 형성

층 등이 있음. 경정(정단) 또는 근단의 분열조직은 1차 분열조직이라 부르고, 경과 근의 체축(體軸) 방향으로의 생장을 일차생장 또는 신장생장이라 하며, 경(莖)과 근경(根莖)의 증대를 2차생장 또는 비대생장이라 함.

mesophyll [葉肉; 엽육; ようにく] 잎의 위, 아래 표피사이의 조직. 주로 유세포로 되어있으며 엽록체를 갖는 동화조직의 일종.

mesophyte [中生植物; 중생식물; ちゅうせいしょくぶつ] 수생식물과 건생식물의 중간에 속하는 식물. 수분의 과부족이 없는 들, 산, 고원 등에 나는 가장 대표적인 식물.

metamorphosed leaf [變態葉; 변태엽, 탈바꿈잎; へんたいよう] 잎이 생육하면서 원래의 모양이 바뀌어진 잎.

microclimate [微氣候; 미기후; びきこう] 지표면으로부터 지상 1.5m 정도 높이까지 기층(접지층)의 기후를 말함. 지표면의 상태나 지물의 영향을 강하게 받아서 미세한 기상이나 기후상태의 차이가 생김. 접지층 내에서는 약간의 높이 차이로 기후상태가 매우 변화하므로 일반 기상관측이 행해지는 높이(1.2~1.5m)의 기후와는 상당한 차이가 있음.

microelement, trace elements, micronutrient [微量元素, 微量要素; 미량요소, 미량원소; びりょうげんそ] 양적으로는 거의 미량이지만 식물생장에 반드시 필요한 금속원소를 말함. 철, 몰리브덴, 아연, 동, 망간, 코발트, 칼륨 등이 포함됨. 미량원소에는 효소의 활성화인자로서 작용하는 것이 많음. → micronutrient, trace nutrient

micronutrient, trace nutrient [微量營養素; 미량영양소; びりょうえいようそ] 생체는 그 기능을 유지하기 위하여 외계에서 물질을 섭취하여 생체 구성성분을 만들기도 하며 생체내의 에너지원으로 이용하기도 함. 이와 같은 목적으로 섭취된 물질을 영양소라고 부르지만, 이 중에서 소량 섭취로도 충분한 필수영양소를 미량영양소라고 부르며 미량영양소로서는 미량금속원소(코발트, 동, 요소, 망간, 몰리부덴, 아연 등)와 비타민류 등이 있음.

microspore [小胞子; 소포자; しょうほうし] 이형포자형성 식물의 소포자낭에서 생기는 작은 홀씨주머니에서 나오는 포자. 화분이 만들어지는 세포. 화분 그 자체.

mist cooling, spray cooling [噴霧冷却法; 분무냉각법; ふんむれいきゃくほう] 외부로부터의 공기를 찬 안개를 통하여 식히는 방법. 보통 15~18℃ 정도의 우물물을 안개 모양으로 분출시켜 사용하는데, 이 방법은 많은 온도를 내릴 수는 없음. 냉방장치(冷房裝置)에 쓰임.

mist culture, aeroponics, spray culture [噴霧耕; 분무경; ふんむこう] 양액재배에서 배양액 공급 방법의 일종.

mist propagation [미스트번식; ミストはんしょく] 유엽지삽(有葉枝揷)인 경우 삽수의 시듦을 방지시켜 발근을 촉진시킬 목적으로 안개와 같은 가는 입자의 물을 품어주는 방식.

mixed fertilizer [配合肥料; 배합비료; はいごうひりょう] 단일 성분의 비료를 서로 섞거나 또는 이들과 어떤 유기질비료나 복합비료를 섞어서 만든 것으로 원래의 성분형태에는 변화가 없음. 성분비율은 임의로 조절할 수 있으나 비료의 종류에 따라 배합하면 유리한 경우와 불리한 경우가 있음.

moisture holding ability, capacity to retain water [保水力; 보수력; ほすいりょく] 토양은 흡착력 또는 모세관장력 등의 흡인력으로 수분을 보관할 수 있는데, 이 흡인력에 따른 토양수분함량을 중량백분율 또는 용량백분율 등으로 표시한 것으로서 수분장력에 따라 값이 달라짐.

monoecious [雌雄同株; 자웅동주; しゆうどうしゅ] 단성화(單性花)를 가진 종자식물로 수꽃과 암꽃을 한

개체에 만드는 경우를 말함. 예를 들어 개량 뽕나무인 수확일(收穫一), 대도상(大島桑) 등은 자웅동주이고, 청일뽕은 자웅이주임.

monoecism [一家花, 雌雄同株; 일가화, 자웅동주; いっかばな] 옥수수, 수박, 호박등과 같이 자웅동주 식물에 붙은 꽃으로서 자가수분과 타가수분을 함.

monopodium [單莖; 단경; たんけい] 식물에서 줄기가 하나인 것.

monopodial branching [單軸分枝; 단축분지; たんじくぶんし] 가지 치는 방식에 있어서, 중심축 역할을 하는 가지가 잘 발달해 있고 가지가 옆에서 나오는 평범한 방식.

monosexual flower, dicliny, diclinous flower, unisexual flower [單性花; 단성화; たんせいか] ① 자웅이화(雌雄異花) ② 수분법은 꽃의 종측에 따라서 다르나 단성화중(單性花中)에서 암술, 수술중 어느 한 쪽만을 가지는 꽃. 일가화(一家花)는 옥수수, 호박, 수박 등과 같이 자웅동주식물(雌雄同株植物)에 붙는 꽃으로서 자가수분과 타가수분을 함.

morphological root [定位根; 정위근; ていいこん] 정상적인 위치에서 발생되는 뿌리.

mosaic flower bed [模様花壇; 모양화단, 무늬화단; もようかだん] 수종의 화초를 기하학적인 모양으로 정식한 화단.

mother bulb [母球; 모구; ぼきゅう] 우량형질을 갖추어 번식의 모본이 되는 구근, 새로이 형성된 자구의 어미가 되는 구근, 또는 정식할 때의 구근.

mother corm [母球; 모구; ぼきゅう] → mother bulb

mother plant [親株, 母本; 친주, 모본; すやかぶ, ぼほん] 새로운 개체를 육성하는 데 근간이 되는 양친식물을 가리킴.

mother stock [親株; 친주; すやかぶ] 증식이나 교배 등에서 기본이 되는 식물체.

mother tuber [親芋, 母球; 친우, 모구, 어미덩이; ぼけい] 〈감자〉 작은 괴경을 생산할 수 있는 증식용 큰 괴경.

mound layering [盛土法; 성토법; もりつち] 취목의 일종으로 가지를 굽히지 않고 꼿꼿이 선채로 밑동에 흙을 긁어모아 발근시키는 꺾꽂이 방법. 뽕나무, 사과나무, 환엽해당 등에서 실시.

mulch [被覆; 피복, 덮기; ひふく] 토양 표면에 식물을 덮거나 다른 물질을 인공적 또는 자연적으로 쌓아 올린 층. → mulching

mulching [被覆; 멀칭; ひふく] 짚이나 건초를 깔아 부초하는 방법 등에 의해서 작물이 생육하고 있는 입지의 표면을 피복해 주는 것.

multiple bud, double bud [複芽; 복아; ふくが] 한 엽액에서 나오는 둘 이상의 싹.

multiple shoot [多莖芽; 다경아, 다아체; たけいが] 한 뿌리에서 줄기가 여러 개 나는 것. 경정 배양에 의해 식물을 번식하는 경우에 생성이 가능한 싹이나 줄기(shoot)의 덩어리를 말함.

mutation [突然變異; 돌연변이; とつぜんへんい] 다양한 외부 환경적 요인에 의해 DNA 염기서열이 종래의 것과는 차이가 나도록 변화된 것. 새로운 변이발생의 공급원이 됨으로써 진화의 원동력이 됨.

mycorrhiza [菌根; 균근; きんこん, マイコライザ] ① 식물 뿌리와 공생관계를 유지하며 식물에게 수분이나 양분을 공급하며 식물로부터 탄수화물을 받아 생활하는 곰팡이 또는 그 공생체를 일컫는 용어 ② 균류가 기생 또는 공생하고 있는 유관속식물(維管束植物)의 뿌리. 균류가 주로 뿌리의 외부에 붙는 외생균근과, 내부의 조직에까지 번식하는 내생균근이 있으며 전자는 침엽수와 너도밤나무

과에서 볼 수 있으며, 후자는 소나무과 따위에 많음.

mycostasis, soil fungistasis [土壤靜菌作用; 토양정균작용; どじょうせいきんさよう] 자연토양에서 균류의 포자발아나 균사생장을 억제시키는 작용을 말함.

N

NAA (naphthalene acetic acid) [나프탈렌아세트산; ナフタレンさくさん] 오옥신 활성을 나타내는 인공합성 오옥신의 일종.

native land [原生地; 원생지; げんせいち] 아직 분포되기 이전의 자라난 땅.

natural ventilation [自然換氣; 자연환기; しぜんかんき] 실내 공기가 벽의 기공이나 창구의 간격, 통기구 등을 통하여 자연적으로 외기와 교체되는 것을 말함.

naturalized plant [歸化植物; 귀화식물, 도래식물; きかしょくぶつ] 외국에서 도입되어 국내 기후조건에 잘 적응하여 야생하는 식물로 한국에서는 개망초, 개자리, 닭의 덩굴, 망초, 미류나무, 아카시나무 등이 있다.

neck [花首; 화수, 꽃목; かくび] 꽃의 목 부분.

necrosis [壞死; 괴사, 괴저; えし] 생체 국소의 세포 및 조직의 사망 또는 죽어 가고 있는 상태. 세포가 괴사되면 핵은 핵농축, 핵붕괴 또는 핵융해가 나타나고 세포질은 무구성·호산성 융해, 세포윤곽의 소실 등을 나타내며 세포의 괴사가 집합된 상태를 조직의 괴사라고 함. 괴사 조직은 육안적으로 살아 있을 때의 투명감, 고유색, 긴장감을 잃고 부서지기 쉬우며 조직의 괴사는 그 형성과정이나 조직에 따라 다른 형태적 표현을 나타내기 때문에 그 특징을 표시하기 위해 응고괴사, 액화괴사, 건락괴사, 납양(蠟樣)변성 등의 용어가 있음.

nerve, leaf vein [葉脈; 엽맥; ようみゃく] 잎에 형성된 유관속계(維管束系)를 말함. 뽕에서의 잎의 중앙에 가장 굵은 주맥(rib)이 있고, 그 좌우에 2~4개의 측주맥(side nerve)이 있으며, 주맥의 좌우에는 교호로 지맥이 있고, 주맥과 지맥에는 많은 세맥이 분지하여 그물모양으로 분포하고 있음.

night break (dark break, night interruption) [暗期中斷; 암기중단; あんきちゅうだん, やかんしょうは(夜間照破)] 단일식물의 연속암기의 중간에 광을 조사하여 연속암기를 소정이하의 길이로 분단하면, 암기의 합계가 명기보다 길다고 하더라도 단일효과는 발생하지 않는데 이것을 암기중단 또는 야간조파라 함. → light break

nitrification [窒酸化作用, 窒化作用; 질산화작용, 질화작용; しょうさんかさよう] 토양중의 암모니아태질소(NH_4-N)가 미생물의 작용에 의해 아질산태질소(NO_2-N)를 거쳐 질산태질소(NO_3-N)로 전환되는 것을 이름. 암모니아태 질소비료인 유안과 요소태 질소비료인 요소를 주었을 때 이 작용에 의해 전환된 질산태질소를 흡수하게 됨.

nitrogen starvation [窒素飢餓; 질소기아; ちっそきが] 토양 중에 있는 질소의 양이 작물의 생육에는 부족하지 않으나, 탄질율(炭窒率: 탄소와 질소의 비율)이 30% 이상 높은 유기물을 넣을 때 미생물이 원래 토양 중에 있는 질소를 빼앗아 이용함으로서 작물이 일시적으로 질소의 부족증상을 일으키는 현상.

node [節; 절, 마디; せつ, ふし] ①〈식물〉 식물의 줄기에 가지나 잎이 붙은 곳. 대, 갈대 등의 줄기에 고리처럼 불룩하게 두드러진 곳.

non-obligate long-day plant [相對的長日植物; 상대적장일식물; そうたいてきちょうじつしょくぶつ] 어떤 한계에 있는 일장보다 일장이 짧아져도 상대적으로 장일조건이면 개화가 이뤄지는 식물. → facultative long-day plant, quantitative long-day plant

non-obligate short-day plant [相對的短日植物; 상대적단일식물; そうたいてきたんじつしょくぶつ] 어떤 한계에 있는 일장보다 일장이 길어져도 상대적으로 단일조건이면 개화가 이뤄지는 식물. → facultative short-day plant, quantitative short-day plant

non-symbiotic germination [無菌發芽; 무균발아; むきんはつが] 〈난〉 멸균한 배양액 또는 배지를 사용하여 세균이나 곰팡이 등의 침입을 차단시켜서 식물의 종자를 발아시키는 일.

non-tunicated bulb, imbricated bulb, scaly bulb [無皮鱗莖; 무피인경; むひりんけい] 비늘상의 인편이 기와와 같이 겹쳐 있고 외피로 덮히지 않은 것. ↔ 유피인경(non-tunicated bulb)

non-woven fabric [不織布; 부직포; ふしょくふ] 짜지 않고 여러 가지 방법에 의해 시트모양으로 만든 천으로 하우스에서 수평커튼의 재료 등으로 사용.

normal cutting [管插; 관삽; かんさし] 꺾꽂이법의 하나로 줄기를 꽂는 방법.

nose [노우즈] 〈구근〉 유피인경의 중심에 존재하고 캐낸 후에도 자라며, 다음 생육시기에 생장하는 싹을 말함. 튤립 등에서는 그 중에 화아를 포함하고 있고, 그 길이가 저온처리의 지표로도 자주 이용됨.

notching [노칭; ノッチング] 히야신스 번식법의 하나. 칼로 구근의 저부에서 중심을 향해 칼금을 넣어 인위적으로 부정아 형성을 유도하는 방법. 자르는 구근 높이의 1/2 또는 2/3, 분할 수는 4~8등분함. 분할 수가 많을수록 자구수는 증가하나 크기가 작아짐. 아마릴리스 등의 구근에도 사용할 수 있음. 각상(刻傷). 각구법(刻溝法). 인경번식(鱗莖繁殖).

number of days to anthesis [開花所要日數; 개화소요일수; とうかにっすう] → number of days to flowering

number of days to flowering [開花所要日數; 개화소요일수; とうかにっすう] 파종, 정식, 적심 또는 온실 반입 등 임의로 설정한 계산일로부터 개화에 이르기까지의 일수.

number of times of ventilation [換氣回數; 환기횟수; かんきかいすう] 단위시간, 실내용 적당, 공기의 유입 또는 배출횟수

nursery bed [苗床; 묘상; なえどこ] 못자리, 묘상, 모판이라고도 함. 들어가서 손질하기에 편리하게 못자리의 사이사이를 떼어 직사각형으로 다듬어 놓은 조각조각의 구역.

nutriculture, hydroponics, soilless culture, solution culture [養液栽培; 양액재배; ようえきさいばい] 토양을 사용하지 않는 무토양(無土壤), 무지력(無地力) 재배방법으로서 작물체 지지방법(支持方法)에 따라 수경(水耕)과 고형배지경(固形培地耕)으로 대별하고, 영양액(營養液) 공급방식(供給方式)에 따라 순환식과 흘려버림 식으로 나눌 수 있음

nutrient film technique (NFT) [薄膜水耕; 박막수경; うすいまくすいこう] 적절한 양수분과 산소를 공급하기 위하여 비닐을 깐재배조에 작물을 정식하여 양액을 흘려 뿌리를 적시면서 순환시키는 방법으로서 베드의 규격은 폭을 25~30cm, 길이는 20m 이내로 하고, 베드의 구배는 1/70~1/100정도로

한다. 공급되는 양액의 유속은 1~2 ℓ/분 정도로 유지하며, 배양액이 흘러가는 깊이는 1cm를 초과하지 않도록 해서 근권이 고르게 발달되도록 한다. 장점은 근권환경을 쉽게 조절할 수 있고, 작동에너지와 양액의 사용이 절감되며, 분무경과 비교해 분무노즐을 점검할 필요가 없다. 단점은 상당한 수준의 재배경험과 지식이 요구되고, 양분균형이 급속히 깨질 위험성이 있으며, 근권의 병해 발생시 전염 및 전파가 빠르다.

nutrient solution [養液, 培養液; 양액, 배양액; ようえき, ばいようえき] 작물의 생육에 꼭 필요한 무기양분을 각각의 흡수량의 비율에 맞추어 물에 용해시킨 것으로 배양액이라고도 하며 식물의 양액재배 시 공급함. 양액을 조성할 때 사용되는 원소 중 필수원소는 16개인데 이 가운데 물과 공기로부터 공급받는 C, H, O를 제외한 13개의 원소가 무기양분임.

nyctinasty, nyctinastic movement, sleep movement [睡眠運動; 수면운동; すいみんうんどう] 잎이나 엽편, 꽃잎 등의 위치변화로서 밤에 광이나 온도와 같은 외부 자극에 의해 일어남.

O

obligate long-day plant [絕對的長日植物; 절대적장일식물; ぜったいてきちょうじつしょくぶつ] → absolute long-day plant

obligate short-day plant [絕對的短日植物; 절대적 단일식물; ぜったいてきたんじつしょくぶつ] → absolute short-day plant

off-set, off-shoot [高雅; 고아; たかめ] → aerial vegetative shoot

one-season flowering [一季開花性; 일계개화성; いっきさぎせい] 어떤 특정한 계절에만 개화하는 성질.

open center [露心花; 노심화; ろしんか] 꽃 가운데 있는 관상화(冠狀花)가 밖으로 밀려나와 노출되는 현상.

ordinary splice grafting [合接; 합접; あわせつぎ] 과수의 접붙이는 방법의 하나, 싹이 나올 무렵에 대목과 접수의 굵기가 같을 때 양자를 비스듬히 잘라서 서로 형성층을 합해서 묶고, 접수의 선단이 겨우 나올 정도로 흙을 덮음. 맞접

organic fertilizer [有機質肥料; 유기질비료; ゆうきひりょう] 동물질비료 식물질비료 자급유기질비료와 유기폐기물에서 유래된 비료를 말하는 총칭.

organic matter, organic substance [有機物; 유기물; ゆうきぶつ] 생물에서 유래되는 탄소 원자를 함유하는 물질의 총칭. 유기물질. bulky organic matter(粗大有機物; 조대유기물), rough organic matter(粗材有機物; 조재유기물)

original species, foundation seed, foundation stock, registered seed [原種; 원종; げんしゅ] 생산자(보통은 농가)가 재배에 이용하기 위한 종자를 채종하기 위한 원천이 되는 종자. 원원종(原原種)의 종자(種子)처럼 유전적(遺傳的)으로 변화(變化)되지 않은 순정종자(純正種子)를 지칭함. 원원종(原原種)과는 양적(量的) 또는 사용목적이 다를 뿐임.

ornamental foliage plant [觀葉植物; 관엽식물; かんようしょくぶつ] 잎사귀의 빛깔이나 모양을 관상(觀賞)하기 위하여 재배하는 식물. 고무나무, 단풍 따위. 관상(觀賞)식물.

ornamental plant [觀賞植物; 관상식물; かんしょうしょくぶつ] 꽃, 열매, 잎을 보고 즐기거나 향기를 맡기 위하여 가꾸는 식물.

ornamental tree and shrub, flowering trees and shrubs [花木; 꽃나무; かぼく, かじゅ] 꽃피는 나무. 화목(花木), 화수(花樹).

osmunda [오스먼다; オスムンダ] 고비과의 식물. 헤고와 같이 착생난의 배지판으로 사용됨.

outer perianth [外花被; 외화피; がいかひ] 꽃받침과 花冠을 총칭하여 화피라 하며 바깥쪽에 있는 화피를 지칭.

ovary [子房; 자방, 씨방; しぼう] 피자식물의 암꽃은 주두, 화주, 자방으로 구성되고 자방은 맨 아래 부분으로 주두에서 발아된 화분관이 자방내 배낭에 들어와 수정되고 종자가 형성됨.

overhead irrigation [頭上冠水; 두상관수; ようじょうかんすい] 식물체의 위에서 물주는 방법. 수상관수, 두상살수, 수상살수라고도 함.

overhead watering [頭上冠水; 두상관수; ようじょうかんすい] → overhead irrigation

ovule [胚珠; 배주, 밑씨; はいしゅ] 자방(子房)속에 생기는 나중에 종자가 되는 기관(器官), 배낭(胚囊), 주심(珠心), 주피(珠皮)로 구성됨. 주병(珠柄)을 통하여 태좌(胎座)에 붙어 있으며 주병과 주공(珠孔)의 위치관계에서 직생(直生), 도생(倒生), 만생(彎生)등으로 구별함. 나자(裸子)식물에서는 심피(心皮)에 직접 착생(着生)하여 나출(裸出)되어 있음. 난자(卵子).

P

pad-and-fan system, fan and pad cooling [패드앤드팬냉각; パッドアンドファンクーリング] 패드방식 혹은 기화냉각법이라고도 하며 흡기구 쪽에 설치된 덕트 내부의 목모에 물을 떨어뜨리면서 송풍기로 바람을 통과시켜 물의 기화열을 이용한 냉각방식.

palmate compound leaf [掌藏複葉; 장상복엽, 손바닥모양겹잎; しょうじょうふくよう] 잎자루 끝에 보통 5-7 개의 잎이 손바닥 모양으로 달려 있는 잎. 단풍잎 등.

panicle [圓錐花序; 원추화서, 원뿔꽃차례; えんすいかじょ] 여러 개의 총상화서가 원추 모양으로 달려 있는 화서. 즉, 총상화서 모양의 화경이 계속 가지를 쳐서 여러 개의 2차, 3차 가지로 분지되어 계속적으로 개화하는 특성을 갖고 있으며, 순수 우리말로는 고깔꽃차례라고 하며, 대표적으로 블루그라스와 벤트그라스 잔디가 이에 해당.

papilionaceous corolla [蝶形花冠; 접형화관, 나비꼴꽃부리; ちょうけいかかん] 콩 등에서 볼 수 있는 좌우대칭의 꽃부리로서, 1개의 기판, 2개의 익판, 2개의 용골판으로 구성. 기판은 가운데 위쪽에 있는 동그란 꽃잎이고, 익판은 기판의 좌우에서 날개처럼 벌어져 있는 꽃잎이며, 용골판은 두 익판 사이의 아래쪽으로 늘어진 꽃잎을 말함.

pappus [冠毛; 관모, 갓털; かんもう] 꽃받침의 변형(變形)으로서 자방(子房)의 맨 끝에 붙은 솜털 같은

것. 민들레·버들가지 같은 견과(堅果)에 붙었음.

parasite, parasitic plant [寄生植物; 기생식물; きせいしょくぶつ] 다른 생물체에서 기생생활을 하는 식물의 총칭. 많은 종의 세균, 균류와 같이 산 동식물 기주(寄主)에 기생하는 활물기생식물과 고초균(枯草菌), 세균의 일부와 같이 시체나 그 밖의 부패물, 유기물(有機物)에 기생하는 사물(死物)기생 식물이 있음. 또, 엽록소(葉綠素)를 갖지 않아 전혀 광합성(光合成)을 하지 못하고 다른 생물체에 기생하여 그로부터 양분을 섭취하는 전(全)기생물, 겨우살이처럼 엽록소가 있으면서 다른 나무에 붙어 기주(寄主)로부터 수분(水分), 영양염류 등을 섭취하면서 광합성을 하는 반(半)기생 식물로도 구분함.

parenchyma [柔組織; 유조직; じゅうそしき] 식물체의 대부분을 점하는 유세포로 이루어진 조직. 세포막은 얇으며 원형질을 포함하고 있음. 동화나 저장 등의 여러 생리 작용을 행함. 물렁조직, 유연조직.

pathogen [病菌; 병균; びょうきん] 식물체의 비정상적인 발육이나 증상을 일으키는 병원체.

peat [泥炭; 이탄; でいたん, ピート] 반육성 부식으로 습윤, 혐기성(嫌氣性)조건하에서 형성된 미분해 또는 부분해 유기물질의 퇴적물.

peat moss [泥炭蘚; 피트모스; ピートモス] 이탄토, 습지, 늪 등에 수생식물류 및 그 밖의 것이 다소 부식화되어 쌓인 것. 선태이탄.

pedicel [小花柄; 소화예, 소화병; しょうかこう] 꽃과 가지를 연결하는 부위.

pedigree selection [系統選拔; 계통선발; けいとうせんばつ] → line selection

pedigree separation [系統分離; 계통분리; けいとうぶんり] → line separation

peduncle [花柄, 花梗; 꽃자루, 화병, 화경; かこう] 꽃을 받치고 있는 작은 가지. 꽃자루를 다수 달고 있는 큰 가지를 꽃줄기라고도 함.

perennial [多年草, 宿根草; 다년초, 숙근초; たねんそう, しゅっこんそう] 한번 파종하거나 이식 후에 여러 해 동안 계속 생육이 유지되는 식물로 늦가을이 되면 지상의 경엽이 말라 죽고, 땅 속에 위치한 새눈과 뿌리만 살아남아 겨울을 난 다음 다시 생장 생육을 계속하는 습성을 가진 것. → annual, biennial

perennial plant [宿根性植物; 다년생식물, 숙근성식물; たねんせいしょくぶつ, しゅっこんせいしょくぶつ] 다년생 식물. → annual plant, biennial plant

perfect flower [完全花; 완전화; かんぜんか] 꽃받침, 꽃잎, 수술, 암술이 다 있는 꽃.

perianth [花被; 화피; かひ] 꽃받침과 꽃부리의 구별이 명확치 않은 꽃에서 꽃잎을 총칭하여 가리키며 총체적으로는 꽃받침과 꽃부리를 가르키며 화피편은 엽서나 형태에 있어서 안쪽(내화피)에 있는 것과 바깥쪽(외화피)에 있는 것으로 구별되는데 크기, 색깔, 모양 등에 있어 약간 차이가 있음.

perianth lobe [花被片; 화피편; かひべん] 꽃받침과 꽃잎이 구별되지 않는 화피 부분.

perianth segment [花被片; 화피편] → perianth lobe

periclinal chimera [주연(周緣)키메라; しゅうえんキメラ] 한 종류의 조직이 다른 종류의 조직을 완전히 둘러싸서 겉으로는 두 종류의 조직이 구분되기 어려운 키메라 현상을 말함.

periclinal division [周緣面分裂; 주연면분열; しゅうえんめんぶんれつ] 엽원기, 또는 정단분열조직에서 분열층의 내외층은 세포분열의 방향이 서로 다르며, 내층은 주로 잎의 표면에 평행하게, 분열조직

은 기준면에 평행하게 분열하여 분열조직의 분화를 결정함.

periferal chimera [주연(周緣)키메라; しゅうえんキメラ] → periclinal chimera

perigone, perigonium [花蓋; 화개, 웅화엽; かがい] 수술이 변형된 꽃잎. 이끼의 조정기(造精器)를 보호하는 변형엽.

periodic lighting [交互照明; 교호조명; こうごしょうめい] → cyclic lightening

perlite [펄라이트] 진주암을 약 1,000℃로 구은 백색 다공의 인조토로 보수성과 통기성이 좋고 청결한 무균토이므로 파종 및 삽목용토로 단용 또는 다른 재료와 혼합한다. 염기치환용량은 0.1~1me/100g으로 작아 보비력이 낮으나 가볍고 저렴하여 인기가 높은 인공토양이다(참조 : 팽창 펄라이트).

permanent tissue [永久組織; 영구조직; えいきゅうそしき] 성장기를 거쳐서 충분히 분화하였으며 원형질을 상실하고 죽기까지 별로 변하지 않는 세포로 구성되어 있는 조직.

permanent wilting point [永久萎凋點; 영구위조점; えいきゅういちょうてん] 일시위조점을 넘어 계속해서 토양의 수분이 감소되면, 습도로 포화된 공기 중에 놓아도 시든 식물은 회복되지 못하게 되는데, 이때의 수분량을 영구위조점이라 함. 이때, 수분의 흡착력은 15bar 정도임. 영구시들음점.

permeability [透水性; 투수성; とうすいせい] 토양이 그 체내를 통해서 물이 흐를 수 있도록 하는 능력으로, 토양공극의 종류나 양과 밀접한 관계를 가지고 있으며, 투수성은 토양의 물리적 성질의 좋고 나쁨을 판단하는 유력한 지표중의 하나임.

perpetual [永續的; 영속적; えいぞくてき] 계속 오래도록 유지되는 것.

petal [花瓣; 꽃잎; はなびら] 수술(웅예, 雄蘂), 암술(자예, 雌蘂)를 보호하는 화관의 낱낱의 조각. 한 송이의 꽃에 네 개가 있는 것은 사판화, 다섯 개의 것은 오판화 등으로 구분함. 꽃잎, 꽃판, 판, 하편.

petaloidy [花瓣化; 화판화, 꽃잎화, 유사꽃잎; るいじかべん] 겹으로 피는 꽃에서 수술, 꽃받침 따위가 꽃잎 모양으로 변화된 것.

petiole [葉柄; 엽병, 잎자루; ようへい] 잎사귀를 받치고 줄기에 붙어 있는 자루 부분. 자루 위부분에 골이 있는 것과 없는 것, 잎자루 자체가 없는 뽕나무 품종도 있음. 잎을 햇빛방향으로 바꾸는 작용을 함. → leaf stalk

pF (potential free energy) [土壤水分張力; 토양수분장력; どじょうすいぶんちょうりょく] 토양이 물을 흡착유지하는 힘을 표시한 것으로 pF는 단위 수주의 높이의 대수치를 말함. 즉 수주의 높이를 H(mbar)라고 하면 pF = logH 임. (토양수분장력 : soil moisture tension, 토양분은 토양입자표면에 모세관현상 등으로 흡인되어 있는데, 이 흡인력을 압력으로 표시하여 장력이라 부름). → soil moisture tension

pH (potential of hydrogen) [酸度; 산도; さんど] 용액 중의 수소이온 농도를 말하는 것으로 염기의 한 분자 속에 있는 수산기(OH^-)의 수.

phenotype [表現型; 표현형; ひょうげんがた] DNA가 가지고 있는 유전정보에 의하여 결정되어지는 형질을 유전형이라 하며, 이 유전형질은 주어진 환경에 따라 개체의 형태학적 또는 생화학적 특성이 달리 표현될 수 있으며 실제로 나타나는 이 형질을 표현형이라 함. 예를 들면 같은 유전자를 가지는 꽃의 종자를 심어도 한냉지에서는 온난지보다 초장이 짧고 개화가 늦으며 꽃의 색깔이 진하게 되는 것은 환경에 의한 표현형의 변화임.

phosphous absorption coefficient [燐酸吸收係數; 인산흡수계수; りんさんきゅうしゅうけいすう] 토양 100g이 흡착, 고정하는 인산의 양(mg). 인산 시용량을 결정하는 한 가지 방법으로 일본에서 많이 쓰며, 우리나라에서 70년대 이용했으나 최근에는 쓰지 않음.

photomorphogenesis [光形態形成; 광형태형성; ひかりけいたいけいせい] 정상 성장과 분화를 발전시키는 빛의 작용. 빛에 의한 식물생장의 변화. 빛의 조건에 따라 발생이나 분화과정이 제어되는 현상.

photoperiod [光週期, 日長 ; 광주기, 일장; こうしゅうき] → daylength

photoperiodism [光週性; 광주성; こうしゅうきせい] 식물이 광의 주기(계절적 일조시간)에 따라 보이는 성질로 봄에 햇빛이 길어질 때 개화하는 장일성과 반대인 단일성, 중간적인 중일성으로 크게 나눔. 그 외에도 식물의 빛의 일조시간과 리듬에 따라 시계적으로 반응함.

photo-selective film [(선광성필름; せんこうせいフイルム] 광파장역이 자외선이나 적외선을 포함한 필름.

phyllocadium [仮葉枝; 가엽지; かようし] → phyllodium

phyllode [擬葉; 의엽; ぎよう] 잎자루와 엽신이 명확히 구별되는 잎에 있어서 개체발생의 과정에서 잎자루에 상당하는 부분이 엽신과 같은 생리작용을 한다고 보이는 구조를 말함. 극피동물에 있어서 입의 보대 부분이 변형하여 방사조(放射爪)의 모습을 갖춘 것.

phyllodium [假葉; 가엽; かよう] 아카시아에서처럼 잎으로서의 기능을 하는 편평한 잎 같이 생긴 엽병. 잎꼭지가 변하여 넙죽하게 된 잎.

phyllotaxis, leaf arrangement [葉序; 엽서; ようじょ] 식물의 잎이 착생되는 순서. 즉 생장점으로 잎이 출현되는 과정. 잎차례.

phyllotaxy [葉序; 엽서, 잎차례] 줄기에 잎이 달리는 배열상태. → phyllotaxis

physical property, physical characteristics [物理性; 물리성; ぶつりせい] 물질의 비중, 경도, 열, 압력, 수축, 팽창, 이동 등의 특성.

phytochrome [파이토크롬, 광수용색소단백질; パイトクロム] 피토시아닌과 밀접한 관계를 갖는 식물의 청색 단백질 색소임. 광형태형성, 광주기성, 어떤 종자의 발아, 어떤 과실의 결실과 같은 여러 발생 현상을 조절하며, Pr과 Pfr의 두 가지 상호가변성 형태로 존재함으로써 낮의 길이를 감지할 수 있음. 네 개의 피롤(pyrrole)기가 선상으로 연결된 기본구조를 가진 화합물로 세포 안에서는 특정 단백질과 결합한 상태로 있으면서 식물의 광형태형성·발아·광주기성(光週期性)을 조절하는 작용을 갖음.

phytohormone, plant hormone [식물(植物)호르몬; しょくぶつホルモン] 식물의 성장이나 휴면·발아낙엽 등의 온갖 과정을 제어하는 물질로서, 식물 자신을 만들고 극히 소량으로 그 작용을 보이는 것. 동물의 호르몬에서는 기능이나 작용하는 기관이 명확히 정해져 있는데, 식물호르몬은 여러 가지 기관에 작용하여 각각 서로 다른 기능을 한다. 또 작용에 적합한 농도가 있어, 이것도 호르몬의 종류나 작용하는 기관에 따라서 다르다. 현재 알려져 있는 호르몬으로는 오옥신, 지베렐린, 사이토카이닌, 아브시스산, 에틸렌이 있다. 크게 나누면 오옥신·지베렐린·사이토카이닌은 식물의 생장을 촉진하고, 아브시스산과 에틸렌은 반대로 억제하여 낙엽이나 휴면을 유도함.

pinching, decapitation [摘心; 적심; てきしん] 줄기의 정단부(頂端部)의 우세생장을 억제하여, 가지의 충실을 촉진시키기 위하여 순자르기보다는 짧게 가지의 최선단을 잘라 주는 것. 뽕나무에서는 주

로 접목묘 생산에 이용함. 이와 같은 용어로 순지르기(摘芯, decapitation, topping)는 성장이나 결실을 조절하기 위하여 끝 눈이나 생장점을 제거하는 것임.

pinnate compound leaf [羽狀複葉; 우상복엽; うじょうふくよう] 소엽이 엽축의 좌우로 깃털모양 여러 개의 소엽이 늘어선 것을 우상복엽이라 함. 장미, 아카시나무 잎 등.

pistil [雌蕊; 자예, 암술; めしべ, しずい] 종자식물 꽃의 중심에 위치하는 자성생식기관은 식물에 따라 하나 또는 몇 개가 있으며, 자방·주두·화주의 세부분으로 되어있음. 자방의 암술의 기부의 팽창된 부분으로 그 속에 종자가 되는 배주가 들어 있음. 주두는 암술의 최상단에 있어 화분이 부착되는 장소로 어떤 것은 융모가 있고, 어떤 것은 점액이 분비되어 수분(受粉)에 적당한 구조로 되어 있음.

pit [果心; 과심; かしん] 열매 속의 씨를 싸고 있는 딱딱한 부분. 과실 중심부의 총칭.

place of origin, variety provenance [原産地; 원산지; げんさんち] ① 동식물이 원래부터 재배되어 왔던 곳. ② 현대 생물이 번식되어 군락을 이룰 수 있도록 만들어 둔 근원지.

plant [株; 식물] 온갖 나무와 풀의 총칭(總稱)

plant container [植物容器; 식물용기; しょくぶつようき] 화분등과 같이 식물이나 종자 등을 재배하는 용기.

plant growth regulator [植物生長調整劑; 식물생장조정제; しょくぶつせいちょうちょうせいざい] 식물의 생장을 인위적으로 조절시키는 약제. 이것에는 발아억제제, 낙과방지제, 발근촉진제, 건조제, 신장촉진제 등이 있음. 일명 식물호르몬제라고도 함. 한편, 식물생장조절제(plant growth regulator)로도 표현되는데, 이 때는 식물생장에 관여하는 식물호르몬을 총칭하며 오옥신류, 지베렐린류, 사이토카이닌류, ABA, traumatins 등이 여기에 포함됨.

planting [栽植; 재식; さいしょく] 종자 또는 식물체를 작토에 심는 것.

planting density [栽植密度; 재식밀도; さいしょくみつど] 단위면적당 식재한 포기(주)수.

plastic house [플라스틱하우스; プラスチックハウス] 플라스틱제의 피복자재를 사용한 온실의 총칭으로 국내에서는 연질폴리에틸렌(PE), 염화비닐(PVC), 초산비닐(EVA) 등이 사용되고 있음.

plastic tunnel [플라스틱터널; プラスチックトンネル] 식물을 재배하기 위하여 플라스틱제의 피복자재를 이용하여 만든 터널.

plastochron [葉間期; 엽간기; ようかんき] 주로 줄기 끝에 있는 엽원기가 형성된 후 다음 마디에 속하는 엽원기가 같은 상태로 되기까지의 시간 간격을 말함.

PLB (protocorm-like body) [原塊體狀球體; 원괴체상구체; げんかいたいじょうきゅうたい] 난과 식물은 생장점 배양을 하더라도 원괴체를 형성하게 되는데 이들을 종자에서 유래한 것과 구분하여 원괴유사체라 함.

plumule [幼芽; 유아; ようが] 어린 싹, 종자식물의 씨의 배축(胚軸)상단에 있는 싹.

polarity [極性; 극성; きょくせい] 〈생물〉 세포, 세포집단, 조직 또는 개체가 한 방향으로 각 부분상호간에 형태적 또는 생리적 특성 차이를 나타내는 것. 뽕가지를 잘라 물에 꽂아두면 위쪽 끝에서 싹이 나고, 아랫쪽 끝에서 뿌리가 남. 이를 거꾸로 하여도 가지 밑과 위쪽에 각각 뿌리와 싹이나와 방향이 변하지 않음.

polycarpic plant [多回結實性植物; 다회결실성식물; たかいけっじつせいしょくぶつ] 다심피식물(多心皮

植物).

polyethylene [폴리에틸렌; ポリエチレン] 투명, 반투명의 고체로서 산, 알칼리, 염류에 대해서 극히 안정적이며, 내수성, 내한성이 우수한 열가소성 수지로서 대표적임.

polyploid [多倍數體; 다배수체; たばいすうたい] 배수체에는 같은 게놈을 가진 동질배수체와 다른 게놈을 가진 이질배수체로 나눔. 배수성을 나타내는 개체는 식물에서 다수 볼 수 있으나 콜히친 등의 염색체 배가제를 사용하여 인위적으로 만들 수 있음. 어떤 종의 동질배수체에서는 2배체에 비하여 형질이 개량된 것도 있음. 일반적으로 4배체, 6배체 등 우수배수체는 임성이 좋으나 3배체 등의 기수배수체는 임성이 저하되는 경우가 많음.

polyvinyl chloride (PVC) [염화비닐; えんかビニール, ピーウィーシ(PVC)] 염화비닐수지라고도 함. 염화비닐의 중합체로 나타낼 수 있는데 이 중합체 중의 염화비닐 함량이 50%이상인 경우의 것.

pompon type [폼폰형] 꽃잎이 원통형인 작은 꽃이 여러 개 둥글게 피는 형. 다알리아, 국화 등.

postcooling [冷藏; 냉장; れいぞう] 식료품(食料品)이나 약품 같은 것의 부패를 막고 또는 냉각하기 위하여 냉장고 등을 사용하여 냉온(冷溫)에서 저장하는 일.

pot [盆; 분; はち(鉢), うえきばち(植木鉢)] 화초류를 심는 그릇.

pot flower [盆花; 분화; はちもの] 분에 심는 꽃.

pot plant(potted plant) [盆植物; 분식물; はちもの] 화분에서 자라는 식물.

potential free energy [土壤水分張力; 토양수분장력; どじょうすいぶんちょうりょく] → pF

potential of hydrogen [酸度; 산도; さんど] → pH

precooling, prechilling [豫冷; 예냉; よれい] ① 청과물을 수확직후에 신속히 온도를 낮추는 과정으로 청과물의 저장성과 운송기간의 품질을 유지하는 효과를 증대시키고 증산과 부패를 억제하며 신선도를 유지해 줌.

preservative [保存制; 보존제; ほぞんざい] 꽃의 수명을 길게 하기 위해 이용하는 약제. cut flower~절화보존제.

pretreatment, preliminary treatment [前處理; 전처리; よびしょり] 본 처리에 앞서 행하는 처리.

primary meristem [一次分裂組織; 일차분열조직; いちじぶんれつそしき] 생식세포에서 배에서 유래되어 계속되어 분열되는 조직을 말함.

primary scaffold [主枝; 주지; しゅし] 주간으로부터 분지된 가장 굵은 가지.

primordium [原基; 원기; げんき] 개체 발생시, 분화의 초기단계에 있어서 어떤 기관이 형성될 때 형태적, 기계적으로 성숙하기 이전의 단계를 말함.

proliferation [寬生; 관생; かんせい] 식물기관의 생장이 그칠 시기에 도달하여 완전한 형상을 갖추게 된 후에도 다시 생장을 계속하는 것.

promeristem [前分裂組織; 전분열조직; ぜんぶんれつそしき] 왕성하게 분열하는 세포와 그들의 가장 최근의 유도체로 이루어진 정단분열조직의 부분.

prop roots [支持根; 지지근; しじこん] 줄기 기부에서 사방으로 뿌리가 뻗어 줄기를 지탱하는 데 도움을 주는 뿌리. 옥수수. 자신의 지상부를 유지할 수 있는 뿌리.

propagation bed [繁殖床; 번식상; はんしょくどこ] 식물을 번식하는 곳.

prophyll, anterior lobe [前出葉; 전출엽; ぜんしゅつよう] 각 분열경에서 나오는 맨 아래의 잎. 주경의 초엽에 해당. 줄기축에서의 위치만으로 규정한 용어로 다양한 형태의 잎이 포함.

protected horticulture, controlled horticulture, horticulture under structure [施設園藝; 시설원예; しせつえんげい] 유리온실이나 플라스틱 하우스에서 재배환경을 조정하여 원예작물을 생산하는 방식.

prothallium [前葉體; 전엽체; ぜんようたい] 속새류나 양치식물의 배우체로서 종자식물의 화분 및 배낭에 해당함.

protocorm [原塊體; 원괴체; プロトコーム, げんかいたい] 난과 식물의 종자는 미분화된 배와 배유가 없는 종자여서 자체 발아 능력이 없으므로 자연 상태에서는 균과의 공생에 의해서 공생 발아하여 구상(球狀)을 나타내는데 이를 원괴체라고 함.

protocorm-like body [原塊體狀球體; 원괴체상구체; げんかいたいじょうきゅうたい] → PLB

protoplast [原形質體; 원형질체; げんけいしつたい] 일반적으로 세포벽(細胞壁)이 제거된 상태의 세포를 말하며 정확한 용어로는 naked protoplast 또는 isolated protoplast라고 해야 하며 원 뜻은 세포벽의 유무를 떠나서 살아있는 세포내부의 구성물 전체를 가리킴. 원형질체는 조직 배양시 단세포 유래 식물체를 분화시키기 위하여 사용함.

provenance [産地; 산지; さんち] 종자가 채취된 장소, 즉 지리적 원산지.

pruning [剪定; 전정; せんてい, えだうち] 과수, 화목류 등의 생육(生育)과 결실(結實)은 균일하게 하고 미관상 수형(樹形)을 고르게 하기 위하여 가지의 일부분을 잘라냄. 전정(剪定), 전지(剪枝).

pseudobulb [僞球莖; 위구경; ぎきゅうけい] 난에는 근경(根莖)의 일부가 구근 모양으로 비대해서 지상부로 자라남. 이것을 위구경이라 하며 내부는 해면조직(海綿組織)으로 양분과 수분을 저장할 수 있고 표면은 초엽(草葉)으로 감싸여 있음. 일반에서는 벌브(bulb)라고도 함.

pseudocarp [僞果; 헛열매; ぎか] 가과라고도 하며, 심피 이외의 조직을 구성단위로 하는 과실의 총칭.

pseudostem [僞莖; 헛줄기; ぎかけい] 가짜줄기라고도 하며 엽초로 구성된 줄기를 말함.

pubescence, hair [軟毛; 솜털; なんもう] 식물 잎 표면에 난 가느다란 솜털로 기공을 덮어 증산을 억제시킬 수 있음.

pulvinus [葉枕; 엽침; はまくら] 잎이 붙은 곳 또는 밑 부분의 불룩한 부분. 엽병의 하단부가 확대된 부분으로 잎에 운동을 일으키는 작용을 함. → leaf cushion

pure line separation, pure line isolation [純系分離; 순계분리; じゅんけいぶんり] 많은 유전자형이 혼합해 있는 집단에서 동형접합의 유전자형을 가진 집단 또는 개체를 분리하는 것.

PVC [염화비닐; えんかビニール, ピーウィーシ(PVC)] → polyvinyl chloride

Q

qualitative long-day plant [絕對的長日植物; 절대적장일식물; しつてきちょうじつしょくぶつ] → absolute long-day plant qualitative dormancy [質的休眠; 질적휴면; しつてききゅうみん] 질적휴면.

qualitative short-day plant [絕對的短日植物; 절대적단일식물; ぜったいてきたんじつしょくぶつ] → absolute short-day plant

quantitative long-day plant [相對的長日植物; 상대적장일식물; そうたいてきちょうじつしょくぶつ] → facultative long-day plant, non-obligate long-day plant

quantitative rest [量的休眠; 양적휴면; りょうてききゅうみん] 양적휴면.

quantitative short-day plant [相對的短日植物; 상대적단일식물; そうたいてきたんじつしょくぶつ] → facultative short-day plant, non-obligate short-day plant

quick-acting fertilizer, quick-acting manure [速效性肥料; 속효성비료; そっこうせいひりょう] 물에 녹기 쉽고 작물에 쉽게 흡수 이용되는 비료.

quiescence [他發休眠; 타발휴면; たはつきゅうみん] 강제휴면. → imposed, external dormancy

R

raceme [總狀花序; 총상화서; そうじょうかじょ] 무한화서의 하나. 긴 화축(花軸)에 화경(花莖)이 있는 여러 개의 꽃이 어긋나게 붙어서 밑에서부터 피기 시작하는 꽃차례. 총상 꽃차례.

radicle [幼根; 유근; ようこん] 배에 형성된 뿌리를 말함.

radical leaf [根出葉, 根生葉; 근출엽, 근생엽; こんせいよう] 뿌리에서나 지하경에서 직접 땅 위로 나온 잎. 한편 로제트(rosette)와 같은 뜻으로도 쓰이나, 실제로 로제트는 근출엽과 달리 뿌리나 지하경에서 나온 것이 아니라 마디사이가 극히 단축된 줄기에서 나온 것으로 분명한 차이가 있음.

raising seedling [育苗; 육묘; いくびょう] 종자나 영양번식으로 생산된 어린 유묘를 성묘가 될 때까지 키우는 것.

ramet [營養分體; 영양분체; えいようぶんたい] 무성번식된 식물군의 각각 즉, 한 개체 한 개체를 영양분체라 함. → clone

rapid-acting fertilizer [速效性肥料; 속효성비료; そっこうせいひりょう] 물에 녹기 쉽고 작물에 빨리 흡수 이용되는 비료. → quick-acting fertilizer

ray florets [周邊花; 주변화; しゅうへんか] → marginal flower

ray flower [放射花; 방사화; ほうしゃか] 국화과 식물의 두상화서(頭狀花序)의 중심에서 주연부에 방사상으로 붙은 설상화(舌狀花). 주변화라고도 함.

receptacle [花托; 화탁; かたく] 꽃의 모든 기관이 달려 있는 곳.

red light [赤色光; 적색광; せきしょくこう] 약 660nm의 파장의 광선을 말하며 phytochrome의 반응을 야기하는데 작용함.

redifferentiation [再分化; 재분화; さいぶんか] 세포나 조직의 분화가 역전하여 새로운 형태의 세포나 조직으로 분화하는 현상

reflective film [반사(反射)필름; はんしゃフイルム] 알루미늄 재료의 일부를 이용하여 장파복사(長波輻射) 또는 단파복사(短波輻射)의 반사율을 높인 필름.

reflorescence [二次開花; 이어피기, 막핀꽃; さいかいか] 봄에 꽃핀 화목이 가을에 다시 꽃피는 현상. 여름에 화아형성이 끝난 개나리, 벚나무, 등나무, 꽃잔디 등에서 자주 볼 수 있음.

regeneration, regrowth [再生; 재생; さいせい] 식물의 일부분이 잘라지거나 손상되었을 때 그 부분에 상당하는 기관 또는 조직이 보충되는 현상. 식물의 경우 경단, 근단의 분열조직이 상처를 받았을 때 주위의 세포증식에 의해 이전과 같은 모양의 부분을 만들어 내는 것과, 삽목에 의한 발근은 형성층으로부터 뿌리의 재생이라고 할 수 있음.

reproduction [生殖; 생식; せいしょく] 생물이 다음 세대의 새로운 개체들을 만들어 내는 현상. 또 생식을 통하여 생물이 자기 자손을 유지, 증가시키는 것을 번식(繁殖, propagation)이라 하기도 하는데 생식과 번식은 동의어로 사용되기도 함.

regulation of flowering [開花調節; 개화조절; かいかちょうせつ] 온도, 일장 등의 환경조절, 화학물질의 처리, 재배기술 등에 의해 식물의 개화를 인위적으로 조절하는 것.

rejuvenation, rejuvenescence [再幼齡化, 回春; 재유령화, 회춘, 되젊어짐; さいようれいか] 형태적, 생리적으로 성숙 상에 달한 조직을 물리적, 화학적 처리 혹은 기내 배양 등의 방법으로 회복시키는 방법. 산울타리 만들 때 반복적인 전정, 맹아지 유도, 삽목, 사이토카이닌 처리 및 기내배양법 등은 재유령화의 주요 방법임.

remaining in rosette state, hibernalism [座止現象; 좌지현상; ざしげんしょう] 보통 가을에 파종하는 맥류는 가을에 뿌리면 이듬해에 정상으로 출수하지만, 이듬해 봄 늦게 파종하면 잎만 자라다가 출수하지 못하고 주저앉고 마는데 이를 좌지현상이라고 함.

repotting [분갈이; はちかえ(鉢替え)] 화분에서 자란 화훼류를 화분에서 다시 새로운 배양토로 갈아주는 작업.

reproductive growth [生殖生長; 생식생장; せいしょくせいちょう] 어린 식물이 자라서 생식기관이 분화, 발달하는 것.

reproductive phase [生殖相; 생식상; せいしょくそう] 종자의 흡수발아에서 출수까지를 2상으로 나누는 경우 화아 원기가 형성되어 그 발육이 진척되는 제2상.

resistance, tolerance, fastness [耐性, 抵抗性; 내성; たいせい] 기주(식물체)의 저항능력, 즉 병해충의 침해를 받은 기주는 병해충에 대해서 저항하며 병해충의 침입이나 또는 침입 후의 진전을 막으려고 하는 특성. 저항성이나 내성은 새로이 획득되어질 수 있음.

resistance to freezing injury, cold hardiness, resistance to winter injury [耐凍性; 내동성; たいとうせい] 0℃이하의 낮은 온도에서 세포주위가 결빙되어도 세포내로부터 탈수상태가 되어 세포내 동결이 일어나지 않고, 온도가 상승되면 원래의 원형질상태로 되어 동결에 견디는 저항성을 말함.

rest [自發休眠; 자발휴면; じはつきゅうみん] 종자, 겨울눈, 비늘줄기, 덩이줄기, 덩이뿌리 등은 외적 조건이 생물체에 적절하지 않을 때에도 내적원인(内的原因)에 의해서 휴면 하는 것. → internal dormancy, spontaneous dormancy

revernalization [再春化; 재춘화; さいしゅんか] 이춘화(離春化, 또는 脱春化)한 것이라도 다시 저온처리하면 다시 정상적으로 춘화효과가 생기는데 이러한 현상을 재춘화(再春化)라고 함. 춘화처리효과가 어떠한 원인에 의해 감쇄되는 현상을 이춘화(devernalization)이라 함. → devernalization,

vernalization

reversion, atavism [隔世遺傳; 격세유전; かくせいいでん] 선조에 존재하였다가 현재 보이지 않던 형질이 어떤 개체에 우연히 출현하는 현상.

rhizoid [假根; 가근, 헛뿌리; かこん, かりね] ① 〈육종〉 무도관식물 혹은 도관식물의 배우체에 부착해 있으며 단세포성, 혹은 다세포로 된 섬유상조직. ② 〈생물학〉 조류, 선태식물의 엽상체에서 생겨난 단세포성, 혹은 다세포성의 실 모양의 조직으로 뿌리와 같은 기능을 함.

rhizophore [根狀體; 근상체; こんじょうたい] 이끼식물에 있어 정단으로부터 생겨난 가느다란 뿌리로 지면에 도달하여 분기된 것.

rib, leaf vein [葉脈; 엽맥; ようみゃく] 엽육 안에 뻗친 유관속의 한 부분. 엽육을 지지하고 수분, 양분의 통로가 됨. 주맥과 지맥, 평행맥, 망상맥이 있음.

ribbon flower bed [리본화단(花壇); リボンかだん] 보도의 양쪽에 마치 리본을 깔아 놓은 것과 같이 좁은 폭으로 길게 설치되는데 때로는 원형이나 사각형의 생김새를 가진 큰 평면화단의 둘레를 둘러싸서 설치되며 또한 2개의 큰 화단 사이에 관련성을 주기 위하여 만들어지기도 함.

ridge-and-furrow greenhouse, multi-span greenhouse [連棟溫室; 연동온실; れんとうおんしつ] 동일한 지붕을 2개 이상 연결하여 세운 온실.

ringing, girdling, ring bark [環狀剝皮; 환상박피; かんじょうはくひ] 식물체, 특히 수목과 같은 다년생식물의 형성층 부위 바깥부분의 껍질을 벗겨내어 체관부를 제거함에 따라 식물의 탄소동화 산물이 아래로 이동하지 못하도록 하여 껍질을 벗겨낸 부분의 윗 쪽이 두툼하게 되는 현상을 말하며, 도관부는 손상을 주지 않아 식물체의 생육에는 큰 문제가 없는 상태를 말함. 껍질 돌려벗기기.

ripeness to flower [花熟; 화숙; かじゅく] 꽃이 성숙한 상태.

rock garden [岩石庭園; 암석정원; がんせきていえん] 바위 등 암석을 이용해 만드는 정원

rockwool [岩綿; 암면; がんめん] 덴마크의 Grodan사가 1968년에 휘록암, 석회암 및 코크스를 섞어서 1,600℃에서 용해시킨 후 솜반죽 모양으로 섬유화시킨 것이며, 암면스라브, 큐브, 매트는 이를 압축열처리 하여 성형시킨 것임. 암면용적의 4~7%는 섬유가 차지하고, 나머지 93~96%는 공극이므로 통기성과 확산성도 양호하여 양액재배시 1회의 관수로 장시간의 수분 유지가 가능함.

root ball [盆形根; 분형근; ねばち(根鉢)] 뿌리 분포가 둥글게 되어 있는 모양.

root cutting [根揷; 근삽; ねざし] 뿌리의 일부를 삽수로 이용하여 삽목하는 방법으로 근맹아를 잘 발생시키는 수종에 주로 이용됨. 뿌리꽂이.

root grafting [根接; 근접; ねつぎ] 뿌리에 접목하는 방법.

root hair [根毛; 근모, 뿌리털; こんもう] 토양으로부터 수분이나 영양물을 흡수하는 기능을 가진 관상조직.

root initiation [發根開始; 발근개시; はっこんかいし] 뿌리가 나오기 시작. 근기(根基) 또는 근원체(根原體)가 발달하여 표피를 뚫고 그 끝이 외부에 나타난 상태.

root sheath [根皮; 근피; こんぴ] 뿌리의 표피(rhizodermis).

root stock [根株; 근주; ねかぶ] ① 초본 다년생식물에서 생육 중 근부에 양분을 저장하고 지상부가 고사한 후에도 근부만은 지하에 남아 휴면상태에서 생육하고 있는데 이러한 근부를 일반적으로 근주라고 함. ② 대목.

root sucker [根萌芽; 근맹아; ねほうが] 뿌리움. 뿌리에서 돋아나는 움.

root system [根系; 근계; こんけい] 식물의 지하부인 뿌리가 곁뿌리를 내면서 신장 발달한 모양. 작물의 종류에 따라 토양에서 뿌리의 고유의 특징을 갖는 것.

rosette [로제트; ロゼット] 화훼에서 줄기가 신장하지 않고 뿌리에 직접 잎이 붙어 있는 것 같이 보이는 근출엽의 상태를 말함.

runner [匍匐莖; 포복경, 기는줄기; ほふくけい] 가지가 수평으로 나는 식물로 마디에서 뿌리를 내릴 수 있어 궁극적으로 새로운 개체로 될 수 있는 딸기와 같은 식물의 줄기.

S

saddle grafting [鞍接; 안접; くらつぎ] 대목상단은 쐐기형으로 깎고 접수 아래 부분은 안장모양으로 깍아 서로 접착시키는 가지접의 한 가지.

salt accumulation [鹽類集積; 염류집적; えんるいしゅうせき] 염류(염분)가 한 곳에 누적되어 토양이 검으스레한 모습으로 표현됨.

salt injury [鹽類害; 염류해; えんるいがい] ① 바닷바람, 바닷물 등에 의해 입는 작물의 피해. ② 토양 중 나트륨, 마그네슘, 칼슘 등 염류에 의해 일어나는 작물의 피해.

salt tolerance, salinity tolerance [耐鹽性; 내염성; たいえんせい] 염류 농도에 견디는 능력.

sand culture [砂耕培養; 사경재배, 모래배양; さこうばいよう] 모래를 묽은 염산에 침지한 후 물로 잘 씻어 건조하고 다시 건열 살균한 것에 미생물의 포자 또는 세포를 혼합하여 데시케이터에서 건조하여, 유리용기에 밀봉하는 미생물의 보존법.

sap fruit, fleshy fruit, succulent fruit, juice fruit [漿果, 液果; 장과, 液果; えきか] 성숙시 과육(과실의 중과피 또는 내과피) 세포의 대부분이 액포로 가득 차 과즙이 많고 연화되기 쉬운 포도·소과류·딸기 등의 과실들을 말함. 이들 과실은 일반적으로 저장성이 매우 약함.

saprophyte [腐生植物; 부생식물; ふせいしょくぶつ] 다른 생물을 분해해서 살아가는데 필요한 영양분을 얻는 식물. 수정난풀, 초종용 등.

scale [鱗片; 인편, 비늘잎; りんぺん] 백합, 글라디올러스 등 구근 인편, 뽕나무 겨울눈의 바깥쪽에 붙어 있는 견고하고 두터운 비늘털모양의 보호기관(scale 또는 bud scale)도 이에 속함.

scale propagation [鱗片繁殖; 인편번식, 비늘잎번식; りんぺんようはんしょく] 비늘조각, 비늘같은 작은 잎을 이용해서 번식하는 방법.

scaling [鱗片插; 인편삽, 비늘꽂이; りんぺんざし] 백합이나 글라디오라스 등의 구근류의 땅속줄기는 비늘모양으로 여러 겹의 줄기가 겹쳐 있는데 이들의 번식 방법으로 비늘을 따서 삽목하는 방법.

scaly bulb [無皮鱗莖; 무피인경; むひりんけい] 비늘상의 인편이 기와와 같이 겹쳐 있고 외피로 덮히지 않은 것. → imbricated bulb, non-tunicated bulb

scaly leaf [鱗片葉, 鱗葉; 인편엽, 鱗葉; りんぺんよう] 비늘모양의 잎사귀. 식물의 잎이 변태된 것으로 동아를 싸서 보호함. 양파, 나리의 지하경.

scape [花莖; 화경; かけい] 직접 땅에서 올라와 그 끝에 꽃이 달리는 줄기. 대개 잎은 달리지 않음. 화경(花梗)과 구분.

scarification [種皮破傷法; 종피파상법; しゅひはしょうほう,しゅししょり] 휴면타파의 한 가지 방법으로 경실종자의 경우 종피에 상처를 내서 휴면을 타파시키는 방법임. 절구에 찧거나, 정미기로 가볍게 상처를 내거나 손톱 깎기 등으로 상처를 내서 심음.

schizopetalous flower [離瓣花; 이판화, 갈래꽃; りべんか] 매화, 벚꽃, 뽕나무, 참나무 등의 꽃과 같이 꽃잎이 기부에서부터 서로 떨어져 있는 꽃.

scion [接穗; 접수; つぎほ] 접목에 쓸 목적으로 눈을 붙여 자른 가지. 접수.

scion grafting [枝接; 가지접; えたつぎ] 눈 1-2개를 붙인 가지의 일부분을 접순으로 하여 대목에 접하는 방법으로 깎기접, 엇접, 안장접, 쪼개접, 관접, 간이간제자리접 등이 이에 속함.

sclerenchyma [厚膜組織, 厚壁組織; 후막조직, 후벽조직; こうまくそしき, こうへきそしき] 후막세포로 구성된 조직으로 식물체에 있어서의 후막세포도 뜻하며 섬유, 섬유상 보강세포, 보강세포도 포함됨. 다량의 리그닌을 함유하고 있는 세포막을 가진 식물조직. → collenchyma

scooping [스쿠핑] 히아신스 번식법의 하나로, 인경의 저반부를 횡으로 도려내어 인공적으로 부정아형성을 유도시기는 방법. notching과 coring에 비해 자구형성수는 많지만 자구의 비대는 가장 늦고 개화까지 4~5년이 걸림.

scorpioid cyme [單花梗聚散花序; 단화경취산화서, 전갈꼬리형꽃차례; たんかこうしゅうさんかじょ] 하나의 꽃자루만 가지는 취산화서의 한 형태.

SDP (short day plant) [短日植物; 단일식물; たんじつしょくぶつ] → short-day plant.

secondary meristem [二次分裂組織; 이차분열조직; にじぶんれつそしき] 이미 영구조직에서 분화된 조직의 일부가 두 번 세포분열의 기능을 회복하여 새롭게 분열된 조직.

secondary thickening growth [二次肥大生長; 이차비대생장; にじひだいせいちょう] 측생분열 조직에서 유래된 생장을 정단분열조직에서 이루어지는 1차 생장에 대하여 2차 비대생장이라고 함.

secondary tissue [二次組織; 이차조직; にじそしき] 코르크형성층으로부터 형성된 조직. 외측으로는 코르크, 내측으로는 주피.

section test [切片; 절편; せっぺん] 식물의 어떤 부위를 잘라서 재생실험, 병의 감염여부 등을 목적으로 시험관내에서 배양을 시작할 때에 사용하는 조직 또는 기관을 절제한 단편.

sectorial chimera [구분(區分)키메라; くぶんキメラ] 키메라의 일종으로 경이나 과실의 중심에 방사상으로 둘러싸인 이형의 조직.

seed and seedling [種苗; 종묘; しゅびょう] 종자, 영양체, 묘 등을 총칭하여 종묘라 함. ~law(종묘법)

seed bulb, seed corm [種球; 종구, 씨마늘; しゅきゅう] 번식을 목적으로 심는 구근을 말하며 목자, 주아, 자구 등을 주로 이용하며 증식용 신품종의 모본이 되는 구근을 지칭.

seed-dressing [粉衣法; 분의법; ふんいほう] 종자 소독을 위해 분제 또는 종자처리제를 종자의 외피에 다 골고루 묻혀서 살균 또는 살충하는 방법.

seed plant, seed corm [種子植物; 종자식물; しゅししょくぶつ] 관다발을 가진 육상식물 중 종자꽃이 피며 종자가 달리는 식물을 말함. 꽃이 피므로 현화식물이라고도 함. 식물계에서 가장 진화한 群

으로 속씨식물과 겉씨식물로 구분되며 석탄기에 양치식물로부터 진화하여 현재 세계적으로 약 25만종이 있음. 일상에서 주로 활용되고 있는 화훼는 주로 포자체 형태로 배우체 형태는 퇴화하여 포자체의 일부로 포함되기도 함.

seed vernalization [種子春化; 종자춘화; しゅししゅんか] 식물체가 생육의 일정 시기(주로 초기)에 저온을 경과함으로써 화아의 분화, 발육이 유도촉진 되거나 또는 일정기간 인위적인 저온을 주어서 화성을 유도, 촉진하는 것을 춘화라고 하는데 최아종자의 시기에 춘화 하는 것을 종자춘화라고 함.

seed vessel [朔果; 삭과; さっか] 열과의 하나. 속이 여러 칸으로 나뉘고 각 칸에 많은 씨가 든 열매.

seedling [實生; 실생; みしょう] 종자에서 발아하여 생긴 유식물을 실생이라 하며, 일반적으로 자엽기 또는 분엽 1매기를 지칭함.

self-incompatibility [自家不和合性; 자가불화합성; じかふわごうせい] 자방친과 화분친의 유전자 또는 유전자형이 같을 때 화분발아, 화분관 생장 등이 억제되어 수정되지 않는 현상.

selfing [自殖; 자식; じしょく] 자가수분이라고도 하며 동일개체의 자성배우자와 웅성배우자 사이에 일어난 수분 및 수정.

semi-double flower [반겹꽃] 완전한 겹꽃 상태가 아니고 꽃의 일부만 겹이 진 상태.

semi-hardwood cutting [半熟枝挿; 반숙지삽; はんじゅくえたざし] 삽목, 꺽꽂이의 한 방법.

senescence [老化; 노화; ろうか] → aging, ageing

senescence phase [老年相; 노년상; ろうねんそう] 노화현상, 각종 생리기능은 성숙기부터 서서히 저하되면서 잎은 대체로 황색을 띰.

senescence stage [老年期; 노년기; ろうねんき] → senescence phase

sepal [萼片; 악편; がくへん] 꽃받침을 이루는 각 조각이 서로 떨어져 있을 경우, 그 떨어져 있는 각각을 의미함. 보통은 녹색이지만, 색소를 함유하여 마치 꽃잎처럼 보이는 경우도 있음.

serpentine layering [波狀取木法; 파상취목법, 파상휘묻이; なみじょうさしき] 휘묻이의 일종으로 가지를 파도모양으로 구부려 땅에 묻어 한 가지의 여러 부위에서 뿌리와 싹이 나도록 하는 영양번식 방법.

shade culture [短日栽培, 遮光栽培; 단일재배, 차광재배, 볕가림가꾸기; たんじつさいばい, しゃこうさいばい] ① 단일재배 : 개화기를 조절할 목적으로 원예식물 등을 인공적으로 만든 단일 조건하에서 재배하는 것. 인공적으로 단일조건은 검은 천이나 비닐 등으로 자연광을 차단함. ② 차광재배 : 광량을 일정 수준 이하로 유지하기 위해 차광하여 재배하는 것. 음지성 식물이나 지피용 식물을 재배할 때 하는 방법.

shade leaf [陰葉; 음엽, 그늘잎; いんよう] 약한 광조건하에서 자란 잎. 임목간의 수관과 수관이 맞닿은 부분 이하의 잎이나 수관내부에 부착된 잎.

shade plant [陰生植物, 陰地植物; 음생식물, 그늘식물, 음지식물; いんせいしょくぶつ, いんちしょくぶつ] 광이 비교적 약해도 크게 생육이 억제되지 않는 식물. 저광도에 잘 견디는 식물을 내음성 식물(shade tolerance plant, 耐陰性 植物)이라고 함.

shade tolerance [耐陰性; 내음성; たいいんせい] 숲속 따위의 어두운 곳에서도 광합성을 하여 독립 영양하는 식물의 성질. 양치류(羊齒類), 선태류(鮮苔類) 따위가 성질이 강함.

shade tree [綠陰樹; 녹음수; りょくいんじゅ] 여름의 강한 일조와 석양 햇빛을 수관으로 차단하여 쾌적한 환경을 조성하는 목적으로 식재되는 수목을 가리키는 말.

shading [遮光; 차광, 해가림; ひいん] 묘상의 건조와 지표온도의 상승을 방지하여 어린묘목을 기르도록 설치하는 것.

shake culture [振盪培養; 진탕배양; しんどうばいよう] 미생물이나 식물세포를 액체배지에 접종하여 진탕기 상에서 진탕시키면서 배양하는 기술.

sheath [葉鞘; 엽초, 껍질; ようしょう] 잎의 기부(基部)가 줄기를 싸고 있는 부분.

sheath leaf(coleoptile) [初葉; 초엽; しょよう] 종자가 발아할 때 맨 처음 땅위에 나타나는 잎은 뾰족한 원추형의 집으로 되어 있는데 이를 말함. 초엽은 엽록소가 없고 백색이며 땅을 뚫고 나오는 힘이 강하여 그 속에 정상엽을 싸고 땅위로 나오는 역할을 함.

shelf life [保久力, 保全期間; 보구력, 보전기간; たなもち, ほきゅうりょく, ほぜんきかん] 저장기간, 저장된 제품의 보존기간.

shoot [新梢; 새가지, 신초, 새순; びょうじょう] 신초란 당년에 자라난 가지를 말하며, 줄기의 선단을 적심하였을 때 측아로부터 자라나온 가지, 숨은눈(隱芽)이나 가지 상부에 위치한 눈에서 자라나온 가지와 같이 세력이 좋은 가지를 가르키기도 함. 또한, 신초에 해당하는 영어의 shoot는 생물학적 용어로서 묘조(苗條)라 부르며 잎과 줄기를 포함한 지상부를 지칭함.

shoot apex(shoot tip) [莖頂, 頂端,莖端; 경정, 정단, 경단, 싹끝, 줄기끝; けいちょう] 줄기의 선단 및 근접부를 말하며 원시분열조직으로 세포분열이 왕성하고 세포의 수가 많아지는 부분.

shoot mass [多莖芽; 다경아, 다아체; たけいが] 한 뿌리에서 줄기가 여러 개 나는 것. → multiple shoot

shoot tip culture, apical culture, shoot apex culture, meristem culture [莖頂培養; 경정배양; けいちょうばいよう] 식물 조직 배양의 한 방법으로 경정을 배양하여 개체를 얻는 것.

short branch [短枝; 단지, 짧은 가지, 잔가지; たんし, みじかいえだ] 잎과 다음 잎 사이의 간격이 짧아서 촘촘해 보이는 가지. 은행나무, 잎갈나무 등.

short-day plant [短日植物; 단일식물; たんじつしょくぶつ] 한계일장 이하의 단일조건에서 화성(花成)이 유도 촉진되는 식물을 말하며 장일상태에서는 이것이 저해됨. 즉 암기(暗期기)가 화성분화에 필요한 한계시간보다 길어졌을 때, 다시 말해 명기(明期)가 어느 일정한 한계시간보다 짧아졌을 때 개화가 유도되거나 촉진되는 식물. 장일식물(long-day plant), 중일(성)식물(day-neutral plant). → long-day plant, day-neutral plant

short-day treatment [短日處理; 단일처리; たんじつしょり] 식물을 단일조건 하에 두고 자연 개화기와는 다른 시기에 개화시키려고 하는 처리. 일장처리(日長處理).〈수산〉 명기(明期)를 9~10시간으로 단축시켜 사상체로부터 포자낭의 형성과 포자 방출을 촉진시키는 것을 단일처리라고 함.

short-long-day plant (SLDP) [短長日植物; 단장일식물; たんちょうじつしょくぶつ] 단장일식물은 화아분화 이전은 단일이고 화아분화 이후는 장일이어야만 화성이 유도되나, 시종 일정한 일장에 두면 개화하지 못하는 식물로 프리뮬러, 딸기 등이 있음.

sick soil [忌地; 기지, 땅가림; いやち] 같은 작물 또는 근연작물을 매년 같은 포장에다 연속해서 재배하면 생육장해가 생기고, 차차 수량이 떨어져 마침내는 수확을 기대할 수 없는 것을 말함. 기지현상.

sickle shape cyme [巻散花序; 권산화서; けんさんかじょ] 꽃이 달린 줄기가 처음에 고사리 손처럼 말렸다 점차 조금 펴지는 것.

side grafting [腹棱; 복접; はらつぎ, よこつぎ] 대목의 측면 수피를 T자형으로 절개하고 접순를 꽂아 접목하는 가지접.

significant difference [有意差; 유의차; ゆういさ] 통계적 검정법에 의하여 통계적으로 유의성이 인정되는 평균이나 비율의 차.

silver thiosulfate (STS) [STS] 절화보존제의 일종. 에틸렌 작용 억제효과. 카네이션, 델피니움, 스위트피의 절화수명을 연장시키고, 제라늄, 부겐베리아 등 분화류의 落蕾를 방지함.

simple layering [單純取木; 단순취목, 단순휘묻이; たんじゅんとりき] 단순복조.

simple leaf, single leaf, unifoliate [單葉; 단엽; たんよう] ① 어느 면위에서 내점이 중복하지 않는 범위를 단엽이라고 함. ② 식물의 잎의 발생형태로 보아 잎과 잎이 중복되지 않게 발생되는 것.

single bud [單芽; 단아, 외눈, 홑눈; たんが] 꽃눈, 잎눈 등이 하나로 이루어진 것.

single grained structure [單粒構造; 단립구조, 홑알구조; たんりゅうこうぞう] 토양이 단일 입자들로만 구성되어 공극률이 낮고 굳어 있는 것으로 공기나 물의 투과가 어려워 식물생육이 어려운 토양. ↔ 입단구조

sink [受容部位, 受容器官; 수용부위, 수용기관; じゅようきかん, シンク] 전류되거나 생성된 양분이 이용되거나 혹은 저장되는 물질체내의 부위. ↔ source

slow-acting fertilizer, slow release fertilizer [緩效性肥料; 완효성비료; かんこうせいひりょう] 토양에 시용된 비료의 효과가 천천히 나타나는 비료. 황산암모늄처럼 토양에 시용된 비료의 효과가 빠르게 나타나는 속효성비료에 대비되는 용어.

smoking [熏煙處理; 훈연처리, 연기찜; くんえん] 약제를 가열하여 유효성분을 함유하는 연기를 발생시키는 행위.

soft pinch [弱摘心; 약적심; やくてきしん] 약하게 적심하는 것. → pinching, hard pinch

soft-wood cutting, greenwood cutting [緑枝插; 녹지삽; りょくしざし] 여름에 가지를 삽목하여 뿌리를 내리게 함.

soft-wood grafting, greenwood grafting [緑枝接; 녹지접; りょくしつぎ] 여름에 그해에 자란 가지에 접을 붙임.

soil [土壤; 토양; どじょう] 암석의 풍화산물과 같은 무기물과 동식물 및 미생물의 유체와 같은 유기물이 혼합된 것. 또한 기후, 식생, 지형, 모재 및 시간의 영향을 받아 환경조건과 평형을 이루기 위해 항상 변화되고 토양단면의 형태를 이루는 자연체로서 지구의 표면을 덮고 있으며, 적당량의 공기와 수분을 함유하여 기계적으로 식물을 지지하고 영양분을 공급하며 식물을 생육시키는 곳.

soil-air heat exchange system [地中熱交換; 지중열교환; ちちゅうねつこうかん] 지중열교환장치.

soil bed, ground bed, ground seed bed [地床; 지상; ひらどこ] 식물을 키우는 곳을 상(床)이라 하며, 이 상에 토양을 사용할 때를 지상이라 함.

soil conditioner [土壤改良劑, 土壤構造改善劑; 토양개량제, 토양구조개선제; どじょうこうぞうかいぜんざい] 토양의 물리·화학성을 개선하기 위하여 사용하는 재료. 무기질, 유기질 및 고분자계 토양개량재로 구분되며, 무기질 토양개량제로는 펄라이트, 버미큘라이트, 제올라이트, 벤토나이트 등이 있

으며 유기질계 토양개량제로는 토탄, 피트모스, 분쇄수피, 부숙 톱밥, 펄프 잔사 등이 있음. 고분자계 토양개량제로는 폴리비닐알코올, 멜라민, 폴리에틸렌, 아크릴아미드, 에틸렌옥사이드 등이 있음.

soil conservation [土壤保全; 토양보존; どじょうほぜん] 비옥한 토양의 유실을 억제하고, 바람직한 생산력이 유지될 수 있는 토양 이용과 관리시스템을 발전시키기 위하여 필요한 영농적, 식생적, 구조적 및 관리적 수단을 토지에 적용하는 것.

soil disinfection [土壤消毒; 토양소독; どじょうしょうどく] 토양 중의 유해 동식물을 방제하는 것. 물리적 방법으로서는 소토, 증기소독 등이 있고 화학적 방법으로서는 약제를 토양에 주입하거나 혼입하는 것 등이 있음.

soil fumigation [土壤燻蒸靜; 토양훈증; どじょうくんじょう] 휘발성 있는 약제를 토양에 처리한 후 발생되는 약제의 가스로 토양을 소독하는 것.

soil heat flux [地中伝熱; 지중전열; ちちゅうでんねつ] 땅속에서 열이 전달되는 것.

soilless culture [無土壤栽培; 무토양재배, 양액재배; むどじょうばい] 양액재배가 통상 토양을 사용하지 않는 무토양(無土壤), 무지력(無地力) 재배방법이라는 측면에서 사용되는 용어임. → nutriculture

soil mixture, soil mix, compost [配合土; 배합토; はいごうど] 배양토라고 하며 일반적으로 작물의 생육에 호적한 상토의 물리성은 삼상의 비율이 각각 1/3이 좋다고 하나 단독의 토양에서 이것을 만족하는 것은 곤란하고 몇 개의 소재를 각각의 비율에 적합하게 혼합하여 만든 토양.

soil moisture tension [土壤水分張力; 토양수분장력; どじょうすいぶんちょうりょく] → soil water tension, pF

soil productivity [土壤生産力, 土地生産力; 토양생산력, 토지생산력; どじょうせいさんりょく] 어느 토양관리시스템에서 작물의 생장에 영향을 주는 토양의 능력.

soil sickness [忌地; 기지; いやち, きち] 연작(連作)을 행할 때 대부분의 작물에서 생육이 억제되거나 수량이 감소되는 현상으로 연작장해라고도 함.

soil solution [土壤溶液; 토양용액; どじょうようえき] ①토양을 구성하는 삼상 중에서 액체부분을 말하며 보통 토양수분 또는 토양수라고 함. ②특정한 수분장력 아래에서의 토양과 평형을 이루고 있는 수용액.

soil sterilization [土壤殺菌; 토양살균; どじょうさっきん] 일차적으로 식물의 뿌리에 침입하는 동물, 곤충 및 미생물을 파괴하여 토양을 살균하고 그 후 토양비옥도를 증진하게 하는 물리화학적인 토양처리기술 및 방법.

soil testing [土壤檢定; 토양검정; どじょうけんてい] 과학적 근거에 의한 작물의 시비량을 결정하기 위해 포장에서 채취한 토양시료를 대상으로 유효양분함량 또는 석회소요량을 측정하는 분석작업.

soil water potential, soil moisture, soil water [土壤水分; 토양수분; どじょうすいぶん] 단위량의 토양수분이 갖는 에너지. 토양 수분포텐셜도 에너지와 마찬가지로 그의 절대량을 측정할 수 없으므로 어떤 기준을 설정하여 정의하는데, 표준압력과 온도 하에서 순수한 자유수와 토양수분 간의 에너지 수준 차이를 토양수분포텐셜이라고 함.

soil water tension [土壤水分張力; 토양수분장력; どじょうすいぶんちょうりょく] 토양수분이 가지고 있는 장력으로 토양포텐셜의 수분흡인력이라고도 하며 토양이 물을 흡수하는 힘을 말함. 압력은 정

압(正壓)이라면 장력은 부압(負壓)에 해당하며, 일반적으로 식물은 0.03MPa의 수분장력에서 생육이 양호하고, 1.5MPa 정도 되면 위조함.

solar radiation [日射, 太陽熱輻射; 일사, 태양열복사; たいようねつふくしゃ] 지표에 입사하는 태양복사를 일사라고도 하지만 평행광선의 형태로 직접 도달되는 태양복사와 대기층에서 산란되어 지표에 도달하는 산란 태양복사로 나눔. 수평면 위에 입사하는 두 성분의 합을 전천복사 또는 전태양복사라고 함.

solid fertilizer, ball fertilizer [固形肥料; 고형비료; こけいひりょう] 황산암모늄, 과린산석회, 염화칼리 등의 비료에 부식이 많은 이탄을 가하고 고형화하여 직경 3~9cm로서 약 15g 크기임. 유기질 비료와 같은 약효를 타나내며 장기간 가속하는 특징.

solid medium [固形培地, 固體培地; 고형배지, 고체배지; こたいばいち] 젤라틴, 한천, 실리카겔 등의 히드로겔에 무기질을 비롯하여 필요한 영양물질을 가한 고형의 배지.

solid phase [固相; 고상; こそう] 토양을 구성하는 고체상태 물질부분으로 광물질 입자와 유기물 입자부분. 일반적인 토양은 약 50% 정도가 고상에 속함. 액상과 기상과 구분.

solution culture [養液栽培; 양액재배; ようえきさいばい] 양액재배. → nutriculture

solitary inflorescence [單頂花序; 단정화서; たんちょうかじょ] 단정꽃차례. 하나의 기관이 한개만 피는 꽃차례.

sorus [胞子囊群; 포자낭군; ほうしのうぐん] 고사리과의 잎 뒷면에 모여 있는 포자낭의 무리.

source [供給部位, 供給器官; 공급부위, 공급기관; ソース, きょうきゅうきかん] 광합성 동화산물 등 영양분이 생성되거나 제공하는 기관. ↔ sink

spacing [株間; 주간; かぶま] 식물체와 식물체간의 간격. 재식간격.

spadix [肉穗花序; 육수화서; にくすいかじょ] 주축이 육질이고 꽃자루가 없는 많은 수의 작은 꽃이 밀집한 꽃차례. 천남성과의 특징.

spathe [佛焰苞; 불염포; ぶつえんほう] 천남성과의 육수화서를 둘러싸고 있는 포엽.

sphagnum moss [水苔; 수태; みずごけ] 물이끼과에 속하는 선태류의 일종. 길이 6.7~15.6㎝ 정도이며 빛은 백색이나 담녹색이고 줄기는 곧게 서고 많은 가지가 윤생하며 엽록잎을 가진 작은 잎과 저수세포를 가진 큰 공중엽이 있어 흡수력이 강하고 수분을 오래 저장함. 특별한 가지에 자웅기가 있어 둥근자난을 만들어 번식함. 습지나 물속에 특히 있으나 가끔 바위 위에 군생하고 종류는 400여종이 있음.

species [種; 종; しゅ] Linne가 처음으로 생물분류의 기본적인 단위로서 정한 개념으로 유전형질을 나타내는 개체군의 포괄집단으로 정의. 종이 모여 속이 되고 종은 아종이나 변종 또는 품종으로 이루어짐.

spike [穗狀花序, 穗, 花穗; 수상화서, 이삭, 화수; すいじょうかじょ] ① 화축이 길게 신장하고, 소화경이 없는 꽃이 화축에 달리는 형태의 화서. 순수 우리말로는 드림꽃차례. ② 수상화서, 총상화서와 같이 긴 화축에 화병이 없거나 짧은 화병의 소화가 많이 붙어 있는 것을 花穗라고 함.

sporangium [胞子囊; 포자낭; ほうしのう] 무성포자를 담고 있는 용기 또는 주머니로 어떤 경우에는 하나의 포자로 작용.

spore [胞子; 포자; ほうし] 한 개 또는 여러 개의 세포로 구성된 곰팡이의 증식단위. 녹색식물의 종자에 해당.

sporophyll [胞子葉; 포자엽; ほうしよう] 포자가 달리는 잎이 달리지 않는 잎과 형태적으로도 뚜렷이 구별되는 경우, 전자를 포자엽, 후자를 영양엽이라 함. 포자엽을 실엽이라 부르기도 하며, 양치류의 잎에서 영양엽과 마찬가지로 녹색의 잎 뒷면에 포자가 달리는 경우는 영양포자엽이라 부르기도 함. 양치류에서는 대포자엽과 소포자엽으로 구별되며, 종자식물에서는 특수하게 변태되어 심피와 수꽃술이 포자엽에 해당함.

sporophyte [胞子體; 포자체; ぞうほうたい(造胞體), がほうたい] 포자를 만들어 생식(生植)하는 세대(世代)의 생물체. 세대 교대(世代交代)를 하는 식물에서 유성(有性)생식의 결과로 생긴 무성(無性) 세대의 식물체. 조포체(造胞體), 포자체(胞子體).

sport [枝變; 지변; えだかわり] 식물체의 일부의 체세포분열조직에 유전자돌연변이가 일어나 거기에서 형성된 기관이나 기관계에 상이한 형질부분이 형성되는 현상.

spray culture [噴霧耕; 분무경; ふんむこう] → mist culture

spray type [스프레이형] 국화, 장미 등 절화의 한 형태. 기본형인 standard type과 구별되어 절화장이 짧고 소화의 크기도 작지만 상대적으로 소화수가 많아 콤팩트한 형태를 갖춤.

spreader [展着劑, 擴展劑; 전착제, 확전제; かくてんざい] 농약 살포액을 식물 또는 병해충의 표면에 넓게 퍼지게 하기 위하여 사용하는 보조제의 일종. 전착제는 고착성에 의해 농약의 잔효성을 증가시켜 약액을 뿌릴 때 현수성, 확전성, 고착성을 향상시키는데 쓰이는 물질.

spring planting bulb [春植球根; 춘식구근; はるうえきゅうこん] 봄에 심는 구근.

sprouting, sprout, coppice shoot, stump plant [萌芽; 맹아; ほうが] 정상적인 눈에서 발달한 가지가 아닌 잠아나 혹은 부정아에서 발달한 움가지. 새싹.

spur [距; 거, 꽃뿔; きょ] ① 꽃부리나 꽃받침의 일부가 뒤쪽으로 돌출한 구조. 보통 속이 비어 있거나 꿀샘이 있음. 제비꽃, 물봉선, 현호색 등. ② 과수에서 5cm 미만의 가지에서 꽃눈이 생기는 가지로 단과지(短果枝)라고 함.

staggered row planting [千鳥植; 천조식; ちどりうえ] 여러 개의 고랑을 만들어 심는 것.

stamen [雄蕊; 웅예, 수술; ゆうずい] 꽃가루(花粉)를 만드는 기관으로 꽃밥(葯)과 수술대(花絲)로 구성.

staminodium [假雄蕊; 가웅예, 헛수술; かゆうずい] 양성화에서 수술이 모양만 남고 제 기능을 할 수 없어 불임성인 것을 가웅예라고 함. 물매화 등.

standard type [基本型; 기본형; きほんがた] 절화의 기본형태. spray 타입과 구분.

static culture, stationary culture [靜置培養; 정치배양; せいちばいよう] 움직이지 않는 상태에서 병원균 등을 배양하는 것. ↔ 진탕배양.

steam heating [蒸氣暖房, 蒸氣加熱; 증기난방, 증기가열; じょうきだんぼう] 액체나 고체가 증발 또는 승화하여 생긴 기체를 이용하여 열을 가함.

stem cutting [莖揷; 경삽; えださし, くきさし] 삽목 중에서 가장 많이 사용하는 줄기삽목 방법으로 줄기의 숙도(熟度)에 따라 녹지삽(綠枝揷, softwood cutting), 숙지삽(熟枝揷, hardwood cutting)으로 나뉨. 줄기꽂이라고도 함.

sterile flower [不稔花; 불임꽃; ふねんか] 종자를 맺지 못하는 꽃.

sterile leaf [稞葉, 裸葉; 과엽, 나엽; らよう] 양치류(羊齒類) 잎에서 자낭군(子囊群)이 없는 잎.

sterility [不稔性; 불임성; ふねんせい] 차세대의 식물을 만들기 위한 종자나 포자가 생기지 않는 것. 장애는 생식 세포의 형성 과정에서부터 수정 또 배의 형성 과정 등 여러 단계에서 발생하며, 수정불능인 것을 불화합성, 생식 기관의 불완전에 연유하는 것을 형태적 불임성, 발생 과정의 장애에 연유하는 것을 발생적 불임성이라 함.

sticker [展着劑; 전착제; かくてんざい] 전착제. → spreader

stigma [柱頭; 주두, 암술머리; ちゅうとう] 암술의 최상단에 있어 화분이 부착되는 장소. 융모가 있거나, 점액이 분비되어 수분에 적당한 구조로 되어 있음.

stipule [托葉; 탁엽, 턱잎; たくよう] 잎자루가 줄기에 붙어 있는 곳의 좌우에 달려 있는 비늘 같은 잎.

stobilus [毬果; 구과; きゅうか] 소나무과 식물의 열매. 솔방울. → cones

stock [株, 臺木; 주, 포기, 그루, 대목; かぶ,けいとう,たいもく] ① 주: 식물체의 주엽을 포함한 구조부분. ② 계통: 선조가 공통이며 유전자형이 같은 개체군. ③ 대목: 보통 한계와 엽의 일부로 되어 있으며 거기에 접수를 접목함.

stock plant [母株, 臺木植物; 모주, 대목식물; だいぎしょくぶつ] 대목으로 쓰이는 식물.

stolon, runner [匍匐株, 匍匐枝; 포복주, 포복지; ほふくし] 엽초 밖으로 생장하여 수평으로 땅 위를 기는 변형된 줄기. 마디에서 뿌리와 새싹이 발생될 수 있고 주요 줄기의 기부나 분얼지, 지하경에서 엽초 밖으로 발생.

storage leaf [貯藏葉; 저장엽; ちょぞうよう] 여러 가지 양분이나 수분 등을 많이 저장하여 두꺼워진 잎. 양파, 백합의 인엽 등.

storage root [貯藏根; 저장근; ちょぞうこん] 저장뿌리, 식물의 양분을 저장해두는 뿌리. 무 등.

strain, line, pedigree [系統; 계통; けいとう] ① 종족이나 품종간의 유연관계를 말함. 공통의 어버이에서 유래하여 유전적으로 같거나 유사한 집단. 계통내에 변이를 나타내어 형질이 다른 집단으로 분리했을 때는 다른 계통으로 함. ② 고등식물에서는 종 또는 품종 중에서 같은 선조의 종자에서 나왔더라도 특성이 약간 다른 군(郡). ③ 미생물 또는 virus에 있어서는 동일종에서 병원성·병징·기주범위·배양상의 성질이 서로 다를 때 계통이라고 함.

stratification [層積法; 층적법; そうせきほう] 종자의 저온처리 방법의 일종으로 일반적으로 종자의 휴면타파를 위해서 행함.

style [花柱; 화주, 암술대; かちゅう] 암술대가 자방위로 곧게 선 것을 정생, 자방 옆에 돋은 것을 측생, 자방 밑에서 돋은 것을 저생이라 하며, 내부에 화분관(수술대)이 신장함. 피자식물의 암술은 자방, 화주, 주두의 3부분으로 구성되어 있는데 자방과 주두사이의 부분을 화주(암술대)라고 하며 보통 원주 모양임.

subapical meristem [頂端下部分裂組織; 정단하부분열조직; ちょうたんかぶぶんれつそしき] 정단 바로 밑부분 분열조직.

subculture [繼代培養; 계대배양; けいだいばいよう] 배양 주기에 따라 동일한 혹은 다른 신선한 배지로 배양 물을 옮겨 주는 것을 말함.

subirrigation [地下灌漑; 지하관개; ちかかんがい] 저면관개. 땅속으로 물을 대는 일. 지면증발이 적고 지표면이 굳어지지 않는 이점이 있음.

subterranean stem [地下莖; 지하경; こんけい(根莖)] 땅속줄기. 감사 등.

suburb horticulture [近郊園藝; 근교원예; きんこうえんげい] 도시부근에서 행해지는 원예.

successive cropping, continuous cropping [連作; 연작; れんさく] 한 땅에 같은 작물을 해마다 계속해서 재배하는 것.

succulent fruit [漿果, 液果; 장과, 액과; えきか] 과즙이 풍부. → sap fruit

succulent growth, spindly growth, over growth [徒長; 도장, 웃자람; とちょう] 식물생장에서 가로방향 보다는 신장생장이 우세한 것.

succulent plant, fleshy plant [多肉植物; 다육식물; たにくしょくぶつ] 잎 또는 줄기 속에 저수(貯水)조직이 발달하여 다육화(多肉化)한 식물. 보통 건조지나 염분이 많은 땅에 나며 체표(體表)에는 쿠티쿨라(cuticula)가 발달한 것이 많고 내건성(耐乾性)이 강함. 용설란, 선인장 따위.

succulent root [多肉根; 다육근; にくこん] 다육질의 즙이 많은 뿌리.

succulent shoot, water shoot [徒長枝; 도장지; とちょうし] 영양상태나 환경조건에 의해 충실히 생장하지 못하고 웃자란 가지.

sucker [腋芽; 액아, 곁순; えきめ] 식물의 잎 겨드랑이에서 생기는 싹.

suckering, removing sucker, breaking sucker, side bud nipping, bud picking [腋芽除去, 摘芽; 곁순따기; えきがじょきょ, てきが] 본줄기 혹은 잎이 잘 자라게 하기 위하여 액아(곁순)을 따 주는 것.

summer annual [春播一年草; 춘파일년초; はるまきいちねんそう] 봄파종 일년초 작물.

stump [根株; 근주, 그루터기; ねかぶ] 나무를 베고 나면 남게 되는 부분으로 뿌리도 포함됨.

sun leaf [陽葉; 양엽; ようよう] 직사광선이 쬐는 곳에서 발육한 잎. 비교적 작고, 책상 조직이 잘 발달되어 있어 두꺼우며, 진한 녹색임.

sun plant, heliophyte [陽生植物; 양생식물; ようちしょくぶつ] 어두운 곳에서는 생육 할 수 없고, 밝은 곳에 즐겨 나는 식물. 음성식물에 비하여 호흡량이 크고 보상점이 높으므로, 상당히 밝은 빛이 쬐지 않으면 탄산동화를 할 수가 없어 제대로 성장하지 못함. 많은 1년생 초본이나 작물은 양생식물.

sun tree [陽樹; 양수; ようじゅ] 직사광선이 쬐는 곳에 번식하며 그늘에서는 감내하지 못하는 나무. 자작나무, 소나무, 은행나무, 느티나무, 밤나무 등.

sunburn, sunscald [日燒; 일소; ひやけ] 식물이나 작물에 물방울이 맺히면 물방울은 렌즈 작용을 하게 되어 햇볕이 작물체가 타들어가게 되는 현상으로 작물체가 피해를 받게 됨.

sunken garden [沈床庭苑; 침상정원; ちんしょうていえん] 주변보다 한단 내려간 낮은 자리에 꾸며 놓은 정원.

supplemental lighting [補光; 보광; ほこう] 식물의 생육에 필요한 태양광의 양을 보충하기 위하여 인공광원으로 조명하는 것.

surface irrigation [地表灌漑; 지표관개; ちひょうかんがい] 지표면에 물을 대는 방법으로 휴간관계, 저류관개, 일류관계, 언류관계 등이 있음.

surface watering [地表灌水; 지표관수; ちひょうかんすい] 지표 관수. → surface irrigation

sympodial [假軸性; 가축성; かじくせい] 식물체의 줄기, 뿌리 등이 분지할 경우 정단분열조직과는 별도로 축의 옆 방향에서 분열조직이 생겨 측지로 되는 것이 단축분지이고, 경정부의 발육이 정지되면

서 대신에 측지가 신장하고 이후 분지가 계속되는 성질을 가축성이라 함.

sympodial branching [假軸分枝; 가축분지; かちくぶんし] 가축분지.

synergism [相助作用; 상조작용; そうじょうさよう] 2종류의 요인이 작용하면 1종류 요인이 작용한 것을 합한 것 보다 현저한 효과를 나타내는 현상. 예를 들어 토양 근권내에 여러 가지 이온이 공존하는 경우 상대이온의 흡수를 조장하는 작용.

synthetic fertilizer [合成肥料; 합성비료; ごうせいひりょう] 비료의 3요소(질소, 인산, 칼리) 등 여러 가지 성분을 합하여 만든 비료.

syringe, syringing [撒水; 살수; さんすい] 두상관수 방식으로 잎 주변에 물을 뿌려주는 방식.

T

tensiometer [張力計; 장력계; ちょうりょくけい] 토양 수분장력 측정기구.

tepal, perianth lobe, perianth segment, perianth sepal [花被片; 화피편; かひべん] 꽃받침과 꽃잎이 구별되지 않는 화피 부분.

terminal bud [頂芽; 정아, 끝눈; ちょうが] → definite bud, adventitious bud, lateral bud

terrestrial plant [陸生植物; 육생식물; りくせいしょくぶく] 육지식물.

terrestrial stem [地上莖; 지상경, 땅위줄기; ちじょうけい] 땅 위로 나온 식물의 줄기.

thermal screen [(保溫-); 보온커튼; ほおんカーテン] 온실이나 하우스 내측에 보온을 위해 개폐가 가능하게 펴는 비닐이나 보온자재.

thermoperiodicity [週溫性; 주온성; しゅうおんせい] 밤과 낮이나 계절에서 계절로 변하는 것 같은 규칙적인 온도 변화에 대한 살아 있는 생물의 감응.

thinning [間伐; 간벌; かんばつ] 솎아내기.

three phases of soil [土壤三相; 토양삼상; どじょうさんそう] 토양의 고상, 액상, 기상.

three-quarter greenhouse [3/4型溫室; ツリークォーターがたおんしつ] 남쪽면의 지붕이 전체 지붕의 3/4인 온실.

tiller [分蘖; 분얼, 새끼치기; せいじょういけいさいぼう ぶんけつ] 줄기관부(冠部)의 엽액(葉腋)으로부터 새로운 줄기가 나오는 것. 주로 화본과 작물의 간기부(稈基部)의 마디에서 액아(腋芽)가 신장하여 줄기가 되는 것.

tissue culture [組織培養; 조직배양; そしきばいよう] 다세포생물의 개체에서 조직을 일부 또는 세포군을 무균적으로 떼어내어, 무균상태에서 알맞은 조건을 주어 가능한 한 정상적인 상태로 생활할 수 있도록 하는 기술. 이 기술은 새 품종의 육성, 무병주의 생산, 다량생산 등을 위해 쓰임.

tolerance [耐性; 내성, 견디는 성질; たいせい] 견디는 힘. → resistance

top cutting, terminal cutting, tip cutting [天插; 천삽; あまさし] 가지 끝부분을 삽수로 사용하는 삽목법.

top-root ratio (T/R ratio) [根重/地上部重 比率; T-R율; T/R りつ] 식물체의 지상부와 지하부의 무게 비율을 말하며 식물체는 T/R율이 1이되며 생장하려는 성질을 가지고 있는데 S/R율(shoot/root ratio)로 나타내기도 하고 지하부의 생장을 위주로 할 때에는 S/R의 역수 R/S율을 사용하기도 함.

top grafting, top working [高接; 고접, 높이접; たかつぎ] 포장에 심겨진 대목의 높은 부위의 가지에 가지 또는 눈을 수목의 줄기나 가지의 높은 곳에 접목하는 것으로서 상당한 연령에 달한 큰 나무를 우량 품종으로서 갱신하고자 할 때 실시됨. 이와 반대로 저접은 대목의 지표에 가까운 낮은 곳에 접목하는 것으로서 일반적인 접목은 모두 이 방법에 의함.

top dressing, additional manure, additional fertilizer [追肥; 추비; ついひ] 기비 이외에 작물의 생육 상태에 맞춰 사용하는 비료, 덧거름.

topping, pinching [摘花, 摘心; 적화, 적심; てきしん] 생육중인 작물의 줄기 또는 가지의 선단 즉 생장점을 전제하는 것. 순지르기.

totipotency [全體形成能, 全分化能; 전체형성능, 전분화능; ぜんぶんかのう] 하나의 세포가 완전한 기관으로 분화할 수 있는 능력. 난할구의 집합에서부터 분리된 각 할구가 완전한 개체로 발전할 수 있는 현상. 다분화성.

trace elements [微量元素; 미량원소, 미량요소; びりょうげんそ] → micronutrient

training [剪定, 整枝; 전정, 정지, 가지고르기; せんてい] 나무의 가지를 조절하여 뜻하는 바의 형상대로 보기 좋게 잘 가꾸는 일.

translocation [轉流; 전류; でんりゅう] 식물체의 한부분에서 만들어진 물질이 체관을 통해 다른 부위로 이동하는 것. 체관 내에 액중(液中)의 유기물은 대부분 광합성산물 전류형 당(糖, sucrose)이며, 그 외 아미노산류도 함유함.

transpiration [蒸散; 증산; じょうさん] 식물체의 표면으로부터 체내 수분이 수증기로 대기 중에 배출되는 현상. 대부분 기공을 통하여 이루어지나(氣孔蒸散作用), 일부는 각질화(角質化)된 표피세포를 통하여 이루어지기도 함(큐티클 증산작용).

transplanting [移植; 이식; いしょく] 식물을 종래의 생육지에서 다른 장소로 옮겨 심는 작업을 총칭하는 것으로 이식에는 정식과 가식이 있으며 전자는 그곳에서 수확까지 이루어지는 것이며 후자는 정식하기 전까지 임시로 심어 놓은 것을 말함.

tree crown [樹冠; 수관; じゅかん] 나무의 가지와 잎이 있는 부분.

tree fern [나무고사리; しだ] 나무고사리.

trickle irrigation, drip watering [點滴灌水; 물방울관수, 점적관수; てんてきかんすい, すいてきかんがい] 마이크로 플라스틱튜브 끝에서 물방울을 똑똑 떨어지게 하거나 천천히 흘러나오도록 하여 원하는 부위에 대해서만 제한적으로 소량의 물을 지속적으로 공급하는 관수방법.

trochiscation [毬花; 구화; きゅうか] 속새류·석송류·구과식물에서와 같이 포자엽이 원추형 구조로 모인 것.

trophophyll [營養葉; 영양엽; えいようよう] 생식기관을 분화하지 않는 잎의 총칭으로 광합성을 왕성히 함. 포자낭이 생겨나지 않는 양치류의 잎.

truck gardening [輸送園藝; 수송원예; ゆそうえんげい] 도시에서 멀리 떨어져 있는 지역이라 하더라도 입지조건이 원예작물의 생산에 적합하다면 발달된 교통과 운반수단에 의해서 출하가 가능하여 원예생산지역이 형성된 곳.

true fruit [眞果; 진과; しんか] 식물학상 과실이란 자방이 발육하여 비대한 것을 말하는데, 과실에 따라서는 화탁 등 자방 이외의 부분이 자방과 같이 발육하여 과실이 되기도 하는데 이와 같은 과실을 위과라고 하며, 이와 달리 순수하게 자방만 비대하여 과실이 된 것.

trumpet (corona) [副冠; 부관; ふくかん] 나팔 수선화에서처럼 화피편의 융합으로 형성된 컵 모양의 구조. 윤충과 같은 어떤 동물들의 섬모판이나 환상띠, 어떤 구조의 머리나 위쪽 부분.

tuber [塊莖; 괴경; かいけい] 지하경의 비대한 부분으로, 저장영양물질을 포함하며 영양생식기관으로서 기능을 가짐.

tuberous root [塊根; 괴근; かいこん] 뿌리가 비대하여 덩이를 형성하는 것으로 다알리아, 라넌큘러스, 글라디올러스 등이 있고, 밭작물에는 고구마 등이 있음.

tubular flower, tubular floret, disc florets, disc flower [中心花; 중심화, 중심꽃; ちゅうしんか] 여러 화서에서 단축된 화(꽃가루)중앙부에 작은 통꽃이 밀생하는 것.

tunica [外衣; 외의; がいたい] 외의(外衣) 또는 초층이라고도 함. shoot의 정단분열조직에 있어서 주변부에 있는 분열활동중인 세포층으로 주로 수층(垂層)분열에 의해 표면부 성장을 이룩하게 함.

tunica-corpus theory [外皮內體說; 외피내체설; がいひないたいせつ] 싹의 정상분열이 성장방법에 의해 주로 배사적 분열을 하는 주변의 종피와 여러 면에서 분열하는 내부체의 두 지역으로 구분되어 분화된다는 개념.

tunicated bulb [有皮鱗莖; 유피인경; ゆうひりんけい] 껍질이 있는 인경. 인편엽이 생장점을 둘러싸서 층상으로 겹치고 가장 바깥부분의 인편엽이 피막상으로 되어 외피가 되고 인경전체를 덮는 것을 말함. ↔ 무피인경(non-tunicated bulb, imbricated bulb, scaly bulb)

type of cropping(cropping pattern) [作型; 작형; さくがた] 가꿈꼴, 작부모형, 재배양식.

U

umbel [散形花序; 산형화서, 산형꽃차례; さんけいかじょ] 무한화서의 하나. 많은 꽃꼭지가 짧은 주축으로부터 흩어져 나와 우산살처럼 퍼져 있는 꽃차례. 미나리, 파꽃 등.

unisexual flower [單性花; 단성화; たんせいか] 한 꽃봉오리 안에 수술 또는 암술만을 갖춘 꽃. 즉 수꽃이나 암꽃을 말함. 수꽃과 암꽃이 다른 그루에서 피는 것과 같은 그루에서 따로 피는 것이 있음. 소나무, 밤나무, 뽕나무, 은행나무, 호박 등의 꽃.

urban horticulture [都市園藝; 도시원예; としえんげい] 도시환경 속의 가옥 밖이나 실내 조건에서 각종 원예식물을 재배하는 것으로 도시민들의 심신건강과 생활에 도움이 줌. 도시환경은 농촌과 비슷한 점도 있으나 그것과 달리 도시 나름대로의 특성이 많아 이들 원예식물의 재배관리와 이용에 특성이 있으며, 생활원예(生活園藝, horticulture for city living), 가정원예(家庭園藝, home gardening), 실내원예(室內園藝, indoor gardening)가 포함됨.

V

vacuole [液胞; 액포; えきほう] 식물세포 중 수용액 혹은 세포액(細胞液)이 차 있는 원형물질내의 공간.

vacuolization [液胞化現象; 액포화현상; えきほうかげんしょう] 액포의 형성. 늙은 세포나 생장중인 세포에서 투명액의 방울이 형성되거나 출현하는 현상.

vapor method [氣浴法; 기욕법; きよくほう] 휴면타파를 목적으로 글라디올러스 구경의 에틸렌크롤하이드린 처리, 구근아이리스 및 프리지아 구근의 훈연처리 또는 에틸렌 처리하는 방법.

vapor phase, gaseous phase [氣相; 기상; きそう] 물질이 기체 상태에 있을 때의 상(相). 기체를 하나의 상으로서 취급할 경우의 일컬음.

variegation [班入; 반입; はんにゅう] 하나의 조직, 기관 혹은 개체 가운데 특정한 가시적 형질이 모자이크 상으로 표현되는 것.

variety, variatas [變種; 변종; へんしゅ] 일정한 유전적 특성을 갖는 실용적인 형질로서 타 집단과 상이한 집단으로 종 밑에 오는 분류학상의 단위. 품종(品種)으로도 쓰임.

variety registration [品種登錄; 품종등록; ひんしゅとうろく] 새로운 품종이나 우량품종을 누구나 알아볼 수 있도록 그 품종의 특성이나 일반적인 사항을 공증해 놓은 것.

varing night temperature management [夜間變溫管理; 야간변온관리; やかんへんおんかんり] 주간의 광환경 조건에 따라 야간온도를 다단계로 변온시켜 광합성 효율을 증진시키는 한편, 난방비용을 최소화하는 난방관리.

vascular bundle [維管束; 유관속, 관다발; いかんそく] 고등식물의 뿌리, 줄기, 잎 등에 있는 수분과 체내 물질 등이 통과하는 통로. 관상(管狀)세포가 주체로 되어 있으며 쌍자엽 식물의 줄기에서는 안으로 도관, 체관의 순서로 배열됨.

vascular plant [維管束植物; 유관속식물; いかんそく(維管束) しょくぶつ] 관다발을 갖춘 식물의 총칭. 흔히, 양치(羊齒)식물, 종자(種子)식물을 일괄 할 때 쓰는 용어임. 곧, 유관식물의 별칭. 관속식물.

vase life of cut flower [貯藏力; 저장력; ちゅぞうりょく] 절화수명.

vegetative bud [葉芽, 營養芽; 엽아, 영양아; えいようが] 식물이 모체로부터 영양기관이 떨어져 새로운 독립개체를 이룰 수 있는 눈.

vegetative cone [生長圓錐體; 생장원추체; せいちょうえんすいたい] 신경축색 선단부가 원추형으로 부풀어 있는 구조. 성장원추.

vegetative growth [營養生長; 영양생장; えいようせいちょう] 생식성장에 대응하는 말로 식물이 발아하여 잎과 줄기가 크는 생육단계.

vegetative phase [營養相; 영양상; えいようそう] 작물을 발육하는데 필요한 영양 단계적 양상.

vegetative propagation [營養繁殖; 영양번식; えいようはんしょく] 영양생식과 비슷한 말로서 식물의 모체로부터 영양기관의 일부가 분리되어 독립적인 새로운 개체가 탄생되는 과정. ↔ 포자번식

vein [葉脈; 엽맥; ようみゃく] 엽맥으로 배열 상태는 보통 평행맥과 그물눈맥으로 구분함. → leaf vein, nerve, rib velamen [根被; 근피; こんぴ] 열매 착생식물의 기근에 형성되는 다층표피층.

veneer grafting, cut grafting [切接; 절접; きりつぎ] 접가지와 접 밑동의 측면을 각각 깎아서 붙이는 접목방법. 접가지와 접 밑동의 굵기가 같지 않을 때 하며, 쐐기접, 깎기접. 절접부위는 지표면에서 7~12cm 되는 곳에 대목을 절개하여 접수의 접합 부위가 대목과 접수의 형성층 부위가 일치할 수 있도록 절개부위에 접수를 끼워 넣어 접목함.

venlo-type greenhouse [벤로형온실; ブェンローがたおんしつ] 유럽, 네덜란드를 중심으로 발전한 연동식 온실로 수광량을 높이기 위하여 태양의 앙각을 최대한 높일 수 있는 톱니방식 지붕형태를 갖고 있으며, 채소와 꽃 재배용으로 3,000~6,000㎡의 대규모 온실로 이용됨.

ventilation [換氣; 환기; かんき] 탁한 공기를 빼고 맑은 공기를 바꾸어 넣음.

vermiculite [질석; バーミキュライト] 질석을 약 1,000℃로 구운 것으로 배합토의 재료임. 무게는 모래의 1/15정도로 가볍고 통기성과 보수성이 우수하며 무균상태이므로 파종, 삽목, 분실용토로서 많이 쓰임. 규산층과 알미늄층이 2:1로 형성된 팽창판자형 제 2차 토양광물. 진석.

vernalization [春化, 春化處理; 춘화, 춘화처리; しゅんか, しゅんかしょり] 식물 중에는 생식생장으로 들어가기 위하여 일정기간의 저온을 요구하는 것들이 있으며, 여기에는 겨울을 나고 봄에 꽃이 피는 화목류, 추파성 종자인 맥류(밀, 보리 등), 무, 배추 등의 채소류, 봄에 피는 구근류나 숙근류 화훼작물이 속함. 이들 식물들과 같이 저온(또는 고온)에 의해 개화가 이루어지는 것을 춘화(春化)라고 하며 저온이 인위적으로 주어질 경우를 춘화처리(春化處理)라고 함. 춘화과정이 안정되도록 하기위해서는 일정한 기간이 필요하고, 도중에 급격한 고온에 처하게 되면 춘화효과를 상실하게 되는데 이것을 이춘화(離春化) 또는 탈춘화(脫春化)라고 하며, 이춘화(離春化)한 것이라도 다시 저온처리하면 다시 정상적으로 춘화효과가 생기는데 이것을 재춘화(再春化, revernalization)라고 함. 춘화처리의 예로 보리나 밀 등 월동성 작물(가을에 파종)을 봄에 심으면 이삭이 패지 않는데 이때는 파종하기 전에 싹틔운 종자를 미리 저온(0~4℃)에 30일 이상 처리한 후에 심으면 이삭이 정상적으로 나오게 됨. 이와 같이 저온에 처리하는 것을 춘화처리라고 함. → devernalization, revernalization

vinyl [비닐; ビニール] $(CH_2 \cdot CH_2)n$의 유기중합체로 분자량이 크고 85~110℃에서 용융하고 저온에서는 투명함. 플라스틱의 일종.

virus free plant [바이러스無病植物體; ウイルスむびょうしょくぶつたい] 바이러스 무병개체

visible rays (visual light) [可視光線; 가시광선; かしこうせん] 사람의 눈으로 밝기를 느낄 수 있는 파장의 광선으로 최저 380nm에서 최고 800nm범위에 있음. 적색(723~647nm), 등색(647~585nm), 황색(585~575nm), 녹색(575~492nm), 청색(492~455nm), 남색(455~424nm), 자색(424~397nm).

W

wagner pot [와그너포트; ワグナーポット] 농사시험용에 자주 쓰이는 포트의 일종.

warm-air heating [溫風暖房; 온풍난방; おんぷうだんぼう] 연료의 연소, 증기, 온수, 전열 등으로 공기를 덥게 하여 실내로 보내는 방법. 복사난방.

water culture [水耕栽培; 수경재배, 물가꾸기; すいこうさいばい] 수경재배. 토양을 사용하지 않고 자갈, 모래, 피트(peat), 버미큘나이트, 속돌(輕石), 톱밥 등 화학적으로 불합성인 배지를 사용하여 정상적 생육에 필요한 배양액을 주면서 식물을 재배하는 방법. → nutriculture

water holding ability, capacity to retain water [保水力; 보수력; ほすいりょく] 토양은 흡착력 또는 모세관장력 등의 흡인력으로 수분을 보관할 수 있는데, 이 흡인력에 따른 토양수분함량을 중량백분율 또는 용량백분율 등으로 표시한 것으로서, 수분장력에 따라 그 값이 다름.

water requirement [要水量; 요수량; ようすいりょう] 식물이 건조물질 1g를 생산하는데 소요되는 수량(水量).

water shoot [徒長枝; 도장지; とちょうし] → succulent shoot

water sprout [徒長枝; 도장지; とちょうし] → succulent shoot

water uptake, water absorption [水分吸收; 수분흡수; すいぶんきゅうしゅう] 식물체가 외부로부터 수분을 흡수하는 현상으로 삼투압에 의하지 않고 세포 자체의 흡수력에 의한 능동적 흡수와 증산작용에 의해 주로 세포막과 세포간극을 통하여 흡수하는 수동적 흡수가 있음.

welfare gardening [厚生園藝; 후생원예; こうせいえんげい] 후생원예.

wet cold storage [濕潤冷藏; 습윤냉장; しっじゅんれいぞう] 습윤냉장.

wet storage [濕潤貯藏法; 습윤저장법; しっじゅんちょぞうほう] 습윤저장법.

wetting agent [濕展劑; 습전제; しつてんざい] 전착제의 일종으로 농약 살포액이 식물 또는 병해충의 표면을 적시고 넓게 퍼지게 하기 위하여 첨가하는 계면활성제의 총칭.

whitewash [白塗; 백도; はくど] 여름철 일사량의 과다 유입을 막고 온실 온도상승을 억제하고자 온실 지붕 및 측부 외벽을 백색염료를 이용하여 칠하는 것.

whorl [輪生; 윤생; りんせい] 단일판막 조개의 나선상 회전이나 소용돌이 모양. 세 개 이상이 꽃이나 잎이 한 부분에서 나오는 것. 손가락에 유두모양 돌기의 집중배열.

whorl of branches [車枝; 차지; くるまえだ] 바퀴살가지.

wilting coefficient [萎凋係數; 위조계수; いちょうけいすう, しおれけいすう] 영구 위조점에서의 토양 함수율, 즉 토양 건조 중에 대한 수분의 중량비.

wilting point [萎凋点; 위조점; いちょうてん] 토양중의 수분이 서서히 감소하게 되면 어느 점에서 식물은 수분을 주면 위조가 회복되며, 이 시점의 토양수분량을 초기위조점이라 하고, 그 후 토양수가 감소해서 영구히 회복하지 못하게 되는 점의 토양수분량을 영구위조점이라 함.

wing petal [翼瓣; 익판; よくべん] 콩과 식물의 나비 모양 화관(花冠)의 화판(花瓣).

winter annual [越年生, 추파일년초; 월년생, 추파일년초; えつねんせい] 두 해에 걸쳐서 싹이 터서 자라다가 이듬해에 열매를 맺고 죽는 일. 또는 그러한 식물. 두해살이. 이년생.

winter bud [冬芽; 동아, 겨울눈; とうが, ふゆめ] 생장하지 않고 쉬고 있는 눈. 온대에서는 늦여름부터 겨울까지 겨울눈의 상태로 있음. 잎이 변형된 쌀껍질 또는 비늘조각 등이 덮고 있음. 또는 끈적질이나 털을 가지고 있는 것도 있음. 열대에서는 건기에 눈이 휴면함. 휴면아.

winter sucker [冬至芽; 동지아; とうじが] 국화 등의 월동아 눈을 말함.

woody plant, xylophyte [木本植物; 목본식물; もくほんしょくぶつ] 목질조직이 발달한 식물.

X

xerophyte [乾生植物; 건생식물; かんせいしょくぶつ] ① 선인장과 같은 건조저항성을 가진 식물. ② 건성 형태적 특징을 갖거나, 우기동안만 성장하는 중성식물이 건조에 적응된 식물.

xylem [木部; 목부, 물관; もくぶ] 관다발의 구성요소 중의 하나. 도관, 가도관, 목부섬유, 목부유조직으로 된 복합조직. 수분과 양분의 통로이면서 나무의 기계적 지지의 역할을 하고, 목부유조직은 전분, 유지 등의 저장 조직이 됨.

Y

year-round culture [周年栽培; 연중재배; しゅうねんさいばい] 연중으로 작물을 생산하는 것.

yield potential [收量性; 수량성; しゅうりょうせい] 단위면적당 생산 가능한 수량.

Z

zygote [接合體; 접합체; せつごうたい] ① 단세포 생물의 개체, ② 다세포 생물의 두 종류의 배우자 또는 배우자낭이 접합하여 된 세포. 자웅의 배우자가 융합하여 생긴 2n의 세포.

<부록>

플라워디자인 용어해설

abstract form(앱스트랙트 폼) 추상적인 디자인.

accent(액센트) 강조. 전체 구성 중에서 어느 한 점 또는 어느 부분에 변화를 주어 단조로움을 탈피하고 그 부분으로 전체를 구성.

air(에어) 공간이라는 뜻. 오픈스페이스(open space)라고도 함.

anklet corsage(앵클릿 코사지) 발목을 장식하는 코사지.

arch(아치) 둥근형으로 꽃이나 잎으로 장식한 문. 주로 결혼식장 입구에 세워 신부가 그 곳을 통과하여 입장하게 하는 장식물.

arm bouquet(암 부케) 꽃을 묶어서 팔에 안을 수 있게 디자인한 부케.

arrangement(어렌지먼트) ① 플라워 디자인에서의 꽃꽂이 ② 배열 및 배치

art director(아트 디렉터) 홍보 등의 프로젝트 전체를 종합하고 연출하는 사람.

art flower(아트 플라워) 천을 잘라 염색하여 만든 고급 꽃.

art nouveau(아트 누보) 유동적인 곡선의 흐름이 특색인 19세기 말부터 20세기 초에 걸쳐 유럽에서 일어난 건축 공예, 장식미술의 한 양식으로 식물의 모양을 표현한 것이 많음.

artificial flower(아티피셜 플라워) 조화를 총칭함.

artificial green(아티피셜 그린) 인공적으로 만든 잎.

assorted bouquet(어소티드 부케) 여러 종류의 색깔과 모양의 꽃을 사용하여 만든 부케.

asymmetry(어시메트리) 기하학적 중심축과 일치하지 않으며 자유로운 느낌을 주고 개방적인 윤곽을 나타냄.

asymmetrical balance(어시메트리컬 밸런스) 비공식적이고 중심축으로부터 두 측면이 완전히 다른 디자인으로 디자인할 때 좌우 비대칭으로 하여 시각적인 무게가 같아서 안정되어 보임.

asymmetry(어시메트리) 불균형, 비대칭, 디자인할 때 좌우가 불균등한 부조화적인 미적 구성.

avant-garde(아방가르드) 전위예술.

back corsage(백 코사지) 등에 다는 꽃 장식물.

back supporter(백 서포터) 꽃잎을 뒷받침하는 것으로 주로 레이스나 종이를 사용함.

background(백그라운드) 배경.

ball shape(볼 셰이프) 공처럼 둥근 형, 입체적 구성에 속하는 구형으로 디자인 한 형태.

banding(밴딩) 플라워 디자인에서 소재들을 함께 묶는 기법으로 특수한 요소를 강조하거나 주의를 끌 때 사용됨. 띠처럼 보이는 기법.

baroque(바로크) 유럽 특히 프랑스와 이탈리아 등지에서 르네상스 후 16~18세기에 유행하던 복잡하고 화려한 예술 양식. 과장된 장식이 특징. 베르사유 궁전이 대표적인 예.

base(베이스) 플라워 디자인 시 기부(基部)가 되는 밑부분. 토대 또는 화기(花器)를 의미하여 사용됨.

basic(베이직) 기초.

basic form(베이직 폼) 어렌지먼트에 있어서 기본형.

basing(베이징) 플라워 디자인에서 작품의 기초가 되는 밑 부분을 매혹적으로 세밀하게 표현하는데 사용되는 일반적인 기법으로 밑받침 기법으로 해석되기도 함.

basket bouquet(바스켓 부케) 바스켓에서 꽃이 넘쳐흐르는 것처럼 디자인한 부케.

basket flower(바스켓 플라워) 삼각형과 둥근형의 바구니 꽃. 꽃의 높이는 손잡이 보다 15cm 가량 높고, 포인트는 바구니 상단에 있어야 함.

basket(바스켓) 꽃을 꽂는 용기의 일종. 대나무나 등나무 혹은 나일론 덩굴 등으로 짠 바구니.

bending(벤딩) 줄기나 와이어를 비틀거나 구부리는 것.

biedermeier(비더마이어 양식) 오스트리아에서 시작된 전통적인 디자인 양식으로 꽃들을 촘촘하게 구성한 매스를 강조하는 형식적인 돔형의 어렌지먼트를 압축한 양식.

binding(바인딩) 세 줄기 이상의 줄기들을 함께 물리적으로 고정시키는 기법으로 묶는 기법.

blanket(블랭킷) 장례식 때 관 위에 덮는 꽃. 일명 캐스킷 커버라고도 함.

bocage(보카즈) 작은 숲이나 티켓을 의미. 예술 용어 사전에서는 밀집한 다발로 된 도자기 따위에 쓰이는 꽃과 잎, 가지까지의 연속성을 말함. 플라워 디자인에서 보카즈는 하나의 소재를 다른 소재로 에워싸고 그것 또한 다른 소재로 둘러싸야 하는 것.

botanical(보태니컬 양식) 식물이 생장하는 과정과 구조. 개체에 대한 관찰을 묘사한 풍경양식이나 베지테이티브 양식과 어울리는 새로운 양식.

bottle garden(보틀 가든) 유리병을 이용한 테라리움의 일종.

bouquet fantasia(부케 판타지아) 주축으로 한 꽃의 줄기 부분에 미케니컬 에이드를 첨가하여 꽃을 꽂은 부케.

bouquet holder(부케 홀더) 꽃을 흡수성 스폰지에서 꽂아 부케를 가지고 다닐 수 있게 한 용기.

bouquet stand(부케 스탠드) 부케제작시 필요한 고정된 지지대.

bouquet(부케) 꽃다발.

boutonniere(부토니아) 남성의 가슴이나 양복 깃에 다는 꽃.

bow(보우) 리본을 여러 가지 모양으로 접어서 장식한 형태.

bracelet(브레이슬릿) 팔목의 꽃 장식.

braiding(브레이딩) 납작한 끈, 밀집, 리본 등으로 엮어서 땋는 기법.

bridal bouquet(브라이달 부케) 신부가 드는 꽃다발.

broken heart(브로큰 하트) 실의와 비통의 뜻을 나타내는 장례식용 꽃 장식.

bunch bouquet(번치 부케) 꽃을 모아서 묶은 꽃다발.

bunch method(번치 메소드) 와이어 사용법 중 작은 꽃이나 잎을 여러 개 겹쳐서 감는 법.

bunching(번칭) 스타 플라워와 같이 줄기가 약한 드라이플라워로 작업을 할 때 다발로 만드는 효과적인 기법. 피킹(picking)과는 달리 아티스트들이 소재들을 보다 크게 그룹핑할 때 빠르고 정확하게 배치할 수 있음.

bundling(번들링) 밀짚이나 옥수수 다발 등과 같이 소재들을 함께 묶는 기법으로 다발짓기 기법이라고 함.

buttonhole(버튼홀) 남성양복 깃의 단추구멍. 보통 부토니아를 다는 곳.

byzantine cone(비잔틴 콘) 형태를 깎아서 구성하는 디자인의 하나로서 비잔틴 건축양식에서 따온 원추형의 디자인.

byzantine(비잔틴) 5-6세기 동로마 시대의 건축양식으로서 천장이 돔 형식으로 되어 있으며, 내부는 대리석이나 모자이크로 장식함.

cabbage rose(캐비지 로즈) 장미를 두 송이 이상 사용하여 커다란 한 송이 장미꽃을 만드는 것으로 빅토리안 로즈라고도 함.

candle bouquet(캔들 부케) 양초를 중심으로 꽃을 어렌지하거나 부케 속에 양초를 어렌지한 것.

cascade bouquet(캐스캐이드 부케) 드레스 위에서 예쁘게 흐르는 듯한 느낌을 주는 부등변삼각형의 꽃다발, 캐스캐이드란 작은 폭포를 말함.

casket spray(캐스킷 스프레이) 장례용 플라워 디자인의 하나, 관을 덮은 꽃 장식.

category(카테고리) 부류, 범주.

center piece(센터 피스) 테이블 등의 중심 장식물.

ceramics(세라믹스) 화기로 사용하는 도자기. 플라워 디자인을 위한 도자기 인형과 화기.

ceremony(세레모니) 의식(儀式).

Christmas swag(크리스마스 스웨그) 성탄절에 불길한 일이 생기지 않도록 비는 마음에서 상록수로 만들어 문에 다는 장식.

clay(클레이) 방수성 점토로서 양초, 침봉 등을 고정시킬 때 쓰임.

cluster bouquet(클러스터 부케) 비교적 큰 꽃을 적게 사용하여 포도송이 모양으로 구성한 꽃다발.

cluster(클러스터) 초점을 장식하는 꽃뭉치. 디자인의 효과를 높이는 테크닉으로 쓰임

clustering(클러스터링) 작은 소재들을 동일한 소재나 색 또는 질감들끼리 유일한 단위로 알아 볼 수 있도록 모아 시각적인 효과를 주는 기법.

clutch method(클러치 메소드) 꽃줄기를 고정시키거나 또는 떼어 버리기 쉽게 받치거나 물리거나 감아주거나 하여 줄기를 구성하는 와이어 사용법.

collage(꼴라쥬) 각양각색의 것을 발라 붙이는 기법.

colonial bouquet(컬러니얼 부케) 레이스 등을 토대로 하여 라운드 형으로 만든 꽃다발, 두 종류 또는

두 가지 색깔 이상의 자잘한 꽃을 동그랗게 어렌지 하여 만든 꽃다발.

color circle(컬러 서클) 색상환. 빨강, 노랑, 파랑의 삼원색을 기본으로 하여 그 중간에 만들어진 12색을 각각 순서에 따라 동그랗게 표시한 색 순환표.

color harmony(컬러 하모니) 색조화. 플라워 디자인에서 색을 사용하는 방법으로 색의 배합에서 단색상 조화와 유사색상 조화, 보색조화, 3색조화, 인접색의 보색조화 등이 있음.

color spray(컬러 스프레이) 분무하는 도료나 물감.

coloring(컬러링) 색의 채색. 착색 방법에서 확대되어 색의 배색과 배합에 대하여 말하는 것.

combination method(컴비네이션 메소드) 기본형에서 혼합형으로 꽂아주는 와이어 조작법.

complementary color(컴플리멘터리 컬러) 색상환(color circle)에서 서로 가장 먼 거리의 위치에 있는 대각선상의 두가지색을 뜻함.

composition(컴포지션) 구성, 구도란 뜻. 여러 가지 부분을 한 가지 작품으로 구성하는 수단. 직선구성과 곡선구성의 평면 구성과 입체구성이 있음.

compote(콤포트) 굽이 달린 용기.

compound form(컴파운드 폼) 기본형을 2개 이상 합친 복합형.

concept(컨셉) 새로운 사고방식이나 개념.

concinnity(컨시너티) 기술적으로 구성하여 내적인 조화나 목적에 맞도록 전체적인 조화를 이루는 기법으로 적절하게 꽃이나 잎, 화기를 선택하고 디자인의 조화를 강조하면서 우아함을 표현하는 기법.

container(컨테이너) 화기나 용기를 말함.

contrast(콘트라스트) 플라워 디자인의 기본 요소의 하나로 작품에서 대조, 대비, 대립이란 뜻으로 불과 물같이 전혀 반대의 성격을 가진 것을 말함. 색상이 비슷하거나 디자인이 비슷한 것들은 서로 조화되기는 쉬워도 비교적 단조롭고 평범해 보임. 이러한 경우 대조되는 요소를 효과적으로 가미함으로써 자극과 활기를 줄 수 있음.

coordinate(코디네이트) 여러 가지 것으로 짝 짓는 것을 말함. 다른 아이템의 컬러, 소재, 스타일 등을 특정의 의도를 가지고 짝지어서 조화를 생기게 하는 것을 뜻함. 여러 가지 분야가 잘 어울려 움직일 수 있게 조절하는 것.

corn shape(콘 셰이프) 원추형의 어렌지먼트.

coronet(코로넷) 왕관 모양의 머리 장식용 화환이나 화관.

corsage(코사지) 여성의 허리를 중심으로 상반신에 다는 꽃 장식물.

cover green(커버 그린) 플로럴 폼을 가리기 위하여 사용하는 잎

crape paper(크레이프 페이퍼) 조화를 만들거나 종이 공예를 하는 주름진 종이.

crescent(크레센트) 곡선적인 구성으로 초승달형으로 구성하는 형태로 뉴 문스타일이라고도 함.

cross pierce method(크로스 피어스 메소드) 와이어로 꽃의 꽃받침을 +자형으로 꽂아 주는 기법.

crossing(크로싱) 교차기법.

crystal flower(크리스탈 플라워) 유리로 만든 꽃.

curlicues(컬리큐즈) 와이어를 테이프로 감고 그 위에 다시 리본으로 감는 것으로 부드러움과 부피감을 줄 수 있음.

cut(커트) 커팅(cutting)이라고도 함. 잎이나 줄기, 와이어, 리본 등을 가위나 톱으로 자르는 것.

decoration(데코레이션) 장식품이나 꽃, 물건을 목적에 따라 질서 있게 배열하여 미적 감각을 부여하는 것, 장식하는 것.

design source(디자인 소스) 디자인의 아이디어를 생산하는 근원이 되는 것.

detailing(디테일링) 세부 묘사. 전문적이고 창조적인 디자인 기법의 하나인 디테일링은 예상 밖의 미묘한 특색을 도입하여 디자인에 예기치 않은 창조력을 가져다주는 세부 묘사 기법.

diamond shape(다이아몬드 셰이프) 마름모꼴을 이루는 어렌지먼트로 테이블이나 선반 장식에 어울림.

display(디스플레이) 전시, 진열 등과 같이 펼쳐 보이는 것.

dome shape(돔 셰이프) 반구형을 이루는 디자인의 한 형태.

dominant(도미넌트) 배색. 배색의 전체를 하나의 색조, 색상, 명도로 하여 전체적으로 통일을 기하는 배색 기법.

door swag(도어 스웨그) 문에 다는 꽃 장식, 크리스마스 스웨그, 기쁘고 즐거운 날 불길한 일이 생기지 않도록 해달라는 뜻에서 상록수로 만든 마귀 추방용 장식물.

double pin(더블 핀) 유(U)핀이라고도 하며, 플로럴 폼이나 스티롤폼을 화기에 고정시킬 때 토대 작업 만드는 데 사용함.

double end spray(더블 앤드 스프레이) 초점이 중심에 있고 꽃다발 두 개를 중간에서 묶어 전후 좌우로 꽃이 흐르도록 디자인 한 형태.

dry flower(드라이 플라워) dried flower라고도 함. 건조시킨 꽃을 말함. 생화나 아트 플라워 등과 함께 플라워 디자인의 주된 소재가 됨.

dry materials(드라이 머티리얼) 마른 소재. 드라이 플라워를 포함함.

dutch bouquet(더치 부케) 봄에 피는 히야신스나 튤립, 아이리스 등 여러 가지 꽃을 섞어서 둥근형으로 만든 꽃다발.

easel(이젤) 화환이나 십자가, 크리스마스 스프레이나 퓨너럴 스프레이 등을 얹어서 장식 할 때 쓰이는 대.

easter(이스터) 부활절. 그리스도의 부활을 기념하는 날. 봄철의 꽃들로 장식한 모자, 부활절 모자를 쓰는 습관이 있음.

emblem(엠블렘) 기장(紀章)이나 상징적인 문장(紋章)이 들어간 군대나 기업체 등에서 많이 사용하는 장례식용 꽃 장식.

emotion(이모션) 플라워 디자인의 기본 요소 중의 하나로 정감(情感)을 말함. 작품의 깊이와 취향, 우아함, 섬세함, 기교, 온화함 등과도 관련됨.

empire bouquet(엠파이어 부케) 대, 중, 소 세 가지의 꽃을 섞어 만든 3단 부케.

ensemble(앙상블) 전체 통일을 뜻하는 프랑스어로 색, 무늬, 형 등을 갖추어 아름다움을 나타내는 복식 수법.

esprit(에스플릿) 정신, 기지, 마음, 혼.

European style(유러피언 스타일) 유럽에서 발생한 플라워 디자인 양식.

event(이벤트) 행사. 사전적 의미로는 사건이나 시합을 뜻하며, 서구에서는 마케팅 용어로 판매촉진을 위한 특별행사라는 개념으로도 사용됨.

extending(익스텐딩) 와이어가 짧거나 약할 때 다른 와이어를 덧붙여 길게 해 주거나 강하게 해 주는 방법. 길이가 짧을 때 연장시키는 기법.

exterior decoration(엑스테리어 데코레이션) 주로 정원, 베란다, 발코니, 옥외식당 등 실외 장식.

fan bouquet(팬 부케) 부채꼴로 만든 꽃다발.

fan shape(팬 셰이프) 부채꼴 모양.

fashion flower(패션 플라워) 유행의 꽃 또는 의상의 꽃.

feathering(페더링) 큰 꽃을 분해하여 가벼운 깃털과 같이 표현하는 기법. 다양한 크기로 제작이 가능하며 독특한 질감을 창출하여 작품에 변화를 주는 효과가 있음.

feston(페스툰) 꽃, 잎, 리본 등을 길게 이어서 양끝을 늘어뜨린 장식.

filler flower(필러 플라워) 잔가지에 작은 꽃이 많이 붙어있는 꽃으로 디자인의 공간을 메우는데 잘 쓰임. 예로는 안개꽃, 스타티스, 백공작, 소국, 프리지어, 부바르디아, 에리카, 패랭이꽃 등이 있음.

flemish(플레미쉬) 한 없이 다양한 꽃들과 잎, 신선한 과일이나 채소들로 밀집된 덩어리로 가득하면서도 패턴의 반복은 거의 없는 양식으로 구근의 꽃들을 열대 꽃과 과일, 그 밖의 액세서리와 함께 섞어서 꽂는 방법.

floral art(플로랄 아트) 꽃 예술. 플라워 디자인의 원말. 구미에서는 플라워 디자인을 플로랄 아트라고 부름.

floral dye(플로랄 다이) 생화나 드라이 플라워를 염색하는데 사용하는 염색 물감.

floral spray(플로랄 스프레이) 꽃을 다른 색으로 염색할 때 쓰는 스프레이식 염료.

floral tape(플로랄 테이프) 플라워 테이프라고도 함. 꽃이나 잎에 줄기 대신 붙이는 와이어에 감아서 아름답게 마무리 짓는데 사용되는 접착성 종이 테이프.

flower arrangement(플라워 어렌지먼트) 꽃꽂이

flower ball bouquet(플라워 볼 부케) 스노우 볼 이라고도 부름. 둥근 모양으로 구성된 부케.

flower base(플라워 베이스) 꽃을 어렌지하는데 사용하는 용기.

flower box(플라워 박스) 선물용 꽃 상자.

flower chain(플라워 체인) 꽃이나 잎을 연결하여 만든 꽃 줄.

flower design(플라워 디자인) 꽃을 목적에 맞추어 생활 속에 장식하는 것. 일정한 디자인의 원칙과 기법을 토대로 하는 꽃의 조형 활동.

flower designer(플라워 디자이너) 꽃의 디자인을 담당하는 전문가.

focal area(포컬 에어리어) 초점 지역.

focal point(포컬 포인트) 초점, 시각상(視覺上)의 초점과 기구상(機構上)의 초점이 있음. 기구상의 초점은 줄기가 전부 모이는 점을 말하며, 시각상의 초점은 작품을 볼 때 꽃이 집중적으로 모인 부분을 말함.

foliage(폴리지) 잎.

form flower(폼 플라워) 형태가 개성적인 꽃으로 악센트나 포컬 포인트로 쓰기에 좋음.

form foliage(폼 폴리지) 관엽소재인 몬스테라, 팔손이, 칼라디움, 디펜바키아, 크로톤 등과 같이 잎의

모양이 특이한 형태를 하고 있는 것을 말함.

form(폼) 형태, 점·선·면·입체 등 기하학적인 형태와 소재와 개성을 살린 형태로 나누며 평면적·입체적·공간적 구성 등 모든 디자인의 기본이 되는 요소임.

formal linear(포멀 리니어) 선과 형을 중심으로 하는 디자인.

foundation work(파운데이션 워크) 토대를 만드는 작업.

foundation(파운데이션) 코사지나 부케 이외에 어렌지먼트나 데코레이션에서 사용하는 여러 가지 기초가 되는 토대.

framing(프레이밍) 틀을 짜서 그 안에 디자인함으로 공간 안에 있는 아름다운 꽃과 식물의 존재감을 더욱 강조하는 기법.

free form bouquet(프리 폼 부케) 식물의 특성을 그대로 살린 자유형 부케.

free form(프리 폼) 자유형, 자유로운 조형.

free style(프리 스타일) 어렌지먼트에서 정해진 기본형에 구애받지 않고 가지나 꽃의 특징을 활용하여 자연스럽게 모양을 만드는 어렌지먼트.

french bouquet(프렌치 부케) 자연의 줄기를 그대로 살려 가볍게 만든 내추럴 스타일 부케.

french bow(프렌치 보우) 리본을 고리로 만들어 그 끝을 와이어로 트위스팅하여 한 개씩 또는 여러 개를 조합하여 장식하는 것.

frenching(프렌칭) 꽃잎을 뜯어서 몇 장씩 철사로 묶어 적은 꽃으로 만드는 기법.

funeral spray(퓨너럴 스프레이) 꽃이나 잎을 사용하여 꽃다발처럼 장식한 장례식의 꽃 장식.

garland(갈란드) 꽃이나 잎으로 길게 엮은 꽃줄.

gathering(개더링) 여러 장의 꽃잎이나 잎을 조합하여 크기나 모양에 있어서 새로운 변화를 꾀하는 방법으로 원형의 모음 부케를 예로 들 수 있음.

gentianmellia(젠시안메리아) 용담초 꽃잎을 재구성하여 겹동백 꽃처럼 만든 것.

geometric form(지오메트릭 폼) 기하학적 형태에 따라서 디자인한 것, 어렌지먼트의 기본형태.

german bouquet(저먼부케) 초점까지 자연 줄기의 꽃을 사용해서 만든 내추럴 스템부케로서 핸들은 수직으로 구성하며 아름다운 줄기의 흐름을 강조한 디자인.

glamellia(글라멜리아) 글라디올러스로 동백(camellia)처럼 만든 디자인(gladiolus + camellia).

glazing(글레이징) 유리나 구슬을 넣는 기법.

glitter(글리터) 부케나 리본, 코사지 등의 꽃이나 잎에 금이나 은 같은 금속 분말을 뿌려 화사한 느낌을 주도록 하는 것.

glue gun(글루 건) 열로 녹인 글루수지 접착제를 순간적으로 접착시키는 기구.

Gothic(고딕) 12세기 경부터 르네상스 미술의 개화기까지 서유럽 모든 지역에 전개된 중세 그리스도교 미술발전 단계와 일반적인 양식을 의미함. 한편으로 당시의 문화 전반을 가리키는 경우도 있음.

gradation(그라데이션) 배색, 색이나 색조를 점진적으로 변화시키는 것을 말함. 명암이나 크기의 시각적인 변화를 뜻함.

green(그린) 식물의 잎, 어떤 경우에는 가지도 말함. 어렌지먼트할 때 플로랄 폼을 감추는데 중요한 역할을 함.

green arrangement(그린 어렌지먼트) 꽃을 쓰지 않고 잎, 가지, 덩굴, 열매 등으로 디자인함.

green bouquet(그린 부케) 여러 가지 관엽식물이나 줄기 식물을 이용하여 만든 부케.

green cordinator(그린 코디네이터) 식물의 배치를 기획하고 구성하는 사람.

green corsage(그린 코사지) 여러 가지 종류의 관엽식물이나 잎을 모아서 묶은 코사지.

green rose(그린 로즈) 관엽식물이나 나뭇잎을 사용하여 장미꽃처럼 만든 코사지.

grouping(그룹핑) 소재의 색이나 형태를 강조하기 위하여 소재들을 정돈하고 모으고 소재들끼리 분류하는 과정. 모으는 기법.

guttacoll(거타콜) 옅은 녹색으로 방수 기능의 매끈한 폴리성 테이프.

hair dress(헤어드레스) 머리에 장식하는 꽃. hair-piece, head-dress, head-piece.

hair ornament(헤어 오너먼트) 머리장식의 총칭.

hair pin method(헤어핀 메소드) 꽃이나 잎을 철사로 한 바늘 꿰어 머리핀 모양으로 구부려 쓰는 방법.

hair wreath(헤어 리스) 결혼식 때 신부의 헤어 드레스에 사용하는 화환.

halloween(할로윈) 제성절(諸聖節), 호박을 잘라서 만든 등불이나 귀신이나 마녀 등의 가면으로 가장한 아이들이 집집을 돌며 벌이는 축제.

handle(핸들) 부케의 손잡이.

hand-tied(핸드 타이드) 손으로 묶기. 손으로 묶은 꽃다발은 보통 다양한 종류의 꽃들로 만들어짐. 줄기들을 교차시키거나 나선형으로 배치하여 끈이나 라피아로 함께 묶음.

hanging(행잉) 걸어 매어 늘어뜨리는 것.

harmony(하모니) 조화를 뜻함. 조화를 이루기 위해서 플라워 디자인의 모든 부분들이 함께 잘 융합되어야 함.

head cover(헤드 커버) 헤드 드레스라고도 부름. 머리 장식.

herb(허브) 향기가 있는 풀, 약초를 말하는데 넓게는 꽃과 잎이나 줄기뿐만이 아니라 나무껍질, 열매, 뿌리까지 향기가 있고 우리 몸에 이로운 작용을 하는 식물을 모두 허브의 범주로 이용하고 있음.

Hogarth bouquet(호가스 부케) S자 곡선형의 부케.

Hogarth corsage(호가스 코사지) S자형의 코사지.

Hogarth curve(호가스 커브) S-curve. 영국의 풍자 화가인 호가스가 즐겨서 S커브를 사용하여 생긴 명칭.

holder(홀더) 플로랄 폼, 침봉 등 꽃을 꽂을 때 고정시키기 위하여 사용하는 용구.

hook method(후크 메소드) 철사의 끝을 식물체 위로 통과하여 낚시 바늘처럼 구부려 끼워 내리는 방법.

horizontal line(호리존틀 라인) 옆으로 길게 수평으로 구성하는 어렌지먼트.

hue circle(색상환; 色相環) 빨강색으로부터 시작하여 보라색에서 끝나는 색을 환형(環形)으로 연결해 놓은 것을 말함.

hue(휴) 색조, 색상.

image sketch(이미지 스케치) 디자인 계획전에 대략적인 이미지를 그린 스케치.

image(이미지) 영상, 심상. 외계의 자극에 의해 의식에 나타나는 대상의 직관적인 표상을 뜻함.

insertion method(인서션 메소드) 수선화, 카라, 아네모네, 데이지등과 같이 부드러운 줄 기 속에 와이어를 수직으로 통하여 끝을 꽃에다 꽂아서 줄기를 보강하는 철사 처리 방법.

interior(인테리어) 실내.

inverted T style(인버티드 스타일) 직선적 구성에 속하는 역 T자형의 형.

june bride(준 브라이드) 6월은 결혼의 수호신 주노의 달이므로 이 달에 결혼하면 행복하다고 해서 6월에 결혼하는 신부를 말함.

kaspa(카스파) 부케 홀더, 꽃 모양의 망사로 만든 기성품의 꽃다발 받침.

knotied bow(낫티드 보우) 리본에다 먼저 매듭을 매서 만든 보우.

L-shape(엘 셰이프) 직선적 구성에 속하는 L자형의 어렌지먼트.

lacing(레이싱) 서로 교차시켜 주는 기법.

landscape(랜드스케이프) 자연적인 디자인 양식으로 가든 양식이라고도 함. 이 양식은 정원에 심어진 꽃과 같은 뚜렷한 소재들로 조직된 정원을 연상시키는 디자인.

laurel crown(로렐 크라운) 고대 그리스 때부터 전해져 오는 전통 의식으로 승리자의 머리에 씌워 주는 월계수 잎으로 만든 관.

layering(레이어링) 층 겹쳐 쌓는 기법, 서로 위로 놓아 켜 만드는 기법.

layout(레이아웃) 배치방법. 디스플레이 혹은 전반적인 흐름(윤곽).

lei(레이) 목에 걸도록 만든 꽃 장식.

lilimellia(릴리메리아) 백합 꽃잎을 여러 번 겹쳐 커다란 한 송이 동백꽃처럼 만든 백합 모음꽃. lily+camellia.

line arrangement(라인 어렌지먼트) 초생달형·S자형·L자형 등 기본선에 따라 어렌지한 것, 매스 어렌지먼트에 대한 대조적인 구성.

line flower(라인 플라워) 한줄기에 여러 송이의 꽃이 차례로 달려서 길게 피어있는 선적인 형태의 꽃을 말하며 흔히 디자인의 골격을 형성. 예로서 글라디올러스, 용담초, 리아트리스, 스토크, 금어초, 델피늄 등.

lineal form(리니얼 폼) 직선으로 구성한 디자인 형태의 하나.

lines of radiation(방사선) 줄기를 꽂는 가장 일반적이고 중요한 방법으로 하나의 촛점을 가지고 있다. 밀 드 플레, 비더 마이어, 플레미시, 피닉스 양식을 포함 시킬 수가 있음.

loop(루프) 코사지 보우를 만들 때 리본으로 매는 둥근 고리(輪) 부분.

looping method(루핑 메소드) 통상의 꽃에 흔히 쓰며 와이어의 한쪽 끝을 둥글게 구부리고 다른 끝은 꽃 속을 통하여 줄기에 꽂아 넣는 방법.

main table(메인 테이블) 중앙에 꽃과 케이크를 장식한 연회 때 주빈이 앉은 중심이 되는 식탁.

mandap(만답) 인도인의 결혼에 필수적인 공간.

mass arrangement(매스 어렌지먼트) 양이 많은 꽃 소재를 사용하여 풍부하게 어렌지한 것으로 라인 어렌지먼트와 대조적인 구성법.

mass flower(매스 플라워) 카네이션, 장미, 국화 등과 같이 한 송이 꽃에 꽃잎이 많이 붙어 덩어리를 이루고 있는 꽃.

materials(머티어리얼) 재료, 소재.

mechanical aids(미케니컬 에이드) 플라워 디자인하기 위하여 보조로서 필요한 여러 가지의 용구.

mechanical focal point(미케니컬 포컬 포인트) 작품의 가운데 모든 꽃들이 모이는 한 점.

media(미디어) 인간의 의지, 감정이나 정보 등을 상대방에게 전하는 수단으로서 이용되는 중간물을 말함.

memorial candle(메모리알 캔들) 축하의 자리에서 굵고 긴 양초로 신랑·신부가 점화하고 두 사람의 사랑의 기념일이 됨. 특별한 테이블에 놓고 꽃으로 주위를 장식함. 매년 결혼기념일에도 촛불을 켜서 기념함.

metallic flower(메탈릭 플라워) 금속으로 만든 꽃.

mille de fleur=millefleur(밀 드 플레) 비더마이어 양식과 같은 시대에 나타난 전통적인 디자인 양식으로 '많은 꽃' '수천 송이의 꽃' 들이란 의미를 가지고 있음.

mobile(모빌) 공간을 활용하는 장식으로 메달아 움직이는 실내장식.

mode(모드) 유행, 양식.

modern design(모던 디자인) 근대적 디자인이란 뜻이지만 보통 제 2차 대전 후의 디자인 경향을 말함.

modernism(모더니즘) 근대주의 혹은 현대주의라는 뜻.

moisture(모이스쳐) 습기, 수분.

moline(모린) 나일론 망사를 4각으로 잘라 트위스팅 기법으로 묶어서 꽃꽂이나 부케의 공간 처리를 하거나 꽃을 보호하는 데 사용.

monochromatic(모노크로메틱) 색환에서 한 가지 색의 농담, 단색을 말함.

monotone(모노톤) 단조, 단색.

moreen(모린) 나일론 망사를 4각으로 잘라 트위스팅 기법으로 묶어서 플라워 어렌지먼트나 부케의 공간 처리 또는 꽃을 보호하는데 사용하는 것.

moss green(모스 그린) 이끼, 관엽식물을 어렌지할 때 토대를 보이지 않게 하기 위하여 사용하는 이끼.

mother's day(마더스 데이) 어머니 날.

motif(모티프) 식탁을 장식하는 꽃이나 레이스 장식.

mould(몰드) 주물로 만든 꽃이나 잎 모양, 조화를 만드는데 사용함.

mounting(마운팅) 와이어 사용법 중 U자형으로 꽂아 주는 방법에서 와이어를 꽃잎에다 직접 찔러서 꽂지 않고 뒤에다 대고 받쳐 주는 방법. 글라멜리아를 만들 때 쓰임.

muff bouquet(머프 부케) 양 손을 넣을 수 있는 원통형으로 된 방한용구인 부인용 토시에 장식한 부케.

natural frame work(내추럴 프레임 웍) 집의 기초가 되지만 보이지 않는 골격이나 뼈대를 가지고 있듯이 자연스러운 프레임 작업은 화기 안에서 직접 꽃과 잎들의 줄기를 교차하면서 배치되도록 서로 짜 맞추는 기법.

natural stem bouquet(내추럴 스템 부케) 자연 줄기 그대로 이용하여 만든 부케.

natural style bouquet(내추럴 스타일 부케) 자연 줄기를 자연스럽게 디자인하여 만든 부케.

natural style cascade bouquet(내추럴 스타일 캐스케이드 부케) 자연 줄기 그대로를 묶어 폭포형으로 디자인 한 부케.

natural style corsage(내추럴 스타일 코사지) 자연 줄기 그대로 사용하여 만든 코사지.

negative space(네거티브 스페이스) 음성적인 공간 구성 중에 사용된 소재들 사이에 비어 있는 모든 공간으로 하나의 작품 구성에서 사용된 소재들 사이에 전체적으로 비어 있는 공간, 즉 구성 주변에 열린 공간(open space)들이며, 이처럼 소재들이 채워지지 않는 빈 공간을 통해서 마치 음악에서의 쉼표와 같이 시각적으로 한 차례 휴식을 취하게 됨.

nest(네스트) 부케를 만들 때 꽃이 서로 상하지 않도록 하기 위해 만든 새 집 모양의 둥우리, 부드러운 종이로 또아리처럼 만듦.

new convention(뉴 컨벤션) 새로운 관습이라는 뜻으로 구조적인 선형 양식의 디자인(linear-style design).

new moon style(뉴 문 스타일) 디자인의 한 형태로 초승달형을 말함.

new wave(뉴 웨이브) 새로운 물결, 이러한 스타일은 색상과 기하학적인 형태의 부조화된 혼합을 특징으로 함. 즉, 소재들의 변형색칠을 통해서, 작품을 예상치 못한 방법으로 색다르게 표현하려는 특색이 있음. 조각처럼 보이는 디자인과, 꽃을 다룰 때 본래의 모양, 색상, 줄기를 그대로 사용하지 않음. 현대적 화기가 필요함.

nosegay(노즈게이) 일명 터지 머지(tuzzy muzzy)라고도 하며, 옛날에는 향기 나는 꽃을 사용하여 만든 꽃다발을 말했으나 지금은 동심원(同心圓)의 형태로 만든 꽃다발을 말함.

oasis waterproof tape(오아시스 방수 테이프) 흡수성 스펀지를 고정시킬 때 쓰는 접착성 테이프.

oasis(오아시스) 흡수성과 보수성(保守性)이 좋은 플로랄폼 중에서 가장 대표적인 상품명. 화학제품으로 꽃을 꽂는 데 사용함.

object dart(오브제 다트) 작은 예술품 또는 골동품, 예술적인 촛대, 화기 등도 여기에 속함.

object(오브제) 물체, 물건, 혹은 객체 등의 의미를 지니는 불어. 어떤 연상작용이나 기묘한 형태의 효과를 얻어내는 작품으로 제시되었을 때의 물체를 말함. 꽃은 예술적 오브제로서의 자연 오브제로 속한다고 볼 수 있음.

occident(옥시던트) 서양적.

one point bouquet(원 포인트 부케) 라운드 부케에 자연의 느낌이 나도록 줄기를 달아서 한 송이 꽃처럼 만든 꽃다발로 한 개의 포인트를 중점에 두는 것.

one point corsage(원 포인트 코사지) 장미나 카네이션 등 한 송이 꽃으로 만든 코사지.

open balance(오픈 밸런스) 개방적인 균형, 뉴 웨이브나 평행체계에서 대칭적 특성이나 특성이 적용되지 않을 때 사용되는 표현.

open triangle(오픈 트라이앵글) 음성적인 공간을 채워 넣지 않고 이용한 삼각형으로 대칭적이거나 비대칭적일 수도 있음.

outline(아우트라인) 외형. 윤곽.

oval round bouquet(오벌 라운드 부케) 타원형의 부케.

oval shape(오벌 셰이프) 곡선적인 구성에 속하는 타원형이나 계란 모양의 스타일.

paper flower(페이퍼 플라워) 종이로 만든 꽃.

para film(파라 필름) 짙은 녹색의 방수성 폴리 테이프이며, 매끈하고 신전성(神展性)이 뛰어나 작업이 용이함.

parallelism(패러렐리즘) 플라워 디자인 구성에서 같은 간격의 선들을 수평적이거나 또는 사선으로 평행 배치하는 방법.

parasol bouquet(파라솔 부케) 파라솔 모양으로 만든 부케.

pastel color(파스텔 컬러) 부드럽고 밝고 투명한 중간색.

pattern(패턴) 형(形).

pave(파베) 보석박기. 작은 알돌 들을 가능한 빽빽하게 모으는 것처럼 소재들을 구성하는 방법.

pendant(펜던트) 목걸이, 귀고리 등과 같이 아래로 늘어뜨린 장신구.

petal(페탈) 꽃잎.

pew decoration(퓨 데코레이션) 결혼식때나 혹은 교회제단 등의 통로에 놓인 의자의 꽃 장식.

phoenix(피닉스) 불사조라는 뜻. 밑부분을 거의 간격이 없이 밀짚을 묶은 듯한 방사형으로 디자인하여 중앙에서부터 소재들이 분출된 라운드형의 재생으로 새로운 아메리칸 양식임.

picking(피킹) 줄기에 나무나 금속으로 된 픽(꼬챙이)을 붙인 것으로 플라워 디자인을 만드는 기본 방법 중 하나임.

piercing method(피어싱 메소드) 옆으로 꽂아주는 방법. 와이어로 줄기, 꽃의 씨방, 꽃받침을 옆으로부터 직각이 되게 찔러서 사용하는 방법.

pillow(필로) 장례 꽃 장식의 일종으로 배게 모양으로 만든 꽃 장식.

pillowing(필로잉) 배게형으로 만들기. 높고 낮은 언덕을 만드는 기법.

pin holder(핀 홀더) 동양식에서 침봉. 서양식에서 플로랄 폼을 고정하는데 사용하는 플라스틱 용구.

plating(플레이팅) 짜기, 땋거나 함께 꼬는 것. 리본, 라피아, 베어그라스, 꽃줄기를 사용하여 세 가닥으로 짜거나 엮는 것으로 이 기법은 벤자민 고무나무를 여러 가닥 꼰 줄기에서도 볼 수 있음.

positive space(포지티브 스페이스) 만들어진 작품이나 소재들이 차지한 공간. 즉, 소재들로 채워진 공간을 양성적 공간이라 함.

posy bouquet(포지 부케) 꽃의 색깔을 여러 가지로 나누어 구성하는 원형 부케.

posy(포지) 꽃다발.

potpourri(포푸리) 여러 가지 종류의 꽃을 높낮이 없이 동그랗게 만든 꽃다발. 항아리에 꽃잎과 향료를 넣어서 생기는 향기로부터 전해진 말임.

prayer book bouquet(프레이어 북 부케) 기도서에 꽃을 붙인 디자인으로 교회 장식용으로 쓰임.

presentation bouquet(선물용 꽃다발) 꽃의 자연 줄기를 전부 사용하여 보기 좋고 들기 에 편하게 만든 절화의 묶음을 말함.

presentation bouquet(프레젠테이션 부케) 증정용 꽃다발.

proportion(프로포션) 비율, 비례. 1 : 3 : 5 : 8~ 황금비율.

pruning(프루닝) 가지치기. 유칼리, 네프롤레피스 등과 같은 작은 잎들을 떼어내고 줄기를 노출시켜 잎 또는 꽃들로 화형에 잘 조화되도록 연결 구간을 창조하기 위하여 가지치기 하는 기법. 소재들은 먼 경관, 중간의 경관, 가까운 경관으로 보아 선택하고 다듬어야 함.

punching(펀칭) 꽃을 쪼개서 여러 개의 작은 꽃으로 만드는 기법.

pushing(푸싱) 찌르는 기법.

radial vegetative(래디얼 베지테이티브) 꽃과 식물 소재들이 자연에서 우연히 발견된 것처럼 표현한 방사형 디자인.

radiation(래디에이션) 방사형을 이루는 디자인의 한 형태. 형태 보다는 꽃 색깔이 큰 선을 이루며 중심으로부터 뻗어나가 방사형을 이루는 스케일이 큰 구성, 선의 집합이 형태를 구성함.

raffia(라피아) 야자과 식물의 잎으로 만든 다양한 색상의 끈.

reality(리얼리티) 현실성 또는 실제성이라는 뜻.

removing(리무빙) 꽃잎 떼기 기법, 형태를 변화시키는 기법. 데이지, 아이리스, 거베라, 장미 등의 꽃잎 떼기, 꽃의 형태를 변화시키는 기법.

rhythm(리듬) 작품에 있어서 동적인 높고 낮음의 표현으로 디자인 기본 요소의 하나.

ribbon bouquet(리본 부케) 롤드 리본의 갈란드를 리본 모양으로 만들어 그 안에 꽃을 어렌지시킨 꽃다발을 말함.

ribbon flower(리본 플라워) 리본으로 만든 꽃.

ribbon leaf(리본 리프) 플라워 디자인의 소재로 사용하는 리본으로 만든 잎사귀.

ring bouquet(링 부케) 꽃이나 잎을 둥글게 디자인한 꽃다발.

rocket bow(로킷 보우) 리본으로 만든 형태의 하나, 리본의 양끝을 각각 양손으로 잡고 안쪽으로 감아서 양단을 다시 모으면 끝이 뾰족한 로켓처럼 만들어지는 보우.

rococo bouquet(로코코 부케) 자연줄기 그대로 둥글게 묶은 부케.

rolled ribbon(롤드 리본) 리본의 매는 방법의 일종. 3cm 이상의 리본을 손가락에 돌돌 말아서 사용함. 부케, 플라워디자인, 화분장식, 장례식 장식 등에 사용함.

romantic(로맨틱) 공상적이고 비현실적인 것 등을 가리키는 말.

round shape(라운드 셰이프) round style(라운드 스타일)이라고도 함. 원형 또는 둥근형. 부케의 기본형의 하나.

scale(스케일) 크기. 크기 관계는 디자인의 모든 부분들- 꽃, 잎, 화기, 액서세리와 배경-의 비율에 따라 정해져야 함. 비율의 기본적인 원칙은 디자인의 높이가 적어도 화기 높이의 1.5배가 되어야 함. 큰 꽃들은 안쪽에 꽂고 작은 꽃들은 바깥쪽에 꽂음. 또한 어두운 색은 안쪽에, 밝은 색은 바깥쪽에 배치함.

scandinavian bouquet(스칸디나비안 부케) 자연 줄기를 이용한 북구풍의 꽃다발로 꽃다발을 화기에 그대로 꽂아 즐길 수 있음.

scarf(스카프) 장례 꽃 디자인의 하나로 관위를 덮는 장식.

sculpturing(스컬프쳐링) 소재들을 디자인의 중심을 이루는 뚜렷한 구역에 배치하지만 정확하게 중심이 되도록 배치하지 않는 기법.

securing method(시큐어링 메소드) 줄기가 너무 가늘거나 줄기를 곡선으로 사용하고 싶을 때 철사를 사용하여 꽃을 지탱하거나 줄기를 보강해주는 기법.

semi solid(세미 솔리드) 리스(wreath) 등으로 꽃이나 줄기로 밑판을 메워 거기에 초점으로 꽃이나 잎으로 클러스터를 붙이는 디자인.

sepal(세팔) 꽃받침 조각.

sequencing(시퀀싱) 반복성 기법, 차례기법. 구성 안에서 소재들로 이루어지는 패턴이 변화하는 과정에서의 움직임으로 알려진 기법으로 소재들을 작은 것에서 큰 것에 이르기 까지 또는 밝은 색에서 어두운 색, 봉오리 꽃에서 활짝 핀 꽃, 부드러운 질감에서 거친 질감까지의 구성 중에서 소재들의 패턴을 차례대로 변화시키는 디자인 기법.

sewing method(소잉 메소드) 꽃잎이나 잎을 바느질하는 것 같이 철사를 사용하는 기법.

shape(셰이프) 디자인에 있어 형태를 말함.

sheltering(쉘터링) 화기 안에서 제한된 반경을 지닌 디자인 기법으로 수직적인 디자인에서 화기 너비의 범위 안에서 소재를 꽂는 것.

short cut(쇼트 컷) 백합이나 칼라처럼 큰 꽃의 키를 줄여 디자인하는 방법.

shoulder corsage(숄더 코사지) 어깨에 다는 코사지.

shoulder galand(숄더 갈란드) 어깨에 비스듬히 장식한 꽃 장식.

shower bouquet(샤워 부케) 소나기 쏟아지듯 자연의 흐름을 묘사한 입체적인 부케.

similar color(유사색상) 색상환에 있어서 서로 가까운 위치에 있는 색을 말함. 예를 들면 빨강과 오렌지, 파랑과 보라는 유사색상이라고 할 수 있음.

snipping(스니핑) 싹둑 자르는 기법.

snow ball bouquet(스노우 볼 부케) 구형으로 만든 꽃다발.

snow pack(스노우 팩) 큰 바구니나 항아리형의 화기 등에 꽃을 꽂을 때 사용하는 플라스틱제 분말을 스펀지 모양으로 굳혀서 수분을 흡수시켜 자유롭게 사용할 수 있도록 한 것.

solid wreath(솔리드 리스) 십자가 등으로 밑판을 잎이나 꽃으로 메운 디자인.

something blue(섬싱 블루) 새색시가 몸에 어떤 푸른색을 지니면 행복해진다는 속담.

space(스페이스) 공간, 디자인 구성 요소들의 안쪽과 주위에 위치한 입체적인 부분.

space decoration(스페이스 데코레이션) 공중에 달아 공간을 장식하는 실내장식의 일종.

spice bouquet(스파이스 부케) 여러 가지 향기가 나는 향신료로 만든 부케.

spike flower(스파이크 플라워) 디자인할 때 선을 강조하는 이삭 모양의 꽃.

spiral bouquet(스파이럴 부케) 슈트라우스를 의미하며 꽃다발 등 내추럴 스타일 부케를 디자인할 때 줄기를 나선형으로 돌려가며 디자인하는 기법의 스타일을 말함.

spray bow(스프레이 보우) 폭이 2.5cm 이상의 리본을 사용하여 둥글게 여러 겹으로 묶어서 입체감이 나게 만들어 부케나 생화, 어렌지먼트 장식으로 사용하는 보우.

spray shape(스프레이 셰이프) 꽃꽂이 기법의 하나. 꽃다발이 놓여 있는 것처럼 한 쪽에 선 꽃을, 다른 쪽에선 줄기를 꽂아 연결된 것처럼 보이게 구성한 것.

sprays(스프레이) 가지 모양의 장식.

square shape(스퀘어 셰이프) 사각꼴 디자인의 한 형태.

square style(스퀘어 스타일) 사각형. 부케의 기본형

squeezing(세퀘이징) 억지로 뚫어서 우겨 넣는 기법.

stacking(스태킹) 소재들을 물건을 쌓아 놓듯이 나란히 그리고 서로의 위쪽에 차곡차곡 쌓는 식으로 디자인하는 기법.

stage bouquet(스테이지 부케) 프레젠테이션 부케의 포컬 포인트에 미케니컬 에이드를 첨가해 꽃을 꽂은 부케.

star(스타) 군대나 종교 의식에서 많이 사용하는 별 모양으로 만들어진 장례식용 꽃 장식.

stem(스템) 줄기.

stemtex(스템텍스) 종이 재질의 끈끈한 테이프로 여러 가지 색상이 있으며, 거친 질감으로 보다 자연스러운 외관을 가짐.

strauss(슈트라우스) 디자인이나 스타일에 대한 개념이 아니고 디자인을 구성하는 기법을 뜻하며, 독일어로 꽃다발이란 뜻이며 여러 가지 형태의 디자인을 어렌지하면서 줄기를 나선형의 다발로 묶어서(hand-tied) 들고 갈 수 있게 만든 작품.

streamer bouquet(스트리머 부케) 꽃이나 잎이 아래쪽으로 부드럽게 흐르는 폭포형 꽃다발.

stripping(스트리핑) 가지나 잎을 제거하는 방법.

styling(스타일링) 보는 사람의 눈에 띄게 하기 위해서 외관에 특색을 주어 연출하는 것. 또 그런 직업을 가진 사람을 스타일리스트라고 함.

styroform cutter(스티로폼 커터) 스티로폼을 자르는 도구, 칼.

styroform(스티로폼) 백색판상의 발포성 화학 스펀지. 십자가나 화환 등의 파운데이션이나 홀더로 사용됨. 기호나 작품 구성상 필요한 모양으로 잘라서 다양하게 사용함.

sunburst bouquet(선버스트 부케) 빛나는 태양광선의 느낌을 표현한 방사선형 꽃다발.

supporter(서포터) 줄기나 꽃을 버텨주게 하는 역할. 헤어 핀 모양의 철사를 잎이나 줄기 등에 덧붙이는 것.

symmetric(대칭형) symmestry. 기하학적 중심축과 일치하며 엄밀한, 엄격한 느낌을 주며 폐쇄적인 윤곽을 나타냄.

symmetrical balance(시메트리컬 밸런스) 중심선으로부터 양쪽 두 측면이 크기와 깊이(넓이) 면에서 동일한 형태.

symmetrical triangle(시메트리컬 트라이 앵글) 세면이 모두 같거나 혹은 하나의 다른 베이스와 함께 양쪽 면이 시각적인 무게 면에서 균형을 이루어야 하며 세 개의 점이 대칭을 이룸.

T cascade bouquet(티 캐스케이드 부케) T 스타일의 부케.

T.P.O.(티피오) 시간(time), 장소(place) 및 경우(occasion)를 뜻하는 약자.

taffeta(태피터) 호박단, 나일론 틀로 만들어 꽃과 꽃 사이의 공간을 처리하는데 사용함.

tailoring(테일러링) 목적에 맞게 개조하는 방법.

taping(테이핑) 플로랄 테이프로 와이어를 감아주거나 와이어링한 꽃이나 잎 또는 갈란드 한 꽃잎 주위에 테이프를 감아 주는 것.

technic(테크닉) 기술과 기교를 뜻하며, 어떤 과제물에 대해서 문제를 해결하는 힘을 말함. 또 사물을 교묘하게 행하는 재주란 뜻으로 사용됨.

terracing(테라싱) 동일한 소재들을 크기에 따라 앞, 뒤, 수평으로 일정한 간격으로 배치하여 계단식 단계처럼 연속적인 층을 만들어 구성의 밑부분에 입체감과 함께 질감을 더해 주는 기법. 계단식 기법이라고도 함.

terrarium(테라리움) 투명한 밀폐용기 또는 반밀폐식의 용기에다 식물을 심는 것으로 일정한 온도를 유지하여 주면 흙의 수분이 수증기가 되고 기온이 내려가면 수분은 다시 흙으로 내려가 식물이 생장할 수 있는 환경을 이루어줌.

texture(텍스쳐) 질감, 재질. 사용된 소재들의 질 혹은 느낌으로 꽃, 잎, 화기 혹은 액세서리에도 적용될 수 있음.

three point bouquet(스리 포인트 부케) 라운드 부케 또는 클러스트 부케를 3개 만들어 초승달형이나 폭포형, S자형으로 구성한 부케.

tiara(티아라) 보석이 박힌 관 모양의 머리 장식.

tied arrangement(타이드 어렌지먼트) 끈, 와이어 등으로 가지나 줄기를 묶어세운 디자인.

tifting(터프팅) 독일 디자이너인 그레고리 레뤼슈에 의해 발달한 새로운 기술의 스타일로 상당한 양의 잎들을 소재들 아래에 배치하고 부채꼴의 잎들을 추가해 울창하게 우거진 구조적인 베이스를 지니는 작은 숲을 연상시킴.

tinting(틴팅) 꽃을 물들이는 방법으로 염료를 떨어뜨려서 방향에 따라 섞으면서 계속 반복한 다음 헹궈 말리는 방법과 카네이션이나 덴드로비움을 줄기에 흡수염으로 집중적으로 줄기를 염색하는 방법. 에어졸이나 스프레이와 펌프를 사용하는 방법. 엷게 색을 칠하는 기법.

tissue paper(티슈 페이퍼) 꽃봉오리 또는 화심을 만들 때나 꽃받침을 만들 때 사용하는 화장지.

topiary(토피어리) 정원수를 어떤 형태로 컷팅하는 방법처럼 요철 없이 형태를 디자인하는 총칭.

torso corsage(토르소 코사지) 어깨 장식 코사지.

trend(트렌드) 경향이나 동향이란 뜻으로 패션 트렌드는 새로운 경향이란 뜻임.

triad(트라이아드) 컬러 서클상 빨강, 노랑, 초록과 같은 3색 조화를 말하며 색상환 위에 정삼각형 또는 이등변삼각형을 올려놓았을 때 꼭지점이 가리키는 3색이며 일반적으로 강한 콘트라스트를 형성함.

triangular bouquet(트라이앵귤러 부케) 삼각형으로 구성한 부케.

triangular shape(트라이앵귤러 셰이프) 직선적인 구성에 속하는 삼각형으로 구성한 디자인의 한 형태.

trimming(트리밍) 울타리를 만드는 기법.

tulle(튤) 나일론의 엷은 망사로 부케나 코사지를 만들 때 꽃을 돋보이게 하기 위하여 받쳐 주거나 공간을 메워 줄때 혹은 필요 없는 부분을 가리는데 사용함.

tuzzy muzzy(타지머지) 여러 가지 색깔의 꽃을 사용하여 둥근태 모양의 층을 만들어서 디자인한 부케.

twisting method(트위스팅 메소드) wrap-around method라고 함. 안개초, 미스티블루, 스타티스 등과 같은 필러 플라워나 작은 가지, 또는 꽃잎을 합쳐 페더링 할 때 등 끝을 몇 번 감아서 철사 끝으로 줄기를 형성하는 방법.

unity(유니티) 통일. 단일 효과로서 구성을 이루는데 사용되는 소재들과의 관계로 디자인에 속하는 부분들의 동일성을 말함.

U-pin(유핀) 베이스를 만들 때 오아시스나 스티로폼을 고정시키는 데 사용하는 U자형의 핀.

valentine's day(발렌타인 데이) 2월 14일, 성발렌타인날에서 유래. 사랑하는 사람에게 꽃을 선물하는 관습이 있음.

vertical shape(버티컬 셰이프) 직선적인 구성에 속하는 디자인의 일종으로 수직형의 디자인.

victorian bouquet(빅토리안 부케) 빅토리아 왕조의 화려한 영화를 표현하여 여러 가지 작은 종류의 꽃과 색으로 구성하는 부케.

victorian rose(빅토리안 로즈) 장미꽃 한 송이에 다른 장미 꽃잎을 하나하나 겹쳐서 커다란 장미꽃을 만드는 모음 꽃의 일종.

virgin' s road(버진스 로드) 결혼식 때 신부의 통로.

visible rays(가시광선) 사람이 눈으로 느낄 수 있는 파장의 빛을 말하며 파장이 약 780nm 암적색에서 약 380nm 보라까지의 범위인 전자기파.

visual focal point(비주얼 포컬 포인트) 시각상의 초점, 작품을 보았을 때 그 중심이 되는 부분.

void(보이드) connecting area. 빈 공간, 플라워 디자인의 실질적인 구성 요소들 사이에 연결되는 공간. 작은 꽃들까지 제거한 꽃의 줄기와 가지치기 한 잎이 연결되는 공간임. 꽃과 구성의 나머지 부분을 연결시킴. 연결되는 공간은 보통 한 점에서 다른 곳으로 시선을 옮겨 주는 역할을 함.

wac snow(왁 스노우) 아티피셜 스노우라고도 함. 크리스마스 장식으로 설경을 조성할 때 사용하는 인공으로 만든 눈.

waist corsage(웨이스트 코사지) 웨이스트의 앞쪽과 오른쪽에서 왼쪽으로 다는 코사지.

waltzing bouquet(왈칭 부케) 무도회 때 사용하는 브레이서(줨줄)를 가운데 손가락에 거는 꽃다발.

water fall(워터 폴 양식) 방사형 디자인 양식의 하나로 폭포 모양의 가파르게 흘러내리는 디자인.

water pick(워터 픽) 플라스틱으로 튜브 모양을 만들어서 그 속에 물을 넣어 사용할 수 있도록 한 것. 줄기가 짧은 꽃을 소재로 쓸 때 신선도를 보존하고 길이를 보강하기 위하여 사용함.

wax flower(왁스 플라워) 밀랍이나 파라핀으로 만든 조화.

waxing(왁싱) 수련이나 치자처럼 꽃잎이 아래로 처질 때 꽃잎 사이사이를 밀랍이나 파라핀으로 고정시키는 처리 방법.

wedding bouquet(웨딩 부케) 결혼식 때 사용하는 꽃다발.

wedding decoration(웨딩 데코레이션) 결혼식용 꽃 장식.

western line(웨스턴 라인) 완만하거나 안락한 L자형을 알려진 웨스턴 라인 디자인은 종종 비대칭 삼각형과 혼동이 되지만 더 부드럽고 안락한 L자형의 흐름을 이룬다고 할 수 있음.

wiring method(와이어링 메소드) 인공적인 줄기를 만드는 방법. 자연의 꽃줄기로서는 사용하기 힘들 때 꽃을 끊어 새롭게 인공적인 줄기를 만들어 디자인을 용이하게 하는 방법.

wiring(와이어링) 디자인할 때 철사를 사용하는 방법.

wrapping(랩핑) 플라워 디자인에서 끈이나 면직물, 리본 등으로 개성 있는 여러 가지 소재를 색이나 질감의 특징을 고려하여 느슨하게 또는 꽉 조이도록 함께 묶는 디자인기법. 포장기법.

wreath(리스) 화환, 원래는 불멸, 불변한 신의 사랑을 상징하는 뜻이 있어서 장례식 장식에 사용했으나 지금은 벽면 장식, 크리스마스나 신년장식으로도 사용함.

wristlet corsage(리슬릿 코사지) 팔찌와 같이 손목에다 장식하는 코사지.

wristlet(리슬릿) 팔목에 다는 꽃 장식. 일명 리슬릿 코사지 또는 브레이슬릿 이라고도 함.

X style(엑스 스타일) 흐르는 듯한 형태 디자인으로서 간결하고 청초한 이미지를 특히 중요시 함.

Y-shape(와이 셰이프) 뷔페 테이블 장식에 사용되는 Y자형의 디자인.

zoint point(조인트 포인트) 부케, 코사지, 헤어 오너먼트 등을 만들 때 줄기나 와이어를 매듭으로 모으는 점.

zoning(조닝) 넓은 지역에 적용하는 용어로 꽃들을 색과 종류에 따라 넓은 특정 지역에 구역화하는 기법, 구역을 나누는 기법

용어도해

잎의 자리형태

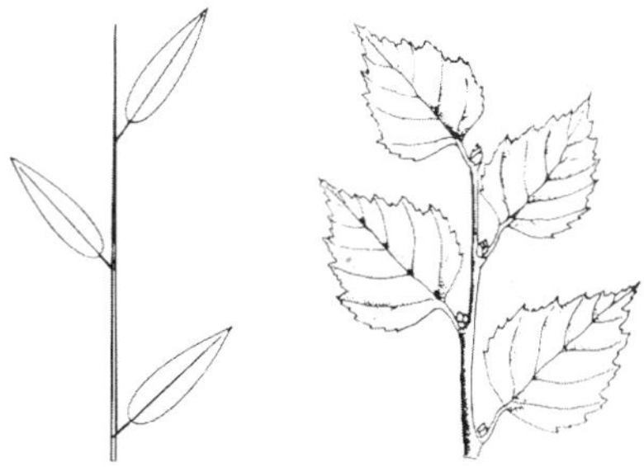

호생엽(互生葉) Alternate

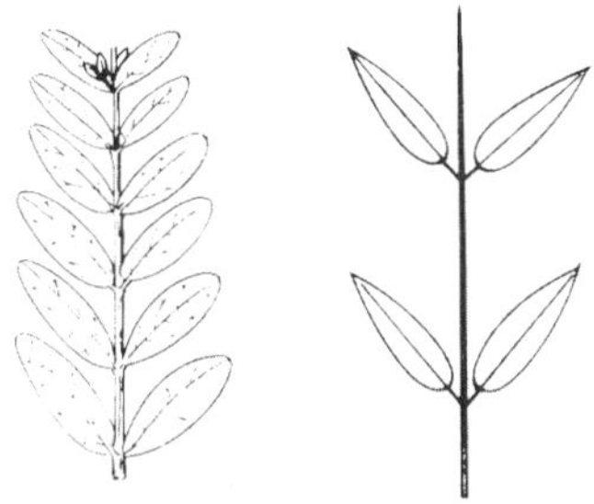

대생엽(對生葉) Opposite

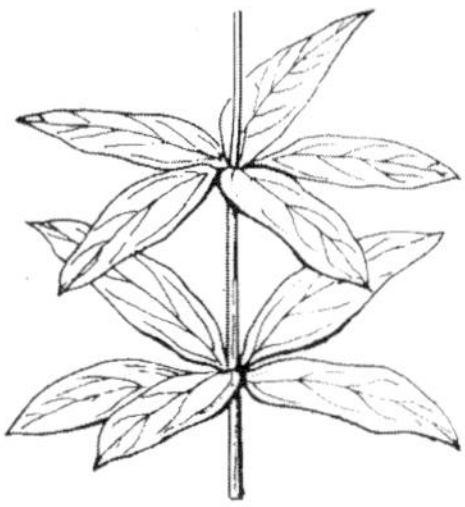

윤생엽(輪生葉)
Verticillate or Whorled

관천엽(貫穿葉)
Perfoliate leaf

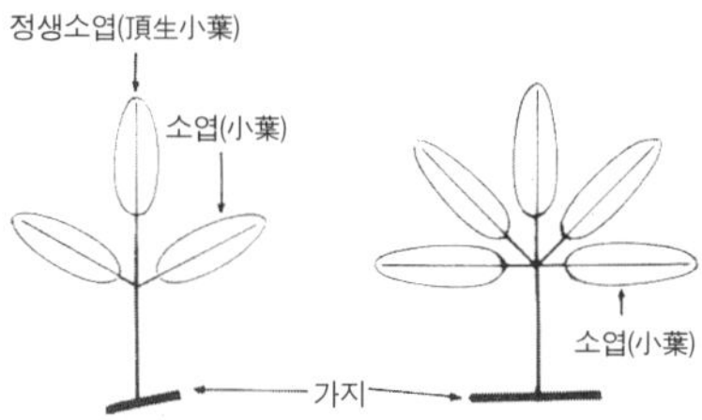

1회 3출복엽(1回3出複葉)
Ternated or
Trifoliolate leaf

장상(掌狀穿葉)
Palmately Compound leaf

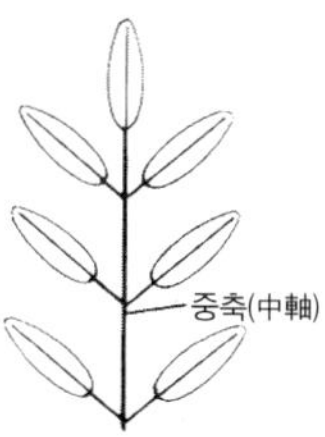

우상복엽(偶像複葉)
Pinnately Compound leaf

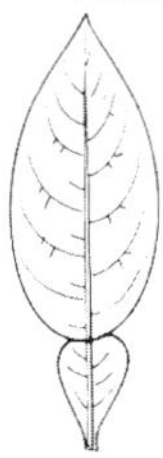

단신복엽(單身)複葉)
Mono Compound leaf or
Unifoliolate Compound leaf

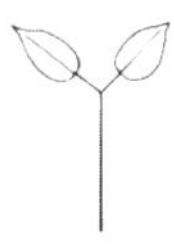

일대엽(一對葉)
Pair Opposite leaf

이대엽(二對葉)
Two Pair
Opposite leaf

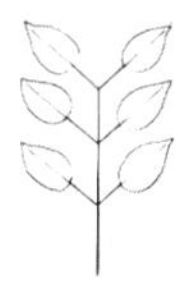

우수우상복엽
(偶數羽狀複葉
Even-pinnate leaf

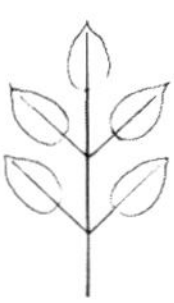

기수우상복엽
(奇數羽狀複葉)
Pinnately
Compound leaf

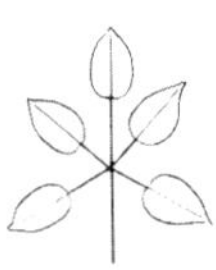

장상엽 · 오소엽
(掌狀葉 · 五小葉)
Five Palmately
Compound leaf

칠소엽
(七小葉 · 掌狀葉)
Seven Palmately
Compound leaf

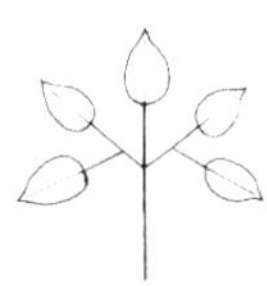

조족상엽(鳥足狀葉)
Pedate leaf

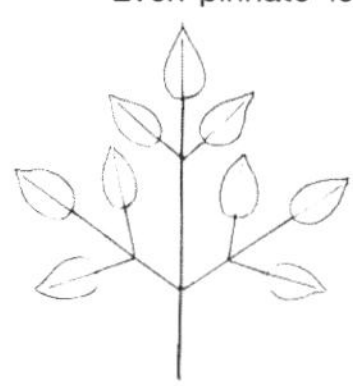

2회2출엽(二回三出葉)
Biternate leaf

2회5출엽(二回五出葉)
Odd-bipinnate leaf

3회3출엽(三回三出葉)
Triternate leaf

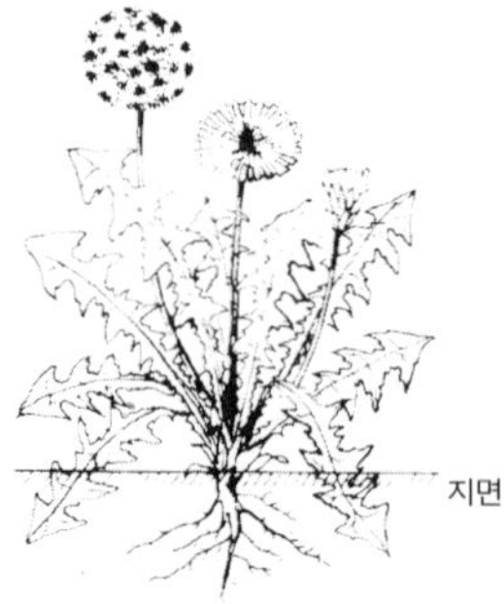

근생엽(根生葉) · 근출엽(根出葉)
Radical leaf or Rosette

근출엽과 경엽

로젯트 Rosette

2회우열(二回羽裂)

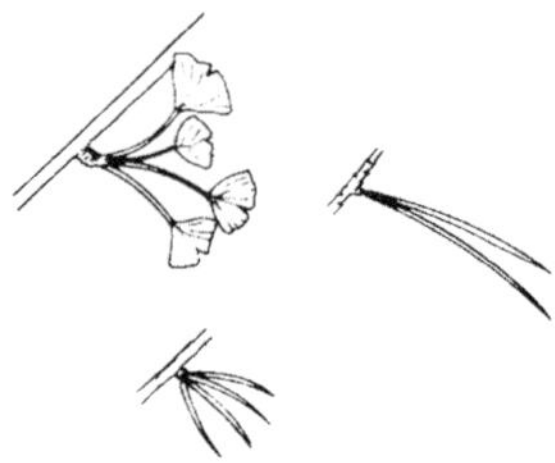

속생(束生) Cluster

잎 각 부위의 명칭

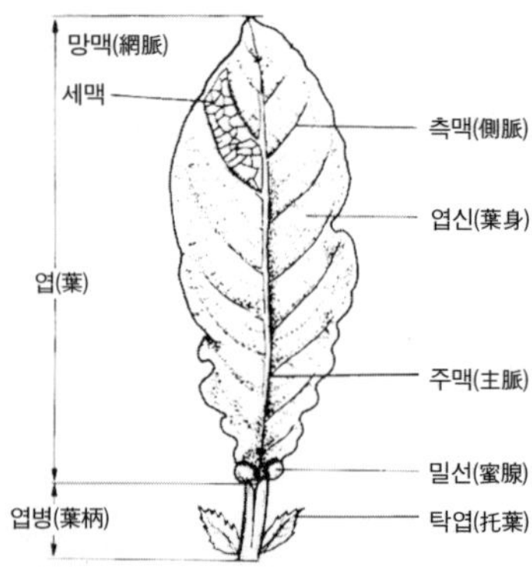

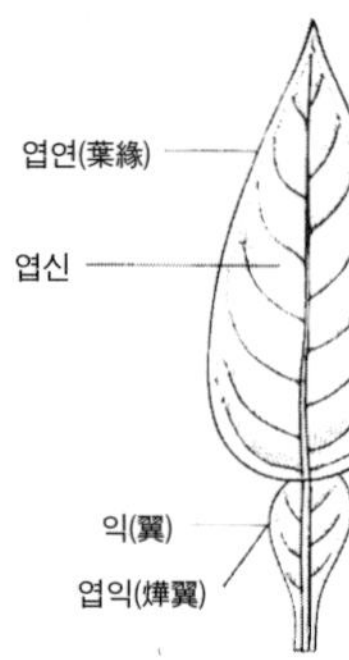

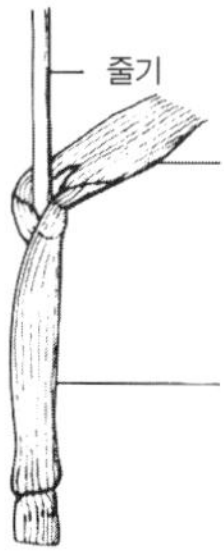

벼과식물의 모양

유병(有柄)

무병(無柄)

잎 끝의 형태

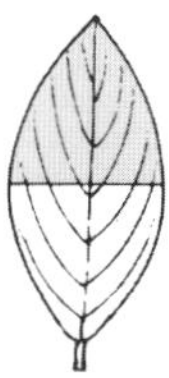
예두(銳頭)
Acute

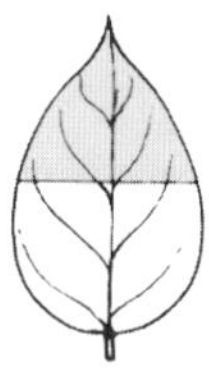
점첨두(漸尖頭)
Acuminate

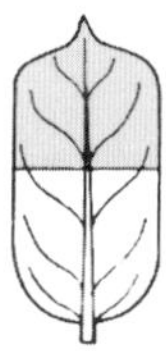
예철두(銳凸頭)
Cuspidate

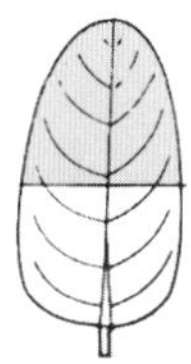
원두(圓頭)
Rounded

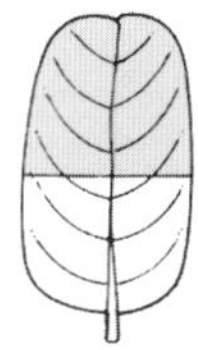
요두(凹頭)
Emarginate

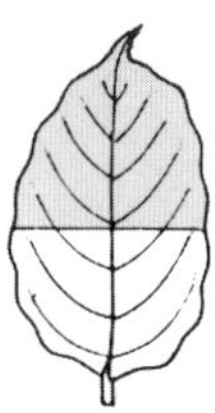
급첨두(急尖頭)
Mucronate

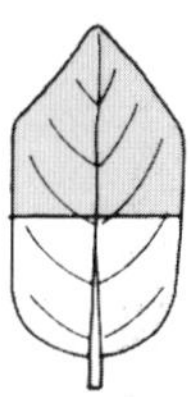
둔두(鈍頭)
Obtuse

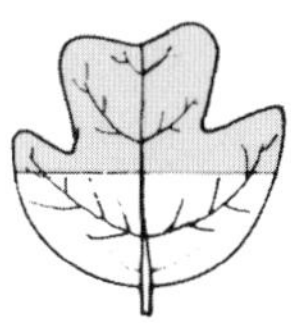
절두(截頭)
Truncate

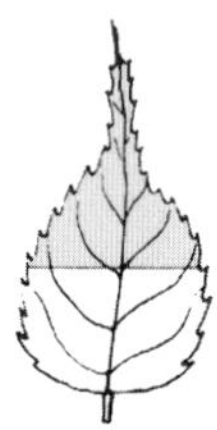
미상(尾狀)
Caudate

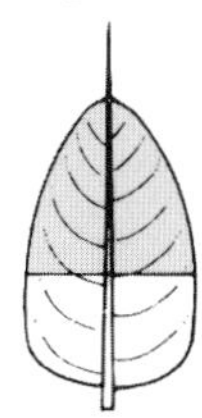
예침두
Aristate

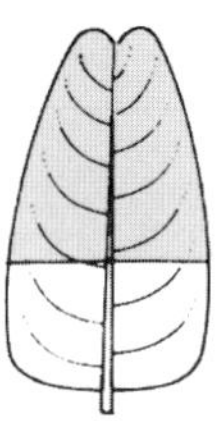
요두
Emarginate

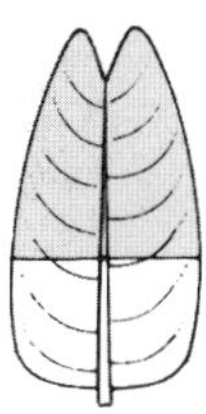
심요두

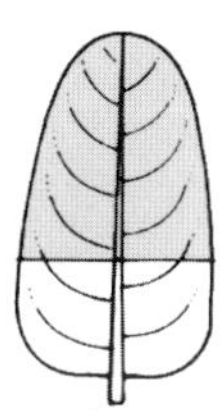
원두
Rounded

점첨두
Acuminate

잎의 여러 가지 형태

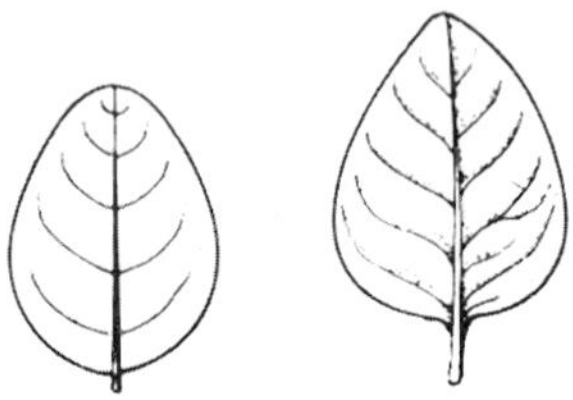
난형(卵形) Ovate

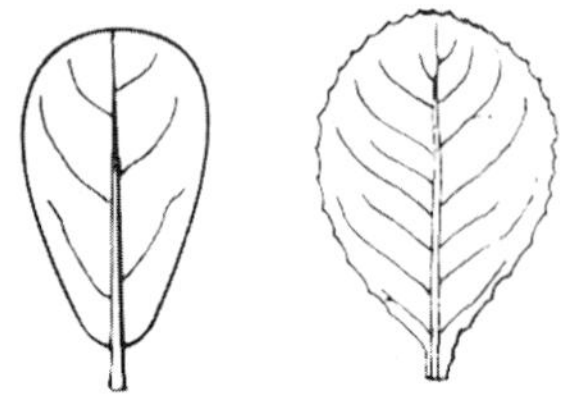
도란형(倒卵形) Obovate or Obovoid

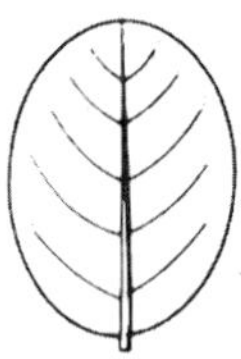
넓은 타원형(惰円形) Oval

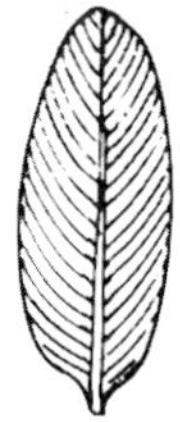
긴타원형(長惰円形) Oblong

타원형(惰円形) Elliptic
협난형 Oblong-ovate

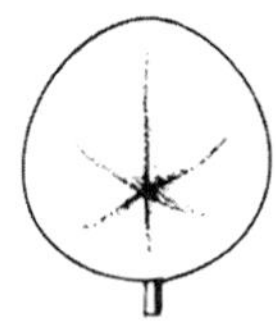
난원형
Obricular Ovate

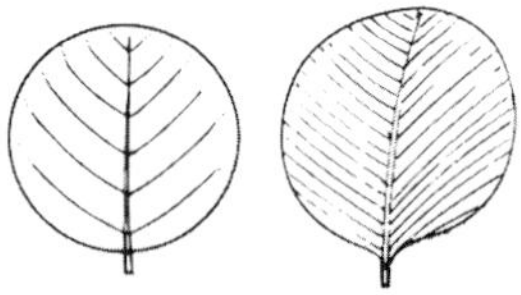
원형円形) Obricular

아원형(亞円形) Roundish

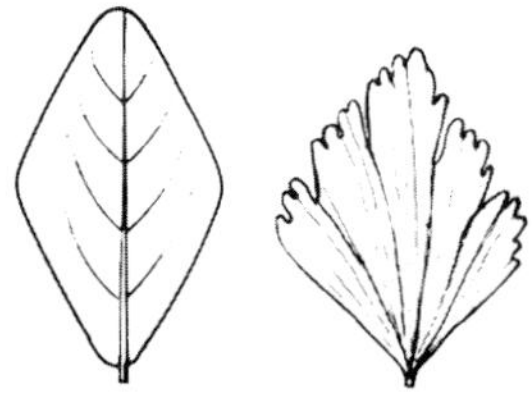
능형(菱形) Rhomboid

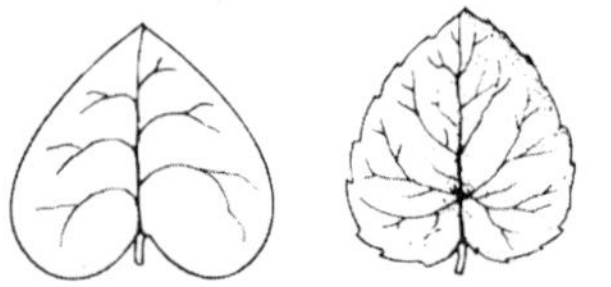
심장형(心臟形) Cordate or Heart-shaped

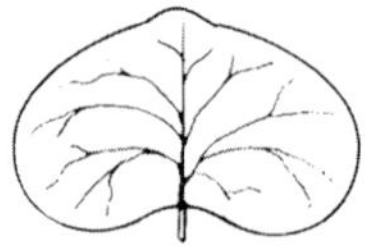
신장형(腎臟形)
Reniform, or Kidney-shaped

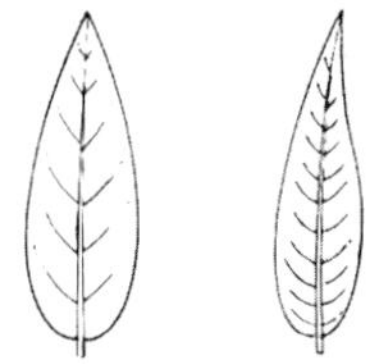
피침형(疲針形) Lanceolate

선상피침형(線狀疲針形)
Linear-lanceolate

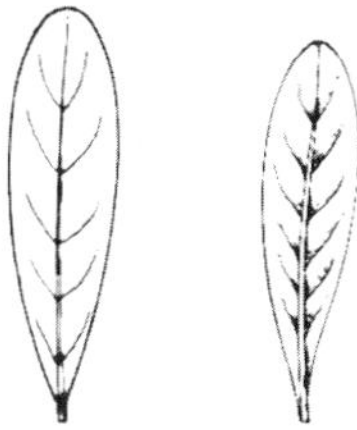

도피침형(倒疲針形) Oblanceolate

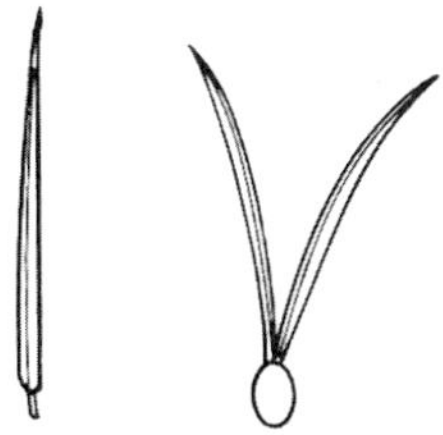

침형(針形) Aciculate or Needle-shaped

광선형
Broad Linear

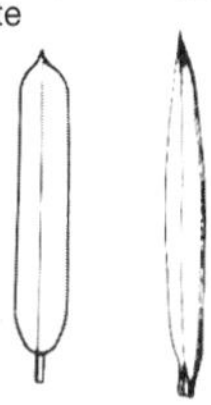

선형(線形) Linear

설형(楔形), 쐐기형
Wedge-shaped
or cuneate

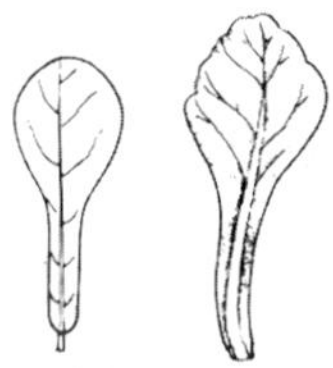

주걱형, 설형(舌形)
Spatulate

바이올린형 Pandurate

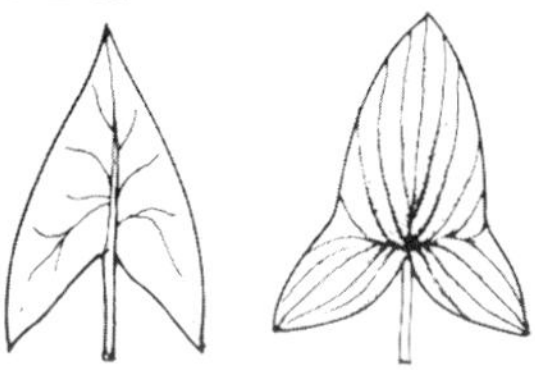

화살형(箭形) Saggitate

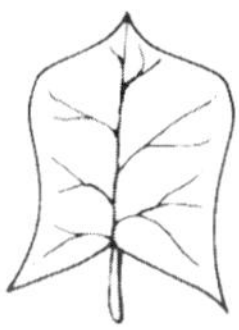

심장상 화살형
Cordate-Saggitate

절두형(截頭形) Truncate

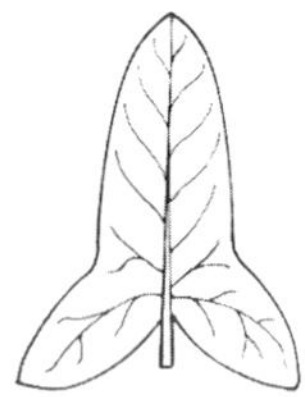

극형(戟形) Hastate

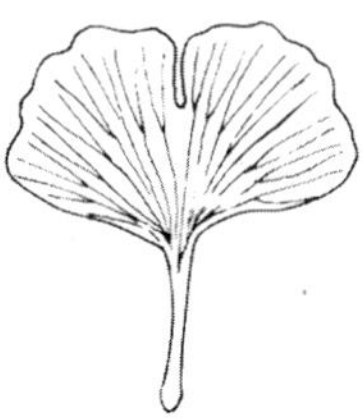

선형(扇形) Flabellate, Fan-shaped

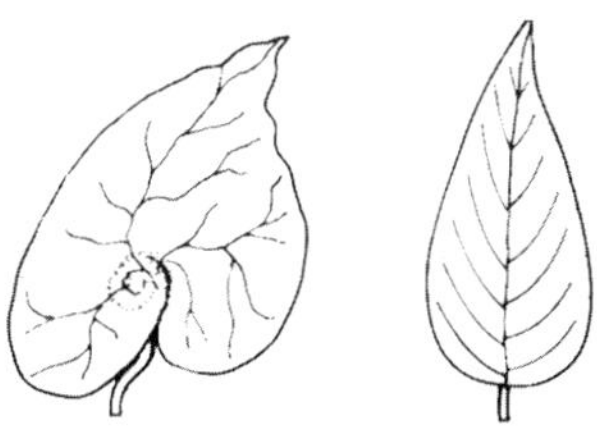

비대칭형, 부등형 Oblique, Unequal

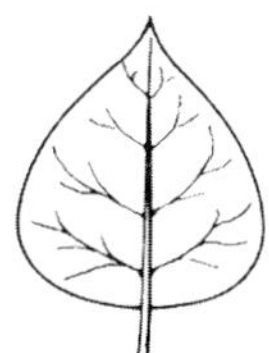

삼각형(三角形) Deltoid

겸형(鎌形) Falcat

장상형(掌狀形) Digitate, or Palmate

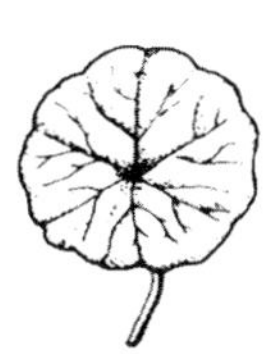

순형(楯形) Peltate

조형(鳥足形) Pedate

민들레형 Runcinat

잎 기부의 형태

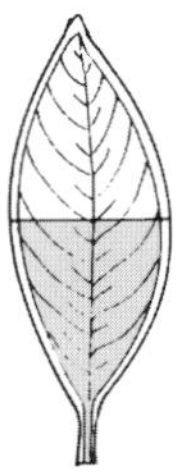

유저(流底) Attenuate

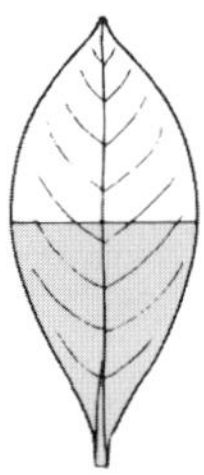

설저(楔底)
Cuneate or
Wedge shaped

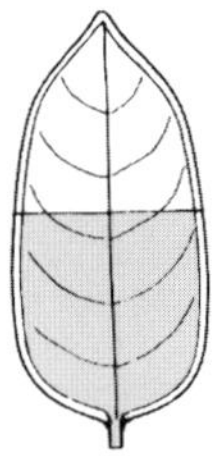

둔저(鈍底)
Obtuse

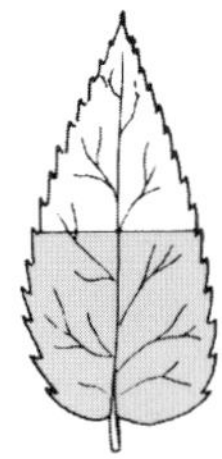

의저(歪底)
Oblique or
Inequilateral

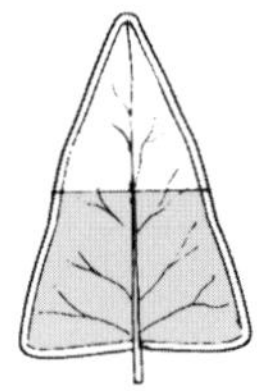

절저(截底)
Truncate

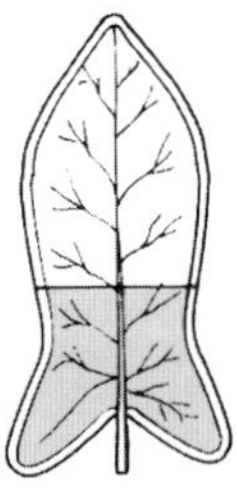

이저(耳底)
Auriculate

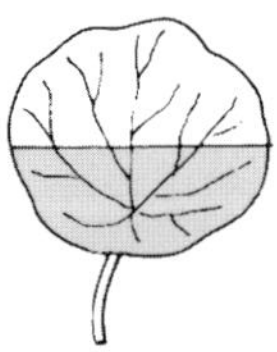

원순형(圓楯形)
Orbicular-peltate

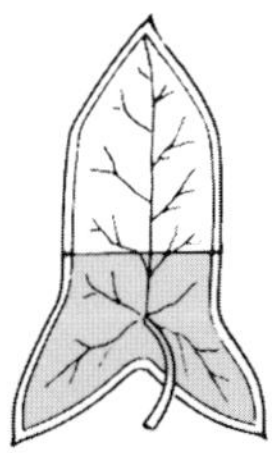

화살순형(箭楯形)
Sagittate-peltate

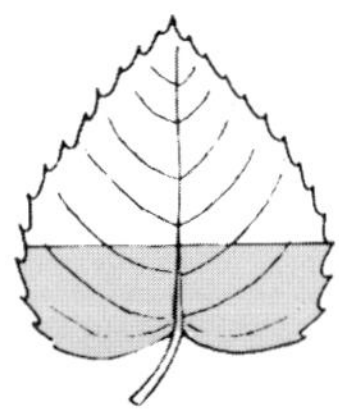

극형(戟形)
Hastate

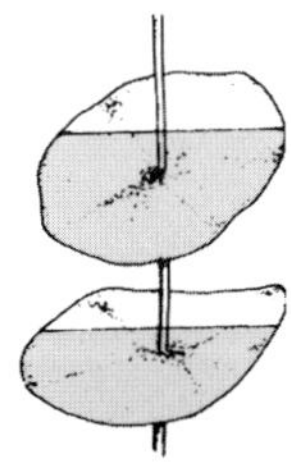

관천저(貫穿底)
Perfoliate or Connated Perfoliate

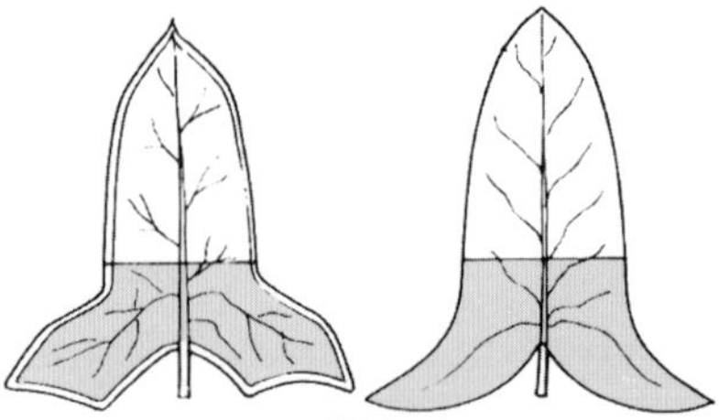

극형(戟形)
Hastate

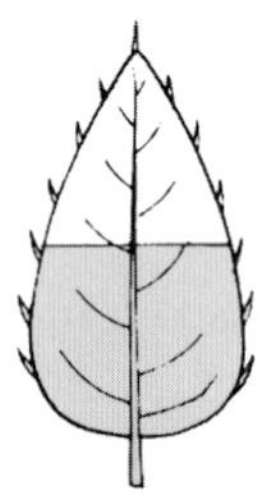

원저(圓低)
Rounded

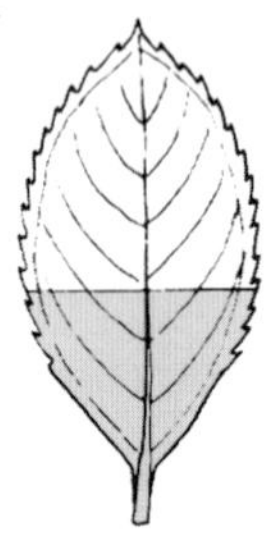

예저(銳低)
Acute

순저(楯低) Peltate

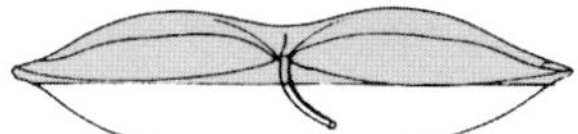

횡장타원형(楯低) Transversely Oblong-Peltate

엽맥의 종류

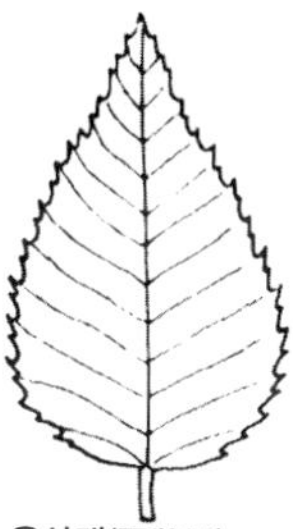

우상맥(羽狀脈)
Pinnately Veined

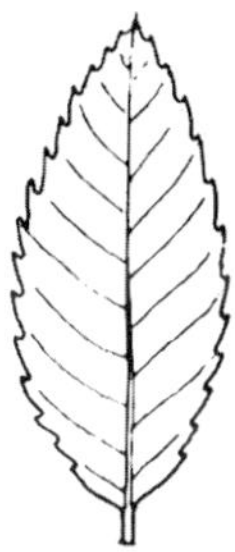

호생맥(互生脈)
Altemate Veined

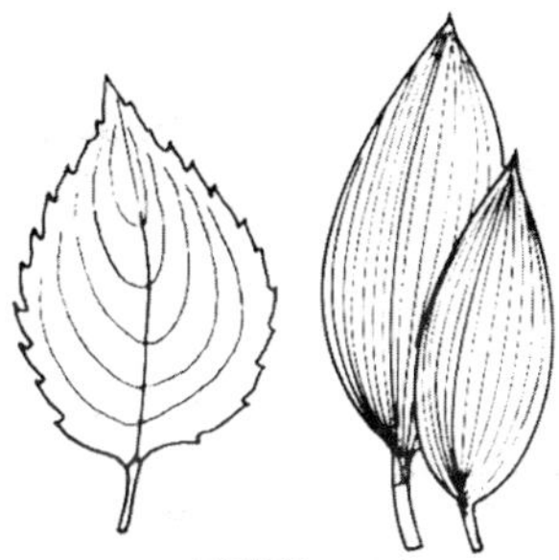

평행맥(平行脈)
Parallel or Closed Vein

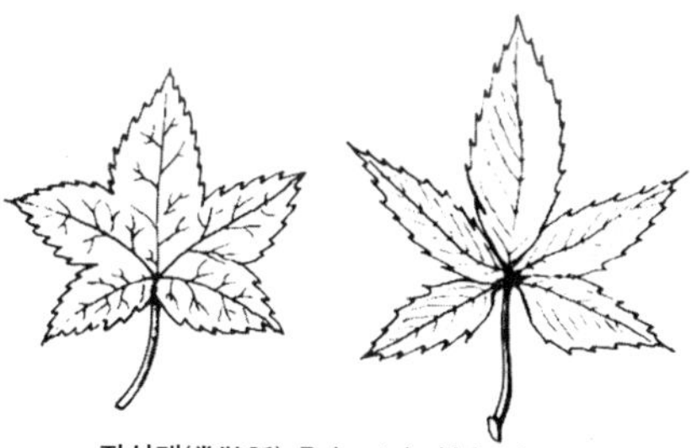

장상맥(掌狀脈) Palmately Veined

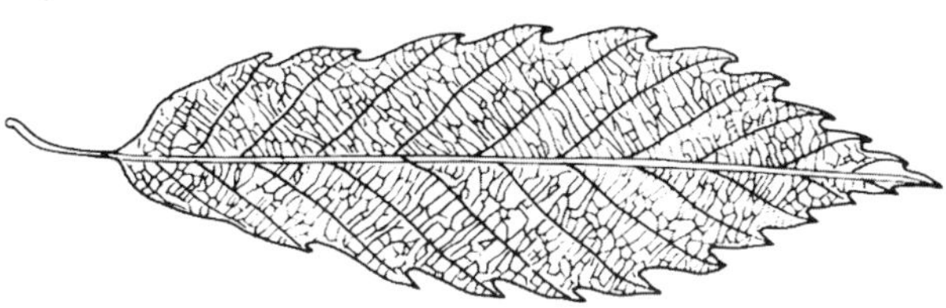

망상맥(網狀脈) Net Vein

화서의 종류

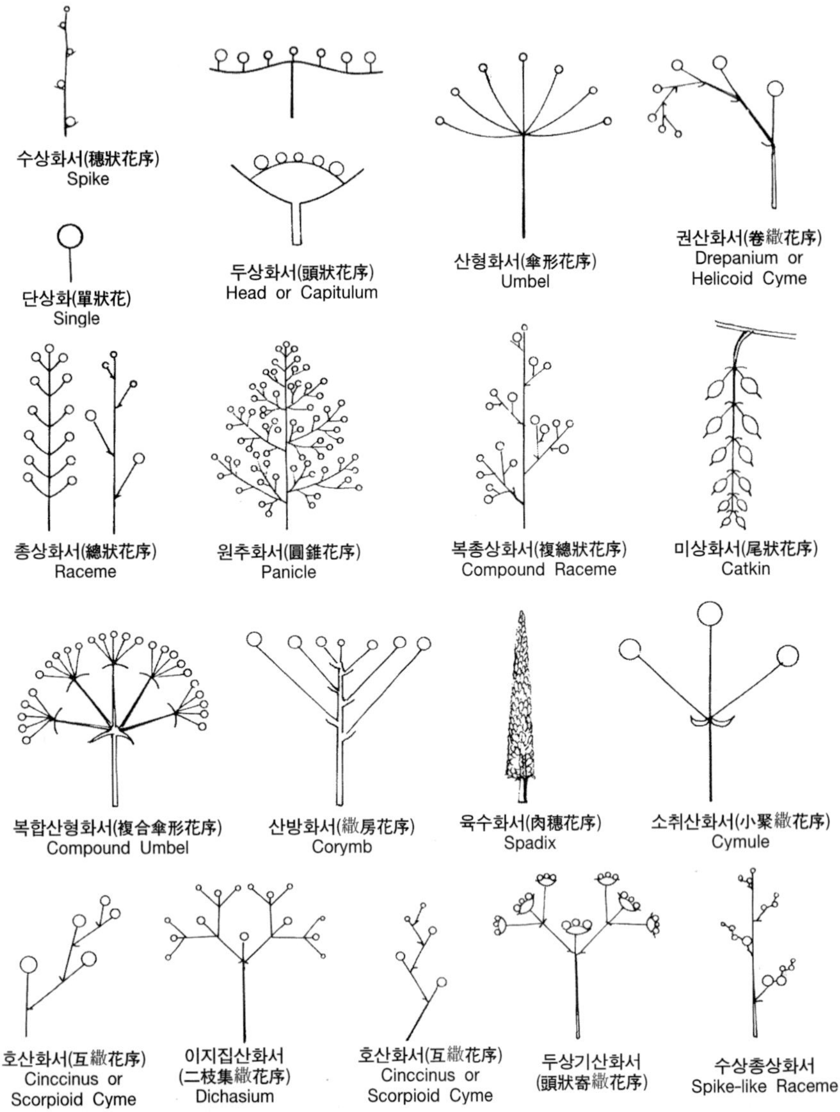
수상화서(穗狀花序)
Spike
단상화(單狀花)
Single
두상화서(頭狀花序)
Head or Capitulum
산형화서(傘形花序)
Umbel
권산화서(卷繖花序)
Drepanium or
Helicoid Cyme
총상화서(總狀花序)
Raceme
원추화서(圓錐花序)
Panicle
복총상화서(複總狀花序)
Compound Raceme
미상화서(尾狀花序)
Catkin
복합산형화서(複合傘形花序)
Compound Umbel
산방화서(繖房花序)
Corymb
육수화서(肉穗花序)
Spadix
소취산화서(小聚繖花序)
Cymule
호산화서(互繖花序)
Cinccinus or
Scorpioid Cyme
이지집산화서
(二枝集繖花序)
Dichasium
호산화서(互繖花序)
Cinccinus or
Scorpioid Cyme
두상기산화서
(頭狀寄繖花序)
수상총상화서
Spike-like Raceme

각종 꽃의 구조와 명칭

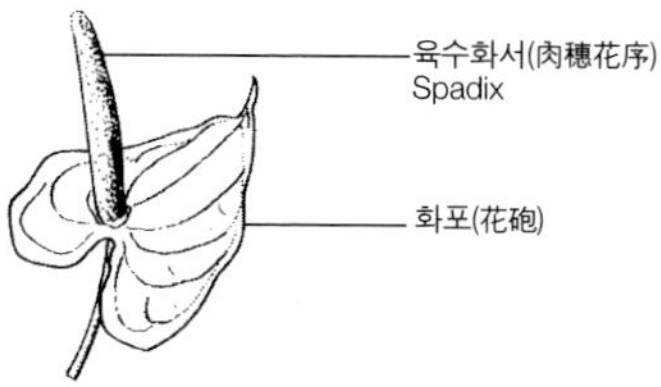

안슈리움 Anthurium

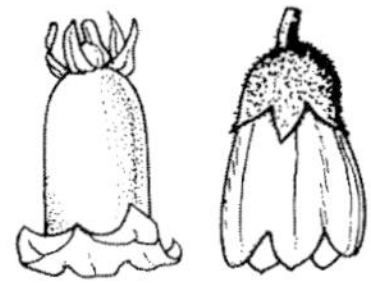

종형(鐘形) Campanulate or Bell-shaped

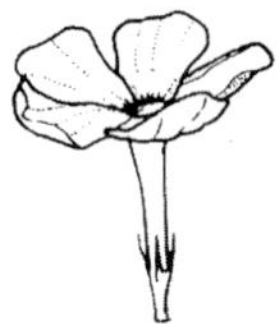

분형(盆形) Salerform

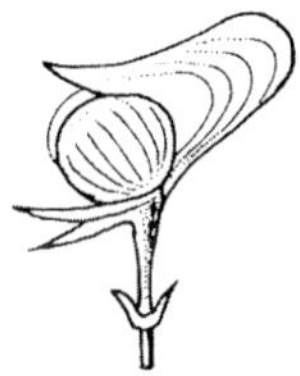

투구형 Galeate

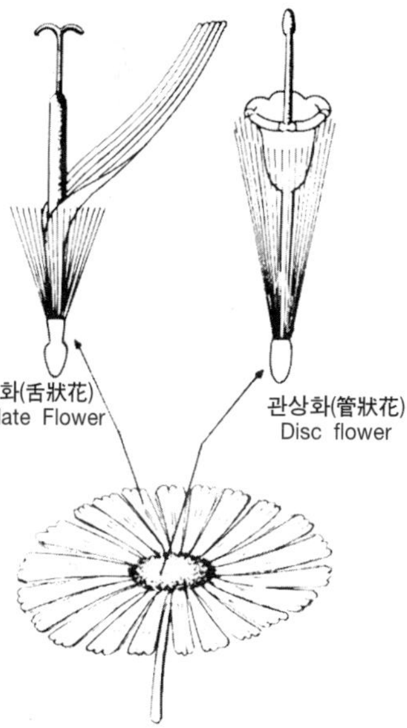

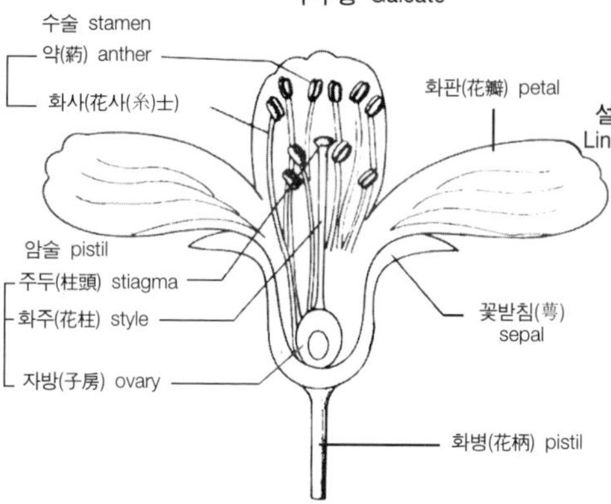

십자화형(十字花形) Cruciform

분꽃형

화련화형

나팔꽃형

가면형(假面形)
Masket

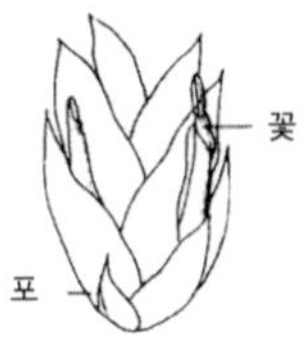

브리제아 Vriesea

통상순형(筒狀脣形)
Tubular biliabiate

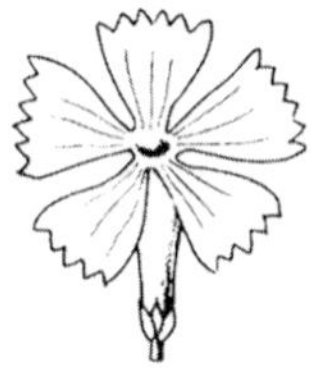

석죽형(石竹形)
Caryophyllaceous

통상병꽃형

진달래꽃형

호형(壺形)
urceola

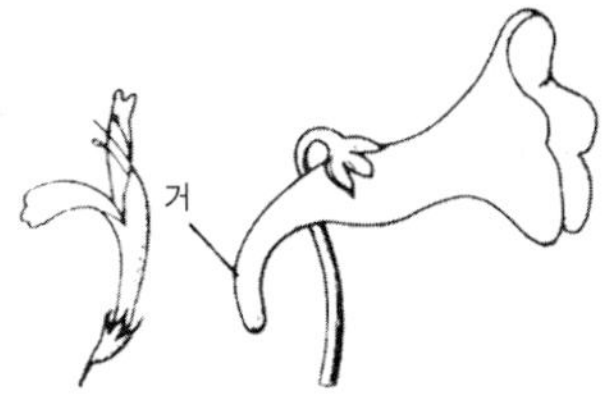

순형(脣形) Bilabiate

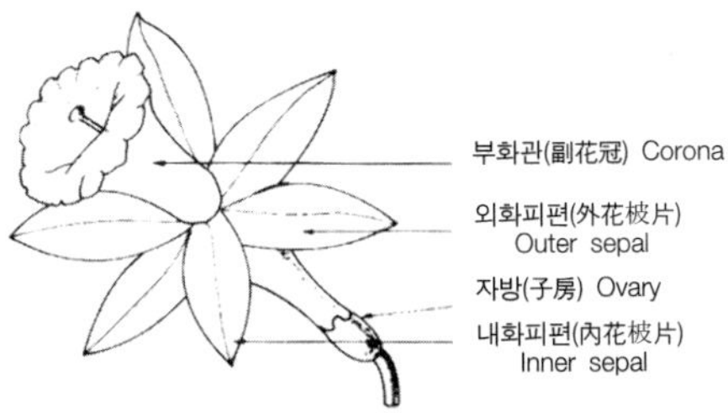

수선화

이판화관(離瓣花冠)
Caryophyllaceous

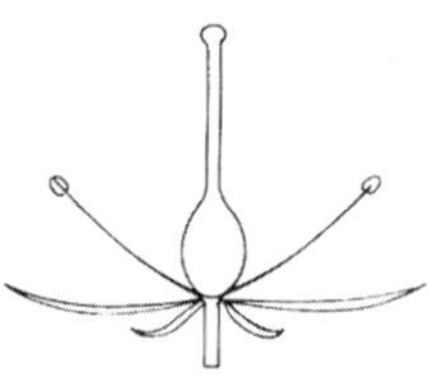

자방상위(子房 上位)
Superior Ovary

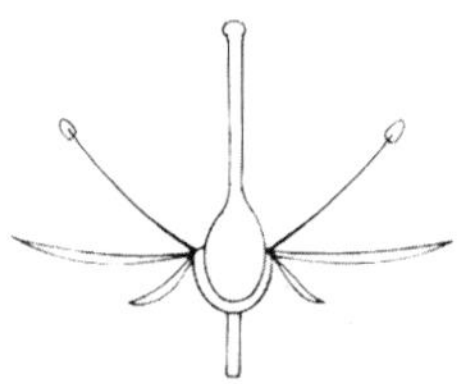

자방 중하위(子房 中下位)
Half-inferior Ovary

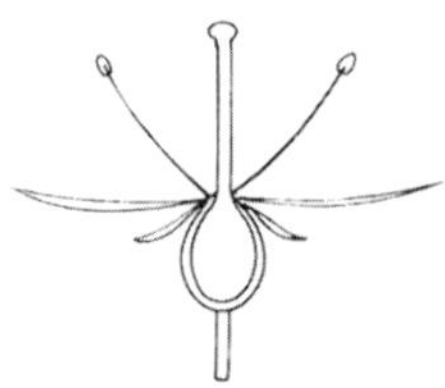

자방하위(子房下位)
inferior Ovary

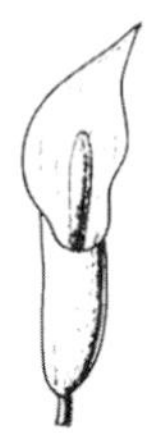

불염포(不炎苞)
Spathe

잎 가장자리의 형태

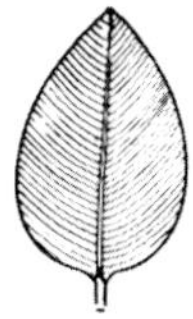
전연(全緣)
Entire

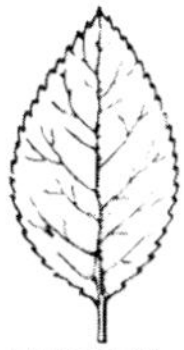
거치(鋸齒)
Serrate

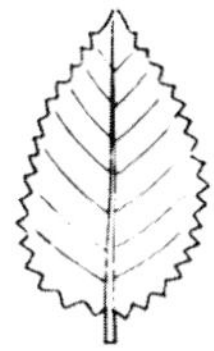
치아상(齒牙狀)
Dentate

이중거치(二重鋸齒)
Biserrate

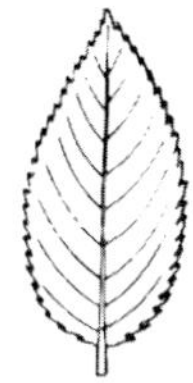
소거치(小鋸齒)
Serrulate

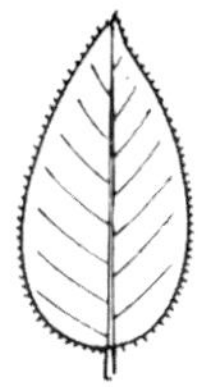
모연(毛緣)
Ciliate

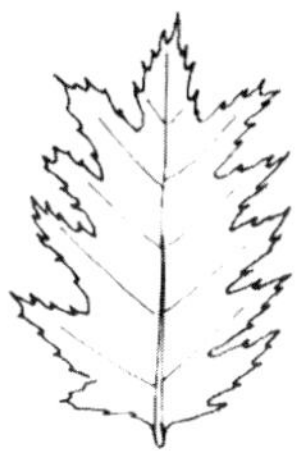
결각(缺刻) 이중거치(二重鋸齒)
Incised Biserrate

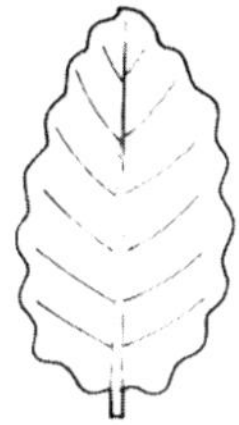
파상연(波狀緣)
Repand or Undulate

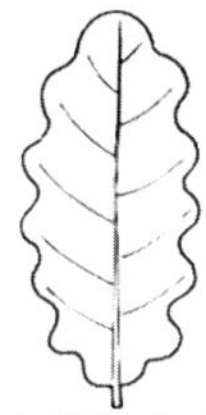
심파상(深波狀)
Sinuate

둔거치(鈍鋸齒) Crenate

침상거치
Aristate

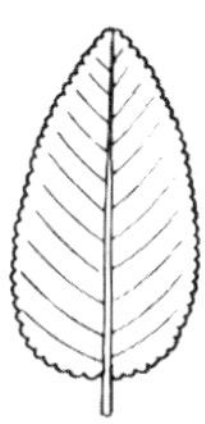
소둔거치(小鈍鋸齒)
Crenulate

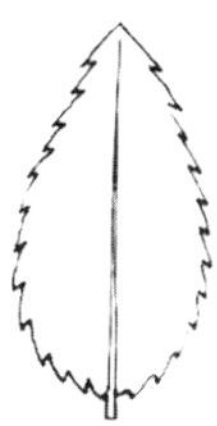
하향예거치(下向銳鋸齒)
retroserrate

하향치아상거치(下向齒牙狀鋸齒)
Runcinate 역향우열(逆向羽裂)

반곡(反曲)
외(外曲)
Revolute

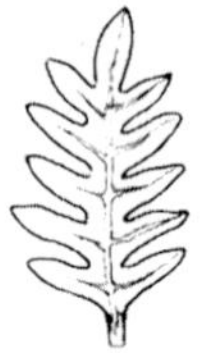

우열(羽裂)
Pinnatifid

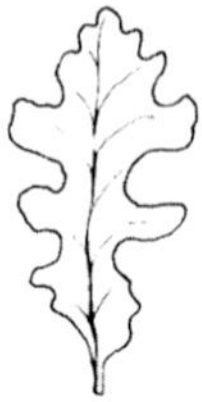

중열(中裂)
Cleft

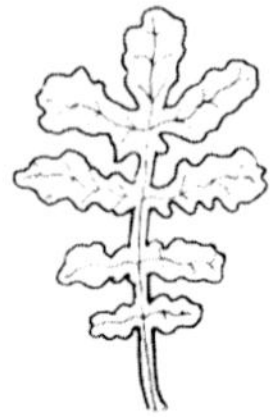

전열(全裂)
Parted

우상엽(羽狀葉)
Pinnate

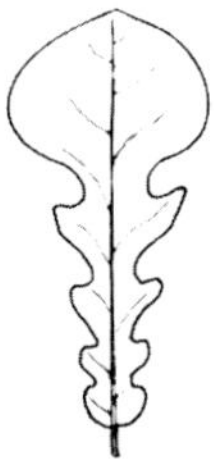

두대우열(頭大羽裂)

결각상(缺刻狀)
Incised

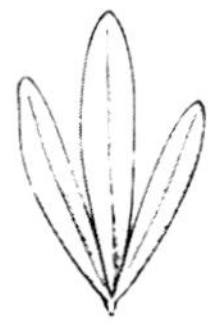

삼엽심열(三葉深裂)
Tripartite

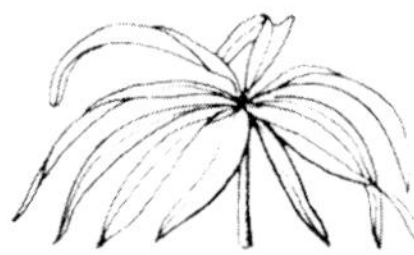

장상심열
Palmate Parted

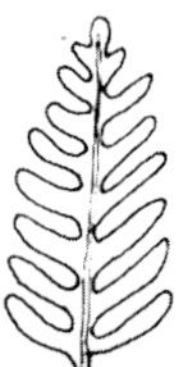

전열(全裂)
Parted

천열(淺裂)
Lobed

장상열(掌狀裂)
장상심열
Palmatifid

2회우열(二回羽裂)
Bipinnate

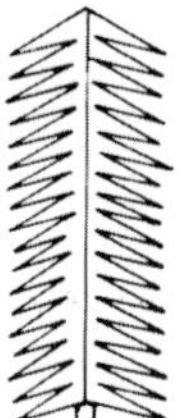

즐치상(櫛齒狀) 거치
Pectinate

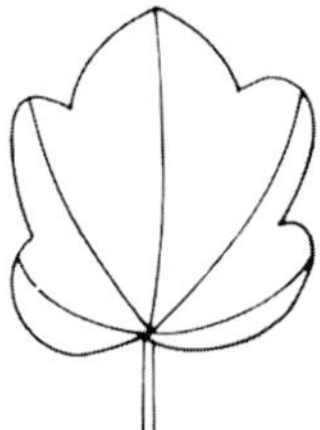

장상천열(掌狀淺裂)
Palmate Lobed

참고문헌

윤평섭. 1989. 한국원예식물도감. 지식산업사.

이영노. 2006. 새로운 한국식물도감. (주)교학사.

이창복. 2003. 원색대한식물도감. 향문사.

한국원예학회. 1993. 원예학용어집. 향문사.

한국원예학회. 2003. 원예학용어 및 작물명집. 한림원

青葉 高外 19人. 1988. 園藝植物大事典. 小學館.

草土編集出版編集部. 2001. 花圖鑑 切花. (株)草土出版.

鈴木路子. 季節の花圖鑑. 日本文藝社.

唐澤耕司. 2002. 園藝植物. 山と溪谷社.

中國科學院 植物硏究所. 1976. 中國高等植物圖鑑 1-5卷. 科學出版社.

Bailey L. H. 1976. Hortus Third. Macmillan Publishing Company.

Barbara P. 2005. The Complete Houseplant Survival Manual. Storey Publishing.

Chirstoper B. 2003. A-Z Encyclopedia of Garden Plants. Amazon.com

Geoff B. 2005. Australlian Native Plants. Random House Australlia.

Graf A. B. 1992. Hortica. HOEHRS.

Random House Australlia. 2003. Annuals & Perennials. Random House Australlia.

학명색인

아 273

F